爆炸冲击与防护系列

ANSYS/ Workbench LS-DYNA 爆炸冲击 非线性动力学 数值仿真

卞晓兵　黄广炎　兰旭柯　等编著

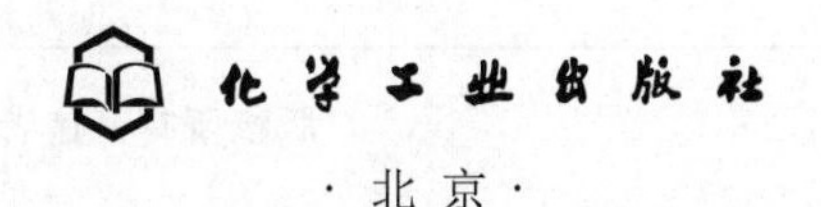

化学工业出版社

·北京·

内容简介

数值仿真技术是解决冲击、爆炸等非线性问题的有力工具，本书主要以 ANSYS/Workbench 平台为基础，介绍了 LS-DYNA 模块在非线性动力学分析中的工程应用。全书共 13 章，系统介绍了 Workbench LS-DYNA 模块的基本知识、几何建模、材料定义、Model 通用前处理模块、LS-DYNA 专用前处理模块、计算条件设置和后处理等，并且通过实例详细介绍了常见的非线性动力学，如冲击碰撞、爆炸、跌落、优化设计等仿真过程。书中包含从建模到计算结果分析的全部操作过程，以便读者能够结合应用实例，快速掌握 LS-DYNA 建模和求解流程，加深对非线性动力学数值仿真的理解。

本书可作为理工科院校本科高年级学生和研究生非线性动力学、有限元、兵器科学与技术等相关课程的参考书，也可为从事相关专业的工程技术人员和研究人员提供参考。

图书在版编目（CIP）数据

ANSYS/Workbench LS-DYNA 爆炸冲击非线性动力学数值仿真/卞晓兵等编著. —北京：化学工业出版社，2022.11（2024.11重印）

ISBN 978-7-122-42169-2

Ⅰ. ①A… Ⅱ. ①卞… Ⅲ. ①爆炸力学-冲击动力学-非线性-有限元分析-数值模拟-应用软件 Ⅳ. ①O38-39

中国版本图书馆 CIP 数据核字（2022）第 172055 号

责任编辑：张海丽　　文字编辑：温潇潇

责任校对：杜杏然　　装帧设计：刘丽华

出版发行：化学工业出版社（北京市东城区青年湖南街 13 号　邮政编码 100011）

印　　装：北京天宇星印刷厂

787mm×1092mm　1/16　印张 17　字数 411 千字　　2024 年 11 月北京第 1 版第 5 次印刷

购书咨询：010-64518888　　售后服务：010-64518899

网　　址：http://www.cip.com.cn

凡购买本书，如有缺损质量问题，本社销售中心负责调换。

定　　价：99.00 元

前言 — Preface

非线性动力学一般用于求解产品跌落、金属冲压、结构碰撞、子弹侵彻、炸药爆炸等物理过程和现象。非线性特征包括大变形、高应变率、非线性材料、非线性接触和冲击等。由于非线性变形过程不可逆，往往试验成本非常高，通过数值仿真技术模拟非线性过程是当前技术领域最为常见的方法，可以定量与定性地研究非线性过程中的问题，极大节约研究成本。

ANSYS 软件是通用多物理场计算分析程序，能够模拟各类复杂问题。Workbench 是 ANSYS 软件系统集成计算平台，融合多个计算模块，Workbench 平台具有丰富的材料模型库、简单的几何建模方式、高效的网格划分方式、简单的并行计算设置，可以进行多物理场耦合、多模块联合仿真、多参数优化设计等操作。LS-DYNA 软件是目前最为通用的非线性动力学分析软件之一，目前集成在 ANSYS/Workbench 平台中。Workbench 平台中的 LS-DYNA 主要以图形界面添加计算条件，自动生成对应关键字，可以在平台内直接求解，也可以单独生成关键字提交求解器求解。求解过程简单易懂，默认参数能够满足绝大多数非线性动力学分析场景。

本书以 ANSYS/Workbench 2022 平台介绍 LS-DYNA 模块，重点介绍了 Workbench 平台几何模型、材料模型、网格模型等通用前处理，以及初始条件、边界条件、计算设置和计算结果等 Workbench LS-DYNA 专用前处理和后处理等。最后结合工程实际算例，对常见的冲击碰撞和爆炸等高度非线性问题进行了分析。各章内容如下：

第 1 章介绍了 ANSYS/Workbench 软件计算流程、界面和启动方式，介绍并比较了 Explicit Dynamics、Autodyn 和 LS-DYNA 模块，同时介绍了 LS-DYNA 模块的基本知识。

第 2 章介绍了 Engineering Data 材料模块，包括创建和修改材料、LS-DYNA 中的典型材料参数和 Material Designer 材料设计模块。

第 3 章介绍了 Geometry 几何模块，包括 Design Modeler 模块、SpaceClaim 模块和外部几何模型导入流程。

第 4 章介绍了 Model 中的通用模块和网格划分，包括 Geometry 模型树、Material 模块、Coordinate Systems 模块和 Connections 模块，以及其他通用前处理，重点介绍了 Workbench 平台中的网格划分方法。

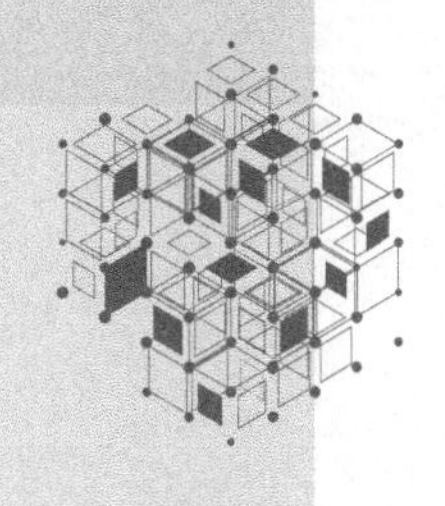

第 5 章介绍了 Model 中 LS-DYNA 专用模型树，包括初始条件、计算设置、菜单栏及选项控制、计算结果、后处理、LS-RUN 计算提交软件和 Workbench 平台中的插件系统。

第 6 章介绍了泰勒杆碰撞，包括 2D 模型、3D 模型、对称模型、ALE 方法、欧拉方法、SPH 方法、失效单元转 SPH 方法、热力耦合方法等。

第 7 章介绍了冲击碰撞非线性问题的计算方法，包括子弹侵彻靶板、气囊结构缓冲和玻璃管的跌落三个案例。

第 8 章介绍了爆炸非线性问题的计算方法，包括空气中爆炸、爆炸驱动破片和基于 Conwep 模型爆炸加载三个案例。

第 9 章介绍了重启动，通过小球坠网并反弹、串联战斗部对靶板的作用两个实例介绍了 Workbench LS-DYNA 平台中的重启动方法。

第 10 章介绍了隐式非线性问题求解，通过圆管压缩和板折弯断裂两个实例简要介绍了 Workbench LS-DYNA 平台中的隐式分析方法。

第 11 章介绍了 Workbench-PrePost 联合模型构建，Workbench 作为前处理，LS-PrePost 修改关键字提交计算。通过空气爆炸一维模型、空气爆炸二维模型、子弹侵彻沙土 DEM 模型和金属射流成型几个实例介绍了 Workbench-PrePost 联合模型构建方法。

第 12 章介绍了 Workbench 平台中的模块联合仿真，包括 LS-DYNA 与 ACP 模块联合构建小球冲击复合材料靶板以及 LS-DYNA 与静力学模块联合构建子弹冲击钢管两个实例。

第 13 章介绍了优化设计计算方法，通过网格对计算结果的影响分析和子弹侵彻优化设计两个实例介绍了 Workbench 平台中的优化分析。

仿真是一个追求 100%的过程，如果说，得到精确结果是水平达到 90%以上，跑通仿真流程则是达到 60%，大多数的初学者往往卡在 60%以下，基本的仿真流程未跑通，就无法获得可靠的结果。通常初学者在学习 LS-DYNA 软件时，往往受困于 LS-DYNA 软件建模和 K 文件关键字的格式问题，无法跑通仿真流程，相应的参考资料主要还是以 K 文件命令输入为主，对于初学者来说，上手难度较大。本书主要采用图形界面进行讲解，将初学者快速提高到 60%的水平，跑通计算流程，如果想要深入学习 LS-DYNA 软件，还需结合关键字手册进行认真学习，理解每个关键字设置的意义。

本书由卞晓兵、黄广炎、兰旭柯、祁少博和王荣惠编著。在编写过程中，参考了国内外相关的文献资料，在此向所有引用的文献作者表示感谢，同时对北京理工大学博士生周颖、杨磊在文字校对方面的工作表示感谢。

由于时间比较仓促、编著者水平有限，加之数值模拟技术发展快速，本书难免出现疏漏之处，欢迎广大读者和同行专家批评指正（bian_xiao_bing@163.com）。

编著者

2022 年 5 月于延园

目录 —— Contents

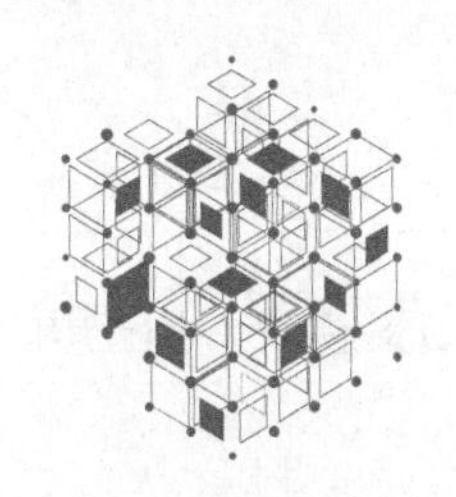

第1章 Workbench平台及LS-DYNA软件介绍

1.1 Workbench软件简介

自ANSYS 7.0开始，ANSYS公司推出了ANSYS经典版（Mechanical APDL）和ANSYS/Workbench版两个计算平台，并且目前均已开发至2022 R1版本。Workbench是ANSYS公司提出的协同仿真环境平台，通过融合多个计算模块于一个界面中，解决企业产品研发过程中CAE软件的异构问题。

ANSYS/Workbench平台中主要集成的ANSYS软件产品如下：

① 通用工具和功能：Engineering Data材料模块、Geometry几何模块、Meshing通用多物理场网格划分模块、External Model通用网格导入模块、DesignXplorer参数优化模块等。

② 流体力学计算模块：CFX、Fluent、Polyflow等。

③ 结构力学计算模块：Mechanical通用隐式有限元求解器，Autodyn、LS-DYNA等显式有限元求解器，nCode DesignLife疲劳耐久性分析，等等。

④ 电磁求解器：Maxwell低频电磁场求解器、HFSS高频电磁场求解器。

⑤ 其他专业求解器：Optics光学求解器、Thermal热学求解器、Sherlock电子可靠性评估等。

对应不同的计算要求，Workbench中包含多种求解模块，如Static Structure、Fluent、Icepak、Electric、Optical等，可用于结构、流体、电磁、光学等问题的求解以及多物理场的求解。其通用的功能模块包括材料库（Engineering Data）、几何模型（Geometry、SpaceClaim）、网格划分模块（Mesh模块、ICEM模块、External Model网格导入模块）等。对于不同的求解问题，一般是在Model或者Setup中单独进行设置。

如图 1-1 所示，对于单个计算模块来说，一般都包括如下几个部分：

【Engineering Date】：材料模块，设置修改材料、加载材料库中材料模型、构建自定义材料库等关于材料方面的工作。

【Geometry】：几何模块，主要包括【SpaceClaim】和【Design Modeler】模块，用于构建、修改和清理几何模型，导入几何模型等。

【Model】：模型模块，Workbench 中模块基本都包含以下设置。

① Geometry Imports/Geometry，可以给几何模型赋予材料、网格算法，设置分析模型类型，定义对称性、构建辅助几何等；

② Materials，可以查看修改材料参数；

③ Coordinate Systems，坐标系定义；

④ Connections，接触定义；

⑤ Mesh，划分网格定义。

【Setup】：设置模块，与 Model 在同一个界面，不同的模块对应不同的选项。对于 LS-DYNA，主要包括了 Initial Conditions（初始条件）和 Analysis Settings（分析设置），其他相关条件的加载都可以通过右击插入相应的命令或者在菜单栏中找到对应的 GUI 进行加载。

【Solution】：计算模块，可以通过 Solution Information 查看计算信息，如时间步长、计算所需时间、能量变化等，右击选择 Solve 选项可进行计算。可以通过右击插入对应的计算结果，如变形、应力、应变以及各种自定义的结果等。

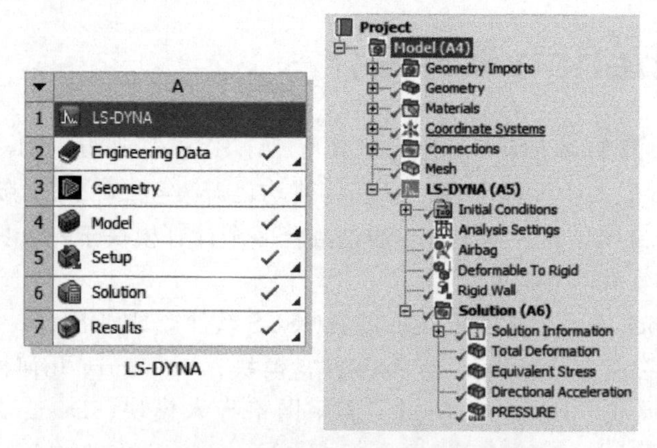

图 1-1　Workbench 模块求解的基本流程

本书基于 ANSYS 2022 R1 版本，不同版本中对于动力学（Explicit Dynamics、Autodyn 和 LS-DYNA）的支持差异比较大，较早版本可能没有本书中的一些功能，建议采用最新版本。

1.1.1　Workbench 启动方式

安装 ANSYS 2022 软件后，在【开始】→【所有程序】→【ANSYS2022R1】→【Workbench2022R1】，点击对应的图标启动软件，也可以打开安装路径中的主程序，通过“X:\XXX\ANSYS Inc\V221\Framework\Bin\Win64\Runwb2. exe”启动软件，或者直接搜索 Runwb2. exe 进行定位，然后双击启动。

1.1.2 Workbench 平台界面

Workbench 平台主要由工具箱 Toolbox、项目简图 Project Schematic、主菜单栏 Mainmenu Bar、用户工具箱 Toolbox Customization、状态栏 Status、进程栏 Progress、信息窗口 Messages、作业监控 Job Monitor 等组成，如图 1-2 所示。

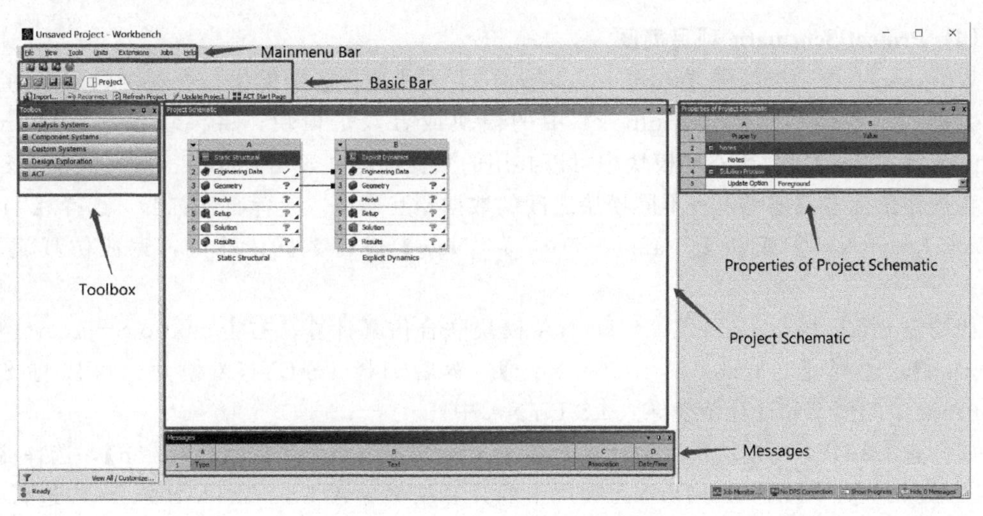

图 1-2 Workbench 平台界面

(1) Mainmenu Bar 主菜单栏

包括文件操作【File】、窗口显示【View】、工具【Tools】、单位【Units】、扩展工具【Extensions】、作业【Jobs】、帮助【Help】，如图 1-3 所示。

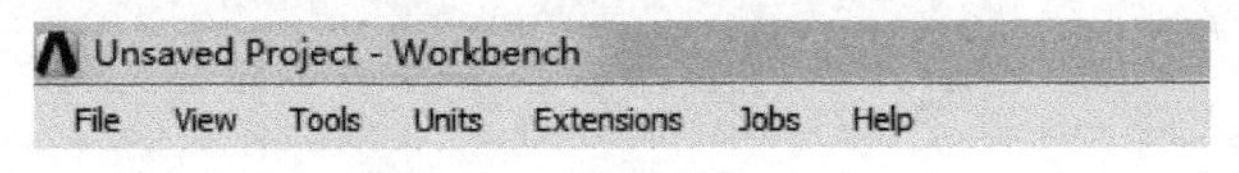

图 1-3 主菜单栏选项

(2) Basic Bar 基本工具栏

包括新建文件【New】、打开文件【Open】、保存文件【Save Project】、文件另存【Save Project As】、导入模型【Import】、再次连接【Reconnect】、项目刷新【Refresh Project】、项目更新【Update Project】、全部更新设计点【Update All Design Points】和 ACT 起始页【ACT Start Page】等，如图 1-4 所示。

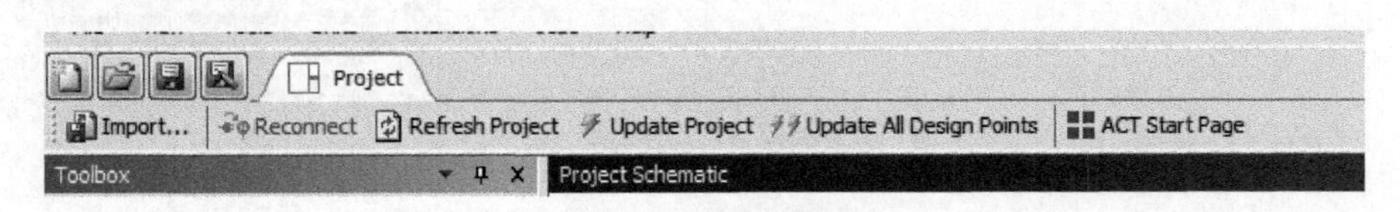

图 1-4 基本工具栏选项

(3) Toolbox 工具箱

工具箱窗口中包含了数值模拟所需的模块，包括分析系统【Analysis Systems】、组件系统【Component Systems】、用户自定义系统【Custom Systems】、优化设计系统【Design Exploration】、扩展连接系统【External Connection Systems】和仿真自定义工具【ACT (ANSYS Customization Tool)】等，如图 1-5 所示。

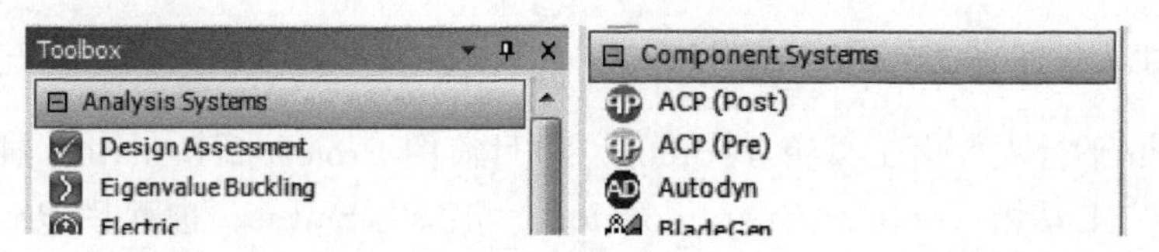

图 1-5 Toolbox 选项

（4）Project Schematic 项目简图

Workbench 以项目简图【Project Schematic】方式连接各个模块，管理多物理场的仿真分析数据。通过拖动左侧【Toolbox】中的模块或者双击模块，将模块加载在【Project Schematic】中执行。对于不同模块中可以共用的数据部分（如几何数据、材料数据等），可以一直按住鼠标左键拖动，将不同模块之间的数据相互连接，或者通过右击，选择【Transfer Data From New】或者【Transfer Data To New】进行数据传输等，完成仿真流程的设计。

如构建 Static Structural 与 LS-DYNA 模块联合仿真计算，右击 Static Structural 中的【Solution】，选择【Transfer Data To New】，然后选择 LS-DYNA 模块，可以将 Static Structural 中的模型和计算结果导入 LS-DYNA 中。

如构建 LS-DYNA 模块重启动计算，右击 LS-DYNA 模块中的【Solution】，选择【LS-DYNA-Restart】，可以将 LS-DYNA 模块中的计算结果导入 LS-DYNA Restart 中进行重启动计算，如图 1-6 所示。

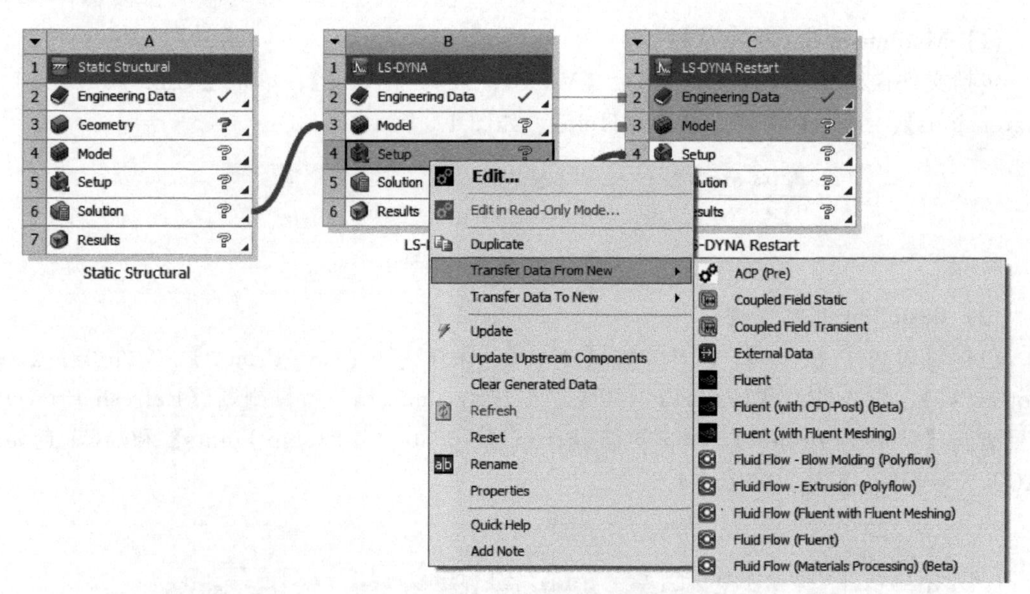

图 1-6 Project Schematic 选项

（5）Message 及 Progress 信息

Message 用于显示在建模或者计算过程中显示的信息，如错误提示、状态提示等。Progress 用于显示计算的进程，如图 1-7 所示。

ANSYS/Workbench 中一些常见的图标含义见表 1-1，对于完整的计算模型来说，其所有参数设置状态都应该是✔。

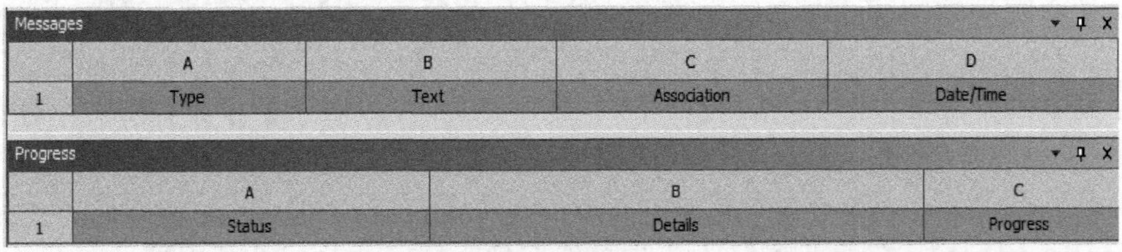

Messages

	A	B	C	D
1	Type	Text	Association	Date/Time

Progress

	A	B	C
1	Status	Details	Progress

图 1-7 Message 和 Progress 信息

表 1-1 常见图标含义

图标	含义
	缺少上游数据,或者需要修正上游数据
	刷新要求:上游数据已更改,需要刷新数据
	刷新失败,或数据传递失败
	更新要求:数据已变,需更新
	更新完成
	输入变化等待,由于上游数据变化,可能会改变下次的更新

1.1.3 Workbench 仿真流程

Workbench 仿真流程具有良好的可定制性，只要选择对应的模块，拖动或者双击鼠标，就可构建常见的分析流程。针对复杂多物理场耦合分析流程，可加载多个模块，通过拉动鼠标连接对应的模块，各物理场之间所需的计算数据传输流程会自动定义。

如图 1-8 所示，加载 LS-DYNA 模块，在【Toolbox】中双击【LS-DYNA】模块，即可将 LS-DYNA 模块条件导入计算流程中。

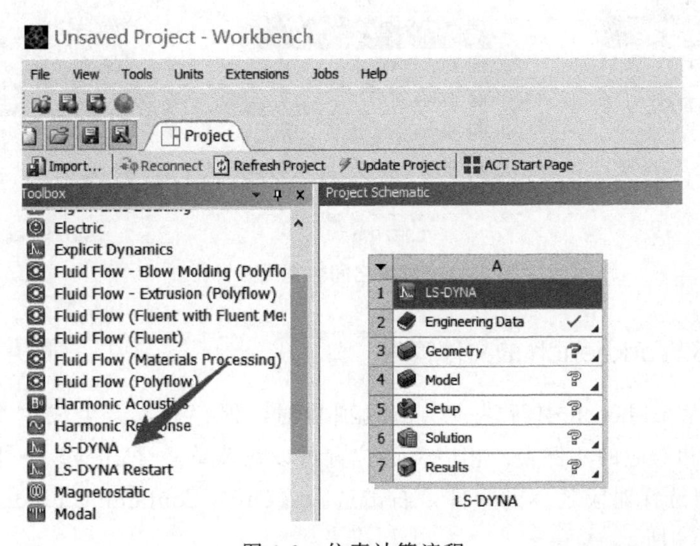

图 1-8 仿真计算流程

如图 1-9 所示，右击模块的左上角▼，可以选择【Update】更新数据、【Duplicate】复制模块、【Export System（s）】导出保存分析系统、【Replace With】替换模块、【Clear Generate Data】清除生成的数据、【Delete】删除模块、【Rename】重命名模块、【Properties】查看模块属性、【Add Note】添加注释等。

如图 1-10 所示，双击或者在模块中右击，选择【Edit】即可进入对应的模块，如选择【Engineering Data】，右击选择【Edit】即可进入 Engineering Data 模块编辑。

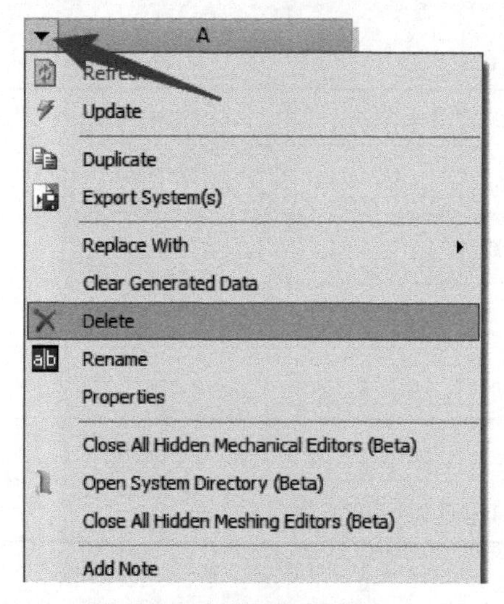

图 1-9　模块功能选项

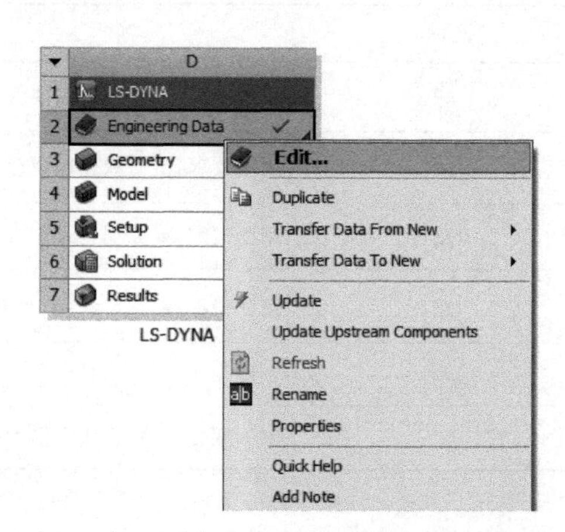

图 1-10　打开模块

不同模块之间的数据共享只需要拖动相应的模块与对应模块相连接即可完成，或者在相应模块处右击：选择【Transfer Data From New】，选择对应的导入模块，即可将对应模块的数据导入；选择【Transfer Data To New】，选择对应的导出模块，即可将数据导出到对应的模块，如图 1-11 所示。

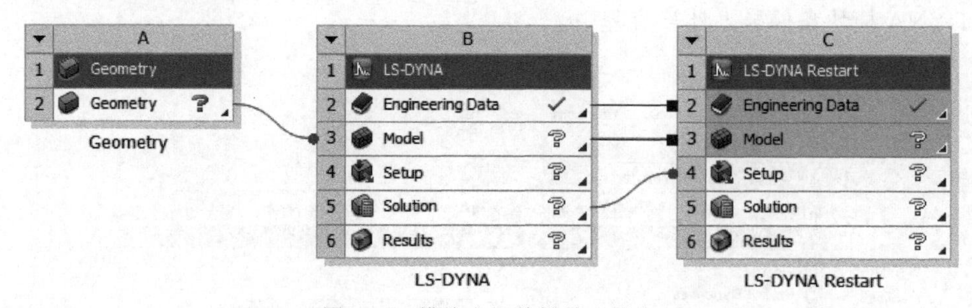

图 1-11　模块之间数据导入导出

1.1.4　ANSYS/Workbench 的文件管理

在 ANSYS/Workbench 中新建一个仿真项目时，保存后，会生成单个项目保存文件（后缀为.wbpj）和对应的文件夹。相应文件位置可以在菜单栏【View】→【Files】中查看。在 Files 中，可以选择对应名称的文件，右击选择【Open Containing Folder】，找到对应的文件夹，如图 1-12 所示。

如在 Workbench 平台中创建名称为 air _ blast 的计算模型，保存后会有 air _ blast. wbpj

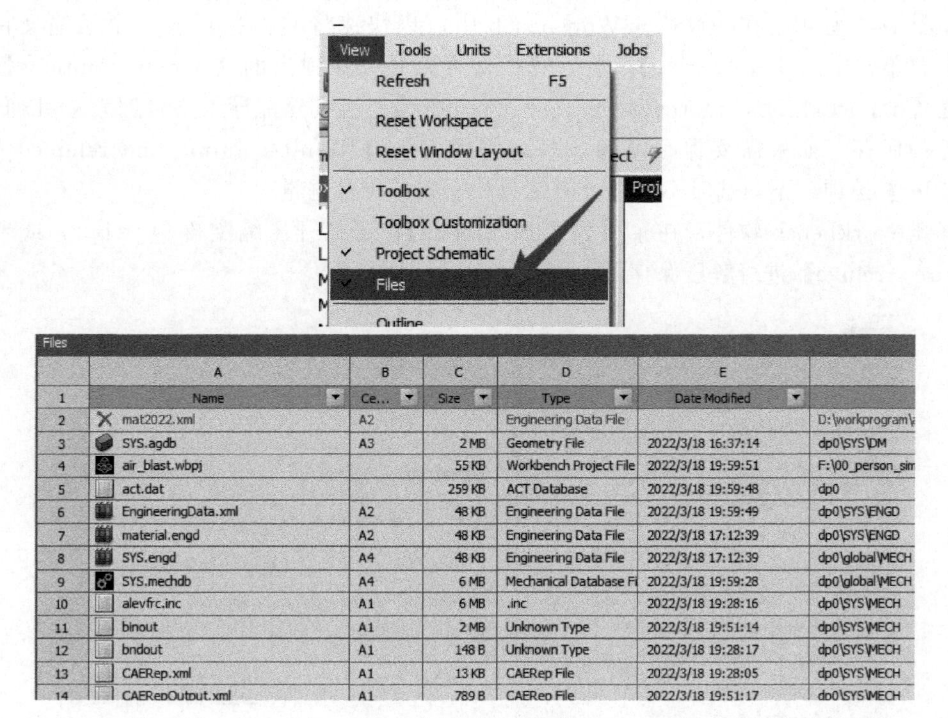

图 1-12　文件及位置查看

和 air _ blast _ files 两个文件，air _ blast. wbpj 是项目启动文件，air _ blast _ files 文件夹是项目详细内容，包括几何、材料、网格、计算结果等信息，如图 1-13 所示。

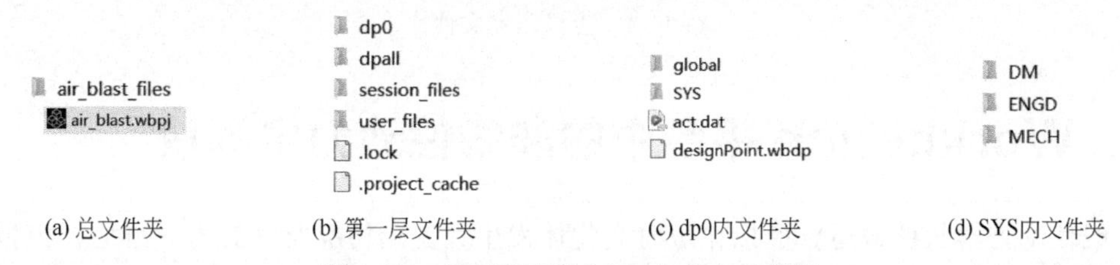

(a) 总文件夹　(b) 第一层文件夹　(c) dp0内文件夹　(d) SYS内文件夹

图 1-13　ANSYS/Workbench 的文件管理

典型 Workbench LS-DYNA 模块中文件格式的目录结构如下：

第一层文件夹主要包括 dp0、dpall、session _ files、user _ files 等文件夹。其中，dp0 为主要数据参数文件夹，双击 dp0 可进入计算文件夹。

dp0 文件夹主要包括：【global】子目录应用分析；【SYS】子目录项目文件。

SYS 文件夹主要包括：

①【DM】：仿真几何体目录，用于存放几何文件；

②【ENGD】：仿真材料目录，用于存放材料文件；

③【MECH】：计算结果目录，含有计算提交 K 文件和计算结果 D3plot 文件等。

注：必须保证项目文件. wbpj 和对应的项目文件夹的完整，才能保证仿真模型的顺利进行。在进行计算文件传递时，需要将这两个文件同时复制（或者可以压缩传递）。

如图 1-14 所示，在 ANSYS/Workbench 中可以快速将文件打包成一个压缩文件。在【File】菜单栏中选择【Archive】，然后选择保存路径，在弹出的【Archive Options】中可以勾选【Imported files external to project directory】。当有外部导入文件时，如几何文件，可以统一保存。如果需要保存结果文件，需要勾选【Result/solution and retained design point files】选项，不勾选时不保存计算结果，可以减少数据量。

打开 Workbench 软件，在菜单栏选择【Open】，可打开压缩文件包.wbpz，或者使用【Restore Archive】进行解压保存，或者直接双击文件打开。

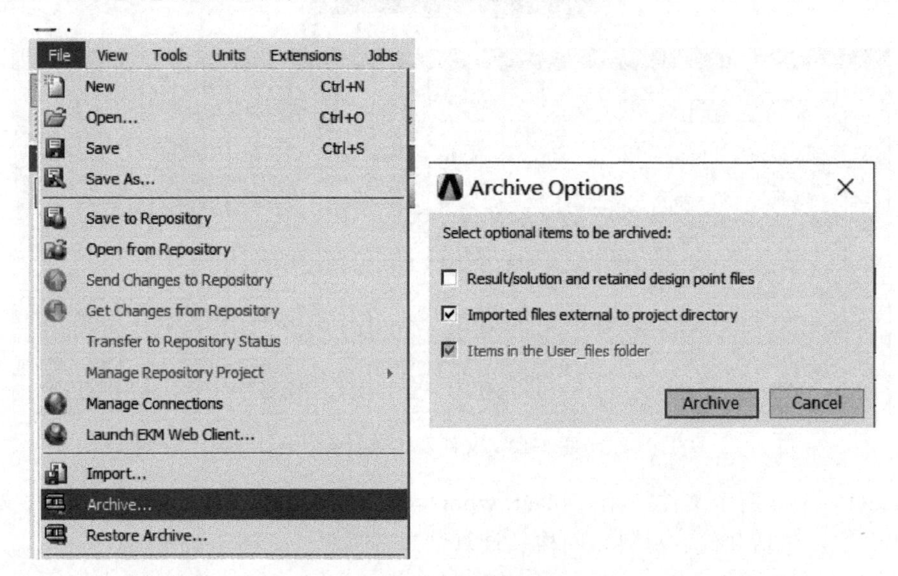

图 1-14 生成压缩文件

1.2 Workbench 平台中的非线性动力学模块

非线性动力学软件最适合模拟在短时间物体发生大变形情况及动态力学响应。模拟一般是以显式方式为主，隐式方式为辅。持续 1s 以上的非线性事件一般需要通过隐式方式进行分析，如果通过显式方式需要计算较长的时间。通过诸如质量缩放和动态松弛之类的数值技术可以提高模拟效率，减少计算时长。一些常见的非线性模块应用有：材料的动态力学响应、汽车的碰撞、高速切削、电子产品的跌落、流固耦合作用、军事工业中的战斗部的设计等，如图 1-15 所示。

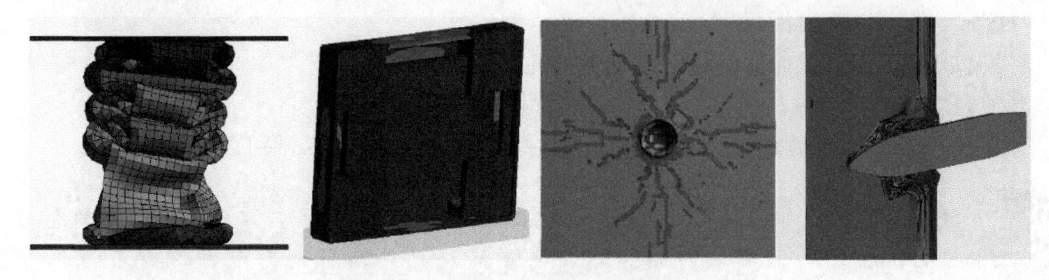

图 1-15 非线性动力学的典型应用

目前主流的非线性动力学软件主要有 LS-DYNA、Abaqus/Explicit、Autodyn、MSC

Dytran 等。其中，ANSYS/Workbench 中的非线性动力学主要包括 Explicit Dynamics、Autodyn 和 LS-DYNA 三个模块，如图 1-16 所示。

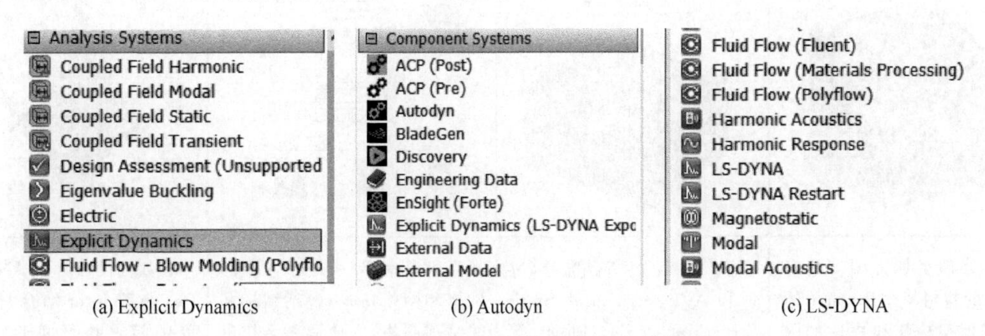

(a) Explicit Dynamics (b) Autodyn (c) LS-DYNA

图 1-16 Workbench 中的显式动力学模块

Explicit Dynamics 模块是 ANSYS 公司在收购世纪动力（Century Dynamics）公司的 Autodyn 软件后进行开发的，集成在 Workbench 平台。Explicit Dynamics 模块的计算是调用 Autodyn 软件进行计算的，其计算会默认生成.ad 和.adres 的 Autodyn 文件，计算结果用 Autodyn 软件也可以打开。可以说 Explicit Dynamics 模块是 Autodyn 软件的前处理软件，Autodyn 是 Explicit Dynamics 的计算求解器。

Autodyn 软件是著名的高度非线性显式动力学软件，其主要特色在于前后处理一起，纯 GUI 操作，包含材料库，简单方便，在计算爆炸、高速侵彻方面有独特的优势，主要应用在军工领域。

LS-DYNA 软件是原 LSTC 公司开发的动力学软件，其主要特点是算法丰富，兼有隐式和显式算法，多物理场耦合功能较强，以 K 文件关键字为计算核心，广泛应用在汽车、军工、航天等领域，2019 年被 ANSYS 公司收购后，已在 Workbench 中进行功能整合。

1.2.1 Explicit Dynamics 软件

Explicit Dynamics 模块是 ANSYS 在 Autodyn 软件基础上开发的非线性显式动力学软件模块，集成在 Workbench 平台，目前发展到 2022 R2 版本。与较老的版本相比较，其功能逐渐丰富，支持了诸如 2D 欧拉算法、SPH 算法、Drop-Test 功能和 Joint 等功能，可更好地模拟结构的运动、产品的跌落等。依托 Workbench 平台，Explicit Dynamics 可以方便地导入模型和与其他模块进行联合仿真。Explicit Dynamics 具有丰富的材料模型库、简单的几何建模方式、高效的网格划分方式、简单的并行计算设置等优点，如表 1-2 所示。该模块能够模拟的非线性动力学问题如下：

- 从低速 1m/s 到非常高的速度 5000m/s；
- 应力波、冲击波、爆轰波在固体和液体中传播；
- 高频动态响应；
- 大变形和几何非线性；
- 复杂的接触条件；
- 复杂的材料行为，包括材料损坏；
- 非线性结构响应，包括屈曲；
- 焊缝/紧固件的失效等。

表 1-2 Workbench Explicit Dynamics 的优势

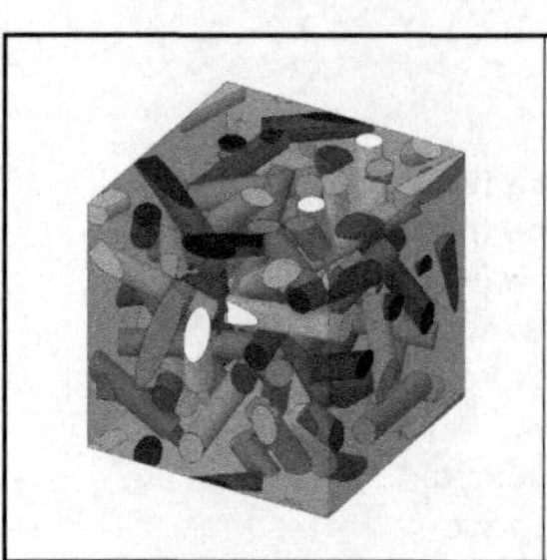	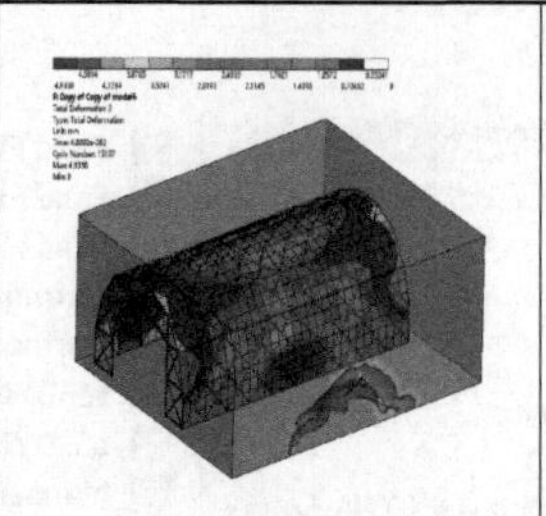	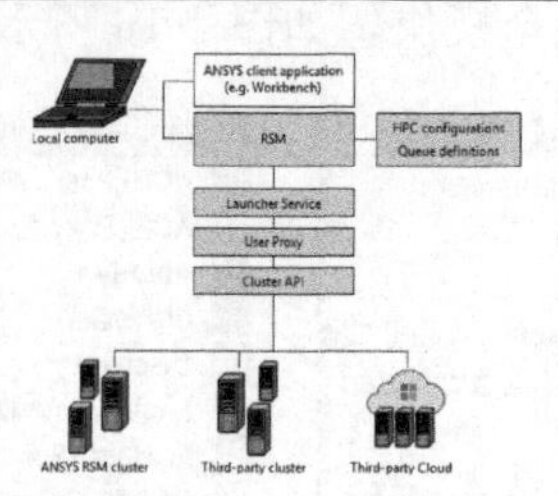	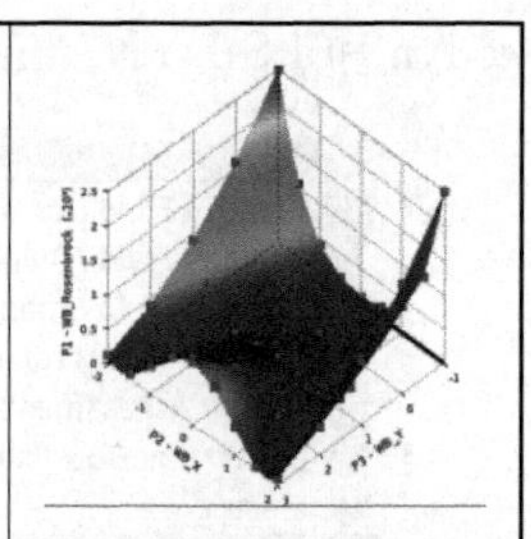
前处理更加方便。具有丰富的材料模型库、简单的几何模型构建和快速的网格划分。可以通过 ANSYS SpaceClaim 进行建模，通过 Mesh 模块和 ICEM 模块进行网格划分	多物理场的耦合优异，可以和 ACP、Structural、Static Structural、Poly Flow 等 Workbench 中各类模块进行耦合	高性能计算。支持更多的网格和网格格式，包括结构和非结构网格，方便调用多核进行计算	参数化设计。和 ANSYS Design Xplorer 结合，使工程师能够执行实验设计（DOE）分析，调查响应曲面，并分析输入约束以追求最佳设计

1.2.2 Autodyn 软件

Autodyn 最早是世纪动力公司研发的软件产品，是成熟易用的线性、非线性以及多物质流体动力学问题的仿真软件。该公司已被 ANSYS 公司收购，被收购后的新 Autodyn 版本功能有了较大的增加，集成于 Workbench 平台，与各个模块进行联合仿真，在一个统一的计算环境中提供强大的工程设计和仿真能力。

Autodyn 是一个显式有限元分析程序，主要基于有限差分法，用来解决固体、流体、气体及其相互作用的高度非线性动力学问题，具有深厚的军工背景，在国际军工行业占据非常大的市场。Autodyn 的典型应用如下：

- 装甲和反装甲的优化设计；
- 航天飞机、火箭等点火发射；
- 战斗部设计及优化；
- 水下爆炸对舰船的毁伤评估；
- 针对城市中的爆炸效应，对建筑物采取防护措施，并建立保险风险评估；
- 石油射孔弹性能研究；
- 国际太空站的防护系统设计；
- 内弹道气体冲击波；
- 高速动态载荷下材料的特性等。

Autodyn 软件含有多个网格类型和求解器，如拉格朗日网格、欧拉网格、ALE 网格、SPH（粒子法）等，用于多种物理现象耦合情况下的求解。软件含有丰富的冲击动力学材料库模型，包括金属、陶瓷、玻璃、水泥、岩土、炸药、水、空气以及其他的固体、流体和气体的材料模型。同时 Autodyn 集成了前处理、后处理分析模块，并支持多种格式的网格导入，其特点如表 1-3 所示。

表 1-3 Autodyn 软件特点

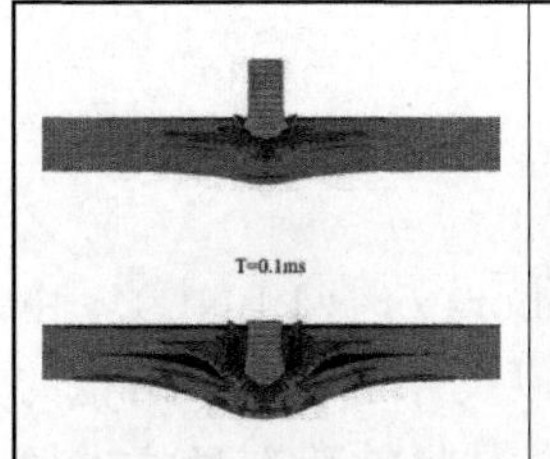	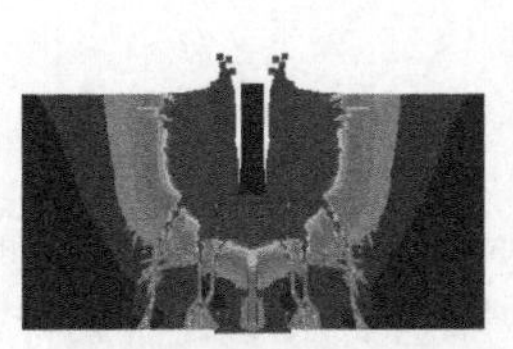		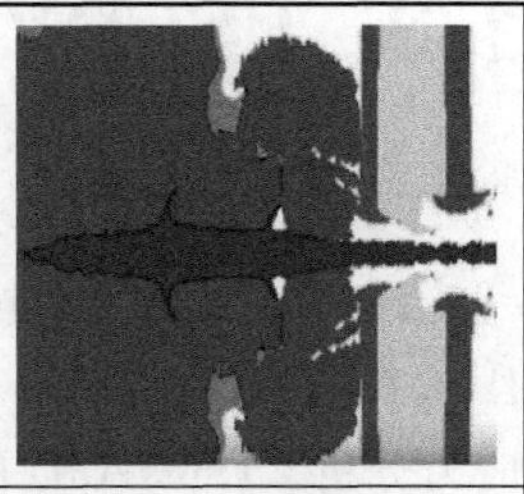
丰富的材料库模型。含有脆性材料、复合材料、炸药、流体等200多种材料。并拥有多种状态方程，强度、破坏模型	多种算法。拥有拉格朗日、欧拉、ALE、SPH等算法，可模拟高度非线性问题。简单的接触定义，计算具有较好的稳定性	多物理场的耦合。可模拟流体和固体在不同物理条件下的动力学状态。结合结果映射技术，极大地节省了计算时间	兼有前处理和后处理。可以方便地自建简单模型，也可将多种格式的网格导入求解器中

1.2.3 LS-DYNA 软件

LS-DYNA 是原 LSTC 公司著名的显式动力学软件，广泛应用于汽车、军工、航空航天、电子、机械制造等领域。1996 年，LSTC 公司与 ANSYS 公司合作，为 ANSYS 提供求解器，最早可以通过 Mechanical APDL Product Launcher 调用求解器，或者由 ANSYS 生成 K 文件，在 LS-DYNA Program Manager 中进行求解。2019 年，LS-DYNA 被 ANSYS 公司收购，主要集成在 Workbench 平台中，也可以通过 LS-RUN 软件进行单独求解。

LS-DYNA 在 Workbench 平台最早是通过 14.5 版本中的 Explicit Dynamics（LS-DYNA Export），输出 K 文件，不能直接计算。自从 Workbench19.0 版本新增了 Extension 模块，使得 Workbench 平台可以直接调用 LS-DYNA 求解器，极大简化了建模、网格划分等仿真程序。关键字可以直接在 Workbench 平台通过 GUI 进行相应参数的定义。Workbench 发展到 2022 R1 版本后，支持包括 Lagrangian（拉格朗日）、SPH、S-ALE、ALE 等在内的多种算法，可以对冲击、爆炸等复杂问题进行模拟。LS-DYNA 软件特点如表 1-4 所示。

表 1-4 LS-DYNA 软件特点

	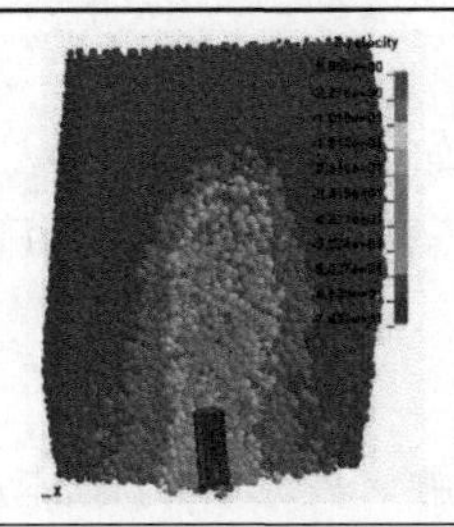		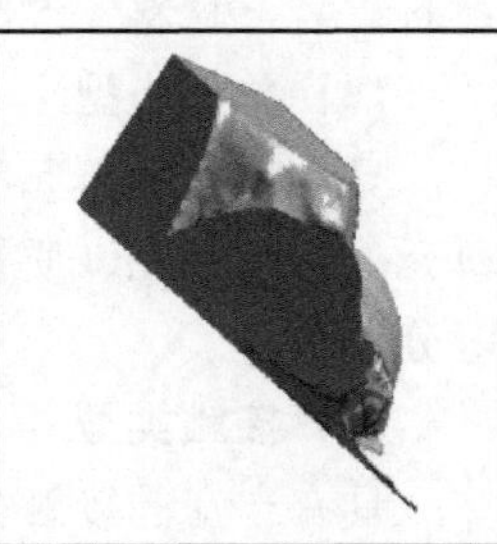
众多的前处理和快速的求解。可以通过外部导入复杂模型，通过定义关键字的方式方便编程及修改模型。多种控制选项，使得用户在分析问题时拥有很大灵活性	多种算法和接触方式。拥有 Lagrangian、ALE、Eulerian、SPH 等算法。可兼容隐式和显式算法	学习参考资料较多。在汽车碰撞、钣金冲压等工程领域应用广泛，拥有假人、安全带、牵引器、气囊等专业开发工具，二次开发较为简单	多物理场耦合。拥有热分析、ICFD、CESE、NVH 分析等功能，可与结构耦合，求解非线性力学、热学、声学、电磁、化学反应等问题

1.3 LS-DYNA 软件基本知识

1.3.1 功能特点

LS-DYNA 软件起源于美国 Lawrence Livermore National Laborator（LLNL），由 J. O. Hallquist 博士于 1976 年主持开发完成，早期主要用于武器设计以及冲击载荷下结构的应力分析。DYNA3D 被公认为是显式有限元程序的鼻祖和理论先导，是目前所有显式求解程序的基础代码。1988 年，Hallquist 创建 LSTC 公司，推出 LS-DYNA 程序系列，1996 年，LSTC 公司与 ANSYS 公司合作，推出 ANSYS/LS-DYNA，1997 年将 LS-DYNA2D、LS-DYNA3D、LS-TOPAZ2D、LS-TOPAZ3D 等程序合成为一个软件包，称为 LS-DYNA。2019 年，LSTC 公司被 ANSYS 公司收购，LS-DYNA 当前最新版本是 R13 单独求解版，在 ANSYS 2022 R1 中的求解器是 R12.1 版本。

目前，LS-DYNA 已经发展成为著名的通用动力学多物理场分析程序，能够模拟真实世界的各种复杂问题，特别适合求解各种一维、二维、三维结构的爆炸，高速碰撞和金属成形等非线性动力学冲击问题，同时可以求解传热、流体、声学、电磁、化学反应及流固耦合问题，在航空航天、机械制造、兵器、汽车、船舶、建筑、国防、电子、石油、地震、核工业、体育、材料、生物/医学等行业具有广泛应用。

LS-DYNA 功能特点如下：

（1）分析能力

具有全面的非线性分析计算能力，以 Lagrangian 算法为主，兼有 ALE 和 SPH 算法，以显式求解为主，兼有隐式求解功能，以结构分析为主，兼有热分析、流体-结构耦合功能，以非线性动力分析为主，兼有静力分析功能，是军用与民用相结合的通用结构分析非线性有限元程序。

（2）材料模型（200 多种）

具有丰富的材料模型，如弹性、正交各向异性弹性、随动/各向同性塑性、热塑性、可压缩泡沫、线黏弹性、流体弹塑性、温度相关弹塑性、各向同性弹塑性、Johnson-Cook 塑性模型以及用户自定义材料模型等，适用于金属、塑料、玻璃、泡沫、编织物、橡胶、蜂窝材料、复合材料、混凝土、土壤、陶瓷、炸药、推进剂、生物体等材料。

（3）单元类型

具有丰富的单元类型，包括常见单元类型，如体单元、壳单元、梁单元、弹簧单元、杆单元、阻尼单元、质量单元等，覆盖 1D、2D 和 3D 的分析计算，可进行全模型、对称模型等分析。

（4）接触类型

具有丰富的接触类型，如变形体对变形体接触、变形体对刚体接触、刚体对刚体接触、侵蚀接触、压延筋接触、边边接触、面面接触、点面接触、单面接触等。

1.3.2 关键字数据格式

LS-DYNA 程序输入文件采用关键字输入格式。关键字格式可以更加灵活和合理地组织输入数据，使新用户易于理解，更方便地阅读输入数据。常见关键字示例如图 1-17 所示。

常见的关键字输入数据格式具有如下特点：

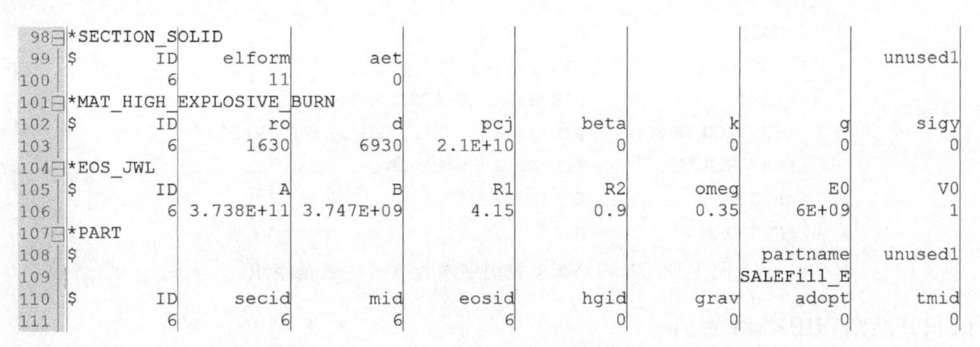

```
 98 *SECTION_SOLID
 99 $        ID    elform       aet                                                 unused1
100           6        11         0
101 *MAT_HIGH_EXPLOSIVE_BURN
102 $        ID        ro         d       pcj      beta         k         g      sigy
103           6      1630      6930   2.1E+10         0         0         0         0
104 *EOS_JWL
105 $        ID         A         B        R1        R2      omeg        E0        V0
106           6 3.738E+11 3.747E+09      4.15       0.9      0.35     6E+09         1
107 *PART
108 $                                                                partname   unused1
109                                                               SALEFill_E
110 $        ID     secid       mid     eosid      hgid      grav     adopt      tmid
111           6         6         6         6         0         0         0         0
```

图 1-17 常见关键字示例

① 关键字输入文件以 * KEYWORD 开头，以 * END 终止，LS-DYNA 程序只会编译 * KEYWORD 和 * END 之间的部分。

② 在关键字格式中，相似的功能在同一关键字下组合在一起。例如，在关键字 * ELEMENT 下包括体单元、壳单元、梁单元、弹簧单元、离散阻尼器、安全带单元和质量单元。

③ 许多关键字具有如下选项标识：OPTIONS 和 {OPTIONS}。两者的区别在于 OPTIONS 是必选项，要求必须选择其中一个选项才能完成关键字命令。而 {OPTIONS} 是可选项，并不是关键字命令所必需的。

④ 每个关键字前面的星号“ * ”必须在第一列中，关键字后面跟着与关键字相关的数据块。

⑤ 第一列中的符号“ $ ”表示其后的内容为注释，LS-DYNA 会忽略该输入行的内容。

⑥ 除了 * KEYWORD（定义文件开头）、* END（定义文件结尾）、* DEFINE _ TABLE（后面须紧跟 * DEFINE _ CURVE）、* DEFINE _ TRANSFORM（须在 * INCLUDE _ TRANSFORM 之前定义）、* PARAMETER（参数先定义后引用）等关键字之外，整个 LS-DYNA 输入与关键字顺序无关。

⑦ 关键字输入不区分大小写。

⑧ 关键字下面的数据可采用固定格式，中间用空格隔开，关键字的每一个列包含 10 个字符。

⑨ 每个关键字可分多次定义成多个数据组。

⑩ 每个关键字后面的输入数据还可以采用自由格式输入，此时输入的数据用英文逗号分隔。

⑪ 用空格分隔的固定格式和用逗号分隔的自由格式可以在整个输入文件中混合使用，也可以在同一个关键字的不同行混合使用，但是在同一行中不能混用。

图 1-18 说明了 LS-DYNA 输入数据组织的原理，以及输入文件中各种实体如何相互管理。在图 1-18 中，关键字 * ELEMENT 包含的数据是单元编号 EID、PART 编号 PID、节点编号 NID 和构成单元的 4 个节点：N1、N2、N3 和 N4。

节点编号 NID 在 * NODE 中定义，每个 NID 只应定义一次。

* PART 关键字定义的 PART 将材料、单元算法、状态方程、沙漏等集合在一起，该 PART 具有唯一的 PART 编号 PID、单元算法编号 SID、材料本构模型编号 MID、状态方程编号 EOSID 和沙漏控制编号 HGID。

* SECTION 关键字定义了单元算法编号 SID，包括指定的单元算法、剪切因子 SHRF

```
*NODE             NID X Y Z
*ELEMENT          EID PID N1 N2 N3 N4
*PART             PID SID MID EOSID HGID
*SECTION_SHELL    SID ELFORM SHRF NIP PROPT QR ICOMP
*MAT_ELASTIC      MID RO E PR DA DB
*EOS              EOSID
*HOURGLASS        HGID
```

图 1-18 LS-DYNA 关键字输入方式的数据组织

和数值积分准则 NIP 等参数。

* MAT 关键字为所有单元类型定义了本构模型参数。

* EOS 关键字定义了材料的状态方程参数。

由于 LS-DYNA 中的许多单元都使用简化数值积分，因此可能导致沙漏这种零能变形模式，可通过 * HOURGLASS 关键字设置人工刚度或黏性 * CONTROL _ BULK _ VISCOSITY 来抵抗零能变形模式的形成，从而控制沙漏。

如表 1-5 所示，在每个关键字输入文件中，下列关键字是必须有的。

表 1-5 必备关键字

* KEYWORD	关键字开头
* CONTROL_TERMINATION	计算时间
* NODE	节点定义
* ELEMENT	单元定义
* MAT	材料定义
* SECTION	算法定义
* PART	PART 模型定义
* DATABASE_BINARY_D3PLOT	计算保存文件
* END	关键字结尾

在 LS-DYNA 输入文件中，每个关键字命令下的每一行数据块称为一张卡片（简称卡）。在 LS-DYNA 关键字用户手册，即 *LS-DYNA KEYWORD USER'S MANUAL* 中（以下简称 K 文件手册），每张卡片都以固定格式的形式进行描述，大多数卡片都是 8 个字段，每个字段长度为 10 个字符，共 80 个字符。卡片示例见表 1-6。当卡片格式与此不同时，都会明确说明卡片格式。

表 1-6 关键字卡片示例

Card[N]	1	2	3	4	5	6	7	8
Variable	NSID	PSID	A1	A2	A3	KAT		
Type	I	I	F	F	F	I		
Default	None	None	1.0	1.0	0	1		
Remarks	1			2		3		

对于固定格式（采用 10 个字符）和自由格式（采用英文逗号），用于指定数值的字符数均不得超过规定的字段长度。

在表1-6中，标有“Type”的行给出了变量类型，“F”表示浮点数，“I”表示整数。如果指定了0，该字段留空或未定义卡片，则表示变量将采用“Default”指定的默认值。“Remarks”是指该部分末尾留有备注。

每个关键字卡片之后是一组数据卡。数据卡可以是：

① 必需卡片。除非另有说明，否则卡片是必需的。

② 条件卡。条件卡需要满足一些条件。

③ 可选卡。可选卡是可以被下一张关键字卡替换的卡。可选数据卡中省略的字段将被赋予默认值。

关键字选项的附加条件卡如表1-7所示。

表1-7 关键字选项的附加条件卡

ID	1	2	3	4	5	6	7	8
Variable	ABID	HEADING						
Type	I	A70						

LS-DYNA程序对关键字输入文件的格式检查非常严格。在读取数据的关键字输入阶段，只对数据进行有限的检查。在输入数据的第二阶段，将进行更多的检查。由于LS-DYNA保留了读取较早的非关键字格式输入文件的功能，因此会像以前版本的LS-DYNA一样，将数据输出到d3hsp文件中。LS-DYNA曾试图在输入阶段检查并给出输入文件中的所有错误，遗憾的是，这很难实现，LS-DYNA可能会遇到第一个出错信息就终止运行，无法给出后续的错误信息。用户应该检查输出文件d3hsp或message文件中的单词“Error”，查找出错原因。

注：常见的K文件编辑器是UltraEdit软件（简称UE），打开UE软件后，选择菜单栏的【视图】→【列标记】→【设置列标（U）】，在列组中，选择【新建（N）】，创建【Column Group】，在【Column Group】中再次选择【新建（W）】，依次设置列号为0、10、20、30、40、50、60、70和80，即将K文件进行列标记，方便查看K文件格式问题。

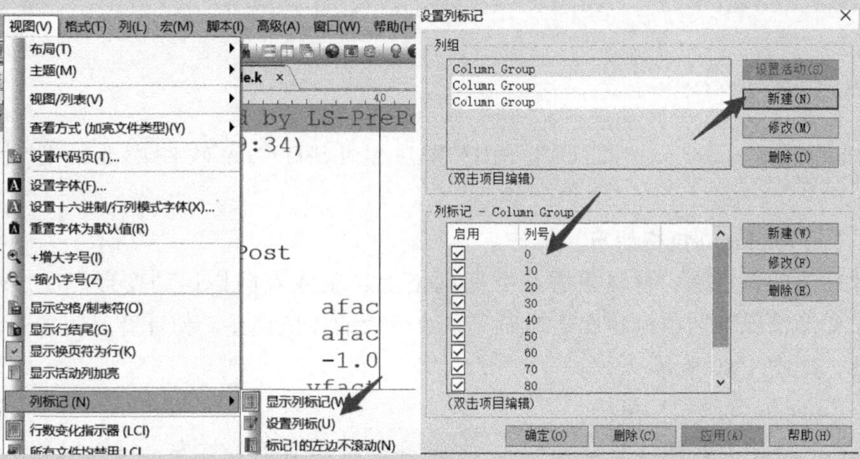

设置列标记

1.3.3 文件系统

LS-DYNA 输入、输出文件系统如图 1-19 所示，可输出三种类型文件：

① 二进制文件。如 d3plot、d3plot01、d3dump01、d3dump02、d3thdt、d3thdt01 等。

② ASCII 结果文件。如 glsat、mastsun、nodout、rwforc 等。

③ ASCII 信息文件。如 d3hsp、message 等。

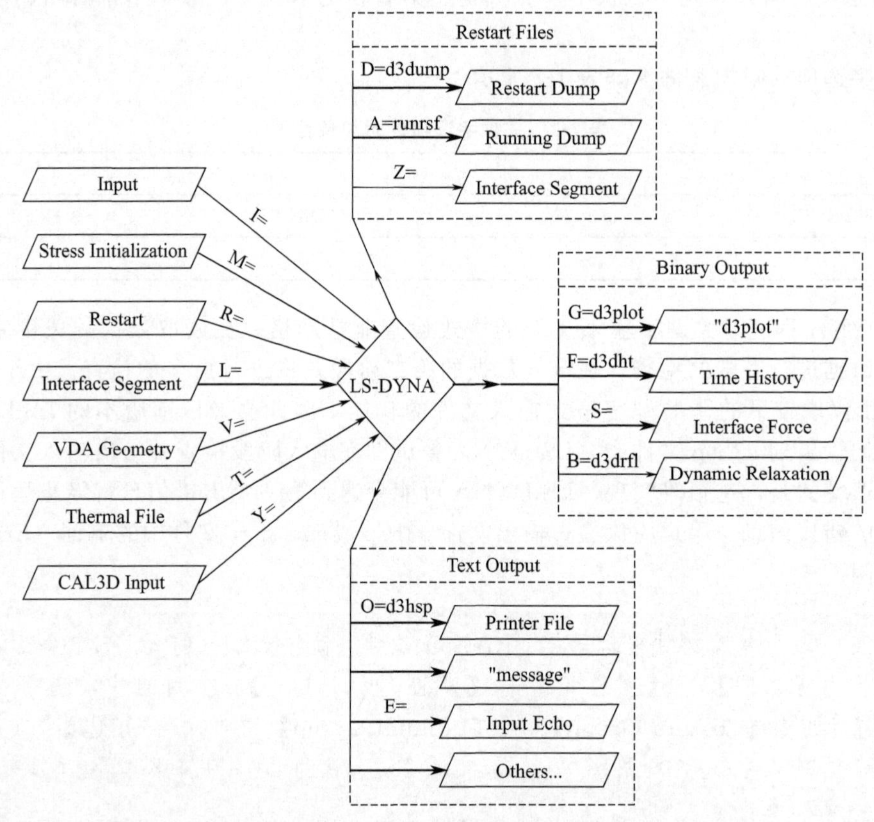

图 1-19　LS-DYNA 输入输出文件系统

1.3.4 常用算法介绍

Lagrangian、Eulerian、ALE 和 SPH 算法是 LS-DYNA 软件中非线性计算常用的算法。

（1）Lagrangian（拉格朗日）算法

这种算法的特点是：材料附着在空间网格上，跟随着网格运动变形。Lagrangian 算法在结构大变形情况下网格极易发生畸变，导致较大的数值误差，使计算时间加长，甚至计算提前终结，如图 1-20 所示。

（2）Eulerian（欧拉）算法

Eulerian 算法中网格总是固定不动，材料在网格中流动。首先，材料以一个或几个 Lagrangian 时间步进行变形，然后将变形后的 Lagrangian 单元变量（密度、能量、应力张量等）和节点速度矢量映射和输送到固定的空间网格中，如图 1-21 所示。

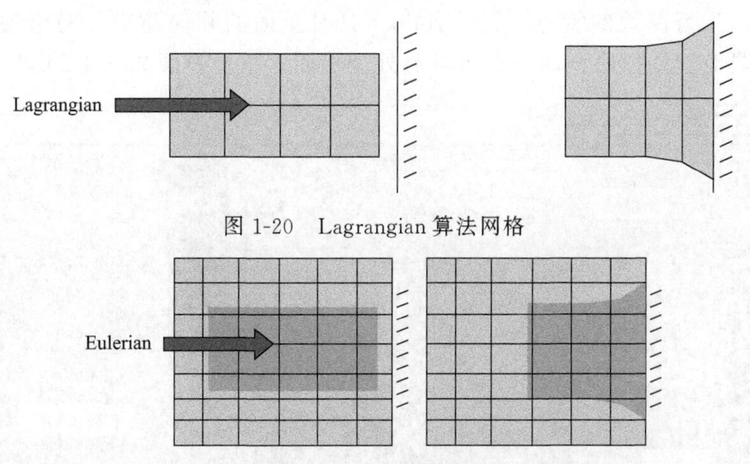

图 1-20 Lagrangian 算法网格

图 1-21 Eulerian 算法网格

(3) ALE (Arbitrary Lagrangian Eulerian，任意拉格朗日-欧拉) 算法

ALE 为任意拉格朗日-欧拉算法，ALE 算法中空间网格是可以任意运动的。ALE 计算时先执行一个或几个 Lagrangian 时间步计算，此时单元网格随材料流动而产生变形，然后执行 ALE 时间步计算。如图 1-22 所示，首先，保持变形后的物体边界条件，对内部单元进行重分网格，网格的拓扑关系保持不变；然后，将变形网格中的单元变量（密度、能量、应力张量等）和节点速度矢量输送到重分后的新网格中。

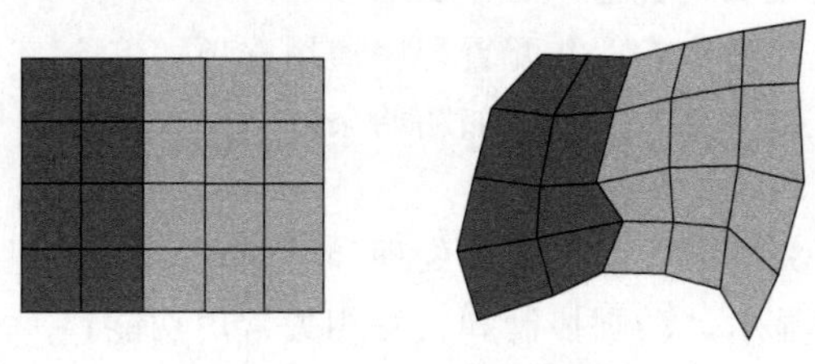

图 1-22 ALE 算法网格

(4) SPH 算法

SPH 算法是解决计算连续体动态力学问题新发展的计算方法，连续体等效为相互作用的粒子组成的任意网格，无需数值网格，其本质是一种拉格朗日网格算法。如图 1-23 所示，SPH 算法是一种无网格方法，适合模拟破片飞散、裂纹扩展等问题。

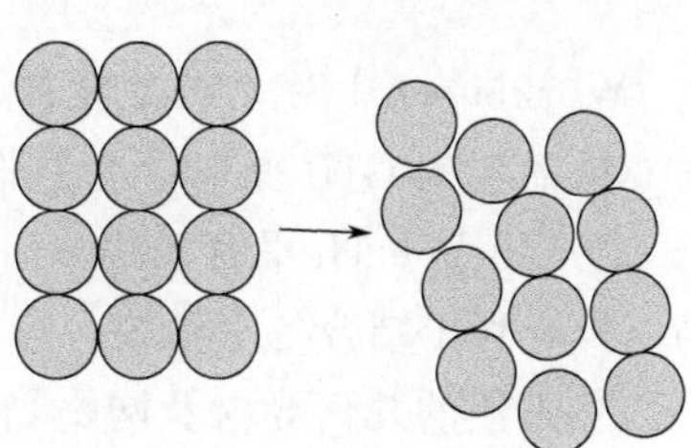

图 1-23 SPH 算法网格

一般来说，Lagrangian 算法是最为常见的计算算法，计算准确度和计算效率都比较高，但不适用于极大变形。ALE 和 Eulerian 算法适合求解大变形问题，但是算法复杂度增加，计算效率降低，算法本身具有耗散和色散效应，物质界面不清晰，计算准确度通常低于 Lagrangian 算法。SPH 算法适合求解超高速碰撞或脆性材料的模拟，但是其计算效率低，容易出现奇异点。

1.3.5 LS-PrePost 介绍

LS-PrePost 是 LS-DYNA 专用前后处理软件，全面支持 LS-DYNA 的输入和输出文件，具有操作简便、运行高效的特点。LS-PrePost 具有全面的几何建模、网格划分和关键字添加功能，同时具有数据提取、动画显示等后处理功能。主要界面如图 1-24 所示。

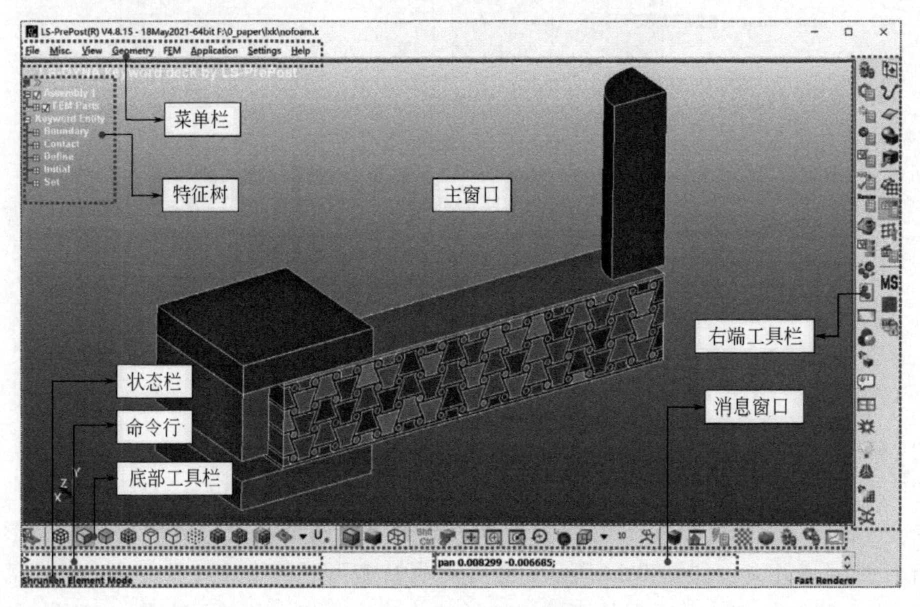

图 1-24　LS-PrePost 界面

LS-PrePost 界面中的主要功能选项如下：

【菜单栏】：执行文件管理功能，并配置程序通用选项；

【特征树】：显示装配体以及关键字，如初始条件、边界条件、接触等；

【主窗口】：几何建模和后处理渲染；

【右端工具栏】：各类关键字，可进行前处理和后处理；

【底部工具栏】：模型显示、动画控制和交互相关常用功能；

【命令行】：可输入命令，构建模型；

【状态栏】：显示模型或者选中项目状态。

1.4　Workbench LS-DYNA 介绍

Workbench LS-DYNA 具有如下特点：

① 简洁的 GUI 操作，上手难度小，学习成本低；

② Workbench 平台模块多，操作流程一致，模块之间共享数据，使用 Workbench LS-DYNA 有利于结合各个模块，方便各种多物理场的耦合；

③ 方便的几何导入及网格划分模块，几乎支持所有主流格式，可以使用 SpaceClaim 进行几何清理；

④ 方便的单位制管理；

⑤ 丰富的材料库模型，自带材料库，可以建立自定义材料库模型；

⑥ 更加智能的参数自动设置，计算更加稳健；

⑦ 完全集成和完全参数化。

ANSYS/Workbench 2022 R1 平台中的 LS-DYNA 版本是 R12.1 版，在 Workbench 平

台中，有些关键字不支持，例如：

- 用户定义的材料定义；
- LS-DYNA 用户子程序；
- EFG 无网格方法；
- 一些特殊元素，如安全带等。

对于有经验的高级用户，可以通过插入 Command 命令的形式添加关键字，或者通过 Keyword Manager 添加关键字。进一步地，可以将 Workbench 平台作为 LS-DYNA 求解器的前处理，修改关键字后提交 LS-RUN 软件进行计算，LS-RUN 软件可以运行所有支持的关键字。

ANSYS 2022 R1 版本已默认安装 LS-DYNA 模块，较早的版本如 19.0 版本可以通过 LS-DYNA 的 ACT 插件进行启动。更早一些的版本可以通过 Explicit Dynamics（LS-DYNA Export）将 K 文件导出修改后提交计算（已基本不用）。

Workbench LS-DYNA 主要界面同 Workbench 平台中的模块一致，主要由菜单栏、工具栏、模型树、主窗口、信息栏和状态栏等组成，如图 1-25 所示。

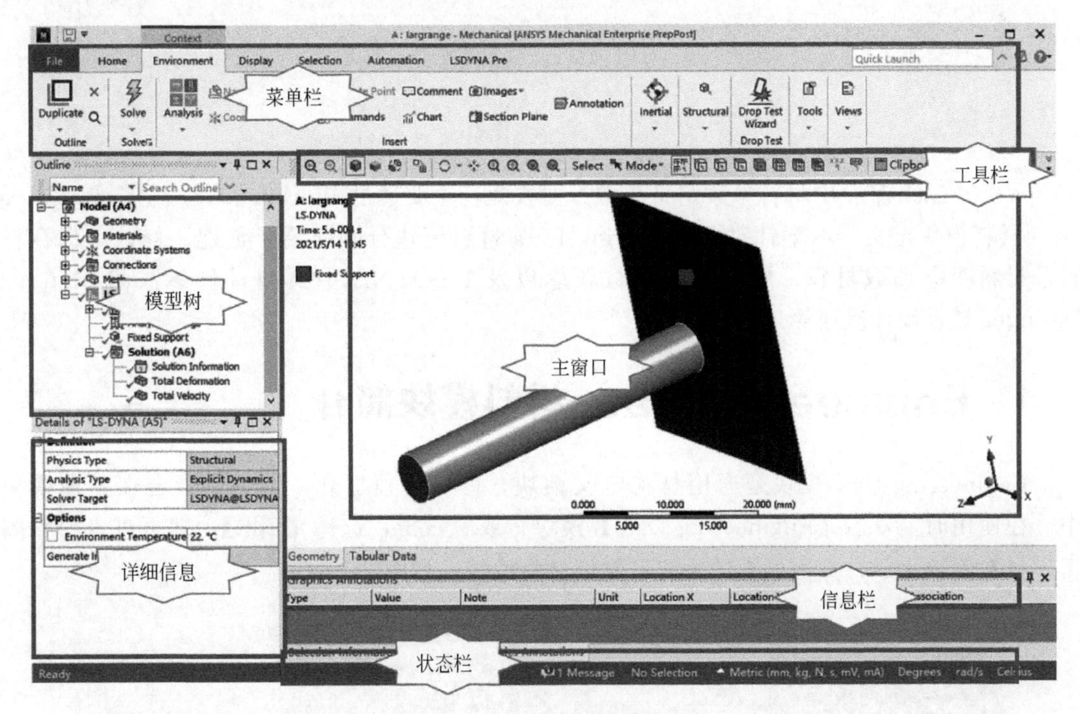

图 1-25 LS-DYAN 界面

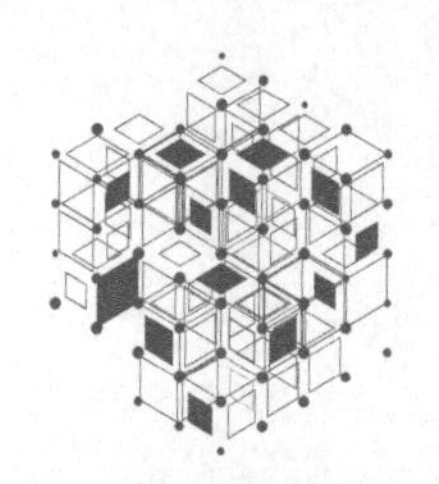

第2章 Engineering Data 材料模块

Workbench 平台中材料参数定义非常方便快捷，主要通过 Workbench 中的 Engineering Data 材料模块定义。本章针对 Engineering Data 材料模块分别介绍了创建、修改、保存材料，材料库中加载材料，用户自定义材料库以及 LS-DYNA 中典型材料参数和 Material Desinger 材料设计模块等。

2.1 Engineering Data 材料模块简介

Engineering Data 模块是通用材料定义模块，可以单独加载，也可以结合在其他模块中。在使用时，双击【Engineering Date】模块，或者右击，选择【Edit】，即可进入材料编辑。材料编辑完成，点击上方的×即可退出材料编辑，如图 2-1 所示。

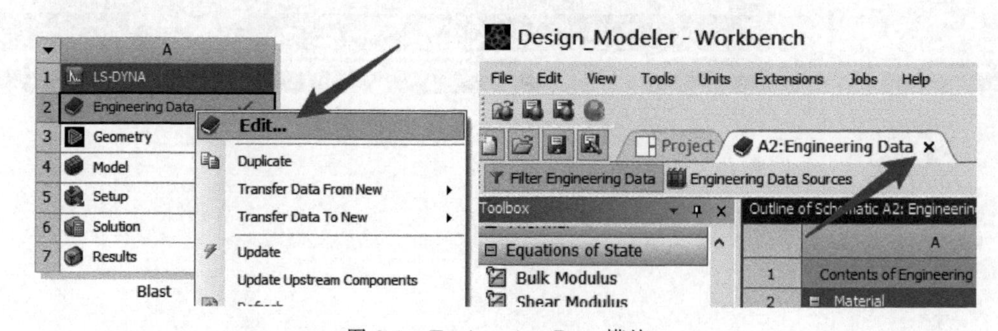

图 2-1　Engineering Data 模块

Engineering Data 模块界面包括菜单栏、工具栏、工作面板、大纲面板、属性面板、表格面板、图面板等，如图 2-2 所示。

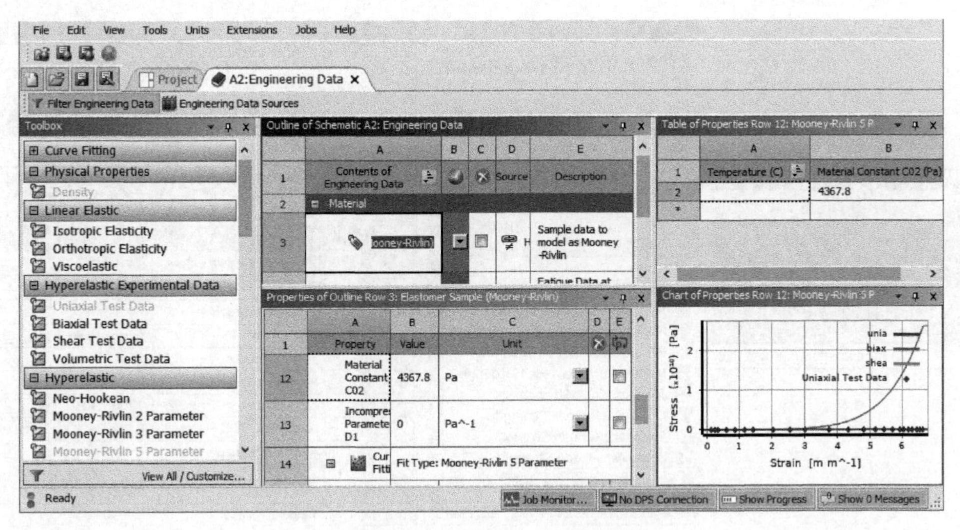

图 2-2 Engineering Data 模块界面

> **注：** 如果不小心关闭了其中某个面板，可以在菜单栏【View】→【Reset Workspace】中进行重置。

2.2 创建及修改材料

2.2.1 创建材料

双击【Engineering Data】模块后进入材料编辑主界面，在空白栏【Click here to add a new material】中输入自定义的材料名称，然后通过左侧的工具栏，双击需要添加的材料参数。

以创建弹塑性模型的 Q235 钢为例，如材料名称可以自定义为【Steel-Q235】，在工具栏中依次双击【Density】、【Isotropic Elasticity】、【Bilinear Isotropic Hardening】，输入密度【Density】$=7850\mathrm{kg/m^3}$，杨氏模量【Young's Modulus】$=2\mathrm{E}+11\mathrm{Pa}$，泊松比【Posisson's Ratio】$=0.3$，屈服强度【Yield Strength】$=2.35\mathrm{E}+08\mathrm{Pa}$，切线模量【Tangent Modulus】$=6.1\mathrm{E}+09\mathrm{Pa}$，如图 2-3 所示。

> **注：** Workbench 中单位制相对统一，可以通过菜单栏【Units】切换单位制，一般建议采用 mks 标准单位制，Workbench 目前不支持 cm-g-us 单位制。可以将网格或者材料导出后，通过 LS-PrePost 对关键字进行更改，设置 cm-g-us 单位制。

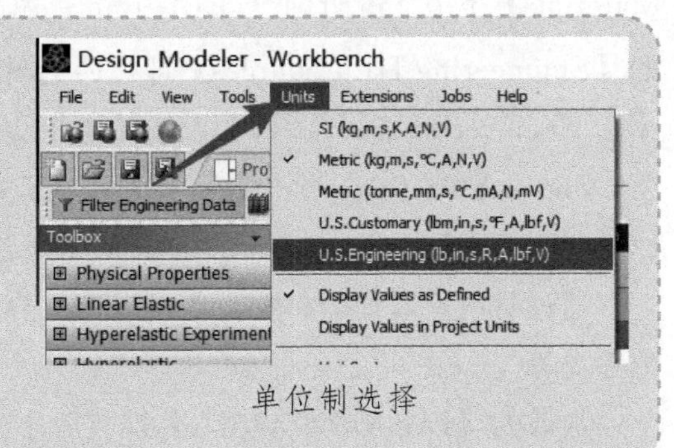

单位制选择

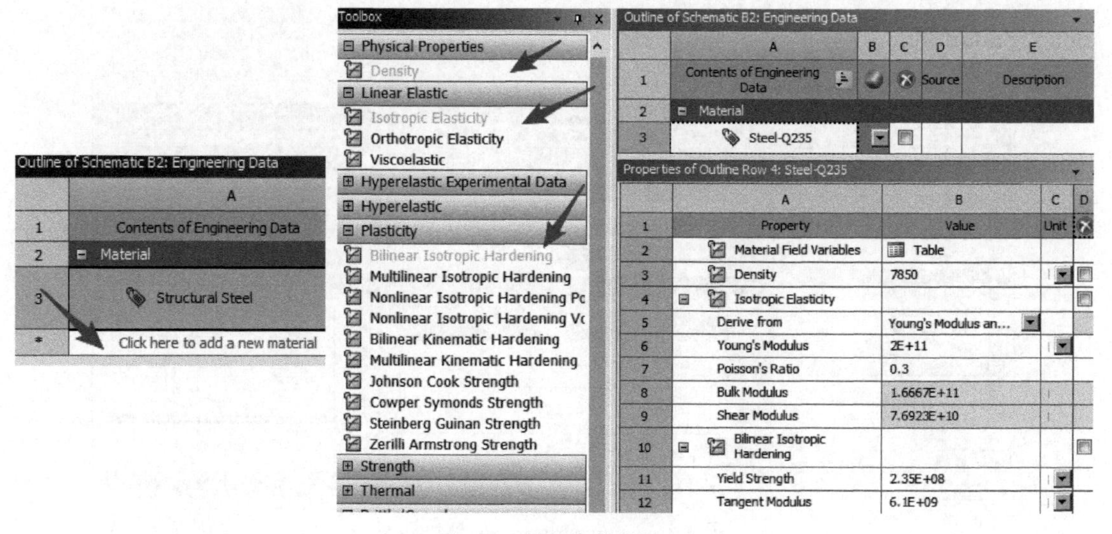

图 2-3 材料参数设计

2.2.2 加载材料库材料

Engineering Data 中含有多个已有材料库，如默认有【ANSYS GRANTA Materials Data For Simulation】、【General Materials】、【Geomechanical Materials】、【Additive Manufacturing Materials】、【Composite Materials】、【General Non-Linear Materials】、【Explicit Materials】和【Hyper Elastic Materials】等材料库，覆盖了静力学，动力学线性、非线性，超弹性，复合材料等多种材料。

点击菜单栏的【Engineering Data Sources】可以进入材料库，一般 Workbench 根据不同的模块会有对应的材料库，不同的模块材料适用的参数也不一致，如热力学中可能存在热导率、比热容等，电磁方面可能会有电阻、电压、磁通量等。在 LS-DYNA 中一般比较常用的是【Explicit Materials】和【General Non-Linear Materials】材料库，【Explicit Materials】材料库主要是基于 Autodyn 材料库模型，覆盖了主要的显式动力学材料参数，【General Non-Linear Materials】包含常见的弹塑性材料力学参数。

点击【Explicit Materials】材料库中的 STEEL 1006 材料，选择【Outline Of Explicit Materials】下方 166 行的 STEEL 1006，鼠标点击⊞，添加材料，然后再次点击菜单栏上方的【Engineering Data Sources】即可回到材料编辑的主界面中。在【Outline of Schenmatic A2：Engineering Data】中可以看到材料已经添加。其采用 Johnson Cook Strength 强度模型，Shock EOS Liear 状态方程，对应 LS-DYNA 中的 * MAT _ JOHNSON _ COOK 和 * EOS _ GRUNEISEN，如图 2-4 所示。

通过材料库添加的材料，也可以在主界面中进行修改，如修改数值、添加或者删除材料的参数等。

加载的【Explicit Materials】材料库中的 STEEL1006 材料参数对应的 K 文件材料参数如下。

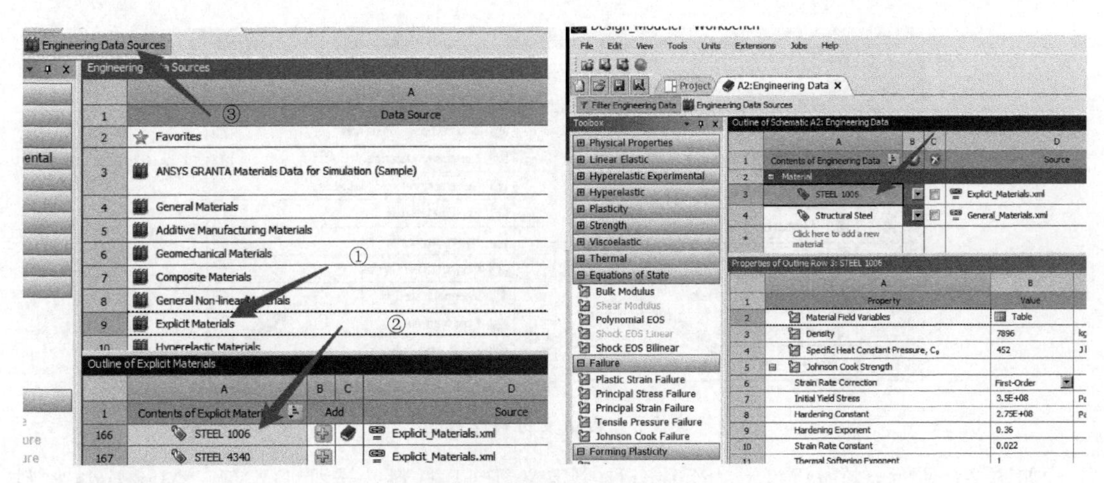

图 2-4　材料库中材料加载

*MAT_JOHNSON_COOK								
$	ID	RO	G	E	PR	DTF	VP	RATEOP
	1	7896	8.18E+10	0	0	0	0	0
$	A	B	N	C	M	TM	TR	EPSO
	350000000	275000000	0.36	0.022	1	1537.85	22	1
$	CP	PC	SPALL	IT	D1	D2	D3	D4
	452	0	0	0	0	0	0	0
$	D5	C2P						UNUSED
	0	0						
*EOS_GRUNEISEN								
$	ID	C	S1	S2	S3	GAMAO	A	E0
	1	4569	1.49	0	0	2.17	0	0
$	V0							UNUSED1
	0							

2.2.3　创建材料库

Workbench平台可以建立自己常用的材料库，方便每次使用时直接调用。如图2-5所示，在Engineering Data材料库中，选择【Engineering Data Sources】，在空格处【Click here to add a new library】输入自定义的材料库名称，如输入“DYNA _ Materials”，根据提示，设置保存路径，平台会自动生成.xml格式的材料库文件。

创建自定义材料库中材料：点击自定义的“DYNA _ Materials”材料库，在【Click here to add a new material】中输入自定义材料的名称，通过添加材料的具体参数，可生成自定义的材料，可以在右侧的【Description】中添加文献的详细资料作为备注，如文献的链接或者名称等。材料定义完成后，点击B列中的方框，退出编辑模式，在弹出的对话框“Modification May Have Been Made To This Library”中再次点击保存即可。以后每次打开Workbench可以选择对应的DYNA _ Materials材料库中的材料。

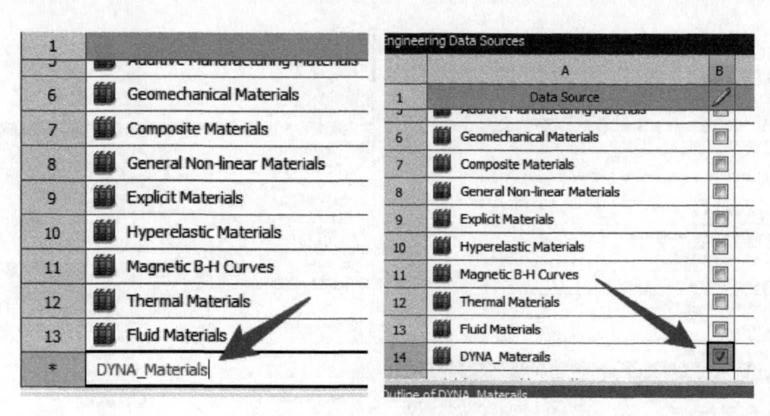

图 2-5 自定义材料库模型

如图 2-6 所示，在 DYNA _ Materials 中定义 TNT 材料，选择 DYNA _ Materials 材料库，确定方框处于勾选可编辑状态☑，在下方【Outline of DYNA _ Materials】中输入材料名称为“TNT”，通过左侧工具栏添加【Density】、【＊MAT _ HIGH _ EXPLOSIVE _

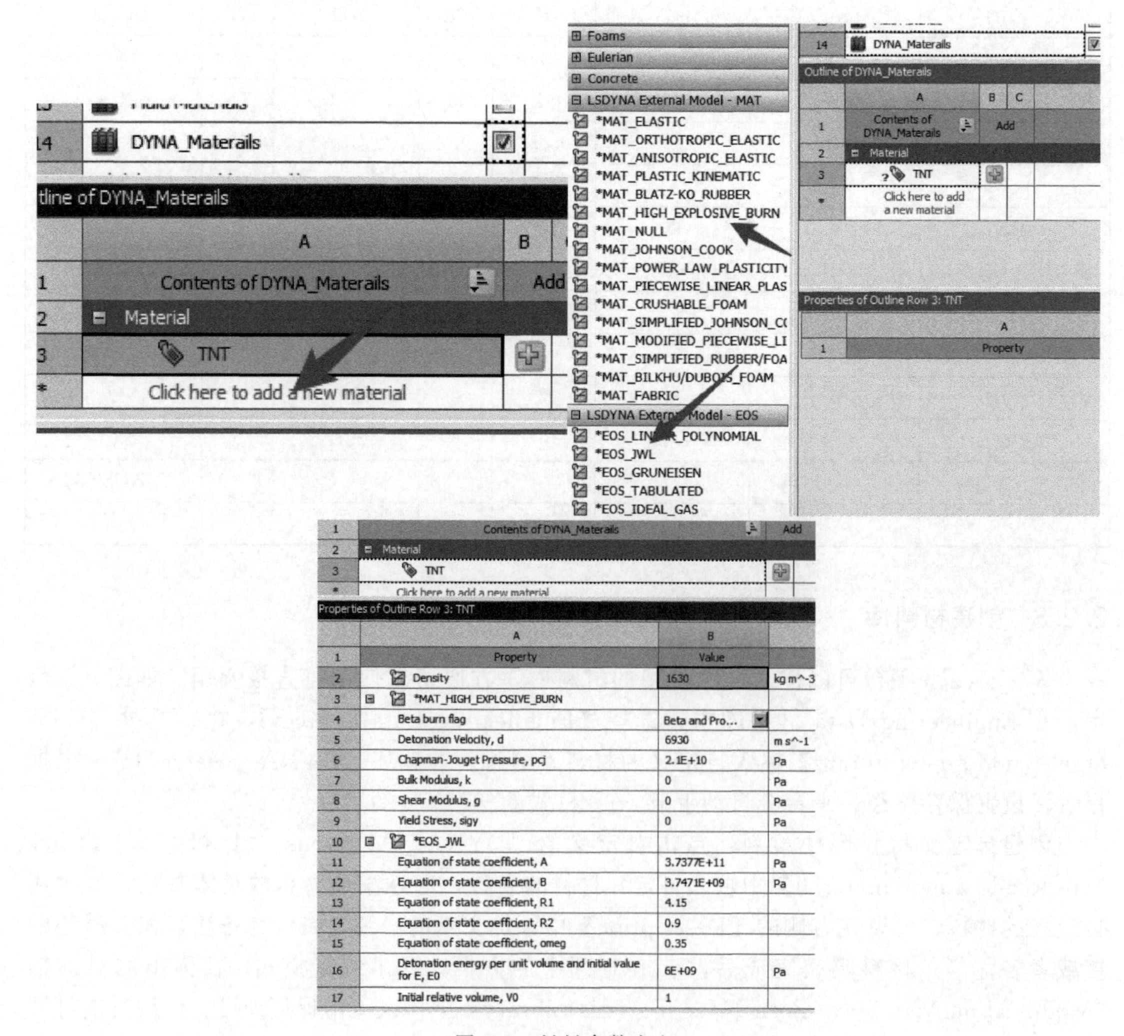

Properties of Outline Row 3: TNT

	A	B	
1	Property	Value	
2	Density	1630	kg m^-3
3	*MAT_HIGH_EXPLOSIVE_BURN		
4	Beta burn flag	Beta and Pro...	
5	Detonation Velocity, d	6930	m s^-1
6	Chapman-Jouget Pressure, pcj	2.1E+10	Pa
7	Bulk Modulus, k	0	Pa
8	Shear Modulus, g	0	Pa
9	Yield Stress, sigy	0	Pa
10	*EOS_JWL		
11	Equation of state coefficient, A	3.7377E+11	Pa
12	Equation of state coefficient, B	3.7471E+09	Pa
13	Equation of state coefficient, R1	4.15	
14	Equation of state coefficient, R2	0.9	
15	Equation of state coefficient, omeg	0.35	
16	Detonation energy per unit volume and initial value for E, E0	6E+09	Pa
17	Initial relative volume, V0	1	

图 2-6 材料参数定义

BURN】和【*EOS_JWL】。然后设置对应的参数，具体材料参数如表 2-1 所示。

表 2-1 TNT 材料参数

参数名称	值
密度 Density	1630kg/m^3
爆速 Detonation Velocity,D	6930m/s
爆压 Chapman-Jouget Pressure,pcj	2.1E10Pa
体积模量 Bulk Modulus,k	0Pa
剪切模量 Shear Modulus,g	0Pa
屈服强度 Yield Stress,sigy	0Pa
JWL 参数 Equation of state coefficient,A	3.7377E11Pa
JWL 参数 Equation of state coefficient,B	3.7471E9Pa
JWL 参数 Equation of state coefficient,R1	4.15
JWL 参数 Equation of state coefficient,R2	0.9
JWL 参数 Equation of state coefficient,omeg	0.35
初始能量 Detonation energy per unit volume and initial value for E,E0	6E9Pa
初始相对体积 Initial relative volume,V0	1

实际生成的 K 文件材料参数如下。

*MAT_HIGH_EXPLOSIVE_BURN							
$ ID	RO	D	PCJ	BETA	K	G	SIGY
1	1630	6930	2.10E+10	0	0	0	0
*EOS_JWL							
$ ID	A	B	R1	R2	OMEG	E0	V0
1	3.74E+11	3.75E+09	4.15	0.9	0.35	6.00E+09	1

2.2.4 材料模型数据导入

Workbench 平台可批量导入试验测试数据，如导入泡沫模型的体积应变和应力的参数。在 Engineering Data 中，新建一个名称为“Foam”的材料，在左侧工具栏中选择材料模型为【*MAT_CRUSHABLE_FOAM】，在【Yield Stress versus Volumetric Strain，lcid】中选择【Tabular】，在右上角的【Table of Properties Row】空白处，右击选择【Import Delimited Data...】，选择合适的材料数据文件（.txt 和.csv 格式)，勾选【Import】，可以选择【Variable】和对应的【Unit】等，点击【OK】即可导入，如图 2-7 所示。

2.2.5 材料参数拟合

Workbench 平台 Engineering Data 模块可自动针对部分材料参数曲线根据其对应的方程进行参数拟合。以橡胶材料的参数拟合为参考，在 Engineering Data 中，点击【Engineering Data Sources】，选择【Hyperelastic Materials】材料库，选择【Elastomer Sample（Mooney-Rivlin）】添加，再次点击【Engineering Data Sources】进入材料编辑主界面，在左侧

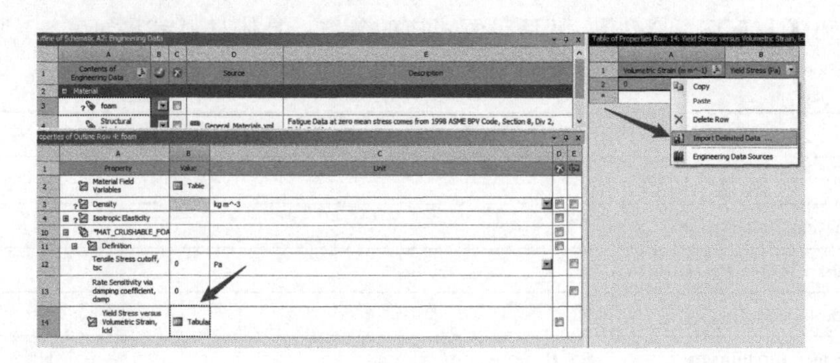

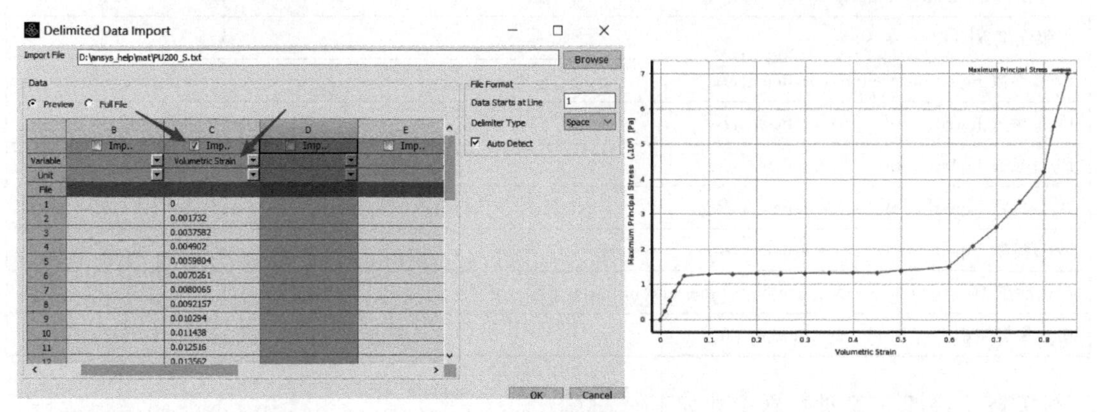

图 2-7 材料模型数据导入

工具栏添加【Mooney-Rivlin 5 Parameter】，在【Curve Fitting】选项中，右击选择【Solve Curve Fit】，然后选择【Copy Calculated Values To Property】，即可完成参数的拟合，并自动填充对应的拟合参数，如图 2-8 所示。此橡胶关于 Mooney-Rivlin 方程的参数为：C10＝－3196.4Pa，C01＝4242.3Pa，C20＝624.13Pa，C11＝－2632.5Pa，C02＝4367.8Pa。

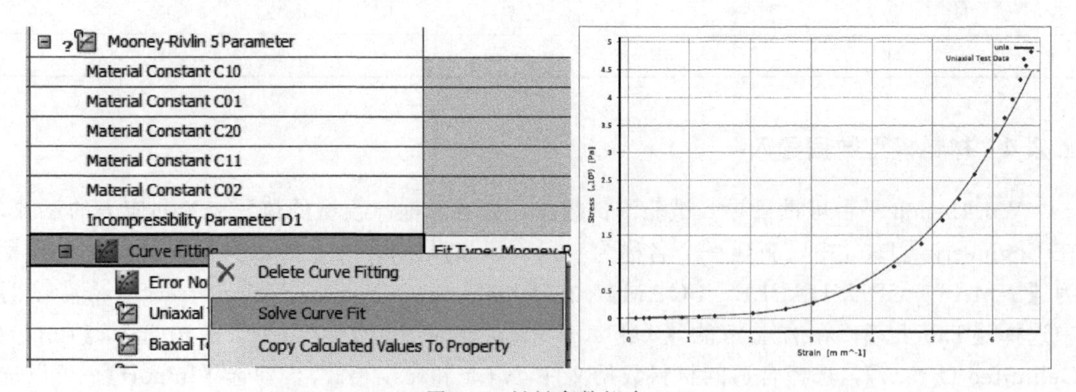

图 2-8 材料参数拟合

2.3 LS-DYNA 中典型材料参数

LS-DYNA 支持常见的【Explicit Materials】显式动力学材料库中材料，此外还可以通过【LSDYNA External Model-MAT】和【LSDYNA External Model-EOS】添加对应的材料关键字。目前，Workbench LS-DYNA 支持的常见材料参数如下：

* MAT _ ELASTIC
* MAT _ ORTHOTROPIC _ ELASTIC
* MAT _ ANISOTROPIC _ ELASTIC
* MAT _ PLASTIC _ KINEMATIC
* MAT _ BLATZ-KO _ RUBBER
* MAT _ HIGH _ EXPLOSIVE _ BURN
* MAT _ NULL
* MAT _ JOHNSON _ COOK
* MAT _ POWER _ LAW _ PLASTICITY
* MAT _ PIECEWISE _ LINEAR _ PLASTI
* MAT _ CRUSHABLE _ FOAM
* MAT _ SIMPLIFIED _ JOHNSONCOOK
* MAT _ MODIFIED _ PIECEWISE _ LINER
* MAT _ SIMPLIFIED _ RUBBER/FOAM
* MAT _ BILKHU/DUBOIS _ FOAM
* MAT _ FABRIC

支持的状态方程如下：

* EOS _ LINEAR _ POLYNOMIAL
* EOS _ JWL
* EOS _ GRUNEISEN
* EOS _ TABULATED
* EOS _ IDEAL _ GAS

注： LS-DYNA 也支持 Workbench 平台一些其他材料参数，包括【Foams】、【Thermal】等工具栏下方的材料参数，同时支持常见的【General Materials】、【General Non-Linear Materials】和【Explicit Materials】材料库等。在不知道 Workbench LS-DYNA 是否支持该材料参数的情况下，可以先加载，通过后续的输出 K 文件，查看是否支持以及对应的关键字等，或者查看 Workbench LS-DYNA 帮助手册。

2.4 Material Designer 材料设计模块

Material Designer 是 Workbench 平台中专门针对异型构件材料参数设计的独立模块，可对如纤维增强、颗粒增强，复合材料、蜂窝材料和点阵材料等进行设计，得到相应的材料参数。其主要有两个功能：①使用基础材料的已知特性，计算异型构件材料的特性参数；②快速创建异型构件的几何模型。

如针对蜂窝铝材料，通过设计蜂窝铝材料的结构，采用基础铝材料参数，可以得到基于此蜂窝铝微结构的整体结构的材料参数，如整体结构的弹性模量、泊松比、热导率等。其几何设计与 SpaceClaim 相关联，可以将设计的异型结构另存为. scdoc 的 SpaceClaim 专用几何格式文件。

以计算蜂窝铝结构的力学与热学参数为例：

① 在左侧工具栏双击【Material Designer】模块，加载到主界面中，双击【Engineering Data】进入材料数据库，点击【General Non-Linear Materials】材料库，添加Aluminum Alloy NL材料。从左侧工具栏添加【Isotropic Thermal Conductivity】，设置【Iso Thermal Conductivity】为237W/(M·C)，如图2-9所示。

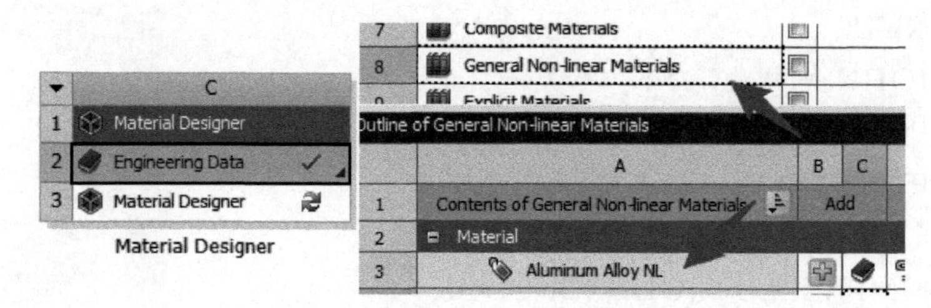

图 2-9　Material Designer 模块

② 双击【Material Designer】，进入材料设计器，选择【蜂窝】，如图2-10所示。

图 2-10　材料设计器

③ 在左侧RVE模型中，点击【材料】，设置【Honeycomb】材料为【Aluminum Alloy NL】，点击确定，即蜂窝材料的基体为Aluminum Alloy NL，如图2-11所示。

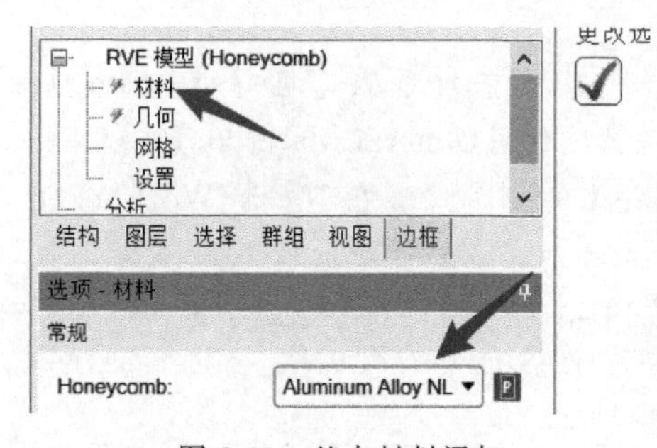

图 2-11　基本材料添加

④ 在左侧RVE模型中，选择【几何】，设置【侧边长度】为20mm，【厚度】为20mm，其他参数默认，生成的基本蜂窝几何形状可以在左侧窗口预览，点击可生成几何模型，如图2-12所示。

⑤ 在左侧RVE模型中，选择【网格】，勾选【使用周期性网格化】和【使用符合网格化】，其他参数默认即可。

⑥ 在左侧RVE模型中，选择【设置】，在材料属性中勾选【计算线性弹性】和【计算热导传导性】，在【常规】中，勾选【使用周期性边界条件】和【使用XY中的材料对称】，其他参数默认即可，如图2-13所示。

⑦ 在【分析】中右击，选择【固定材料的评估】，右击选择【Update】可生成分析结果，计算此微结构的材料的常见各向异性的工程常数、密度、热导率、比热容等，且能生成日志文件，如图2-14所示。

注：【Material Designer】材料设计器调用ANSYS APDL进行计算，得到计算结果，可以在求解器日志中查看详细分析步骤。

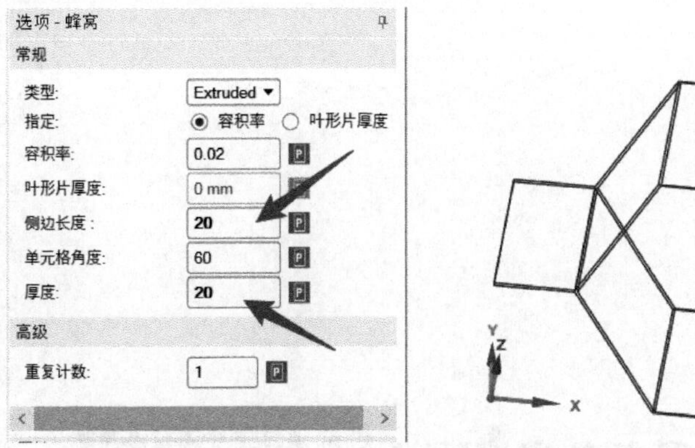

图 2-12 蜂窝形状设计

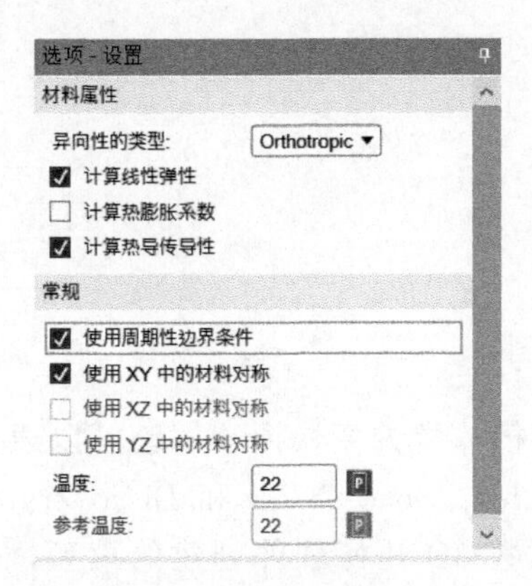

图 2-13 材料计算设置

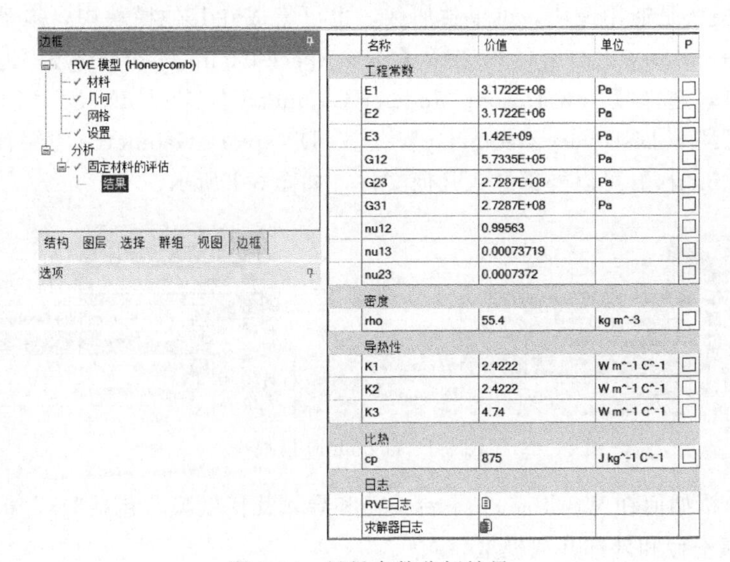

图 2-14 材料参数分析结果

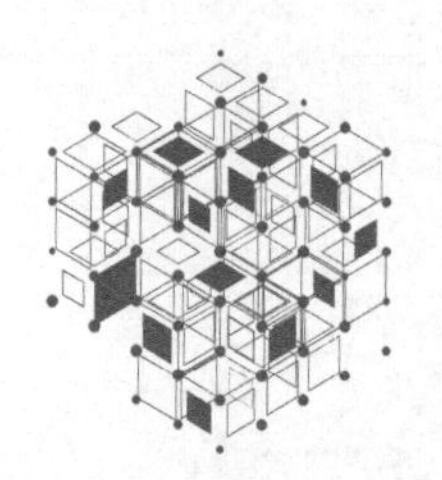

第3章 Geometry几何模块

Workbench平台中几何建模非常方便快捷，一般可以通过Geometry模块构建几何模型，主要模块有Design Modeler、SpaceClaim和Discovery Geometry模块。此外Workbench平台还可以导入绝大多数3D几何软件创建的模型，如SOLIDWORKS、UG NX、CATIA等，包括中间格式为.xt、.sat、.stp等的几何文件。

Geometry模块是通用模块，可单独加载，也可集成在其他模块中，拖动相应的模块进入主界面。在Geometry中右击可以选择【New Space Claim Geometry】，进入SpaceClaim中编辑几何模型，选择【New Design Modeler Geometry】，进入Design Modeler中编辑几何模型，选择【New Discovery Geometry】，进入Discovery Geometry中编辑几何模型，选择【Import Geometry】可以外部导入几何文件，如图3-1所示。

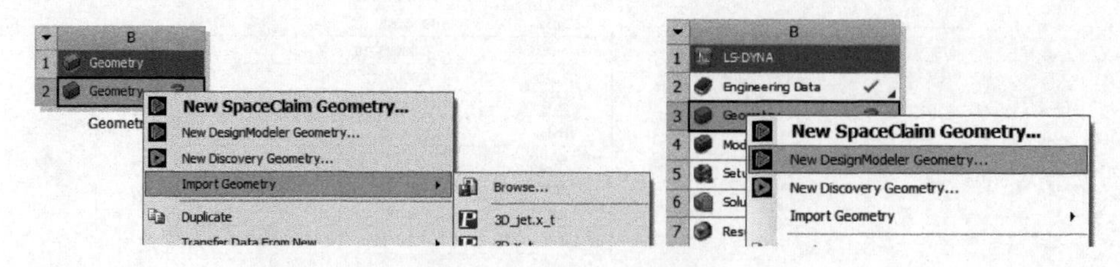

图3-1 Geometry模块

本章重点介绍如何在Workbench平台构建和导入几何模型，包括Design Modeler模块、SpaceClaim建模平台和外部几何模型导入。

3.1 Design Modeler模块

Design Modeler（以下简称DM）是ANSYS/Workbench几何建模最主要的平台之一，

DM可以全参数化进行实体建模，其基本创建过程同主流CAD软件类似，建立草图，通过Concept菜单进行1D或者2D模型构建，通过拉伸、旋转进行3D模型的建立；也可以直接建模，通过插入块、球体、锥体等进行3D模型的建立。Design Modeler可以为CAE分析提供独特的几何模型，如梁的建模、点焊的设置、2D对称模型的建模等。

下面以LS-DYNA模块为例，介绍DM模块的建模。首先拖动LS-DYNA模块到Project Schematic中，在Geometry命令中右击，选择【New DesignModeler Geometry】，如图3-2所示。

DM用户界面同主流的三维软件类似，主要包含主菜单、工具栏、模型树、详细列表、模型主窗口和信息栏等，如图3-3所示。主菜单栏包括所有的几何建模操作。工具栏主要是提供建模工具，如草图、拉伸、旋转、抽壳等快捷操作。模型树主要包括所有的操作过程记录，可随时修改查看。详细列表可以修改和查看模型的具体参数，如尺寸等。模型主窗口是查看或者预览模型的主要窗口。信息栏可提供错误信息、查看模型信息等。关于DM模块的学习，可以通过专业Workbench书籍或者帮助文档进行。

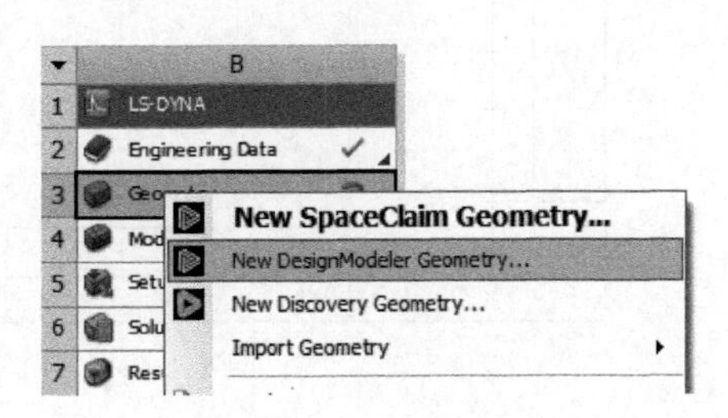

图3-2 DM模块打开方式

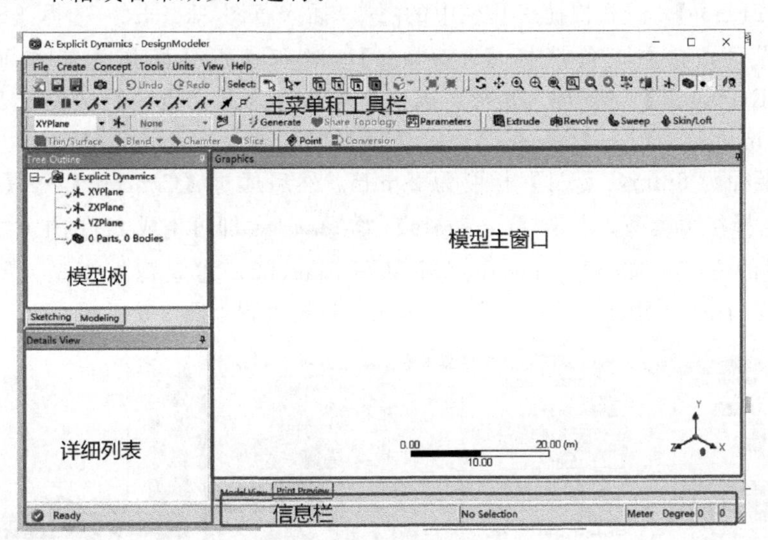

图3-3 DM模块用户界面

主菜单栏的选项如下：

【File】：文件，如导入导出、保存脚本、更新几何模型等。

【Create】：创建模型和修改模型，如拉伸、旋转、布尔运算、倒角、抽壳、直接建模、阵列、移动模型、创建焊点等。

【Concept】：概念建模，创建梁单元、2D壳体、赋予梁单元截面等。

【Tools】：工具选项，包括抽中面、创建Selection、拓展面、修复几何体、简化几何体等。

【Units】：单位设置。

【View】：显示项设置，如设置梁单元的横截面、显示标尺、显示框线图等。

【Help】：提供帮助文档。

3.1.1 子弹侵彻靶板建模

建立如图 3-4 所示的几何模型，模型关于 Y 轴对称，其中子弹直径为 12mm，长度为 20mm，靶板厚度为 4mm，长度为 100mm。

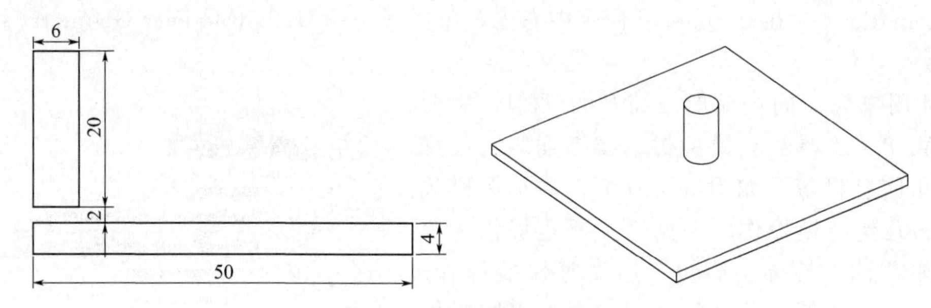

图 3-4 子弹侵彻靶板模型

选择 LS-DYNA 模块，在 Geometry 中右击选择【New Design Modeler Geometry…】，进入 DM 几何编辑界面。

（1）2D 模型构建

选择【XYPlane】，选择快捷工具栏中的，插入草图 Sketch1，选择【Sketching】进入草图编辑界面，在左上角选择【XYPlane】，对齐 XY 平面作为操作面。通过左侧【Draw】→【Rectangle】选择插入矩形，选择坐标原点为起始点，绘制关于 Y 轴对称的矩形。选择【Dimensions】→【General】，定义矩形的长宽，在 Details Views 中可以给矩形设置【H2】半径为 6mm，【V1】长度为 20mm。然后通过【Concept】→【Surface From Sketches】，选择草图模型，点击【Generate】 Generate 即可生成 2D 的平面模型。

采用相同的方式，在 XYPlane 中新建草图 Sketch2，建立靶板模型，靶板的长度为 50mm，厚度为 4mm，距离子弹的底部为 2mm。建模过程如图 3-5 所示。

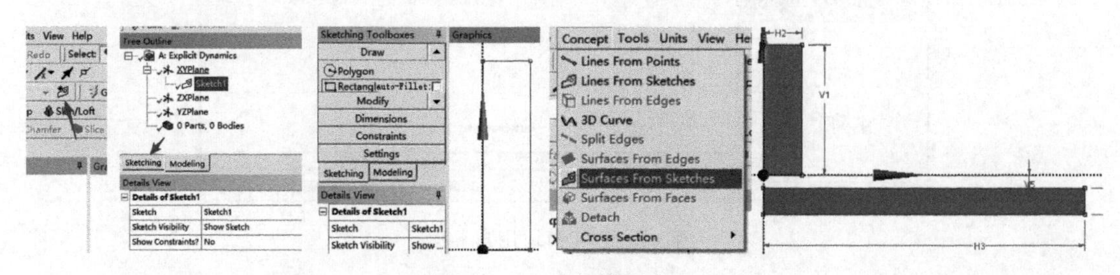

图 3-5 2D 弹靶模型建立

（2）草图拉伸旋转 3D 模型构建

通过上述建立的 Sketch 草图模型来构建三维模型，在快捷工具栏中，通过【Revolve】进行旋转，选择对应的子弹草图，选择对称轴为 Y 轴，旋转的角度【FD1】为 360°，子弹草图即可绕着 Y 轴旋转成圆柱体。对于靶板，可以通过快捷工具栏中的【Extrude 】，选择靶板草图 Sketch2，设置拉伸长度为 50mm，建立靶板的方块模型。建模结果如图 3-6 所示。

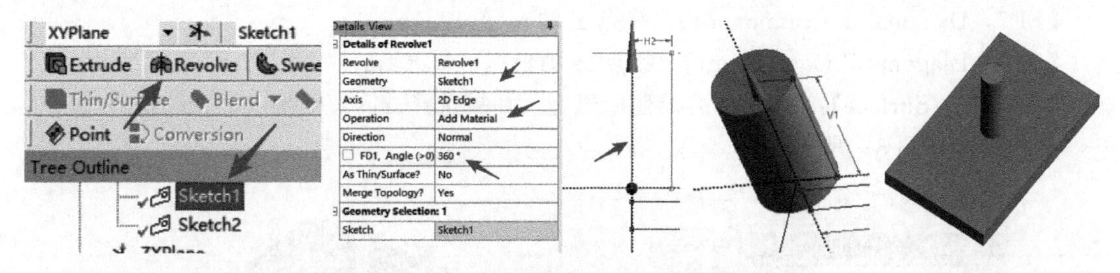

图 3-6　子弹和靶板的 3D 模型建立

(3) 3D 模型直接建模

子弹和靶板模型还可以通过直接建模的方式建立。在顶部菜单栏选择【Create】→【Primitives】→【Cylinder】，设置【FD8】为 0.02m，点击快捷工具栏的【Generate】，生成圆柱子弹模型。通过 Details View 修改和查看模型的信息：

【Cylinder】：Cylinder1，代表的是模型的名称，生成圆柱模型；

【Base Plane】：XY Plane，代表的参考坐标系是 X-Y Plane，即轴向是 Z 方向，径向是 X 或者 Y 方向；

【Operation】：Add Material，代表生成方式是增加材料；

【FD3，Origin X Coordinate】：起始点的 X 坐标，0；

【FD4，Origin Y Coordinate】：起始点的 Y 坐标，0；

【FD5，Origin Z Coordinate】：起始点 Z 坐标，0；

【Axis Definition】：Components，代表的是通过坐标系生成模型；

【FD6，Axis X Component】：终点 X 轴坐标，0；

【FD7，Axis Y Component】：终点 Y 轴坐标，0；

【FD8，Axis Z Component】：终点 Z 轴坐标，0.02m；

【FD10，Radius（>0）】：半径，0.006m；

【AS Thin/Surface】：No，不生成薄壁模型，如果选择 Yes，可生成带孔的圆柱模型，可进行孔径的参数编辑。

同样插入靶板模型，在顶部菜单栏选择【Create】→【Primitives】→【Box】，创建矩形块体，设置【FD3】为－0.05m，【FD4】为－0.05m，【FD5】为－0.006m，【FD6】为 0.1m，【FD7】为 0.1m，【FD8】为 0.004m，点击【Generate】，生成矩形靶板模型。通过 Details View 查看模型的信息：

【Box】：Box1，代表的是模型的名称，采用矩形块；

【Base Plane】：XY Plane，代表的参考坐标系是 X-Yplane，即轴向是 Z 方向，径向是 X 或者 Y 方向；

【Operation】：Add Material，代表生成方式是增加材料；

【Point 1 Definition】：Coordinates，矩形块起始点采用坐标系方式生成；

【FD3，Point1 X Coordinate】：起始点的 X 坐标，－0.05m；

【FD4，Point1 Y Coordinate】：起始点的 Y 坐标，－0.05m；

【FD5，Point1 Z Coordinate】：起始点的 Z 坐标，－0.006m；

【Diagonal Definition】：Components，代表的是通过坐标系生成模型；

【FD6，Diagonal X Component】：终点 X 轴坐标，0.1m；

【FD7，Diagonal Y Component】：终点 Y 轴坐标，0.1m；

【FD8，Diagonal Z Component】：终点 Z 轴坐标，0.004m；

【AS Thin/Surface】：No，不生成薄壁模型，如果选择 Yes，可生成抽壳的矩形块。

建模结果如图 3-7 所示。

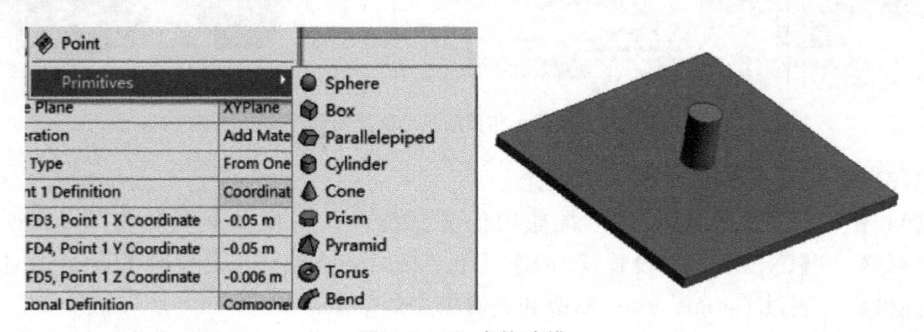

图 3-7　3D 直接建模

（4）对称模型构建

对于此模型的四分之一对称模型的建立，有两种方式：①将 2D 模型构建的草图旋转 90°，通过【Revolve】进行旋转，选择对应的子弹草图，选择对称轴为 Y 轴，旋转的角度【FD1】为 90°；②在建立的全模型基础上进行分割，通过菜单栏【Create】→【Slice】，选择【ZXPlane】，点击【Generate】后进行切割。同样可以再次通过菜单栏【Create】→【Slice】，选择【YZPlane】，点击【Generate】后进行切割，将模型分成 4 份。在窗口中选择第二、第三、第四象限的模型，右击选择【Suppress Body】，将其抑制，建立 1/4 对称模型。建模结果如图 3-8 所示。

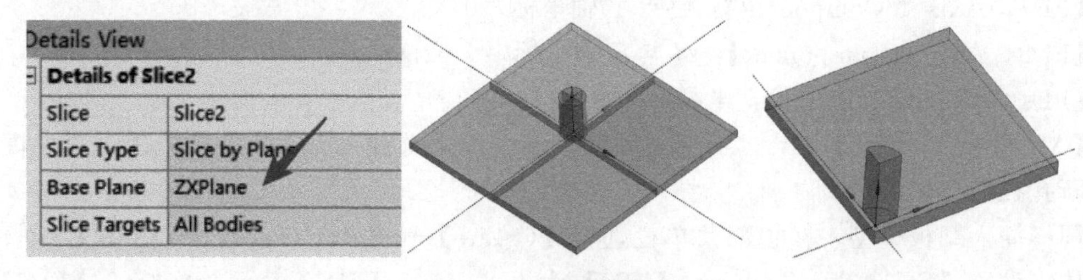

图 3-8　1/4 对称模型

3.1.2　爆炸对钢筋混凝土作用的流固耦合建模

建立炸药在空气中爆炸对靶板作用的几何模型，如图 3-9 所示，其中球形炸药半径为 0.05m，空气域为 1m×1m×1m，靶板长宽厚为 0.8m×0.8m×0.1m，炸药距离靶板 0.5m，靶板内部含有钢筋网。

在 Geometry 模块中右击选择【New Design Modeler Geometry…】，进入 DM 几何编辑中。

炸药模型：通过菜单栏【Create】→【Primitives】→【Sphere】，设置【FD3】为 0，【FD4】为 0，【FD5】为 0，【FD6】为 0.05m，点击【Generate】即可建立起始球心坐标为（0，0，0），半径为 0.05m 的球形炸药模型。

空气模型：通过菜单栏【Create】→【Primitives】→【Box】，设置【FD3】为－0.5m，

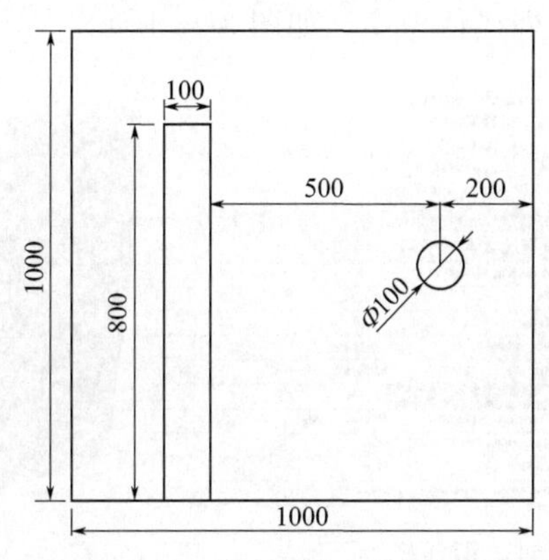

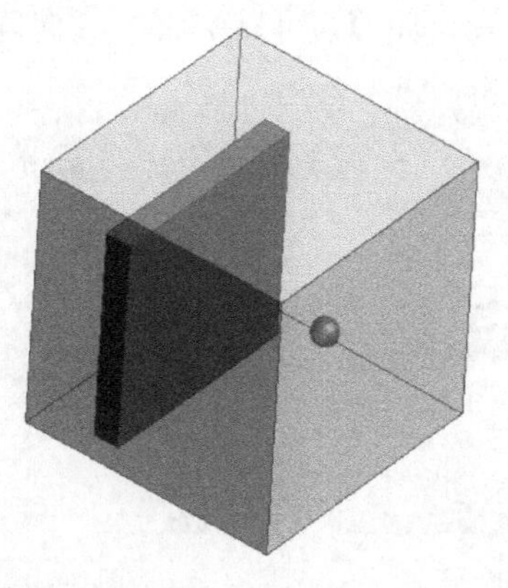

图 3-9 爆炸流固耦合计算模型

【FD4】为－0.5m，【FD5】为－0.2m，【FD6】为1m，【FD7】为1m，【FD8】为1m。即设置起始点为（－0.5，－0.5，－0.2），长宽高为1m的空气域模型。修改【Operation】为【Add Frozen】，即将模型冰冻，不进行任何布尔运算，默认是【Add Material】，如果不修改，新建的空气域与炸药会进行自动的布尔加运算，一般针对流固耦合问题，流体域之间不重合或者干涉，固体与流体之间需要干涉。

布尔运算：通过菜单栏【Create】→【Boolean】，修改【Operation】为【Subtract】，选择【Target Body】为方块空气域，选择【Tool Bodies】为球形炸药，设置【Preserve Tool Bodies】为Yes，点击【Generate】即可，这样能够保证炸药与空气之间不干涉，同时保留球形炸药模型。

注： 在LS-DYNA模块中，如果采用的是传统多物质耦合方式MMALE，一般需要做布尔运算，将炸药从空气中“挖出来”，如果采用S-ALE，则不需要做布尔运算。如果在Explicit Dynamics中，也是需要做布尔运算的。

靶板模型：通过菜单栏【Create】→【Primitives】→【Box】，设置【FD3】为－0.4m，【FD4】为－0.5m，【FD5】为0.5m，【FD6】为0.8m，【FD7】为0.8m，【FD8】为0.1m，点击【Generate】建立模型，即靶板距离球形炸药中心0.5m，贴近地面，靶板的长宽厚度为0.8m×0.8m×0.1m。

钢筋模型：在快捷工具栏点击【New Plane】，创建坐标系，设置【Type】为From Plane，设置【Transform1】为Offset Z，设置【FD1，Value1】为0.55m，其他参数默认，点击【Generate】生成坐标系Plane1，坐标系设置在混凝土中间，如图3-10所示。

在Plane1中插入草图Sketch1，创建线，长度为0.8m，关于Y轴对称，距离X轴为0.25m。通过菜单栏【Concept】→【Lines From Sketches】，选择【Base Objects】为草图Sketch1，【Operation】为Add Frozen，如图3-11所示。

通过【Concept】→【Cross Section】→【Circular】，设置半径【R】为0.005m，创建线体模型截面为圆形，半径为0.005m。在Part组中，设置Line Body中【Cross Section】为Circular1，将截面赋予线体中，如图3-12所示。

通过【Create】→【Pattern】，设置【Pattern Type】为【Linear】，设置【Geometry】为线体，设置方向为Y轴的负方向，设置【FD1，Offset】为0.1m，设置【FD3，Copies】

为 7。点击【Generate】，可以生成 Y 方向阵列线体模型，如图 3-13 所示。

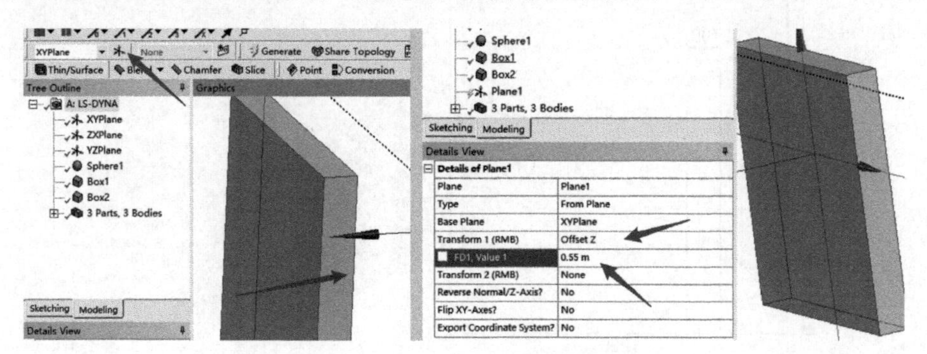

图 3-10　创建钢筋模型

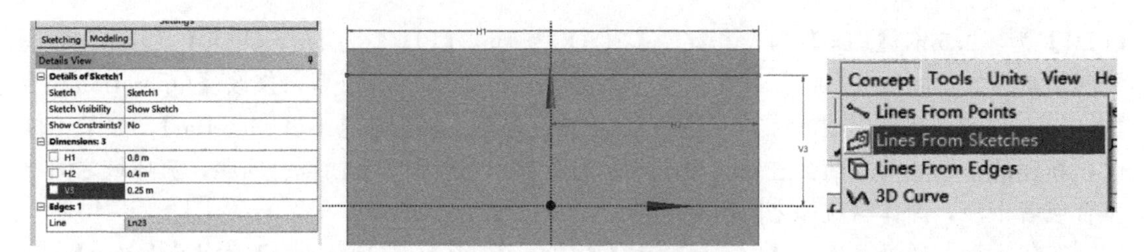

图 3-11　创建线体模型

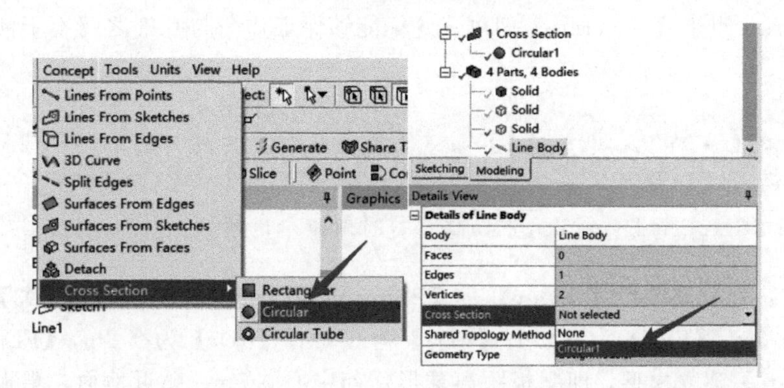

图 3-12　钢筋截面赋予线体

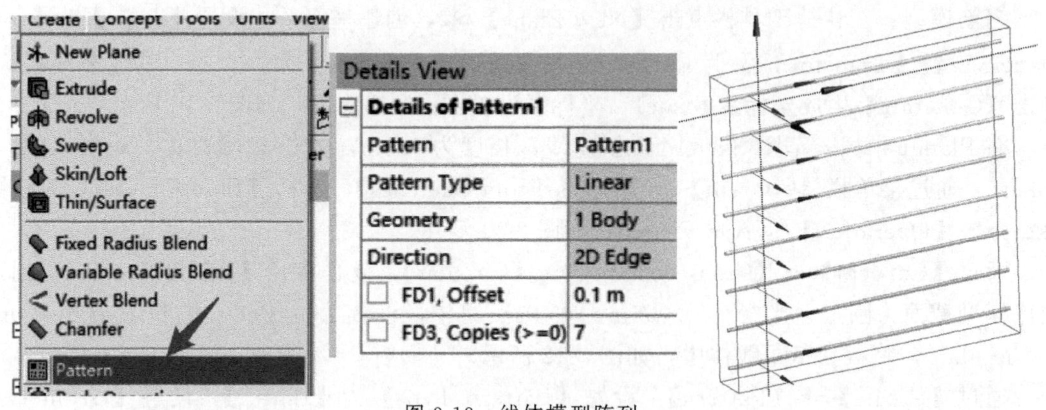

图 3-13　线体模型阵列

参考上述方式，再次在 Plane1 中创建线体梁模型，通过【Create】→【Pattern】，设置【Pattern Type】为 Linear，设置【Geometry】为线体，设置方向为 X 轴的负方向，设置【FD1，Offset】为 0.1m，设置【FD3，Copies】为 7。点击【Generate】，可以生成 X 方向阵列梁模型，得到交叉的钢筋网，如图 3-14 所示。

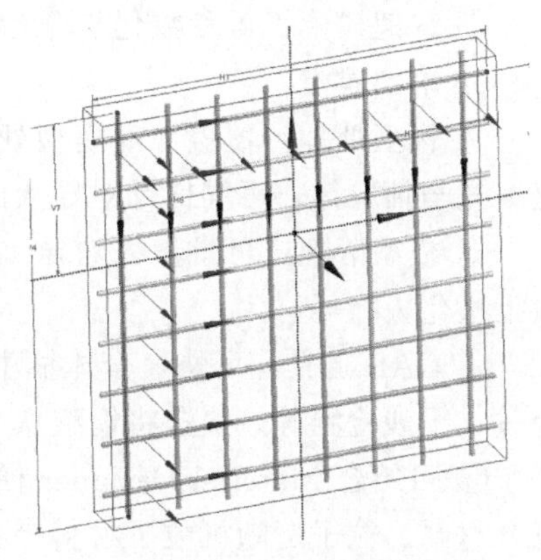

图 3-14 正交线体模型

通过【Create】→【Boolean】，选择所有线体单元，设置【Operation】为 Unite，点击【Generate】，将所有的线体单元做布尔加运算，如图 3-15 所示。

最终的含有炸药、空气、混凝土、交叉钢筋网的几何计算模型如图 3-16 所示。

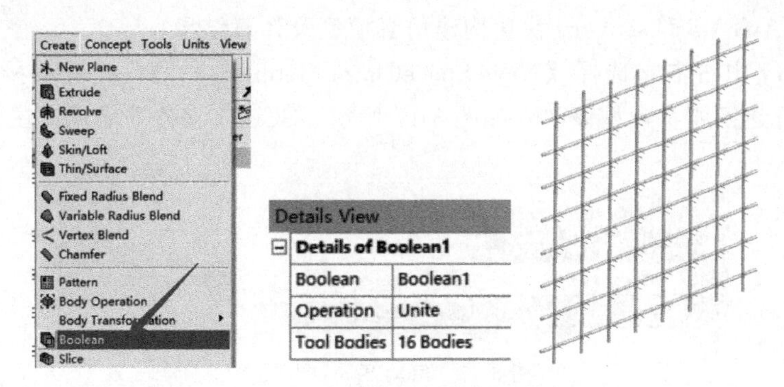

图 3-15 线体单元布尔运算

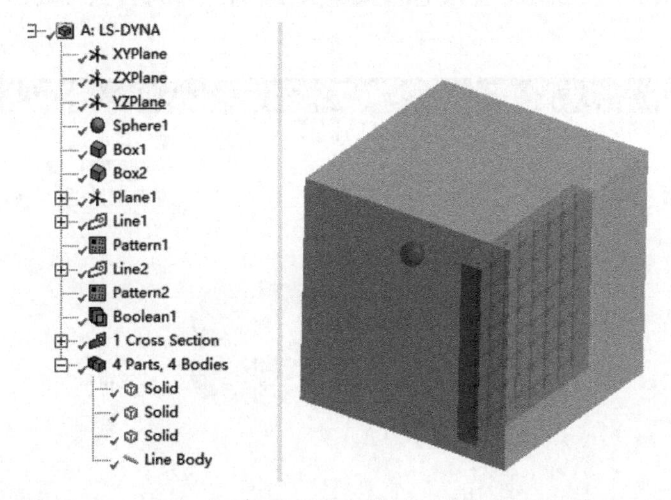

图 3-16 空气中爆炸对钢筋混凝土作用的流固耦合模型

3.2 SpaceClaim 建模平台

SpaceClaim Direct Modeler 简称 SCDM，是基于直接几何建模的三维软件，目前是 ANSYS/Workbench 平台中最为灵活的几何建模和清理软件，是基于直接建模思想的参数几何建模及修改工具，是可快速地处理大规模装配体的 CAE 几何前处理软件。其特点如下：

① 快速建模：可参数化与非参数化建模，支持线、面、体等仿真计算，可录制和支持Python语句建模。

② 模型处理：覆盖常规模型处理，如布尔运算、投影、移动、阵列、倒角、镜像、腔道填充与抽取等，可同样针对导入的模型进行快速处理。

③ 模型清理：可批量去除导入几何模型的孔、倒角、凸台、刻面等特征，同时可按参数批量化去除等。

④ CAE工具：可快速全体抽中面、点焊创建、快速梁单元抽取、细小特征检查、模型合并、干涉检测等，快速将模型从CAD模型转化为CAE分析模型。

⑤ 可结合Material Designer模块，针对蜂窝、点阵、UD及随机UD复合材料、编织复合材料、粒子、随机粒子材料等各类异型构件进行快速建模。

⑥ 网格划分：可以使用SpaceClaim进行四面体及六面体网格划分。

⑦ 可结合ANSYS Discovery快速构建仿真模型及计算结果。

在Geometry中右击，选择【New SpaceClaim Geometry...】，或者直接在程序中选择SCDM软件进行建模或者模型修改，如图3-17所示。SCDM支持几乎所有主流的CAD格式的导入和导出。

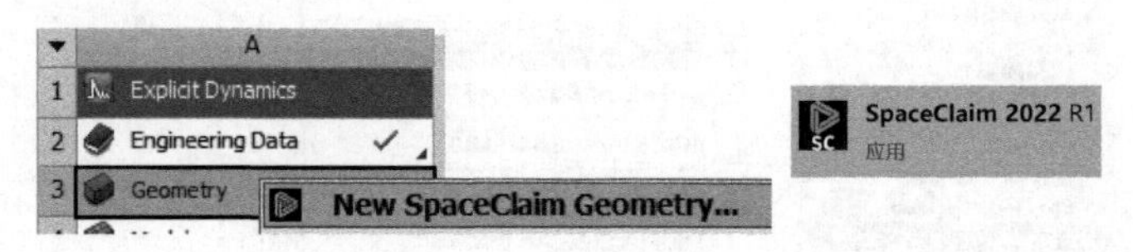

图3-17　启动SpaceClaim

SCDM界面如图3-18所示，主要包括菜单及工具栏、结构树、属性栏、主窗口、选择器等。

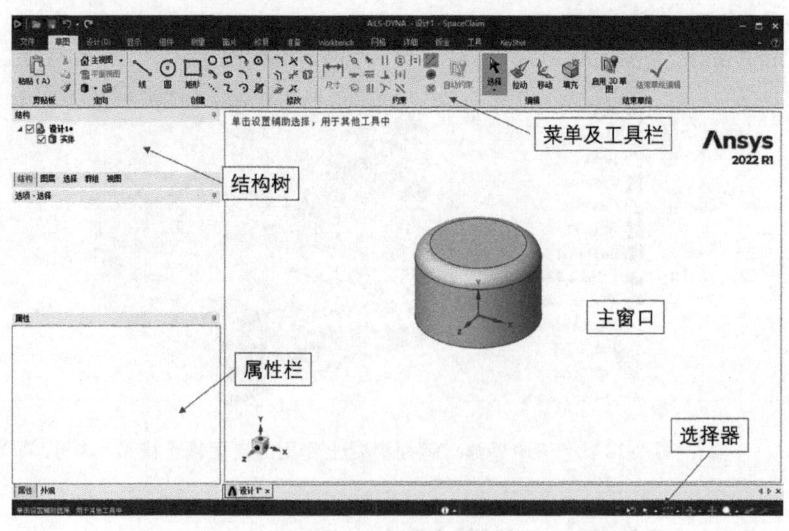

图3-18　SCDM界面

SCDM菜单栏如图3-19所示，具体选项如下。

【文件】：几何模型的打开、保存，同时可以对软件进行默认参数设置。

【草图】：草图设置与编辑。

图 3-19　菜单栏选项

【设计】：建模，SCDM 中主要建模方式为拉动、移动、组合和填充，包括阵列、镜像、投影、分割、脚本建模等多个建模选项，通过这些方式即可方便地对模型进行修改和建立。

【显示】：设置图层，显示几何的显示方式，如透明、半透明等，设置窗口为多个或者单个。

【组件】：模型装配，标准件等。

【测量】：模型的测量，包括体积、长度，可设置材料，计算模型质量等。

【面片】：主要用于 3D 打印 stl 模型的处理。

【修复】：可进行模型的修复，包括模型的简化、模型曲线间隙合并等功能。

【准备】：包括体积抽取、中面提取、外壳设置、干涉检查、梁单元的抽取、焊点的创建等功能，是 CAD 模型转化为 CAE 模型的主要准备工作。

【Workbench】：可进行模型简化、拓扑共享、参数关联设置等。

【详细】：工程图创建。

【钣金】：钣金设计中的工具。

【工具】：机械设计中的工具。

【Keyshot】：Keyshot 模型渲染。

3.2.1　弹靶模型创建

子弹直径为 20mm、长度为 30mm，靶板长宽各为 100mm、厚度为 10mm。在 Geometry 中右击，选择【Edit Geometry In SpaceClaim】，进入 SpaceClaim 中进行模型的创建。

创建圆柱模型：在菜单栏中，通过【草图】→【圆】，在 XY 面上构建圆的模型，设置圆的半径为 20mm，选择窗口中下方的返回三维模式，软件会自动创建圆面，然后通过菜单栏的【拉动】选项，点击圆面，可拉动圆面，同时可以设置拉伸的长度为 30mm，如图 3-20 所示。

创建靶板模型：在菜单栏中，通过【草图】→【矩形】，在圆柱底面上构建矩形模型，矩形长宽为 100mm，圆柱处于中心位置，可以通过【草图】→【尺寸】赋予对应的尺寸。选择窗口中下方的返回三维模式，软件会自动创建四条曲线，然后通过菜单栏的【填充】，选择四条边，可形成矩形面，再通过【拉动】选项，点击矩形面，在左侧选项中，选择不合并，即不进行布尔运算，拉动高度为 10mm，然后可以通过菜单栏的移动命令，将靶板下移 2mm，如图 3-21 所示。

3.2.2　SpaceClaim 几何清理

导入相应的几何文件，如含有多个孔或者倒角的装配体，可以先在主窗口中选择其中一个孔，在左侧模型树中点击【选择】，会出现与孔相关的参数设计，如【孔＝1mm】【孔≤

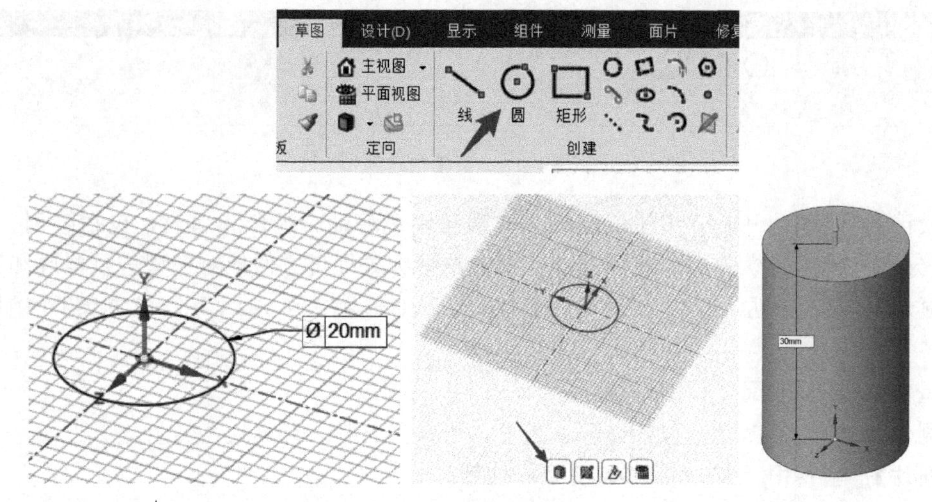

图 3-20 圆柱子弹模型创建

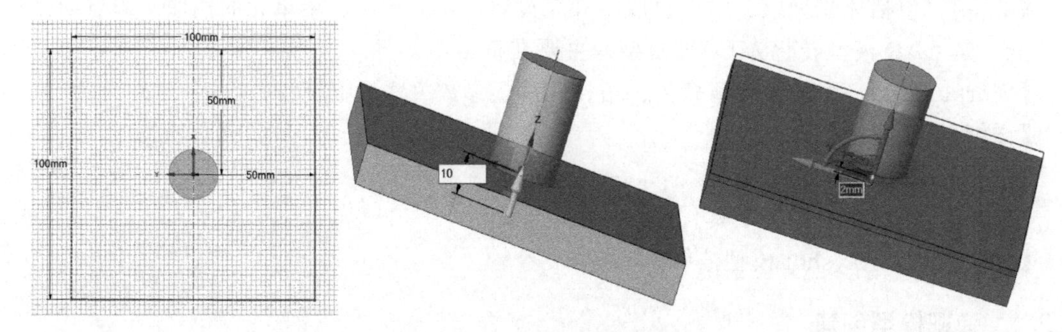

图 3-21 靶板模型创建

1mm】等，可以对孔径的大小进行修改，如设置【孔≤3mm】，这样就会选中所有孔径小于3mm的孔，选中的孔会在窗口高亮显示。勾选【搜索所有主体】就会选择所有模型。

选择好对应的孔后，通过【填充】或者直接删除的方式批量去除小特征，或者直接使用快捷键“F”即可快速填充，如图 3-22 所示。

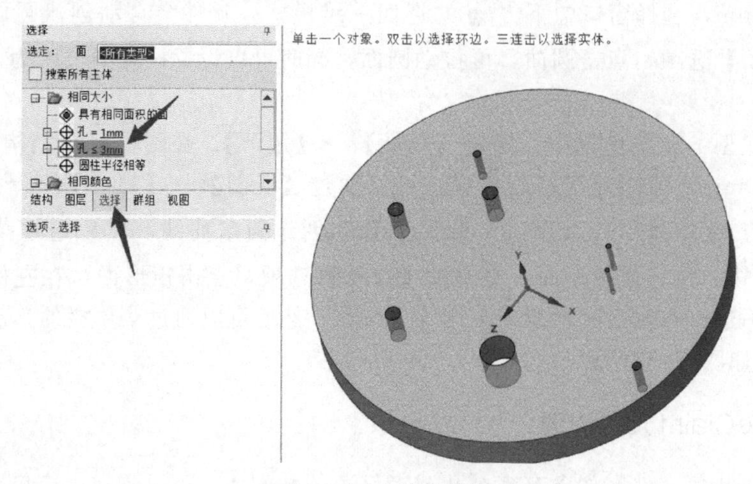

图 3-22 去除小特征

3.2.3 SpaceClaim 构建中间面及线体模型

(1) 中间面模型创建

在 SpaceClaim 中构建板实体模型，通过【准备】→【中间面】，选择板结构的上下面，进行抽取中间面的操作，点击✓，即可创建薄壳中间面片体模型，方便对薄壳片体模型进行分析，如图 3-23 所示。

图 3-23 构建中间面

(2) 线体模型创建

在 SpaceClaim 中构建细长杆件实体模型，通过【准备】→【抽取】，选择细长杆件，进行抽取线体模型的操作，点击✓，即可创建线体模型，方便对细长杆件的分析，如钢筋混凝土中的钢筋、桁架、框架结构等，如图 3-24 所示。

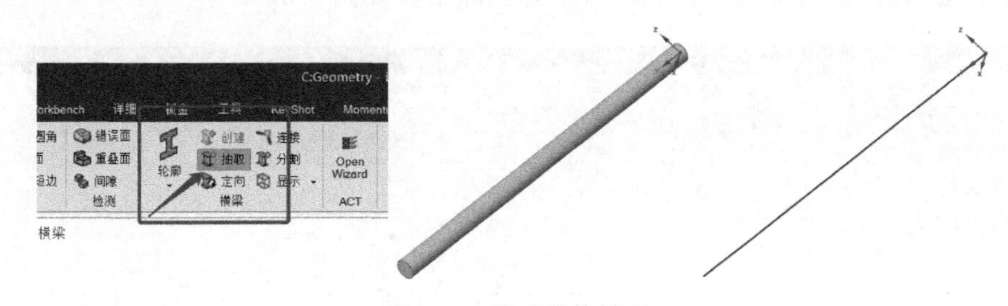

图 3-24 构建线体模型

3.2.4 SpaceClaim/Material Designer 几何设计

Material Designer 是 Workbench 中的材料设计模块，可以进行材料参数的计算，也可以辅助几何快速设计，如对常见异型结构的设计，以点阵晶格结构设计为例，其过程如下：

① 在 Workbench 工具栏中，加载 Material Designer 到工作台中，双击【Engineering Data】进入材料数据库，点击【General Non-Linear Materials】模块，添加 Aluminum Alloy NL 材料。双击【Material Designer】，进入【材料设计器】，在顶部的菜单栏中选择 Lattice（晶格）材料。根据材料设计器的导航顺序，依次建立晶格设计模型，如图 3-25 所示。

图 3-25 Material Designer 模块应用

② 在晶格选项中，选择晶格材料，设置【类型】为 Double pyramid with cross，【体积分数】为 0.02，【Size（尺寸）】为 10mm，【重复计数】为 1，其他参数默认，点击✓，即可创建单个晶格结构模型，如图 3-26 所示。

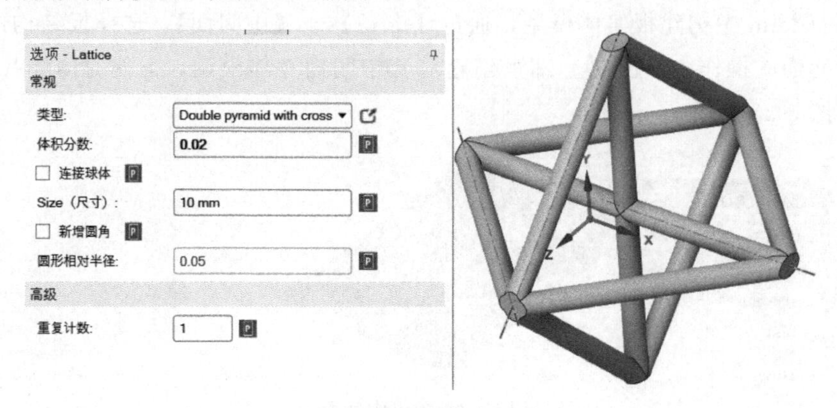

图 3-26　晶格几何设计

③ 点击右上方的【退出 MD 模式】，可以直接进入 SpaceClaim，生成相应的几何模型。在菜单栏点击【设计】→【线性阵列】，选择模型为单晶格体，设置图案类型为二维，选择 X 轴和 Y 轴为阵列轴，设置 X 计数为 10，Y 计数为 10，X 节距为 10mm，Y 节距为 10mm，点击✓，创建 X 和 Y 方向各 10 个阵列晶格，如图 3-27 所示。

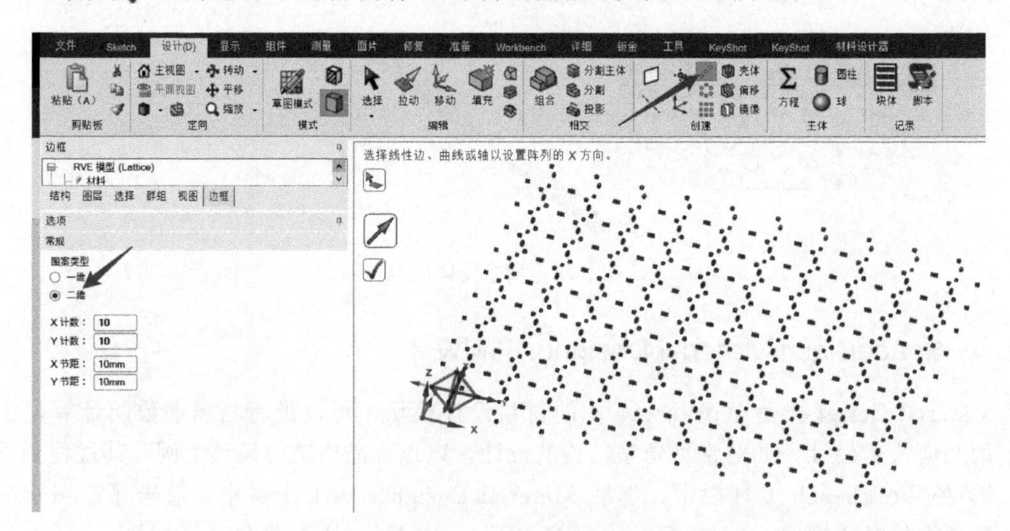

图 3-27　阵列晶格结构

④ 在菜单栏点击【准备】→【抽取】命令，选择所有的晶格实体模型，点击✓，将所有晶格实体模型转化为线体模型，如图 3-28 所示。

⑤ 为避免部分节点处不连接，通过【准备】→【连接】命令，选择查找最大距离为 1mm，点击✓，将所有距离在 1mm 以内的节点相连接。连接结束后，检查模型，是否所有线体模型节点都已连接，如图 3-29 所示。

3.2.5　Python 脚本语言创建模型

SpaceClaim 支持脚本创建模型，在菜单栏中点击【设计】→【脚本】，点击【记录】

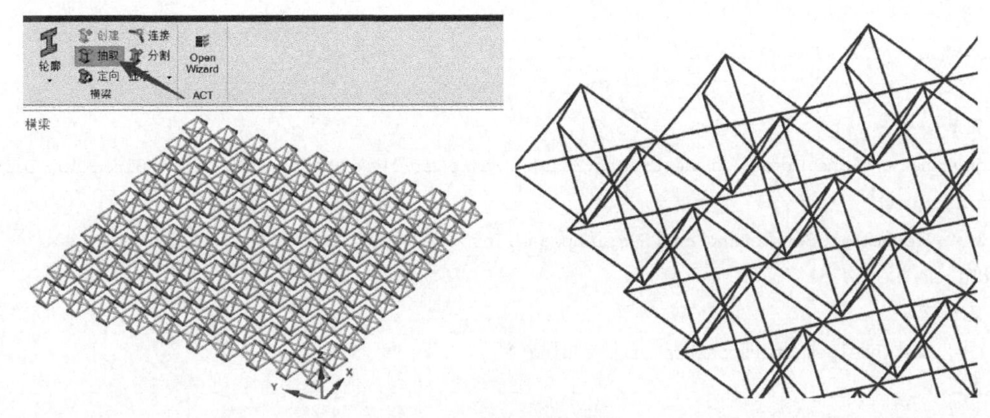

图 3-28 抽取线体单元

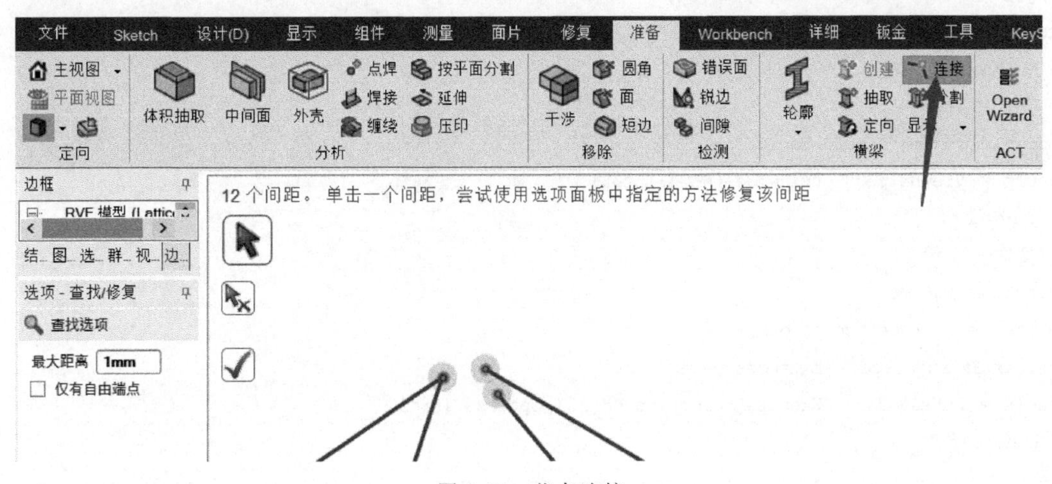

图 3-29 节点连接

即可记录所有操作，修改脚本中模型参数，点击【运行脚本】可生成对应的模型。也可在脚本编辑器中输入自定义 Python 语句进行直接建模。

例如，建立一个圆心为（0，0）、半径为 15mm、长度为 30mm 的圆柱体。进入 SpaceClaim 界面，点击【脚本】并记录，在草图中创建圆形，然后通过拉伸草图面，创建圆柱体，如图 3-30 所示。

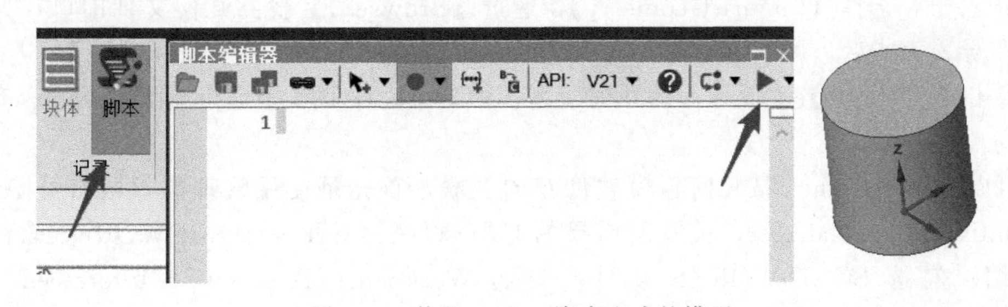

图 3-30 使用 Python 脚本生成的模型

Python 语句创建代码如下，可直接复制在脚本编辑器中，点击【运行脚本】即可运行，运行结束后自动生成如图 3-30 所示模型。

```
# Python Script, API Version = V21

# 设置草绘平面
Sectionplane = Plane. Create(Frame. Create(Point. Create(MM(0),  MM(0),  MM(0)),  Direction. Dirz, Direction. Dirx))
Result = Viewhelper. Setsketchplane(Sectionplane, Info1)
# Endblock
# 设置新草绘
Result = Sketchhelper. Startconstraintsketching()
# Endblock
# 草绘圆
Origin = Point2D. Create(MM(2), MM(3))
Result = Sketchcircle. Create(Origin, MM(7.5))
# Endblock
# 实体化草绘
Mode = Interactionmode. Solid
Result = Viewhelper. Setviewmode(Mode, Info2)
# Endblock
# 拉伸 1 个面
Selection = Face1
Options = Extrudefaceoptions()
Options. Extrudetype = Extrudetype. Add
Result = Extrudefaces. Execute(Selection, MM(30), Options, Info3)
# Endblock
```

3.3 外部几何模型导入

ANSYS 支持几乎所有的主流 CAD 格式（如 SOLIDWORKS、UG NX、CATIA 等）文件，并支持各类中间文件（如 stl、sat、xt、stp 等）的导入。选择对应的模块后，在 Geometry 中右击，选择【Import Geometry】，通过【Browse...】找到几何文件即可，如图 3-31 所示。导入完成后，可以再右击，选择【Edit in Design Modeler Geometry...】，进入 DM 模块，点击【Generate】生成导入的几何模型。模型可以在 DM 中进行删除、移动、布尔运算等修改。

还可以将 Workbench 与几何建模软件双向关联，首先是使用管理员权限打开 ANSYS CAD Configuration Manager，关联所需要的 CAD 程序。下面以 SOLIDWORKS 软件为例进行介绍。勾选 SOLIDWORKS 软件，勾选 Workbench Associative Interfaced，点击【Next】，点击【Configure Selected CAD Interfaces】，提示“Configure Success”，即完成 CAD 软件的关联，如图 3-32 所示。

再次打开 SOLIDWORKS 软件就会多出 ANSYS 2022 R1 模块，可以点击【Ansys Workbench】启动，如图 3-33 所示。通过 CAD 软件间接启动 ANSYS/Workbench，可以双

向连通 CAD 与 Workbench 中的几何数据，便于几何参数化分析。

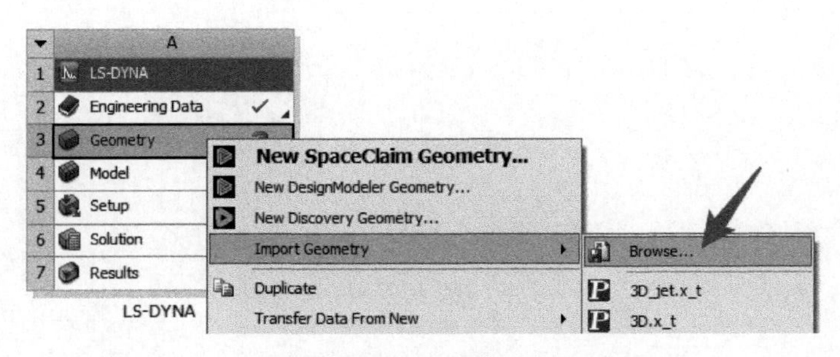

图 3-31　外部几何模型导入

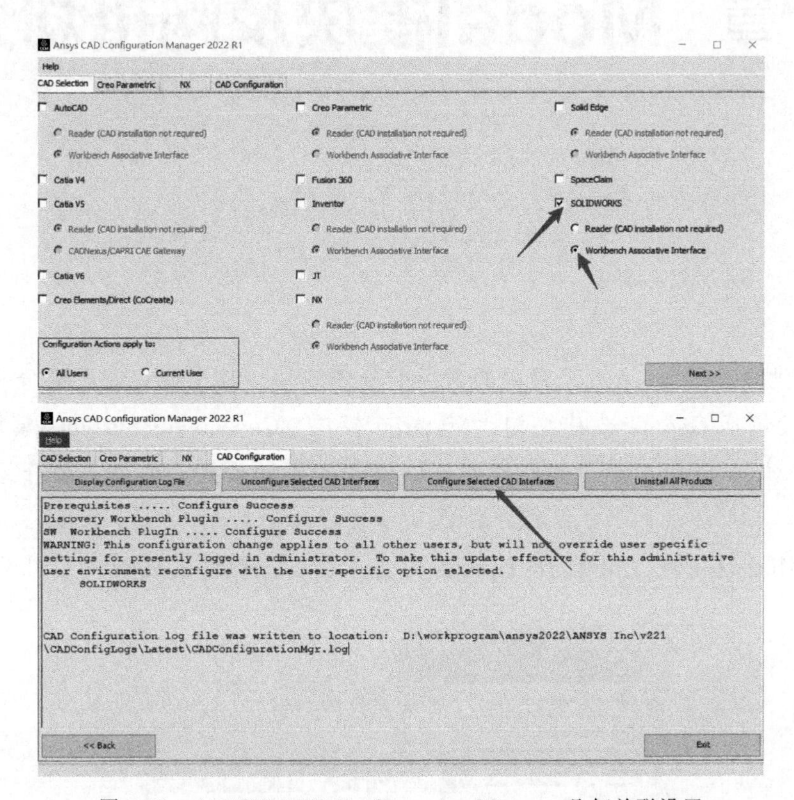

图 3-32　ANSYS CAD Configuration Manager 几何关联设置

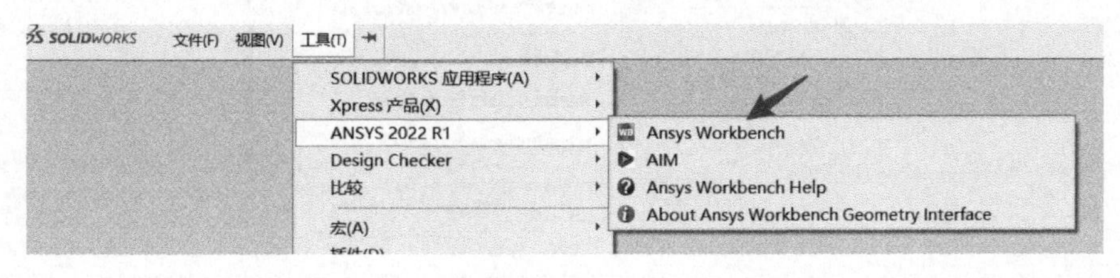

图 3-33　几何建模软件与 Workbench 关联

注： Workbench 最新版本一般需要关联 CAD 软件的最新版本，如果版本相差太大，会出现关联不上的现象。

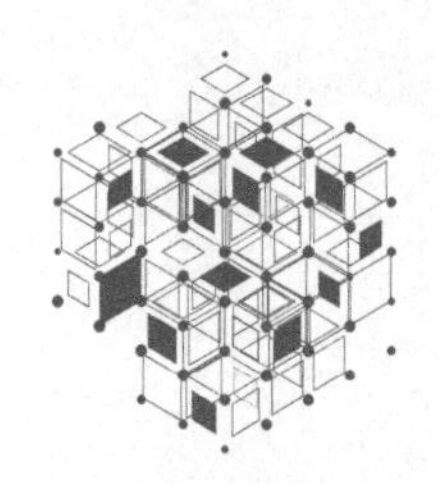

第4章 Model模块及网格划分

Model模块是Workbench平台中的通用前处理模块，其主要有通用部分和专用部分。通用部分一般包括Geometry模型树、Material模块、Coordinate Systems模块、Connections模块和Mesh模块，专用部分根据不同模块有不同设置。本书主要介绍LS-DYNA模块。

双击【Model】或者右击选择【Edit】可进入Model模块前处理，如图4-1所示。

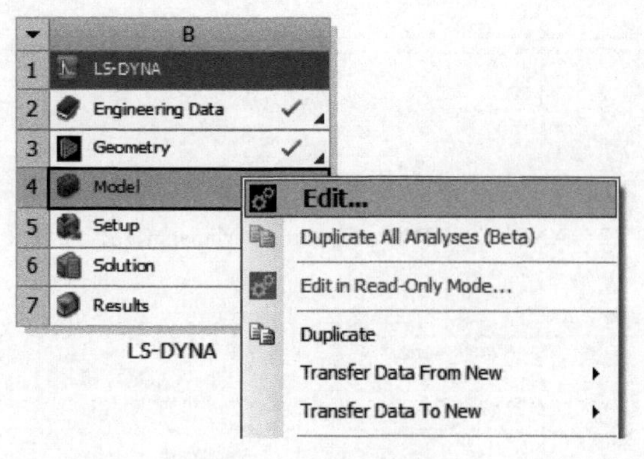

图4-1 Model模块

Model中的界面同Workbench所有模型界面基本一致，在左侧有模型树，模型树中包含通用的模型树和LS-DYNA专用模型树，其中通用模型树中主要包括Geometry、Materials、Coordinate Systems、Mesh等，如图4-2所示。

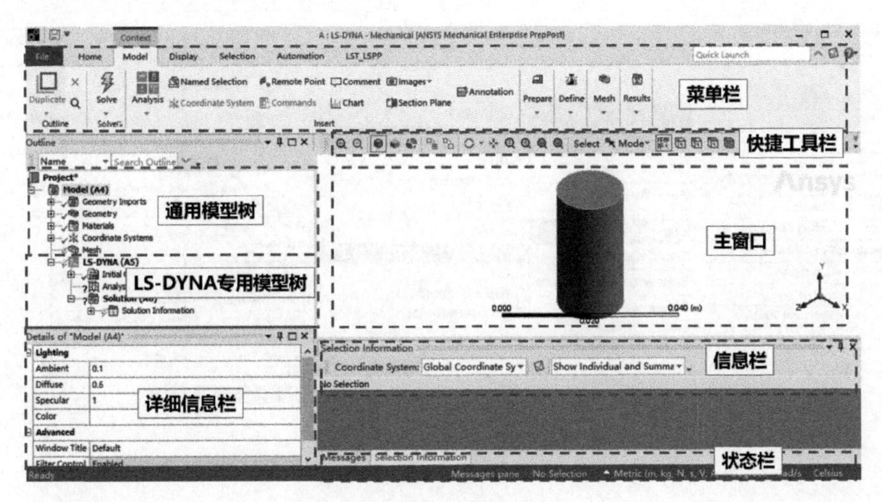

图 4-2　Model 模块界面

4.1　Geometry 模型树

Geometry 模型树中包括 Geometry Imports 和 Geometry 两个部分。Geometry Imports 主要是模型的一些基本导入信息，一般参数不可更改，如图 4-3 所示。

在 Geometry 模型树中，常用的有 3 个选项设置，如图 4-4 所示，具体说明如下：

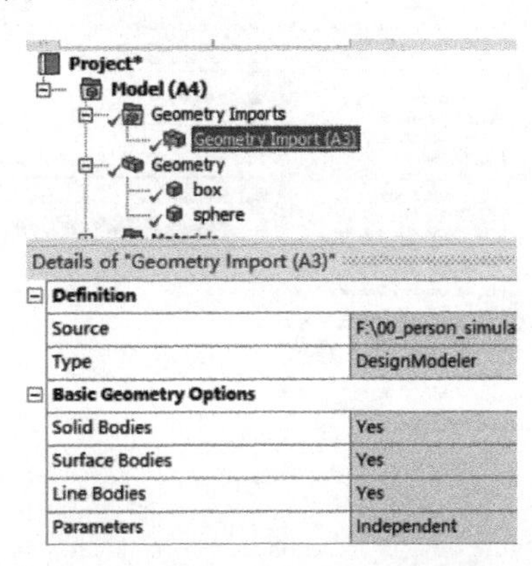

图 4-3　Geometry Imports 选项

【Stiffness Behavior】：刚度特性设置，选项有 Flexible、Rigid、Flexible Beam（Beta）和 Rigid Beam（Beta）四个，默认是 Flexible 弹性体，需要设置为刚体模型时，可以修改为 Rigid。

【Reference Frame】：参考系（计算网格），选项有 Lagrangian、Particle、S-ALE Domain 和 S-ALE Fill 四个，默认为 Lagrangian 拉格朗日参考系（即拉格朗日算法）。Particle 即 SPH 粒子算法，针对流体模型，可以采用 S-ALE Domain 和 S-ALE Fill，其中，S-ALE Domain 为长方体模型，S-ALE Fill 可以是任意形状。

【Assignement】：材料参数赋予，针对不同的 Part 可以选择不同的 Engineering Data 中加载的材料模型。

注： 对于 Engineering Data 中不支持的材料，可以选择对应的 Part，右击选择【Commands】，插入对应的材料参数。Commands 中的格式和 LS-DYNA 中的文件关键字格式相同，且需要注意，插入的命令单位制与计算的单位制一致。

插入命令定义材料参数

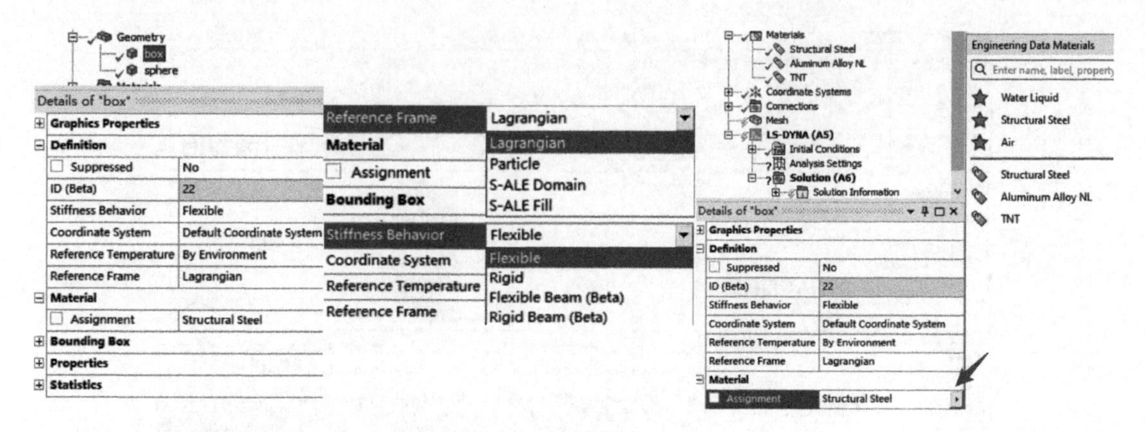

图 4-4 Geometry 选项

4.2 Material 模块

Material 模块主要用来查看所有加载材料参数情况，如图 4-5 所示。如果需要修改材料，在 Engineering Data 模块中修改。

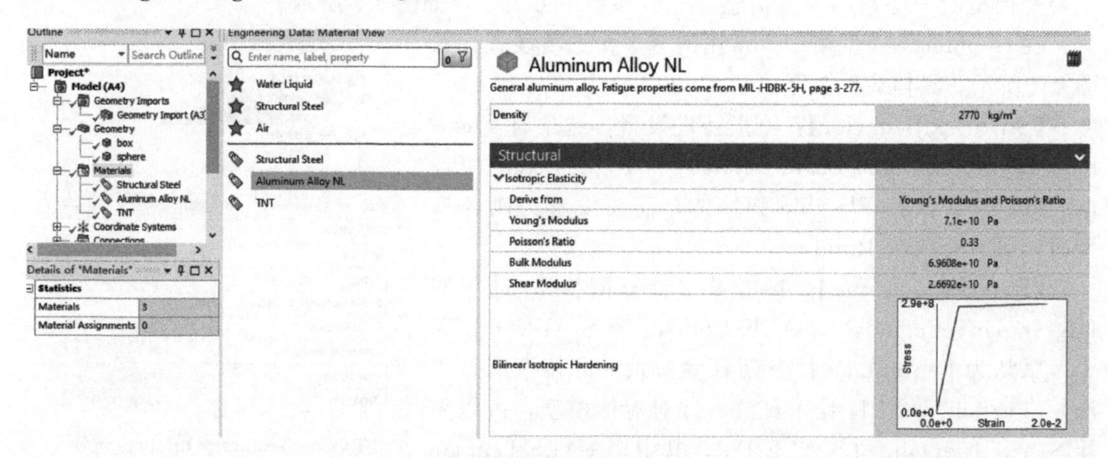

图 4-5 Material 模块

4.3 Coordinate Systems 模块

Coordinate Systems 可以创建坐标系，默认是全局坐标系。

如果需要创建新坐标系，如在矩形块上方插入柱坐标系，需要选中【Coordinate Systems】，右击插入【Coordinate System】，在【Type】中选择【Cylindrical】，创建柱坐标系，选择【Geometry】为方块上表面，即使方块上表面作为基准面，设置【Principal Axis】中的【Axis】为 X，设置【Orientation About Principal Axis】中【Axis】为 Z，其他参数默认，即可创建在矩形块上方的柱坐标系，如图 4-6 所示。

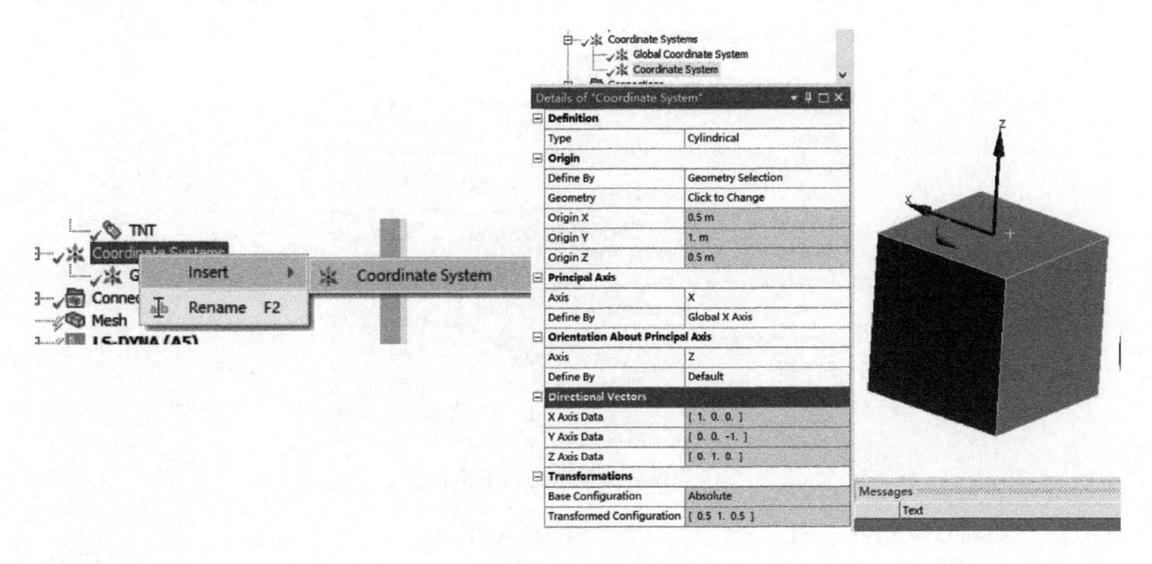

图 4-6 坐标系创建

4.4 Connections 模块

在 Workbench 平台中，接触设置主要是通过 GUI 的形式进行设置，也可通过插入相应的命令进行设置。主要的接触表现形式有三种：Contacts、Body Interactions、Joints，如图 4-7 所示。

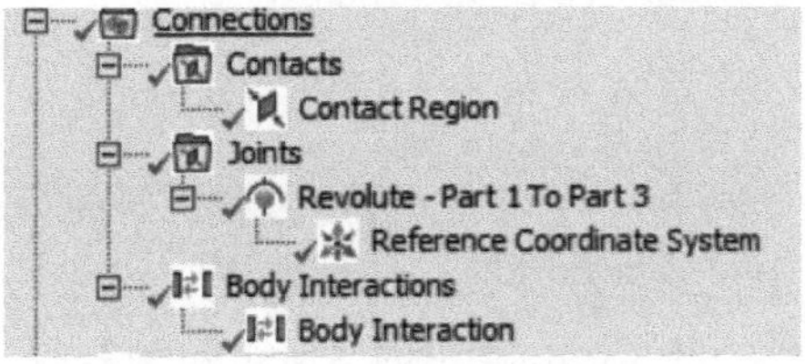

图 4-7 接触设置

4.4.1 Contacts 接触设置

Contacts 是 Workbench 平台中定义不同部件之间接触的通用工具，可以自动识别不同部件，一般如果两个面共面或者在一定微小距离内，会自动定义为绑定接触。

显式动力学分析接触实际作用的形式有三种：【Bonded】、【Frictionless】、【Frictional】。

【Bonded】：绑定接触，相当于焊接。对于隐式分析不存在可脱落的选项。在显式动力学分析中可以设置【Breakable】的状态。在【Breakable】设置为 No 的情况下，不允许面或者线之间有相对的滑动或者分离。当【Breakable】为 Yes 时，可以设定分离的条件，如图 4-8 所示。

对应关键字为 *CONTACT_TIED_SURFACE_TO_SURFACE、*CONTACT_AUTOMATIC_SURFACE_TO_SURFACE_TIEBREAK 等。

【Frictionless】：无摩擦接触，假设摩擦系数为 0，允许自由滑动。

对应的关键字为 *CONTACT_AUTOMATIC_SINGLE_SURFACE 或 *CONTACT_AUTOMATIC_SURFACE_TO_SURFACE 等。

【Frictional】：摩擦接触，允许面面之间有摩擦，一般可以设置静摩擦系数和动摩擦系数等。

对应的关键字为 *CONTACT_AUTOMATIC_SINGLE_SURFACE 或 *CON-

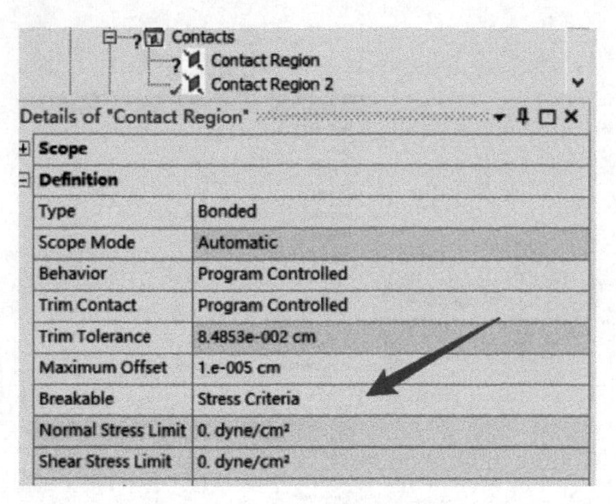

图 4-8 Breakable 绑定可分离设置

TACT _ AUTOMATIC _ SURFACE _ TO _ SURFACE 等。

【Spotweld】：焊点。焊点提供了一种刚性连接模型中两个离散点的机制，并可用于代表焊接、铆钉、螺栓等。在几何建模时可以在两个靠近的不同面上建立点，建立的点在 Model 中会自动变成焊点，在 Contact 中右击可以插入焊点接触。

同绑定接触一样，焊点可以在模拟中使用可分开的应力或力选项来释放。如果超过下列标准，点焊将断开（释放）：

$$\left(\frac{|f_n|}{S_n}\right)^N+\left(\frac{|f_s|}{S_s}\right)^S\geqslant 1 \tag{4-1}$$

式中，f_n 和 f_s 为法向和切向的力；S_n 和 S_s 代表许用的法向和切向的力；N 和 S 是自定义的指数参数，一般默认定义为 1。

点击 Contact 中的【Spotweld】，在 Details 中可以修改【Breakable】为 Force Criteria，设置【Normal Force Limit】为 10N，设置【Shear Force Limit】为 5N。其他参数默认，即焊点在此状态条件下即可失效，此焊点失效分离模型和绑定接触中的分离模型相同。

对应关键字为 * CONSTRAINED _ SPOTWELD 等。

4.4.2 Joints 接触设置

LS-DYNA 求解器运行的模型可包含 Joint（关节）运动，如机械系统中的运动副。可在 Connections 中右击插入 Joints，修改 Joint 的类型，如图 4-9 所示。

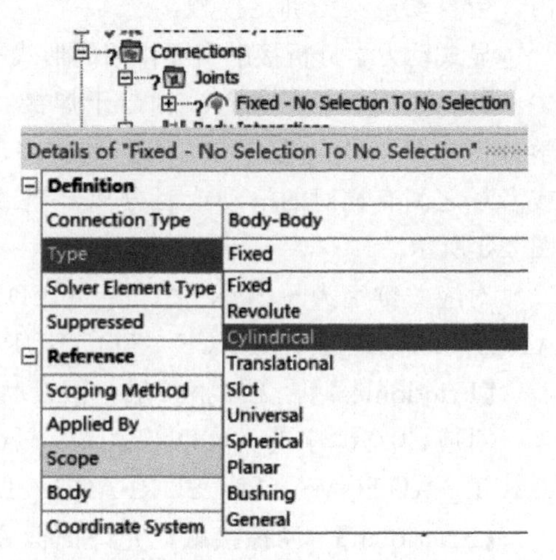

图 4-9 LS-DYNA 中的 Joint

Workbench 平台中支持 Body-Body 运动副，包括如下：

【Fixed】：固定。UX＝UY＝UZ＝ROX＝ROY＝ROZ＝0，各个方向的自由度为 0。

【Revolute】：旋转。UX ＝ UY ＝ UZ ＝ ROTX＝ROTY＝0，绕着 Z 轴旋转，如齿轮的旋转、锁扣的旋转等。

【Translational】：移动。UY＝UZ＝ROTX＝ROTY＝ROTZ＝0，允许 X 方向上的移动，如滑动筒等。

【Cylindrical】：圆柱。UX＝UY＝ROTX＝ROTY＝0，允许 Z 方向的移动和转动。

【Universal】：万向轴。UX＝UY＝UZ＝ROTY＝0，限制 X、Y 和 Z 轴移动，限制 Y 轴转动。

【Spherical】：圆球。UX＝UY＝UZ＝0，限制 X、Y 和 Z 轴移动。

【Planar】：平面。UZ＝ROTX＝ROTY＝0，限制 Z 轴移动，限制 X 轴和 Y 轴转动。

【Parallel】：平行。ROTX＝ROTY＝0，限制 X 轴和 Y 轴转动。

【In-Plane】：在面内。UZ＝0，限制 Z 轴方向移动。

【In-Line】：在线内。UX＝UY＝0，限制 X 轴和 Y 轴移动。

【Orientation】：方向。ROTX＝ROTY＝ROTZ＝0，限制 X、Y 和 Z 轴转动。

几种典型的 Joint 如图 4-10 所示。

(a) Revolute

(b) Translational

(c) Cylindrical

图 4-10　几种典型的 Joint

对应关键字为 * CONSTRAINED _ JOINT _ OPTION 等。当几何网格划分不够平滑（并且相互贯穿）时，由于在自由度方向上的附加接触力，这些运动副可能会出现意外行为。

4.4.3 Body Interactions 接触设置

默认情况下，Body Interactions 会被自动插入到模型分析树中，接触会包含所有的 Bodies，定义全局自动的单面接触，一般条件下无需修改即可计算。

对应的关键字为 * CONTACT _ AUTOMATIC _ SINGLE _ SURFACE 或 * CONTACT _ AUTOMATICE _ GENERAL 等。

Body Interactions 中的参数定义如图 4-11 所示。在 Type 中可以设置【Bonded】、【Frictionless】、【Frictional】和【Reinforcement】四种接触选项。

【Bound】：绑定接触；

【Frictionless】：无摩擦接触；

【Frictional】：摩擦接触；

【Reinforcement】：线体增强接触。

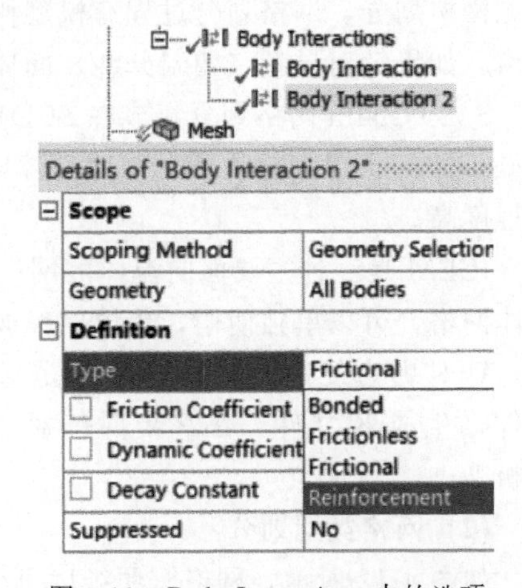

图 4-11　Body Interations 中的选项

注：Reinforcement 可以用于实体中含有梁单元的接触选项，如钢筋混凝土、纤维增强材料等。其对应的核心关键字如下：

*CONSTRAINED_LAGRANGE_IN_SOLID							
$ SLAVE	MASTER	SSTYP	MSTYP	NQUAD	CTYPE	DIREC	MCOUP
5	6	0	0	0	0	0	0
$ START	END	PFAC	FRIC	FRCMIN	NORM	NORMTYP	DAMP
0	0	0	0	0	0	0	0
$ CQ	HMIN	HMAX	ILEAK	PLEAK	LCIDPOR	NVENT	BLOCKAGE
0	0	0	0	0	0	0	0
$ IBOXID	IPENCHK	INTFORC	IALESOF	LAGMUL	PFACMM	THKF	UNUSED1
0	0	0	0	0	0	0	

4.5 Mesh 模块

4.5.1 LS-DYNA 中网格简介

(1) 网格划分模块简介

网格划分影响着求解时间、求解正确性和求解精度。在 Workbench 平台主要有 4 种网格划分方式：①通用网格划分软件 Mesh 模块划分；②SpaceClaim 网格划分；③ICEM 模块网格划分；④外部导入网格。

Mesh 模块是一种综合的网格划分软件，集成在 Model 模块中，支持六面体、四面体等常见网格划分，网格划分过程有模型树，可以方便修改调整，一般条件下可以划分出理想的网格，如果针对异型结构划分纯六面体网格，可以结合几何剖分来划分高质量网格。

SpaceClaim 网格划分集成在 SCDM 几何建模中，可以方便修改几何模型同时生成网格。SpaceClaim 可以划分六面体与四面体网格，支持 Python 语句进行网格划分，与几何模块集合程度高。

ICEM 是一种主要面向流体的网格划分软件，基于块体分割思想，可以很方便地划分六面体网格，可以单独使用，也可以集成在 Mesh 模块中进行调用。

针对更为复杂的模型，一般是通过 Hypermesh、ANSA、Truegrid 等专业网格划分软件，生成 K 文件、INP 文件等通用网格文件，导入 Workbench 平台中进行进一步的分析。

(2) 网格类型划分

如图 4-12 所示，网格按照维度可分为：

零维：节点（质量点）；

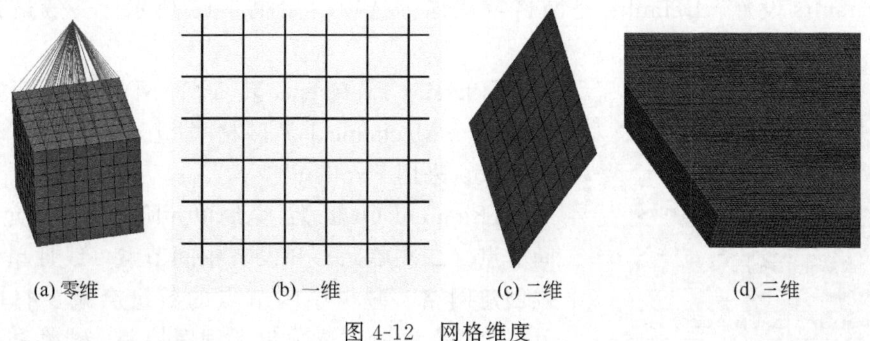

图 4-12 网格维度

一维：线段（梁单元）；

二维：三角形和四边形（壳单元）；

三维：四面体、六面体、棱柱、金字塔（实体单元，金字塔网格过于刚性，一般不采用）。

(3) 网格划分要求

网格模型的构建过程就是将工作环境下的物体离散成简单网格单元的过程。常用的简单单元包括一维杆元及集中质量元，二维三角形、四边形单元和三维四面体、五面体、六面体单元。边界形状主要有直线型、曲线型和曲面型。对于边界为曲线（面）型的单元，有限元分析要求各边或面上有若干点，这样既可保证单元的形状，又可提高求解精度、准确性及加快收敛速度。不同维数的同一物体可以剖分为由多种单元混合而成的网格。网格剖分应满足以下要求。

① 合法性。一个单元的节点不能落入其他单元内部，在单元边界上的节点均应作为单元的节点，不可丢弃。

② 相容性。单元必须落在待分区域内部，不能落在外部，且单元并集等于待分区域。

③ 逼近精确性。待分区域的顶点（包括特殊点）必须是单元的节点，待分区域的边界（包括特殊边及面）被单元边界所逼近。

④ 维度尽量简单。根据模拟问题的性质，能够简化为二维网格模型计算的问题，不建议采用三维网格模型。

⑤ 良好的单元形状。单元最佳形状是正多边形或正多面体。

⑥ 良好的剖分过渡性。单元之间过渡应相对平稳，否则将影响计算结果的准确性，甚至使计算无法进行。

⑦ 网格剖分的自适应性。在几何尖角处，应力、温度等变化大处网格应密集，其他部位应较稀疏，这样可保证计算解精确可靠。

4.5.2 Mesh 模块网格划分

Mesh 模块是 ANSYS/Workbench 的一个单独组件，也会封装在各个计算模块中，它集成了 ICEM、Tgrid、CFX-Mesh、Gambit 等多种网格划分功能，具有较强的网格前处理功能，能够根据不同的物理场进行网格划分。

(1) Mesh 基本设置

Mesh 基本设置中功能选项较多，可以查看具体的帮助文档。这里主要介绍几种常见的选项控制。

① Defaults 设置。Defaults 是网格默认划分选项，如图 4-13 所示，一般最常用的是【Element Size】选项。

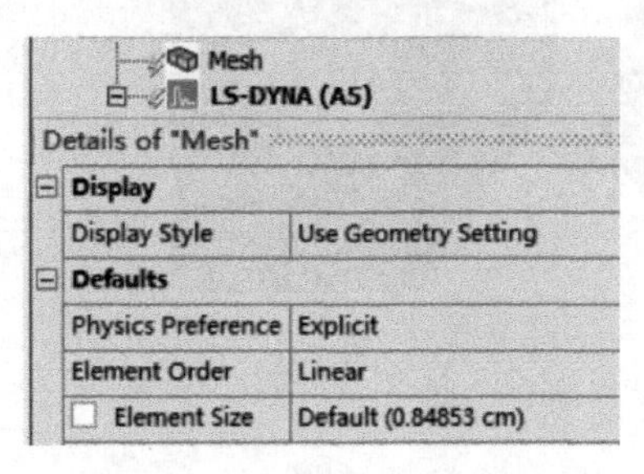

图 4-13　Defaults 选项设置

【Physics Preference】：设置网格类型，主要包括 Explicit、Mechanical 等网格类型。对于显式动力学来说，默认采用 Explicit。

【Element Order】：全局单元阶次选项，允许使用中间节点（二次单元）和没有中间节点（线性单元）的方式创建网格。减少中间节点的数量会减少自由度的数量。全局单元阶次选项包括程序控制、线性和二次等选项。线性单元【Linear】和二次单元【Quadratic】如图 4-14 所示。

a.【Linear】：线性选项，移除所有单元上的中间节点。

b.【Quadratic】：二次选项，在部件或主体创建的单元中保留中间节点。

如果设置为【Quadratic】，则中间节点将放置在几何体上，以便网格单元正确捕捉几何体的形状。但是，如果中间节点的位置影响网格质量，则可以放宽中间节点以改善单元形状。因此，一些中间节点无法精确地跟随几何形状。

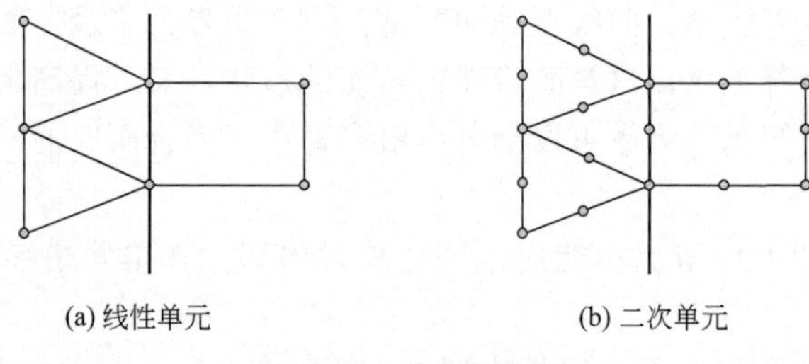

图 4-14　单元的阶数

【Element Size】：主要用于设置网格的大小，程序会根据模型大小自动设置一个推荐值，此推荐值可以修改成合适的大小。

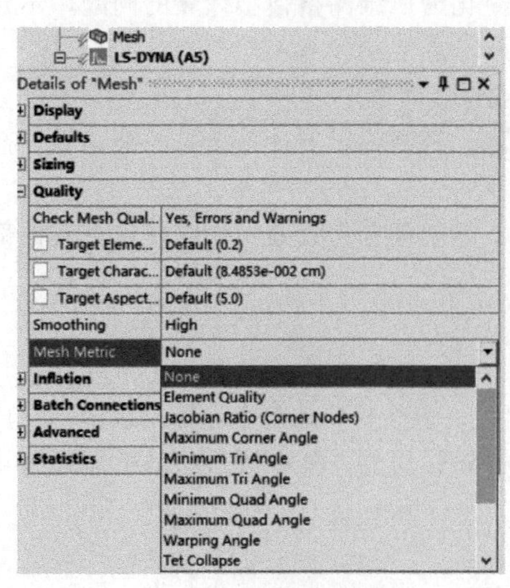

图 4-15　网格质量查看

② Quality 设置。在 Quality 中设置并查看网格质量类型，如图 4-15 所示。一般参数默认，在【Mesh Metric】的下拉选项，可以选择查看【Element Quality】。

Mesh 模块自动划分的实体单元中主要的网格类型有：

① Tet4：4 节点的四面体网格；

② Hex8：8 节点的六面体网格；

③ Wed6：6 节点的棱柱网格；

④ Pyr5：5 节点的金字塔网格。

壳单元的网格主要类型有：

① Quad4：4 节点的四边形网格；

② Tri3：3 节点的三角形网格。

此外，还有 Tet10、Hex20、Wed15、Pyr13、

Quad8、Tri6 等网格类型。其中，对于显式动力学网格来说，最好的网格是六面体的网格 Hex8，一般不允许存在金字塔网格，这样会造成网格过于刚性，结果失真。

在 Mesh Metrics 中可以查看网格质量，进行网格数量及网格质量的统计，显示网格的类型，点击相应的柱形图，可以在模型上显示对应处的网格，如图 4-16 所示。

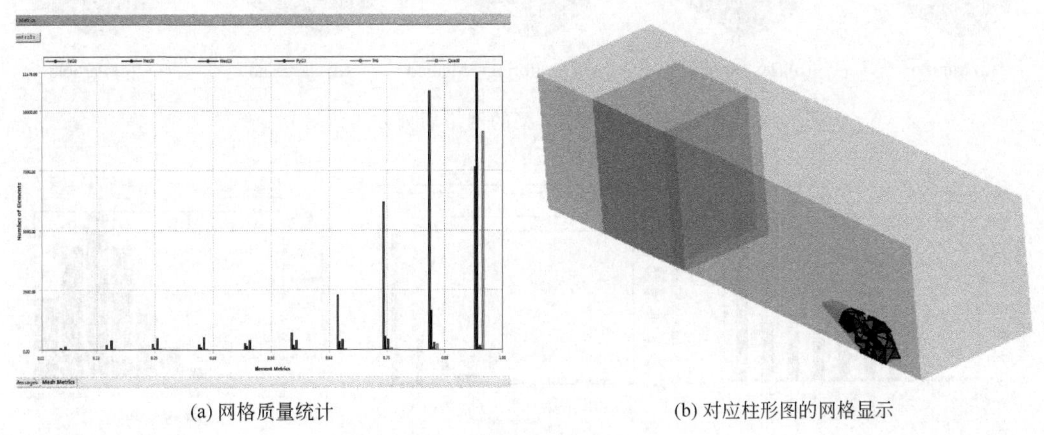

(a) 网格质量统计　　(b) 对应柱形图的网格显示

图 4-16　网格质量查看

(2) Mesh 右击功能选项

在 Mesh 模块中右击，将会弹出如图 4-17 所示的功能项，主要包括：【Method】、【Sizing】、【Contact Sizing】、【Refinement】、【Face Meshing】、【Mesh Copy】、【Match Control】、【Pinch】、【Inflation】、【Weld】、【Mesh Edit】、【Mesh Numbering】、【Contact Match Group】、【Contact Match】、【Node Merge Group】、【Node Merge】、【Node Move】、【Pull】等命令。这里只介绍常用功能。

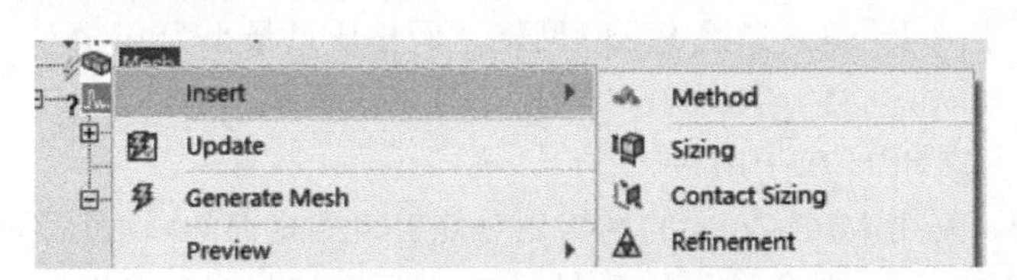

图 4-17　Mesh 右击功能项

① Method 设置。Method 主要针对 Part 体进行网格划分类型的确认，是 Mesh 模块中网格划分最常用的命令之一。在 Workbench 中常用的网格划分类型有【Automatic】、【Tetrahedrons】、【Hex Dominant】、【Sweep】、【MultiZone】、【Cartesian】、【Layered Tetrahedrons】和【Particle】等，如图 4-18 所示。

使用 Mesh 中的不同方法对一个圆柱体进行网格划分，分别为不设置任何参数的 Automatic 划分、Patch Conforming Method 划分、Hex Dominant 网格划分、Particle 网格划分、MultiZone 网格划分和 Cartesian 网格划分，如图 4-19 所示，网格质量如图 4-20 所示。

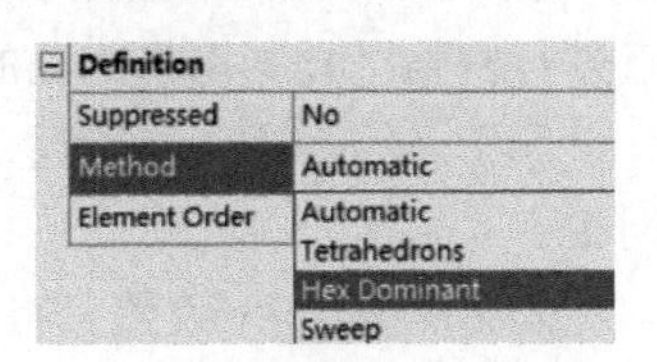

图 4-18　网格划分类型

【Automatic】：生成多数 Hex8、少量 Wed6 的网格，网格质量最小为 0.4。

【Patch Conforming Method】：生成全部的四面体网格，网格质量最小为 0.36。

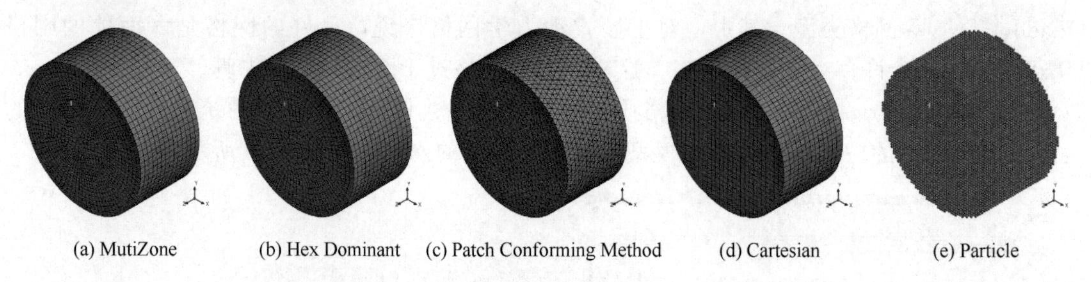

(a) MutiZone (b) Hex Dominant (c) Patch Conforming Method (d) Cartesian (e) Particle

图 4-19 几种典型的网格划分方式

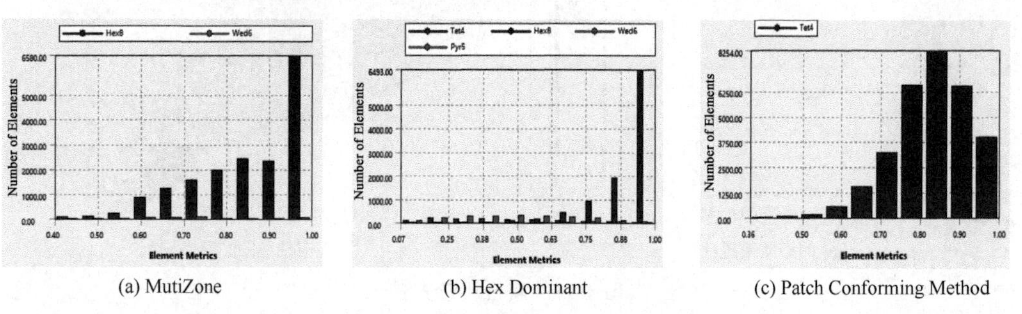

(a) MutiZone (b) Hex Dominant (c) Patch Conforming Method

图 4-20 几种典型的网格划分质量

【Hex Dominant】：一般外表面生成六面体网格，但是内部会生成 Tet4、Hex8、Wed6、Pur5 等网格，网格质量最小为 0.07。虽然 Hex Dominant 主要是以六面体为主，但是网格质量最差，存在金字塔网格，不适合显式动力学问题的求解。

【Sweep】：生成 Hex8、少量 Wed6 的网格，网格质量最小为 0.4。

【MultiZone】：全部生成 Hex8 网格，网格质量最小为 0.82。

【Cartesian】：生成 Hex8、少量 Wed6 网格，网格质量最小为 0.52。

【Layered Tetrahedrons】：生成 Tet4 网格，网格质量最小为 0.2。

【Particale】：生成 SPH 粒子网格。

综合以上来看，采用 MultiZone 的网格划分能够得到全部的六面体网格，网格质量也较好，而采用 Hex Dominant 划分的网格质量最差，而且会出现金字塔网格，Hex Dominant 一般用在流体网格划分中，不利于显式动力学的求解。

② Size 设置。主要用于控制网格的大小，包括对体、面、边、点的控制。

③ Contact Sizing 设置。用于控制接触处的网格大小，在接触面上产生近似尺寸单元的网格。

④ Refinement 设置。用于加密网格，在全局或者局部网格已经生成的情况下对面、边、点进行网格细化。网格细化的水平分为 3 级，越大表明网格越密。

⑤ Face Meshing 设置。用于生成面的四边形网格。对于一些壳体能够划分出较好的网格。

⑥ Mesh Copy 设置。将画好的网格复制到另一个 Part 上。

⑦ Match Control 设置。匹配控制，用于在 3D 对称面或者 2D 对称边上划分一致的网格，尤其对旋转机械的旋转对称分析有用。

⑧ Pinch 设置。收缩控制，可以在一定尺寸下收缩来移除导致网格缺陷的单元质量特征，收缩只对顶点和边有用，在面和体上不能进行收缩。

⑨ Inflation 设置。Inflation 用于控制膨胀层，一般适用于圆柱、球体等，主要用于控制表面网格的尺寸，表面层的网格质量较高，如图 4-21 所示。一般多用于流体中，这里只做简要介绍。

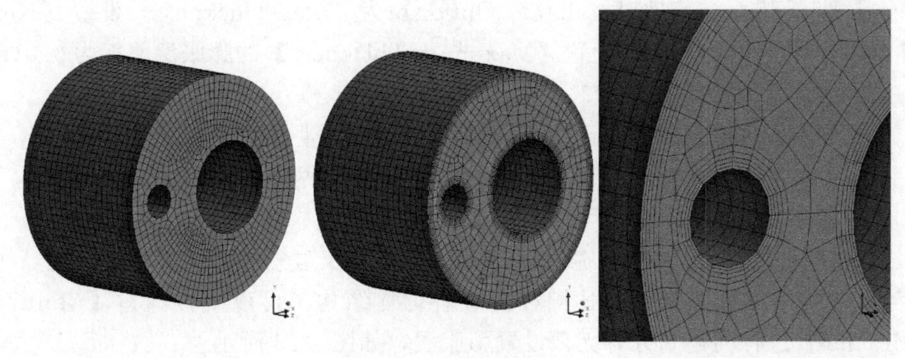

图 4-21 典型膨胀层

【Sweep Mesh-No Inflation】：扫掠网格-无膨胀层；

【Sweep Mesh With Inflation】：含膨胀层的扫掠网格。

【Inflation Option】选项：【Smooth Transition】，在邻近层之间保持平滑的体积增长率，总厚度依赖于表面网格尺寸的变化；【First Layer Thickness】，保持第一层高度恒定；【Total Thickness】，保持整个膨胀层总体高度恒定（一般采用这个控制比较好）；【First Aspect Ratio】，根据基础膨胀层拉伸的纵横比来控制膨胀层的高度；【Last Aspect Ratio】，通过使用第一层的高度和最大层数以及纵横比来创建膨胀层。

【Inflation Algorithm】选项：【Post】，基于 ICEM CFD 算法，只对 Patching Conforming 和 Patch Independent 四面体网格有效，首先生成四面体，然后生成膨胀层，四面体网格不受膨胀层选项修改的影响；【Pre】，首先表面网格膨胀，然后生成体网格，基于 Tgrid 方法，不邻近面设置不同的层数，可应用于扫掠和 2D 网格划分。

⑩ Weld 设置。用于焊接处网格设置。

(3) 综合使用 Mesh 工具进行网格划分

对高度为 30mm、直径为 30mm 的圆柱进行网格划分，网格尺寸为 1mm。

如图 4-22 所示，可以使用【MultiZone】、【Face Meshing】和【Inflation】对称划分六面体网格。网格操作如下（不区分顺序）：

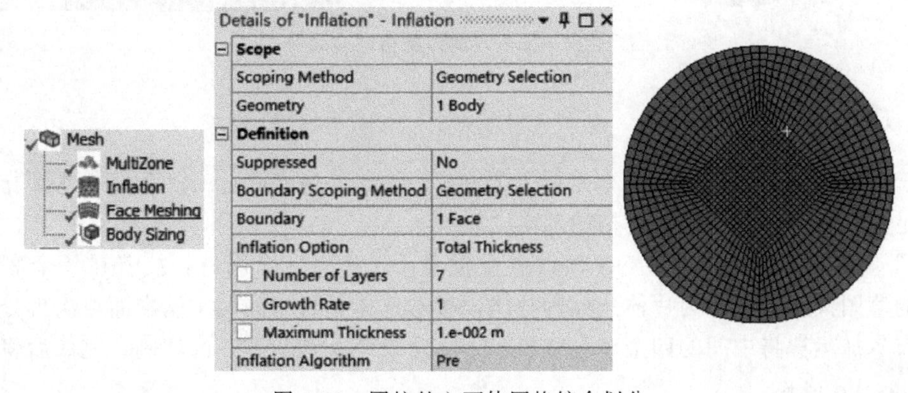

图 4-22 圆柱的六面体网格综合划分

① 在【Mesh】模型树中右击插入【Method】，选择体模型，修改划分方式为【MultiZone】。

② 插入【Inflation】，在 Details of Inflation 中，设置【Geometry】为圆柱体，设置【Boundary】为圆弧面，修改【Inflation Option】为 Total Thickness，设置【Number of Layers】膨胀层的层数为 7 层，设置【Maximum Thickness】的膨胀层厚度为 0.01m（膨胀层厚度一般为圆柱半径的 1/3～1/2）。

③ 选择圆柱上下两个端面，插入【Face Meshing】，生成表面的四边形网格。

④ 针对整体模型右击插入【Body Sizing】，设置整体网格大小为 1mm。

⑤ 右击【Generate Mesh】即可生成良好的网格。

ANSYS/Workbench 2022 R1 版本，更新了一些对于显式动力学网格的优化，尤其是简化了纯六面体网格划分，对于上述圆柱体或者球体结构，可以直接通过【MultiZone】和【Face Meshing】进行网格划分，无须设置膨胀层，如图 4-23 所示。

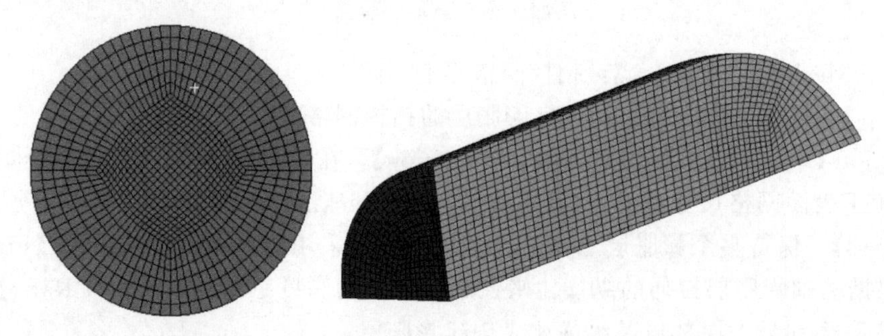

图 4-23　使用 Workbench 2022 R1 版本划分网格

同样，针对大多数模型，可以通过插入【MultiZone】＋【Face Meshing】的方式生成良好的网格，如图 4-24 所示。

图 4-24　其他六面体网格综合划分

4.5.3　几何剖分及网格划分

对于一些体和面的网格划分，需要事先在 CAD 或者是 Geometry 模块中进行分割，以形成满足划分六面体及高质量网格的基本“块”。

如图 4-25 所示，通过 UG NX 软件进行建模，先建立一个圆柱，接着在一个底面建立要切分的草图模型，拉伸为片体选择拆分体，接着选择过圆心的两个基准面再次拆分体，随后选择布尔加运算将中间的四个体合并成一个，完成“天圆地方”的切割，完成后将模型输出为 Parasolid 格式。

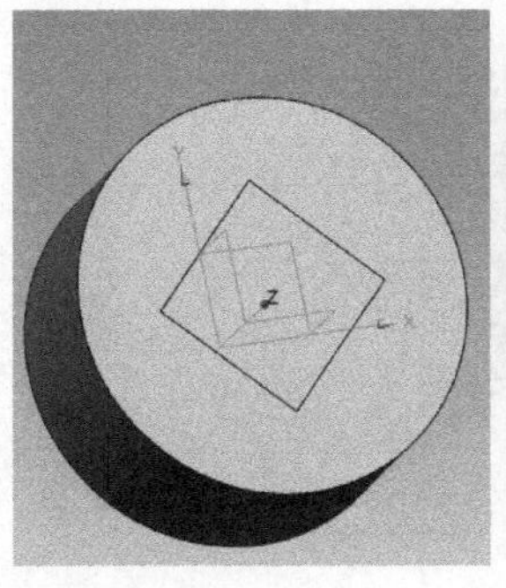
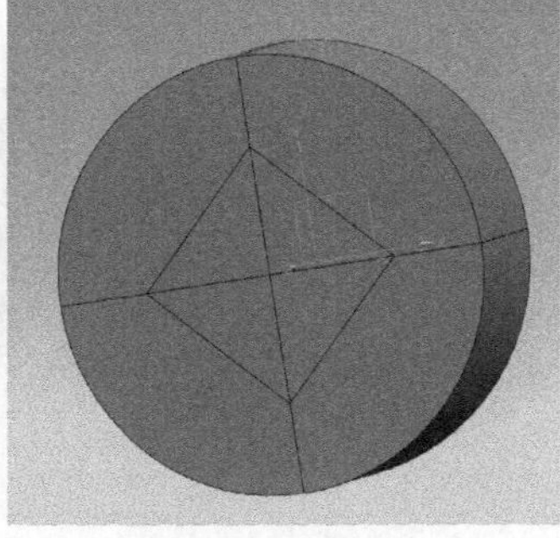
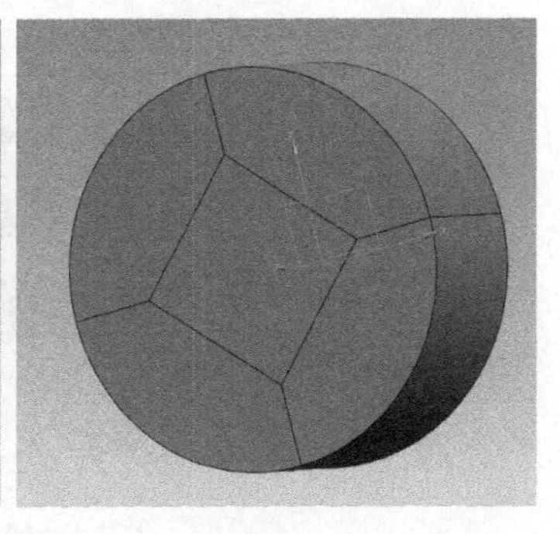

图 4-25　UG NX 中的几何分块思路

打开 Workbench，导入模型，通过 Geometry 中的 DesignModeler 打开，模型导入后如图 4-26 所示。选择圆柱中不同的 Solid，右击选择【Form New Part】将所有的 Body 合并成一个 Part，保证网格划分时共节点。

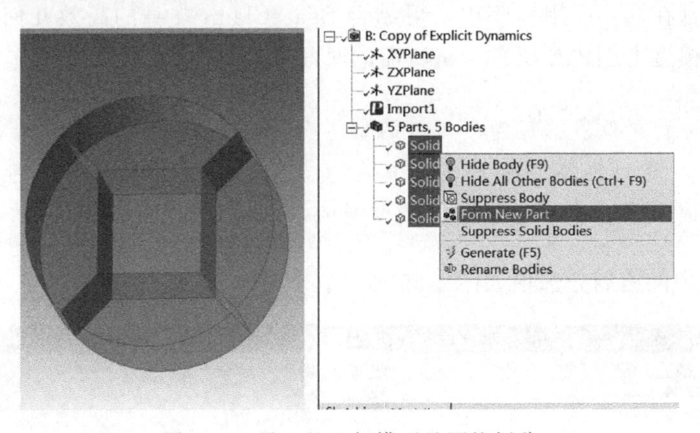

图 4-26　导入的几何模型及网格划分

注： 如果不采用 Form New Part 共节点形式，程序会自动设置绑定接触，关于绑定接触、模型共节点和整体模型的计算对比可以参考第 7 章第 1 节内容。

打开 Model，在 Mesh 中右击【Generate Mesh】，采用自动划分即可，完成模型的全六面体且共节点的网格划分，如图 4-27 所示。

在 Geometry 模块中切分也同理，只不过一般的几何建模软件，如 UG NX、SOLIDWORKS 和 Pro/E 等，对于几何模型的处理更加高效。通过不同的剖切方式提高网格的质量，如可以采用弧形的边去切割体，形成的 Part 的网格质量更高。其他的建模方式也基本类似，可以通过在前处理中进行多次的切割，提高网格的质量，如图 4-28 所示。

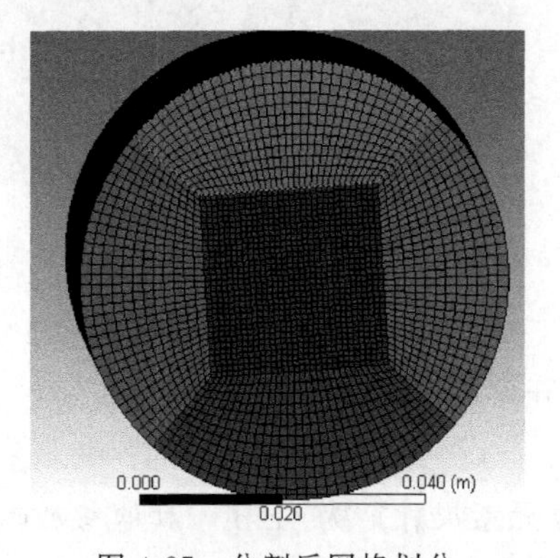

图 4-27　分割后网格划分

图 4-28　各类切割后网格模型

4.5.4　SpaceClaim 网格划分

SpaceClaim 具有交互式网格工具，可直接在几何模型上创建高质量的网格。由于几何建模和网格划分都在同一应用程序中，可结合 SpaceClaim 本身的高效几何清理简化网格生成，减少在复杂模型上创建高质量网格所需的时间。

> **注：**部分较早的版本可能不支持网格划分，部分版本网格划分选项一般不显示。在 SpaceClaim 进行网格划分时，首先在【文件】→【SpaceClaim 选项】中进行设置，在功能区选项卡中勾选【网格】，这样会在菜单栏中出现【网格】选项。

SpaceClaim 中网格划分选项如图 4-29 所示。

图 4-29　SpaceClaim 中网格划分

以 ϕ30mm×15mm 圆柱体网格划分为例，介绍 SpaceClaim 网格划分，如图 4-30 所示。

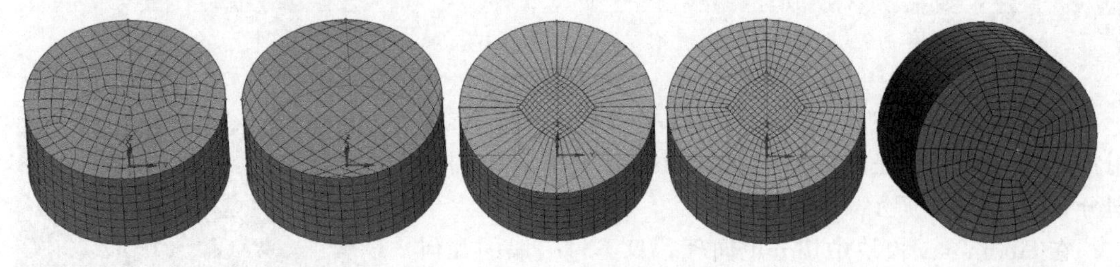

图 4-30　SpaceClaim 网格划分

① 在 SpaceClaim 中构建 ϕ30mm×15mm 的圆柱，点击菜单栏中的【网格】，选择 ，开启网格划分模式。

② 选择菜单栏【新增/编辑】 选项，在网格选项中，设置网格形状为 ，设置【元素尺寸】为 4mm，其他参数默认即可。

③ 选择菜单栏【映射/扫略】 ，在映射选项中设置面模型为【映射四边形】 ，设置【Blocking Options】为【映射】 。

④选择圆柱体的圆弧面，通过【图层选项】进行网格膨胀层设置，采用默认即可。

⑤通过【Size（尺寸）】对网格的大小进行设置，设置剖分连接处的网格数量为8个，点击【OK】即可生成良好的网格。

以上操作都可以通过Python的脚本语言记录并生成，直接在SpaceClaim中的Python脚本编辑器中输入即可生成以上模型并自动划分网格。

4.5.5 ICEM网格划分

ICEM是ANSYS的一个通用流体网格划分软件，集成在ANSYS/Workbench平台，可以对网格进行六面体划分，输出超过100种求解器接口，如LS-DYNA、Autodyn、FLUENT、ANSYS、CFX、Nastran、Abaqus等。

下面以ϕ30mm×15mm圆柱体的ICEM网格划分为例进行介绍。

选择LS-DYNA模块，构建好圆柱体的几何模型，打开Model，进入界面后，在Mesh中右击【Insert】，选择【Method】，选择圆柱体。可以右击插入【Method】，选择【Method】为【MultiZone】（多块求解），在【Advanced】中选择【Write ICEM CFD File】为Interactive，即可与ICEM软件进行双向交互，如图4-31所示。

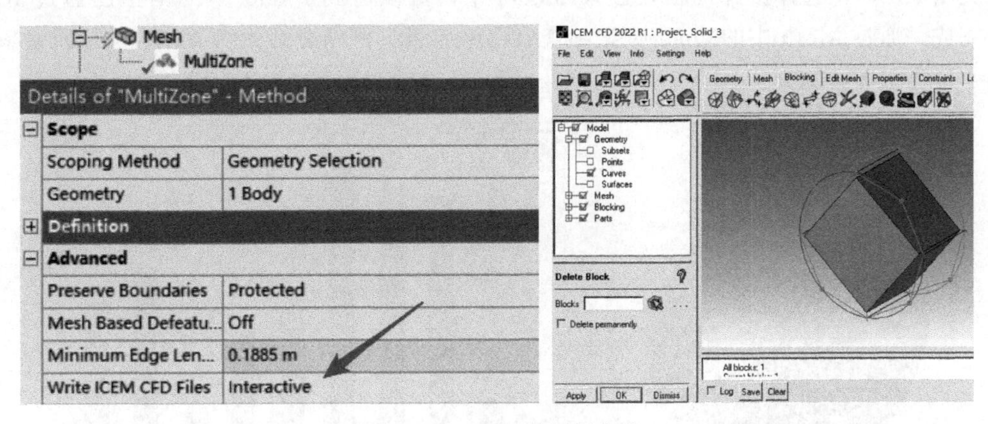

图4-31 ICEM的调用方式

点击【Update】，就进入了ICEM界面中。系统默认会自动对模型进行分块并且网格已经划分完全。将右侧状态栏中的Mesh关掉，重新进行网格划分。ICEM中网格划分流程如图4-32所示，具体如下：

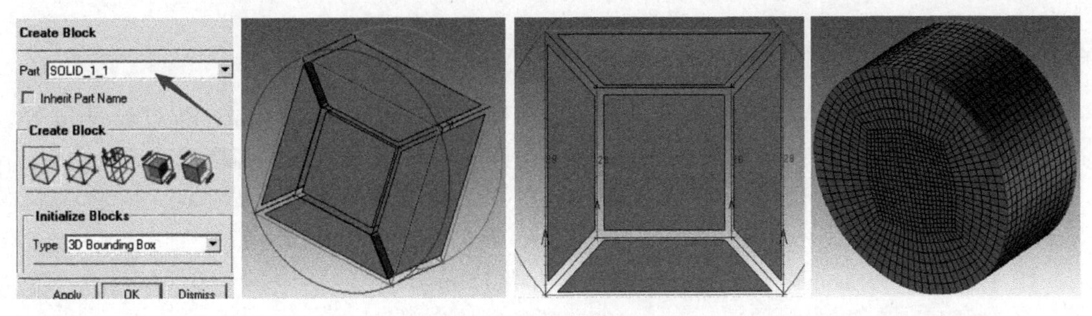

图4-32 ICEM中的网格划分

① 新建块：通过快捷工具栏的删除已有的Block，通过新建一个Block，Block的

名称一般是这个 Part 的名称，否则可能会无法导出网格到 Workbench 中。本例中，在 Create Block 选项中，选择【Part】为 SOLID_1_1。

② O-Block 块划分：选择，选择 Block 的上下面，进行 O-Block 的网格划分，按鼠标中键确定。

③ 关联线：选择，选择关联线，选择 Block 上面的四周线，按住鼠标中键，再选择圆柱的一端边线，点击确定，同样再关联好圆柱另一端边线。关联好的线呈绿色，然后选择对齐 Block。

④ 设置网格大小：选择进行网格大小设置，给 O-Block 的内切分斜线设置网格节点为 7，给 O-Block 外边设置 28 个节点，勾选【Copy Parameters】，可以将网格复制给其他相似边，生成网格模型。

⑤ 预览网格：打开左侧模型树的【Pre-Mesh】可预览网格，右击可以选择【Convert To Unstruct Mesh】，转化为非结构网格。

⑥ 导出网格：在顶部菜单栏选择【File】→【Mesh】→【Load From Blocking】，在弹出的对话框中选择【Merge】。

关闭 ICEM，选择保存网格，进入 Model 中，可以看到 Model 中的网格已通过 ICEM 划分完成。通过 Mesh 中的 Quality 选项查看网格质量，网格全部为六面体，网格质量较好，如图 4-33 所示。

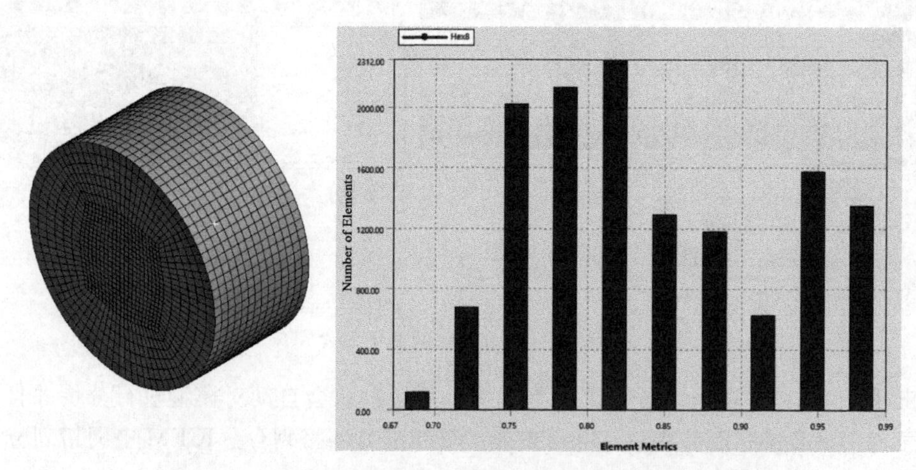

图 4-33 通过 ICEM 网格划分并导入到 Workbench 中的模型

4.5.6 外部网格划分软件导入

Workbench 平台支持多种网格的导入，如 ANSA、Hypermesh、Patran、Truegrid 等。这里选用 Hypermesh 网格生成 K 文件进行外部网格导入，其他格式的网格文件导入类似。

以 ϕ30mm×15mm 圆柱体网格划分为例，Hypermesh 中网格划分如图 4-34 所示，具体如下：

① 打开 Hypermesh 软件，选择网格类型为 LsDyna。

② 选择导入几何模型，Hypermesh 默认的长度单位制是 m。

③ 导入后的几何模型如图 4-34 所示，选择【3D】，选择【Solid Map】，设置网格大小为 0.002m，点击【Mesh】即可生成网格。

④ 导出网格，设置好网格保存名称和路径，选择“导出”即可。

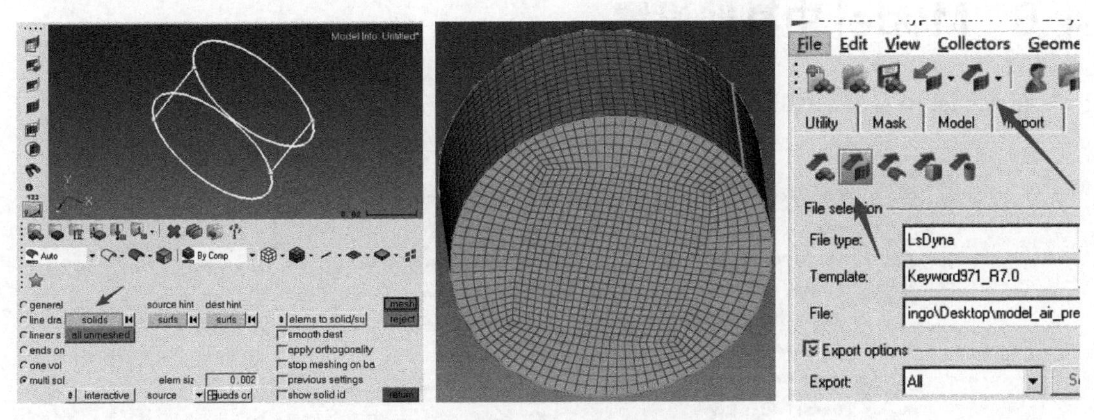

图 4-34 Hypermesh 中的网格划分

如图 4-35 所示，网格导出后，打开 Workbench，在左侧工具栏中选择【External Model】和【LS-DYNA】模块，并将其关联。双击【External Model】中的【Setup】，进入【Setup】中进行编辑，在【Data Source】中通过 ... 选择在 Hypermesh 中生成的网格文件（test-hypermsh. k）。

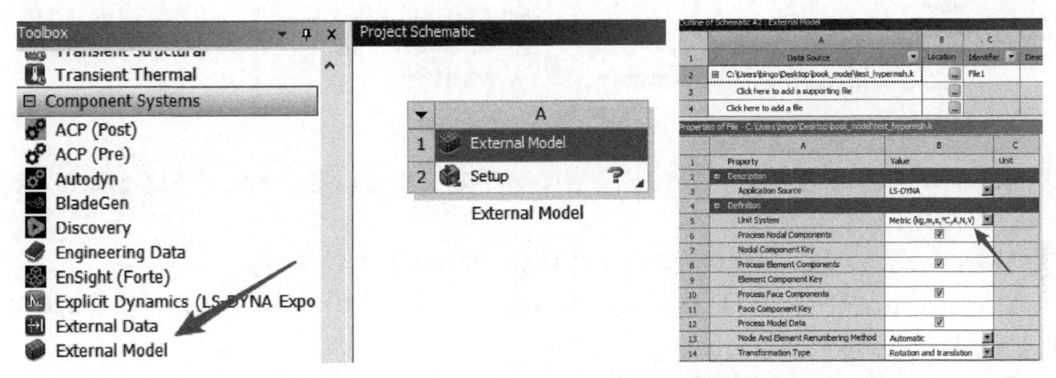

图 4-35 Workebench 导入外部网格模型

导入成功后，将长度的单位制改为“m”，对应 Hypermesh 中“m”的单位制。导入完成的网格如图 4-36 所示，网格质量在 0.8 以上，且全部为六面体网格。

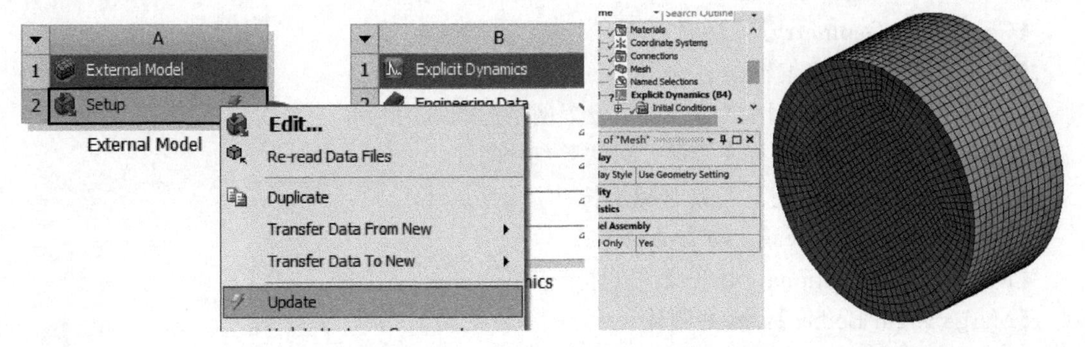

图 4-36 Hypermesh 导入 Workbench 中的网格

4.6 Model 中其他设置

在 Model 中右击，可以插入如图 4-37 所示的选项。

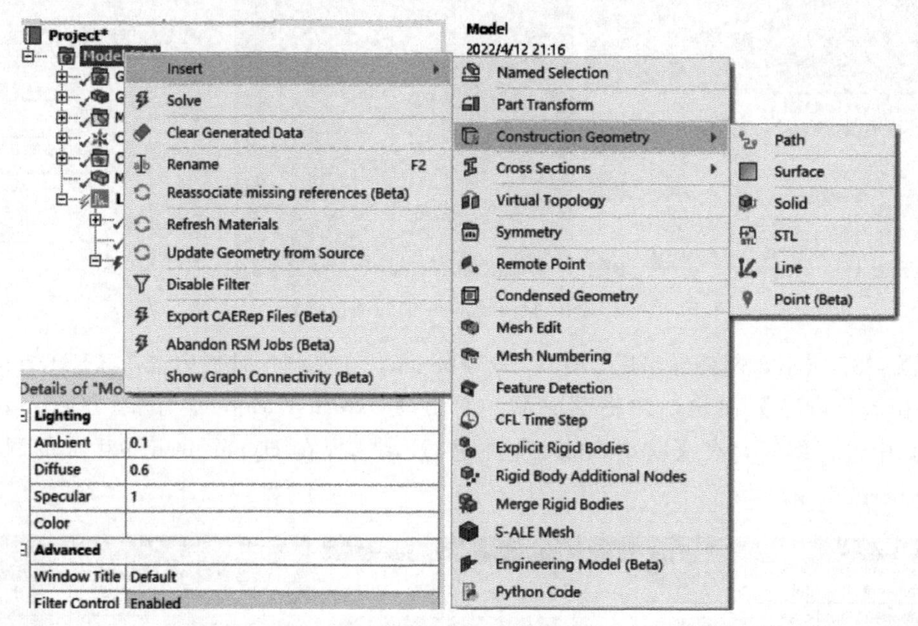

图 4-37　Model 中其他选项

【Named Selection】：选择模型的体、面、点等定义集合，定义 * Set _ SEGMENT 或者 * SET _ NODES 等。

【Part Transform】：对模型进行简单的移动，用于调整几何模型。

【Construction Geometry】：插入构造几何体，如路径、单面、实体等，用于辅助计算，如设置刚性的地面块体等。

【Cross Sections】：插入梁截面。

【Virtual Topology】：虚拟拓扑，可进行模型几何拓扑优化，去除细小特征等。

【Symmetry】：对称性设置，一般可以设置关于 X、Y 或 Z 轴对称。

【Remote Point】：远程点。

【Condensed Geometry】：凝聚几何。

【Mesh Edit】：网格编辑。

【Mesh Numbering】：网格编号，可设置网格起始点编号等。

【Feature Detection】：特征检测，可去除细小特征。

【CFL Time Step】：查看初始时间步长。

【Explicit Rigid Bodies】：动力学刚体。

【Rigid Body Additional Nodes】：刚体节点。

【Merge Rigid Bodies】：合并刚体。

【S-ALE Mesh】：S-ALE 网格设置，可设置 S-ALE 网格大小或者数量。

【Engineering Model（Beta）】：可进行几何修复，切割面、切割边、抑制多余边、合并面、填充孔等，简化几何模型。

【Python Code】可插入 Python 代码。

Model 中选项较多，现介绍几种常见选项的设置。

4.6.1 Construction Geometry 构造几何设置

在 Model 中右击，插入【Construction Geometry】→【Solid】，设置【X1】、【X2】、【Y1】、【Y2】、【Z1】和【Z2】，即可定义长方体模型。定义完成后，选择创建的 Solid，右击【Add to Geometry】，即可构造辅助的几何块体模型，如图 4-38 所示。

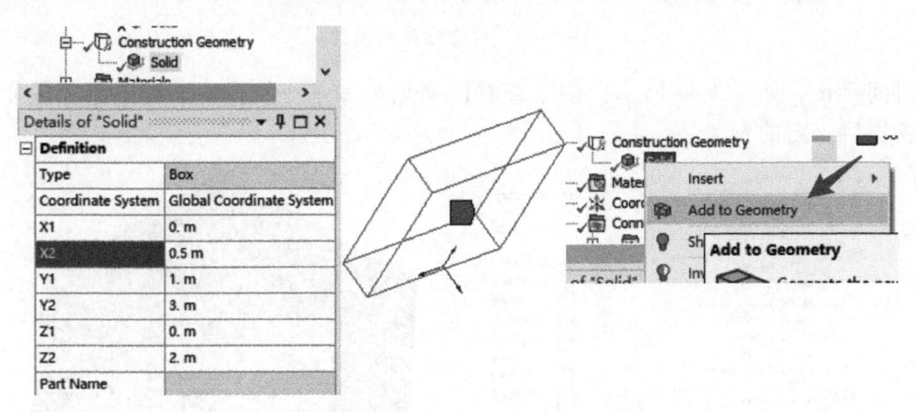

图 4-38 构造几何块体模型

4.6.2 Symmetry 对称性设置

在 Model 中右击，插入【Symmetry】，选择【Symmetry】，插入【Symmetry Region】，选择对应的面，一般【Coordinate System】采用默认的全局坐标系，设置【Symmetry Normal】为 X Axis、Y Axis 或者 Z Axis，即对称面的法线方向，如图 4-39 所示。

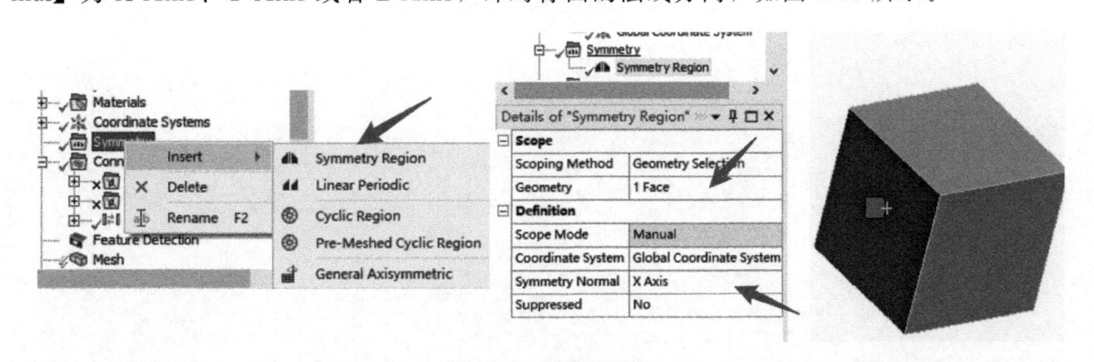

图 4-39 对称性设置

点击【Symmetry】，在明细中，设置【Num Repeat】为 2，设置【Type】为【Cartesian】，设置【Method】为 Half，设置【ΔX】为 1. e-004m（一个较小的值即可），此时将会显示关于 X 轴对称的模型，其他轴显示设置操作相同，如图 4-40 所示。

4.6.3 CFL Time Step 时间步长设置

在 Model 中右击，插入【CFL Time Step】，右击选择【Generate】，可显示模型各单元

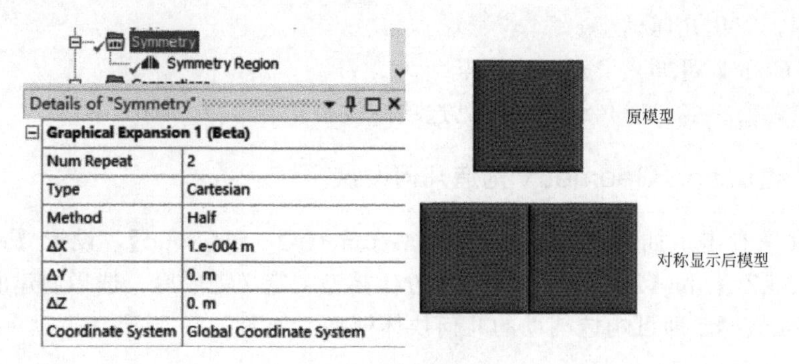

图 4-40　对称性显示设计

的计算时间步长，如图 4-41 所示。便于查看网格划分和细小特征对于时间步长的影响，为计算设置提供一定的参考。

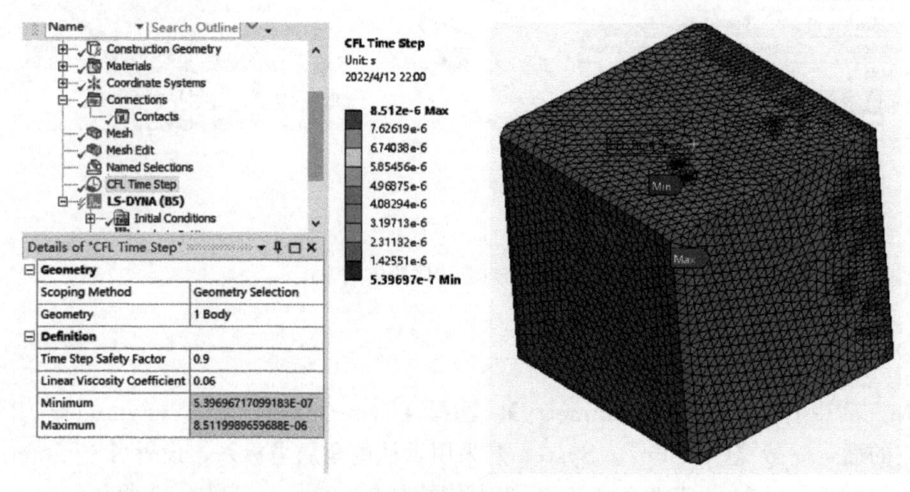

图 4-41　CFL 时间步长显示设置

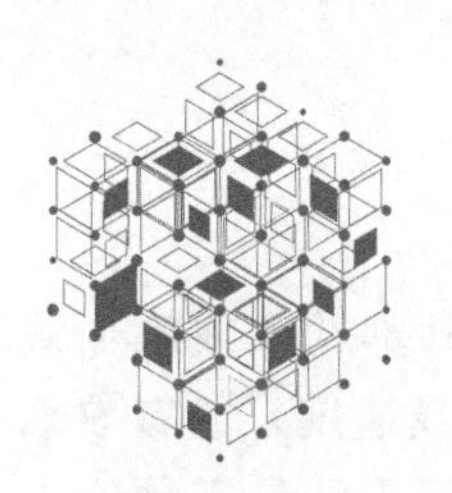

第5章 Model中的LS-DYNA模型树

LS-DYNA 模块集成在 Workbench 平台中，双击 Model 可以在左侧模型树中查看 LS-DYNA 模块。其主要命令有：①Initial Conditions（初始条件）；②Analysis Settings（计算设置）。还可以通过点击 LS-DYNA，右击插入对应的命令，或者在菜单栏添加相应的命令。LS-DYNA 专用模型树中右击选项如图 5-1 所示，菜单栏选项如图 5-2 所示。

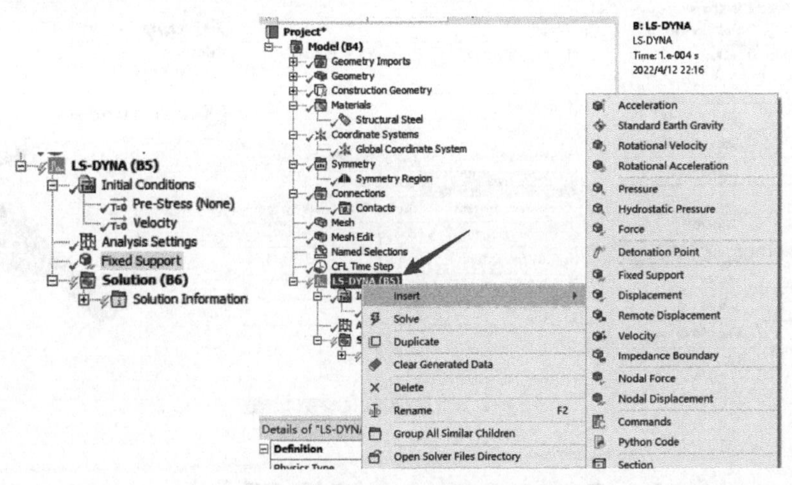

图 5-1　LS-DYNA 专用模型树右击选项

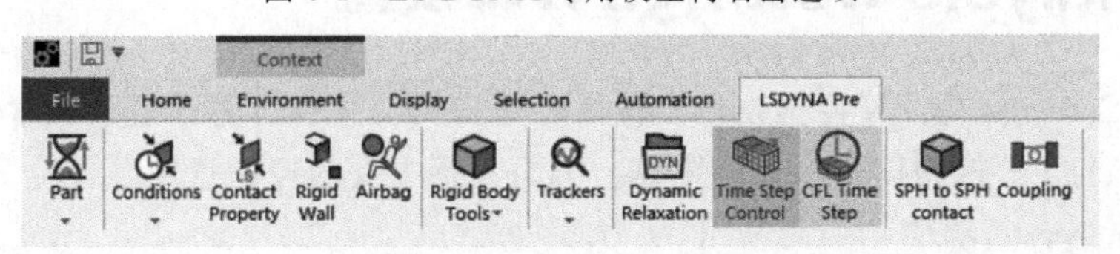

图 5-2　LS-DYNA 菜单栏选项

5.1 Initial Conditions 初始条件

在动力学分析中，默认情况下，假定所有物体处于静止状态，没有外部约束或施加载荷。一般要求模型包含一个初始条件（速度或角速度）、非零约束（位移或速度）或有效载荷。初始条件主要用于赋予模型速度，目前通过静力学 Static Structure 还无法导入预应力进入 LS-DYNA 模块，只能导入位移情况。

在 Initial Conditions 中右击，可以选择插入【Velocity】、【Angular Velocity】和【Drop Height】，如图 5-3 所示。

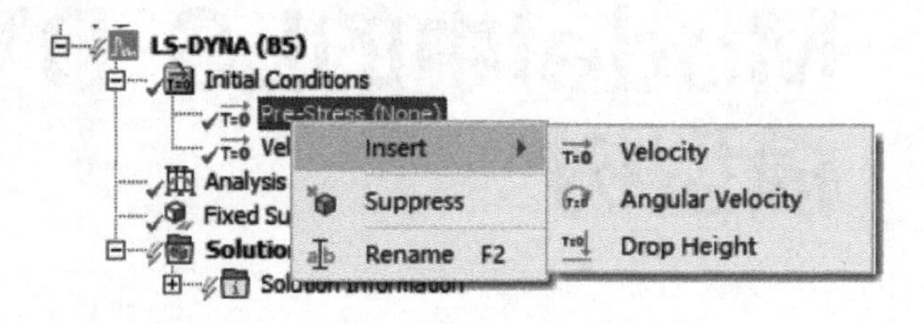

图 5-3 速度插入

以插入速度为例，可以在明细中选择 Geometry 为对应的模型。【Input Type】一般为默认的【Velocity】，可以设置【Define By】为【Vector】，选择面，确定面的法线方向为速度方向，或者设置为【Components】，一般默认的【Coordinate System】为【Global Coordinate System】，设置对应的【X Component】、【Y Component】和【Z Component】，即代表 X、Y 和 Z 方向速度，可以在主窗口中预览速度方向及大小，如图 5-4 所示。

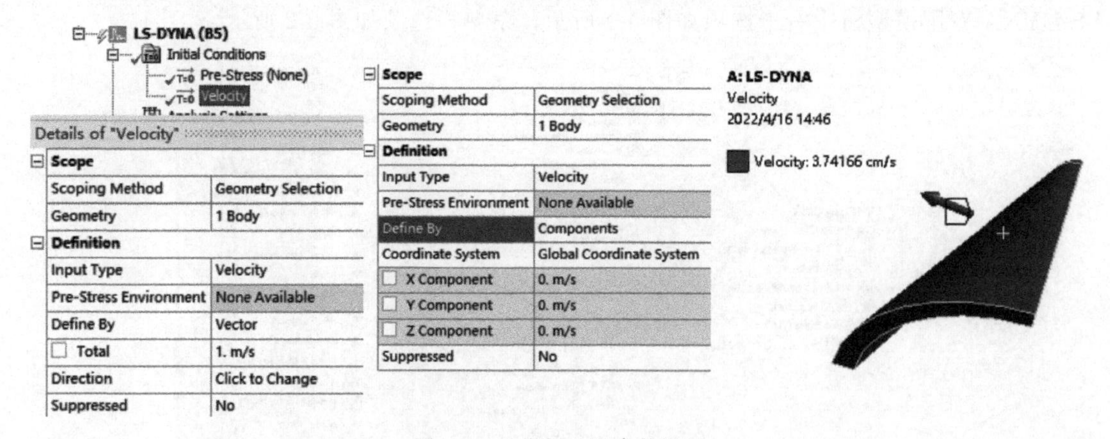

图 5-4 速度插入及参数设置

5.2 Analysis Settings 计算设置

Analysis Settings 是计算控制设置，包括时间步长、并行计算设置、内存设置、求解类型、沙漏阻尼、ALE 控制以及保存设置等。下面介绍主要的控制选项。

5.2.1 Step Controls 设置

在 Step Controls 中可以设置求解时间、时间步长安全系数、计算循环数和质量缩放等，如图 5-5 所示，主要选项如下：

【End Time】：计算分析时间，一般需要输入合理的计算时间，对于冲击碰撞和爆炸问题，可以先设置较小的时间，如 0.001s，流程跑通后再根据实际需求设置相应的时间，非线性动力学求解时间不会太长，一般在 0.1s 以内。

Step Controls	
End Time	0.0001 s
Time Step Safety Factor	0.9
Maximum Number Of Cycles	10000000
Automatic Mass Scaling	No

图 5-5 Step Controls 设置

【Time Step Safety Factor】：时间步长安全系数，一般默认为 0.9，对于超高速碰撞、爆炸等工况，可以适当地减少时间步长安全系数，如设置成 0.67 及以下。

【Maximum Number Of Cycles】：计算循环数，一般默认为一个较大数值即可。

【Automatic Mass Scaling】：质量缩放控制，一般不采用质量缩放，对于含有极小特征的模型，可以先进行模型几何清理。如果需要质量缩放，一般可以通过 CFL Time Step 查看单元最小时间步长，适当地设置修改后的时间步长，程序会自动设置对应的质量缩放，一般来说，质量缩放增加的质量不超过系统质量的 5%。

Step Controls 中的设置对应生成的关键字：*CONTROL_TERMINATION、*CONTROL_TIMESTEP。

注：关于时间步长，一般对于实体单元来说，有：

$$c=\sqrt{\frac{E}{(1-\mu^2)\rho}}$$

式中，c 为材料声速；E 为材料弹性模量；μ 为材料的泊松比；ρ 为材料密度。时间步长 Δt 和材料声速 c，单元特征长度 l，时间步长安全系数 K，表示如下：

$$\Delta t=K\times\frac{l}{c}$$

一般情况下，K 为 0.9，如果针对爆炸或者高速冲击，网格容易出现穿透，可以定义安全系数 K 为 0.67 或者更小的值。

对于整个有限元模型分析来说，控制时间步长的是最小的尺寸单元，当模型中有较小的网格单元时，计算时间将会成倍增加。为减少计算时间，可以人为控制时间步长，称之为质量缩放，在不改变有限元模型前提下，增加小单元的时间步长，从而减少计算时间。

一般来说，使用质量缩放会调整单元的密度来增加时间步长，通过关键字*CONTROL_TIMESTEP 中参数 DT2MS 来人为控制时间步长，达到期望的实际计算时间步长。在 Workbench LS-DYNA 中，只需要设置【Automatic Mass Scaling】为【Yes,】在选项【Time Step Size】中设置预期的时间步长即可。

Automatic Mass Scaling	Yes
Time Step Size	1E-07 s

质量缩放选项

使用质量缩放可以有效地降低求解时间，但是某些小单元的密度增加会导致有限元模型整体质量增加。当考虑模型的惯性效应，如冲击、跌落问题时，应对增加质量的百分比进行控制（同时考虑接触的稳定性），不可任意地设定计算时间步长。一般情况下，应控制质量增加在 5%以内。

5.2.2 CPU and Memory Management 设置

CPU and Memory Management 主要用于并行计算设置和内存控制设置，选项如图 5-6 所示。

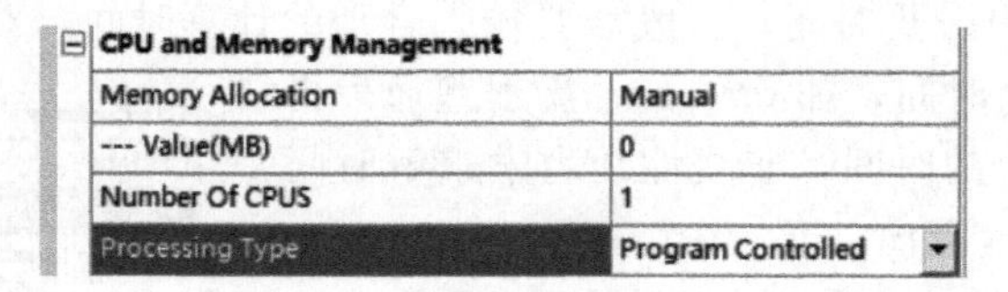

CPU and Memory Management	
Memory Allocation	Manual
--- Value(MB)	0
Number Of CPUS	1
Processing Type	Program Controlled

图 5-6　CPU and Memory Management 设置

【Memory Allocation】：允许内存，一般为程序控制，也可以修改为 Mannual，手动在 Value 中输入对应的内存值，设置内存的单位是 MB。

【Number Of CPUS】：输入对应计算调用的 CPU 核心数，调用的核心数多，一般可以加速计算。

【Processing Type】：并行计算处理类型，可以设置为【SPM】和【MPP】，一般程序默认采用【SMP】，也可以设置为【MPP】。在【MPP】中可以设置 MPI 为 PCMPI、MSMPI 和 IntelMPI。

5.2.3 Solver Controls 设置

Solver Controls 用于求解控制，包括求解类型、求解精度、单位制、求解版本等，如图 5-7 所示。

Solver Controls	
Solver Type	Program Controlled
Solver Precision	Program Controlled
Unit System	nmm
Explicit Solution Only	Yes
Invariant Node Numbering	Off
Second Order Stress Update	No
Solver Version	Program Controlled

图 5-7　Solver Controls 设置

【Solver Type】：求解选项，有【Structural Analysis Only】和【Coupled Structural Thermal Analysis】两个选项，默认为【Structural Analysis Only】，当进行结构-热分析时，可以选择【Coupled Structural Thermal Analysis】。选择【Coupled Structural Thermal Analysis】后，可以在【Thermal Step Controls】中进行设置。

【Thermal Step Controls】用于控制热分析时间步长，如图 5-8 所示，它包括【Auto Time Stepping】、【Initial Time Step】、【Minimum Time Step】、【Maximum Time Step】、【Time Integration Parameter】、【Time Integration】等选项。在【Time integration parameter】时间积分参数中可以设置【Crank-Nicholson Scheme】和【Fully Implicit】。

【Thermal Nonlinear Controls】中包括【Thermal problem type】、【Line Search】和【Temperature Convergence】等选项，如图 5-8 所示。其中，【Thermal problem type】包括【Linear Problem】、【Nonlinear Problem Gauss Point Temperature】和【Nonlinear Problem Gauss Point Temperature】选项。

Thermal Step Controls	
Auto Time Stepping	Program Controlled
Initial Time Step	0 s
Minimum Time Step	0 s
Maximum Time Step	0 s
Time integration parameter	Crank-Nicholson Scheme
Time Integration	On

Thermal Nonlinear Controls	
Thermal problem type	Program Controlled
Line Search	0
Temperature Convergence	0

图 5-8 Thermal Step Controls 和 Thermal Nonlinear Controls 设置

热分析控制默认选项的自动生成关键字如下：

* CONTROL_SOLUTION							
$ SOLN	NLQ	ISNAN	LCINT				UNUSED
2	0	0	0				
* CONTROL_THERMAL_TIMESTEP							
$ TS	TIP	ITS	TMIN	TMAX	DTEMP	TSCP	LCTS
1	0	0	0	0	0	0	0
* CONTROL_THERMAL_SOLVER							
$ ATYPE	PTYPE	SOLVER	CGTOL	GPT	EQHEAT	FWORK	SBC
1	0	1	0	0	0	1	0
* CONTROL_THERMAL_NONLINEAR							
$ REFMAX	TOL	DCP	LUMPBC	THLSTL	NLTHPR	PHCHPN	UNUSED
0	0	0	0	0	0	0	

【Solver Precision】：求解精度，可以选择【Single】单精度和【Double】双精度。

【Unit System】：单位制，求解单位制包括 nmm、umks、bft、bin、mks、cgs、mm-ms-mg。一般默认 nmm，建议采用 mks 标准单位制。

注： Unit System 设置非常重要，和计算插入的 Commands 命令或者 Keyword Manager 插入的命令中的单位制要一致。因为 Workbench 平台目前没有 cm-g-us 单位制，建议统一为 mks 单位制。

【Explicit Solution Only】：显式隐式控制，一般默认为 Yes，采用显式分析，当设置为 No 时，会有【Implicit Controls】控制选项，如图 5-9 所示。隐式求解需要设置【Initial Time Step】，其他选项有【Line Search】、【Displacement Convergence】、【Stabilization】。其他参数一般默认，Workbench 中隐式求解控制参数较少，一般可以在输出 K 文件后，修改对应的隐式求解参数。

Implicit Controls	
Type	Implicit
Initial Time Step	
Line Search	0
Displacement Convergence	0
Stabilization	Off

图 5-9 隐式求解控制选项

隐式求解控制的自动设置关键字如下：

* CONTROL_IMPLICIT_GENERAL							
$ IMFLAG	DT0	IMFORM	NSBS	IGS	CNSTN	FORM	ZERO_V
1	0.01	0	0	0	0	0	0
* CONTROL_IMPLICIT_SOLUTION							
$ NSOLVR	ILIMIT	MAXREF	DCTOL	ECTOL	RCTOL	LSTOL	ABSTOL
0	0	0	0	0	0	0	0
$ DNORM	DIVERG	ISTIF	NLPRINT	NLNORM	D3ITCTL	CPCHK	UNUSED1
0	0	0	0	0	0	0	0
$ ARCCTL	ARCDIR	ARCLEN	ARCMTH	ARCDMP	ARCPSI	ARCALF	ARCTIM
0	0	0	0	0	0	0	0
* CONTROL_IMPLICIT_SOLVER							
$ LSOLVR	LPRINT	NEGEV	ORDER	DRCM	DRCPRM	AUTOSPC	AUTOTOL
5	1	0	0	0	0	0	0
* CONTROL_IMPLICIT_AUTO							
$ IAUTO	ITEOPT	ITEWIN	DTMIN	DTMAX	DTEXP	KFAIL	KCYCLE
1	0	0	0	0	0	0	0

【Invariant Node Numbering】：不变节点编号，默认为 Off。

【Second Order Stress Update】：二阶应力更新，默认为 No。

【Solver Version】：默认是 R12.1 版本。

5.2.4 Damping Controls 和 Hourglass Controls 设置

Damping Controls 和 Hourglass Controls 主要用于全局阻尼和全局沙漏控制，选项如图 5-10 所示。

Damping Controls	
Global Damping	No
Hourglass Controls	
Hourglass Type	Program Controlled
LS-DYNA ID	0
Default Hourglass Coefficient	0.1

图 5-10　Damping Controls 和 Hourglass Controls 设置

【Damping Controls】中可以设置【Global Damping】为 Yes 或者 No，默认是 No。

【Hourglass Type】可以设置为 Standard LS-DYNA、Flanagan-Belytschko Viscous Form、Exact Volume Flanagan-Belytschko Viscous Form、Flanagan-Belytschko Stiffness Form、Exact Volume Flanagan-Belytschko Stiffness Form、Belytschko-Bindeman 和 Belytschko-Bindeman Linear Total Strain，分别对应沙漏编号 1～7，一般默认【Default Hourglass Coefficient】为 0.1，采用的是 Exact Volume Flanagan-Belytschko Stiffness Form（沙漏 5）。

默认沙漏参数如下。

*CONTROL_HOURGLASS							
$ IHQ	QH						
5	0.1						

注：LS-DYNA应用单点（缩减）高斯积分的单元进行非线性动力分析，可以极大地节省计算时间，也有利于大变形分析。但是单点积分可能引起零能变形模式，或称沙漏模式。沙漏是一种以比结构全局响应高得多的频率振荡的零能变形模式，是单元刚度矩阵中秩不足导致的，而这些是由积分点不足导致的。沙漏模式导致一种在数学上是稳定的、但在物理上无法实现的状态。它们通常没有刚度，变形呈现锯齿形网格。

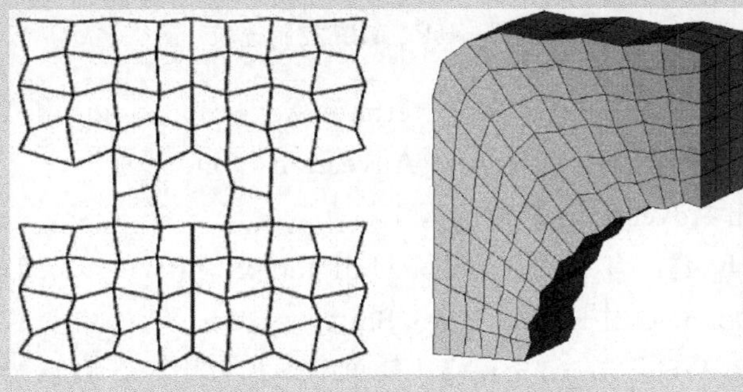

沙漏模式

在分析中，沙漏变形的出现使结果无效，所以应尽量减小和避免。如果总体沙漏能超过模型总体内能的10%，那么分析可能就是无效的，有时候甚至5%的沙漏能也是不允许的。所以非常有必要对它进行控制。控制方法主要有：

① 总体调整模型的体积黏度可以减少沙漏变形。黏性沙漏控制推荐用于快速变形的问题中，如激振波。人工体积黏度本来是用于处理应力波问题的，因为在快速变形过程中，结构内部产生应力波，形成压力、密度、质点加速度和能量的跳跃，为了求解的稳定性，加入人工体积黏性，使应力波的强间断模糊成在相当狭窄区域内急剧变化但却是连续变化的。由于沙漏是一种以比结构全局响应高得多的频率振荡的零能变形模式，调整模型的体积黏度能减少沙漏变形，在LS-DYNA中由关键字*CONTROL_BULK_VISCOSITY控制。

② 通过总体附加刚度或黏性阻尼来控制。由关键字*CONTROL_HOURGLASS控制，对于高速问题建议用黏度公式，对于低速问题建议用刚度公式。

③ 为防止模型的总体刚度因附加刚度而增加过大，可不用总体设置附加刚度或黏度，可通过关键字*HOURGLASS来对沙漏能过大的Part进行沙漏控制，参数与总体设置一样（通过*PART关键字与相关Part建立连接）。

④ 使用全积分单元。沙漏是由单点积分导致的，所以可以使用相应的全积分单元来控制沙漏，此时没有沙漏模式，但在大变形情况下模型过于刚硬。

使用好的模型方式可以减少沙漏的产生，如网格的细化、避免施加单点载荷、分散一些全积分的"种子"单元于易产生沙漏模式的部件中，从而减少沙漏。

5.2.5 ALE Controls 设置

ALE Control 为 ALE 计算控制选项，如图 5-11 所示。

ALE Controls	
Continuum Treatment	Use Alternate Advection Logic
Cycles Between Advection	1
Advection Method	Donor Cell + Half Index Shift
Simple Average Weighting Factor	-1
Volume Weighting Factor	0
Isoparametric Weighting Factor	0
Equipotential Weighting Factor	0
Equilibrium Weighting Factor	0
Advection Factor	0
Start	0 s
End	1E+20 s

图 5-11　ALE 控制选项

【Continuum Treatment】：有 Use Alternate Advection Logic 和 Use Default Advection Logic 两个选项，默认采用 Use Alternate Advection Logic 选项。

【Cycles Between Advection:】默认为 1。

【Advection Method】：有 Donor Cell＋Half Index Shift 和 Van Leer＋Half Index Shift 两个选项，默认为 Donor Cell＋Half Index Shift。

【Simple Average Weighting Factor】：简单平均加权因子，默认为－1。

【Volume Weighting Factor】：体积加权因子，默认为 0。

【Isoparametric Weighting Factor】：等参数加权因子，默认为 0。

【Equipotential Weighting Factor】：等势加权因子，默认为 0。

【Equilibrium Weighting Factor】：平衡加权因子，默认为 0。

【Advection Factor】：对流因子，默认为 0。

【Start】：开始时间，默认为 0s。

【End】：结束时间，默认为 1E＋20s。

程序自动生成的 ALE 控制选项关键字如下：

*CONTROL_ALE								
$	DCT	NADV	METH	AFAC	BFAC	CFAC	DFAC	EFAC
	−1	1	1	−1	0	0	0	0
$	START	END	AAFAC	VFACT	PRIT	EBC	PREF	NSIDEBC
	0	1.00E+20	0	0	0	0	0	0

5.2.6 Joint Controls 和 Composite Controls 设置

Joint Controls 和 Composite Controls 设置如图 5-12 所示。

【Join Controls】：关节控制选项，在【Formulation】中可以设置为 Explicit 或者 Lagrange Multipliers，默认是 Explicit。

【Composite Controls】：复合材料选项，默认【Shell Layered Composite Damage Mod-

Joint Controls	
Formulation	Program Controlled
Composite Controls	
Shell Layered Composite Damage Model	Enhanced Composite Damage

图 5-12 Joint Controls 和 Composite Controls

el】为 Enhanced Composite Damage（＊MAT55 材料），也可设置为 Laminated Composite Fabric（＊MAT58 号材料）。

5.2.7 Output Controls 和 Time History Output Controls 设置

Output Controls 和 Time History Output Controls 是控制输出选项，相关关键字同＊DATABASE，具体选项如图 5-13 所示。

Output Controls	
Output Format	Program Controlled
Binary File Size Scale Factor	70
Stress	Yes
Strain	No
Plastic Strain	Yes
History Variables	No
Calculate Results At	Program Controlled
Stress File for flexible parts	No
Time History Output Controls	
Calculate Results At	No

图 5-13 Output Controls 和 Time History Output Controls 选项

【Output Format】：输出格式，默认为 LS-DYNA。

【Binary File Size Scale Factor】：二进制文件大小比例因子，默认为 70。

【Stress】：应力，默认为 Yes。

【Stain】：应变，默认为 No，建议设置为 Yes。

【Plastic Strain】：塑性应变，默认为 Yes。

【History Variables】：历史变量，默认为 No，建议设置为 Yes。

【Caculate Results At】：计算结果保存方式，可以选择【Equally Spaced Points】，可以在【Value】中设置保存数量，默认数值是 20。也可以选择【Time】，设置合理的时间间隔保存。

【Stess File For Flexible Parts】：弹性体应力文件保存，默认是 No。创建＊DATABASE 关键字如表 5-1 所示。其中最为重要的关键字是＊DATABASE_BINARY_D3PLOT，代表动画结果输出选项。

表 5-1 Workbench 平台中的 DATABASE 关键字

*DATABASE_GLSTAT	*DATABASE_NODOUT	*DATABASE_DEFORC
*DATABASE_SPCFORC	*DATABASE_MATSUM	*DATABASE_EXTENT_BINARY
*DATABASE_RCFORC	*DATABASE_ELOUT	*DATABASE_BINARY_D3PLOT
*DATABASE_BNDOUT	*DATABASE_JNTFORC	*DATABASE_BINARY_INTFOR
*DATABASE_BINARY_D3PROP		

5.3 菜单栏及选项控制

LS-DYNA Pre 菜单栏用于控制 LS-DYNA 的前处理设置，其界面如图 5-14 所示，相关的命令也可以通过点击 LS-DYNA 模型树，右击选择对应的命令。

【Part】：定义单元算法、沙漏控制等，主要有【Section】、【Hourglass】、【Adaptive Re-

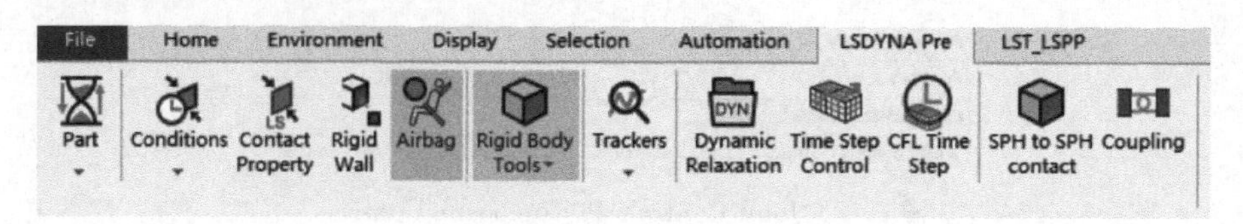

图 5-14 LS-DYNA Pre

gion】和【Solid To SPH】。

【Conditions】：控制条件因素、边界条件等，主要有【Drawbead】、【Birth And Death】、【Sliding Plane】、【Deformable To Rigid】、【Box】、【Scope Existing Acceleration】、【Bolt Pretension】、【Input File Include】、【Ale Boundary】等功能。

【Contact Property:】设置和修改接触选项。

【Rigid Wall】：设置刚性面。

【Airbag】：设置气囊。

【Rigid Body Tools】：设置刚体的工具。

【Trackers】：设置测试点。

【Dynamic Relaxation】：设置动力松弛。

【Time Step Control】：设置时间步长控制选项。

【CFL Time Step】：设置时间步长。

【SPH To SPH Contact】：设置 SPH 与 SPH Part 之间的接触。

【Coupling】：设置流固耦合接触参数。

LS-DYNA 的其他控制选项，均可通过右击插入选择对应的工况进行设置，或者在菜单栏中找到对应的命令，具体参数如表 5-2 所示。

表 5-2 LS-DYNA 求解控制选项

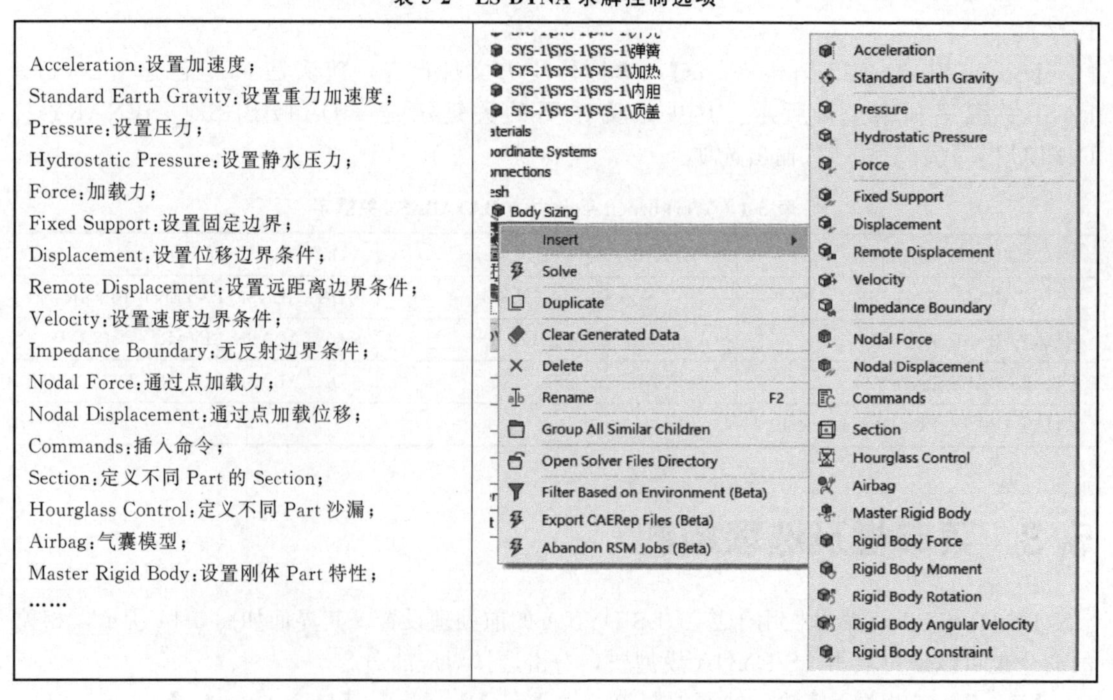

Acceleration:设置加速度；
Standard Earth Gravity:设置重力加速度；
Pressure:设置压力；
Hydrostatic Pressure:设置静水压力；
Force:加载力；
Fixed Support:设置固定边界；
Displacement:设置位移边界条件；
Remote Displacement:设置远距离边界条件；
Velocity:设置速度边界条件；
Impedance Boundary:无反射边界条件；
Nodal Force:通过点加载力；
Nodal Displacement:通过点加载位移；
Commands:插入命令；
Section:定义不同 Part 的 Section；
Hourglass Control:定义不同 Part 沙漏；
Airbag:气囊模型；
Master Rigid Body:设置刚体 Part 特性；
……

续表

Sliding Plane:滑动面; Rigid Wall:刚性面; Result Tracker:测试点; Body Contact Tracker:接触测试点; Contact Properties:接触选项修改; Input File Include:添加外来文件; Rigid Body Property:刚体设置; Deformable To Rigid:刚柔转化设置; Adaptive Region:自适应网格; Birth And Death:生死单元及边界; Drawbead:拉延筋; Scope Existing Acceleration:现有加速度范围; Bolt Pretension:螺栓预紧力; Dynamic Relaxation:动力松弛设置; Time Step Control:时间步长设置	Sliding Plane Rigid Wall Result Tracker Body Contact Tracker Contact Properties Input File Include Rigid Body Property Deformable To Rigid Adaptive Region Birth And Death Drawbead Scope Existing Acceleration Bolt Pretension Dynamic Relaxation Time Step Control

5.4 Solution 计算结果

5.4.1 计算提交

设置完成后，在菜单栏点击【Home】→【Solve】即可开始计算，或者选择【LS-DYNA】，右击选择【Solve】，开始计算，如图 5-15 所示。

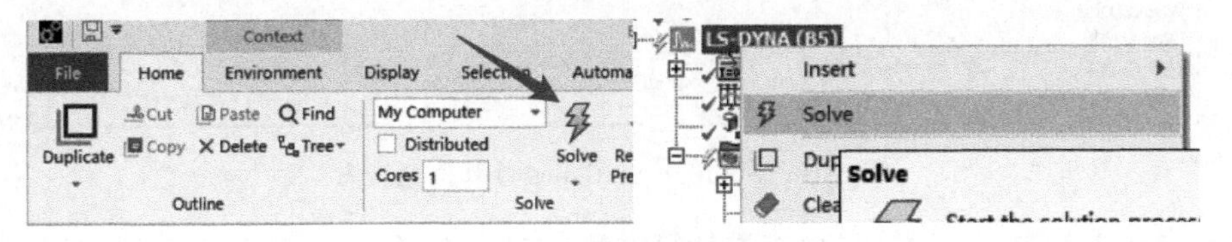

图 5-15 计算程序启动

注： 此处修改 Cores 数值，不会影响到计算核心的调用，并行计算的设置在 Analysis Settings 中，设置 Number Of CPUS 为合适的值。

5.4.2 计算信息查看

提交计算后，计算信息可以在【Solution Information】中查看，包括【Solver Output】、【Solution Statistics】、【Time Increment】、【Energy Conservation】和【Energy Summary】等，如图 5-16 所示。

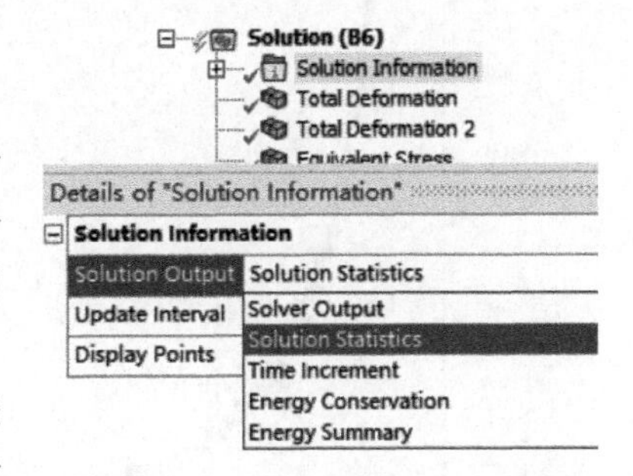

图 5-16 Solution Information 选项

【Solve Output】：可以查看 LS-DYNA 求解器模块所有求解信息和报错信息，计算完成后，会显示总体计算循环、求解时间和使用的处理器个数等信息，如图 5-17 所示。

【Solution Statistics】：可以查看计算完成后的计算信息（图 5-18），如计算总结、计算

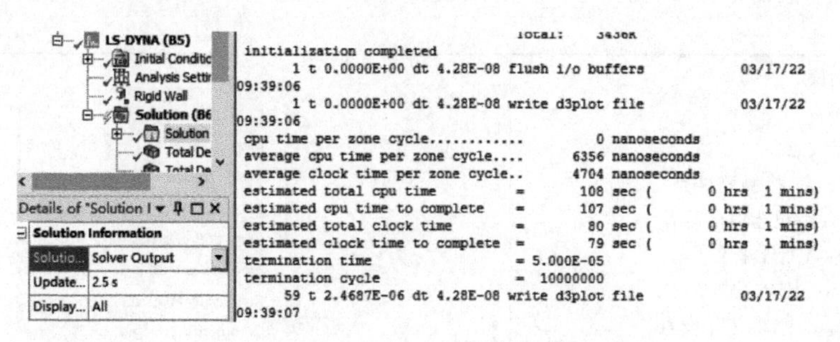

图 5-17 Solve Output 计算过程查看

时间、单位制、RAM、磁盘占用数据、计算证书、模型大小、HPC 计算信息等。

Solution Statistics

Performance Summary

Based upon the information detailed below the following observations/recommendations are made

Major Limiting Factor • Increasing the number of CPU cores could help to speed up the simulation.

General Solve Metrics

Time To Solve	30s	Solver	ANSYS LS-DYNA
Unit System	Metric (m, kg, N, s, V, A)	License	
Max RAM Used	0.01 GB	Model Size	15,910 Nodes 14,301 Elements
Total I/O written to disk	0 GB		
Total I/O read from disk	0 GB		

HPC Metrics

Basic HPC Metrics		Factors Affecting Performance
		This simulation was not I/O bound.
Physical CPU Cores Used	1	
DMP Or SMP	SMP - Shared Memory Parallel	

图 5-18 Solution Statistics 计算信息查看

【Solution Information】：可以查看计算过程，如查看【Time Increment】（时间步长）、【Energy Conservation】（能量守恒信息，包括总能量、参考能量、能量误差等）、【Energy Summary】（能量统计，包括内能、动能、沙漏能、接触能量等）等，如图 5-19 所示。

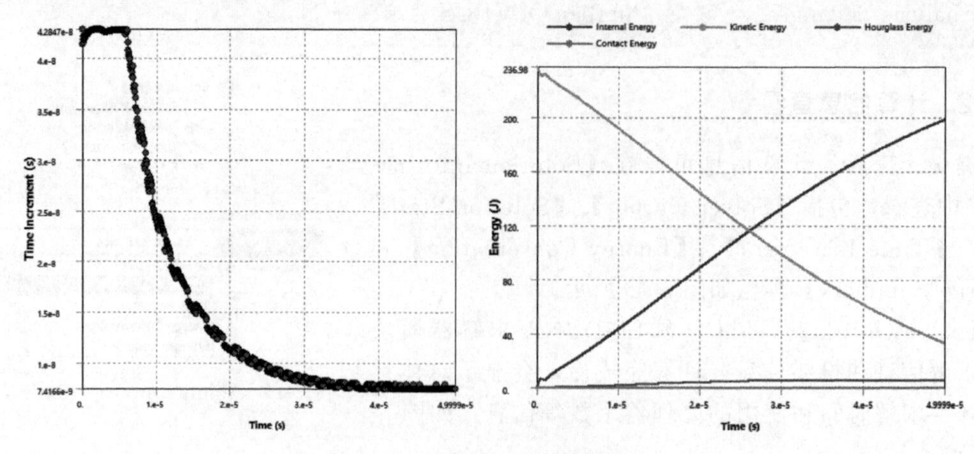

图 5-19 结果输出文件中的信息

5.5 后处理设置

模型计算完成后，可以在 Workbench 平台进行后处理，Workbench 平台中后处理操作相对统一，可以提供云图、动画、数据表格、自动生成报表等功能。

在菜单栏【Result】中可以查看后处理结果，如显示比例、几何显示、云图、显示网格或者未变形模型等，如图 5-20 所示。

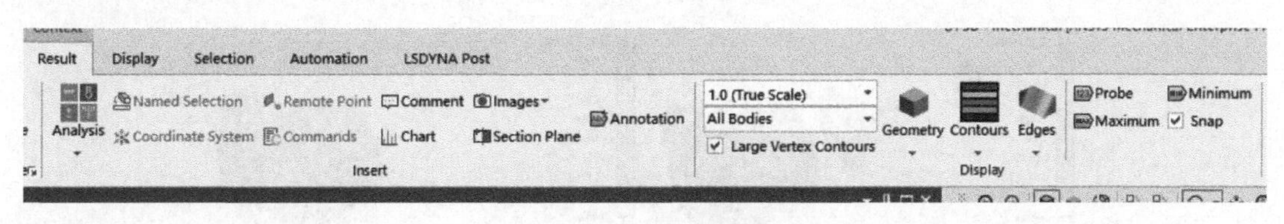

图 5-20 Result 选项

> **注**：对于非线性大变形问题，程序会自动设置比例系数，如果要显示真实变形，需要设置变形放大系数为【1.0（True Scale）】。

5.5.1 菜单栏显示设置

计算完成后，可以在菜单栏【Result】中修改显示方式，包括修改比例系数、云图显示方式等，不同 Contours 显示方式如图 5-21 所示，【No Wireframe】和【Show Meshes】显示如图 5-22 所示，不同比例系数显示如图 5-23 所示，【Iso Surface】显示和【Capped Iso Surface】显示如图 5-24 所示。

图 5-21 四种不同的 Contours 显示方式

图 5-22 No Wireframe 和 Show Meshes 显示

5.5.2 计算结果文件查看

计算完成后，可以在【Solution】中右击选择【Open Solver Files Directory】，弹出对应的保存文件夹，可以在文件夹内查看计算结果文件。一般来说，会生成计算结果二进制文

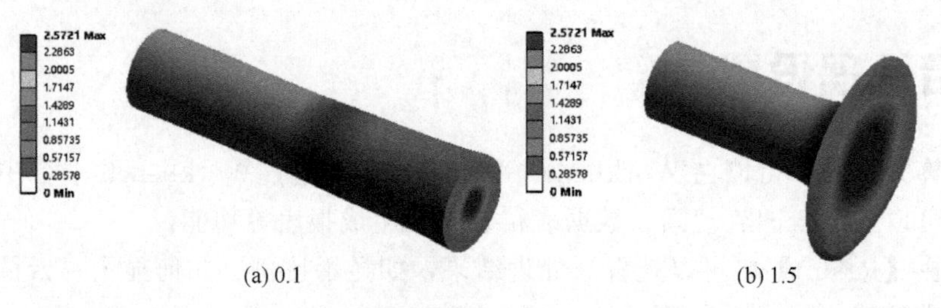

(a) 0.1　　(b) 1.5

图 5-23　比例系数为 0.1 和 1.5 显示

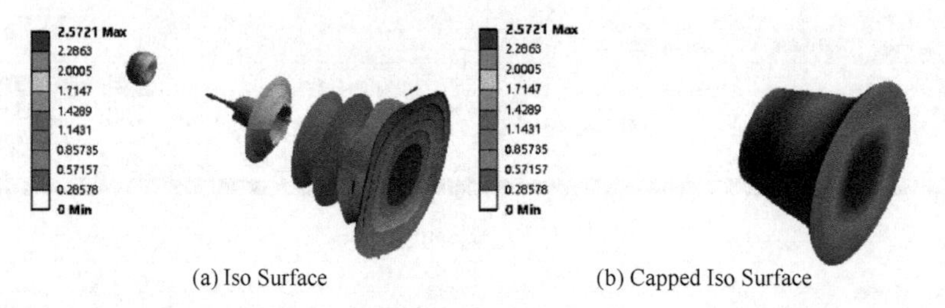

(a) Iso Surface　　(b) Capped Iso Surface

图 5-24　Iso Surface 显示和 Capped Iso Surface 显示

件、K 文件和计算过程文件等，如图 5-25 所示。主要计算文件类型见表 5-3。

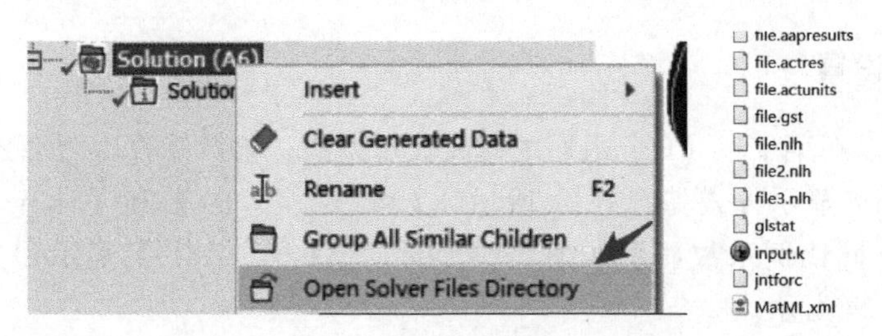

图 5-25　计算结果文件查看

表 5-3　主要计算文件类型

典型文件	典型文件内容
D3plot	二进制文件，包含计算结果信息，可用 LS-PrePost 打开后查看动画
d3dump01	重启动二进制文件，可用于计算重启动
input. k	输出 K 文件，可用于查看和修改 K 文件
messag	ASCII 文件，计算信息文件，可查看计算过程及报错信息
glstat	ASCII 文件，能量信息文件

5.5.3　结果变量查看

计算完成后或者在计算之前，都可以在【Solution】中右击插入云图显示，如变形、应变、应力、速度等云图，如图 5-26 所示。

可以双击云图中的色块进行编辑，如替换原深蓝色的色块为白色色块，使打印效果更好，也可以对 Legend 进行编辑，如调整数值大小，Legend 区间、位置、颜色等。可以在 Legend 中右击，找到 Grayscale 设置灰度图。

Legend 右击菜单中常见选项如下：

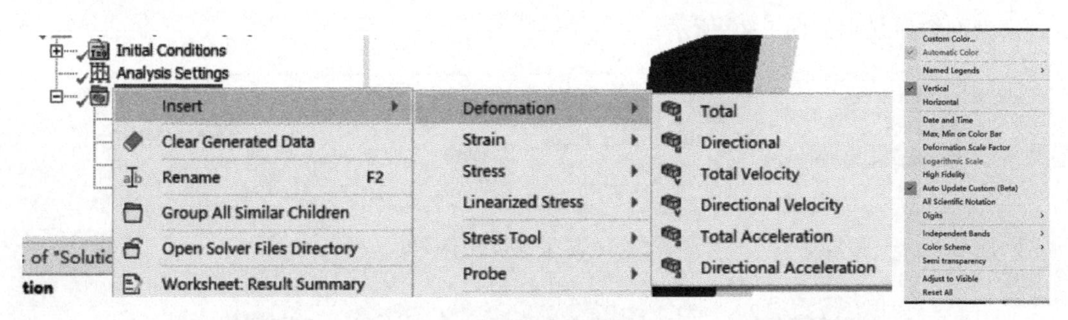

图 5-26 云图显示与设置

【Custom Color...】：设置自定义的颜色。

【Automatic Color】：自动的颜色。

【Named Legends】：可以管理和新建 Legend。

【Vertical】：采用垂直的方式显式 Legend。

【Horizontal】：采用水平的方式显示 Legend。

【Date and Time】：显示模型的时间日期信息。

【Max，Min on Color Bar】：在 Legend 中显示最大值和最小值。

【Deformation Scale Factor】：显示结果变形的放大系数。

【Logarithmic Scale】：Log 云图显示。

【High Fidelity】：高分辨率，选择【High Fidelity】可以得到高分辨率图像，可以在计算窗口通过 Ctrl+C，复制当前窗口中的计算结果，然后再粘贴在 Word 或者 PPT 中，得到较高分辨率的图片。

【All Scientific Notation】：采用科学记数法。

【Digits】：可以设置显示数值的小数点位数。

【Independent Bands】：可以选择高亮显示最大值和最小值。

【Color Scheme】：色彩云图设置，主要包括：【Rainbow】，采用默认彩色设置；【Reverse Rainbow】，采用颠倒的彩色设置；【Grayscale】，灰度显示；【Reverse Grayscale】，颠倒灰度显示；【Reset Colors】，重置颜色显示设置。

【Semi Transparency】：半透明显示。

【Adjust to Visible】：调整适应窗口。

【Reset All】：重置所有设置。

典型的 Workbench 后处理如图 5-27 所示。

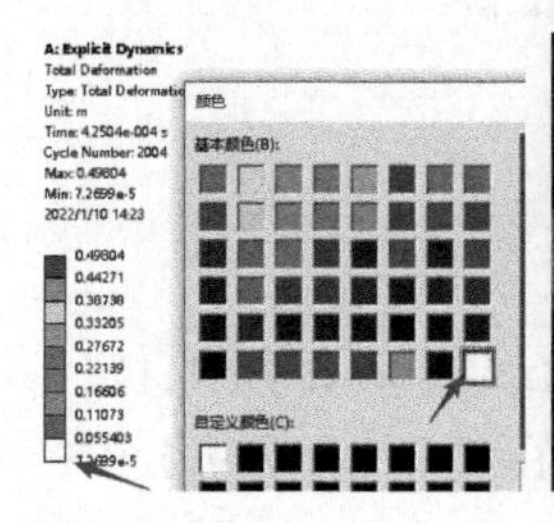
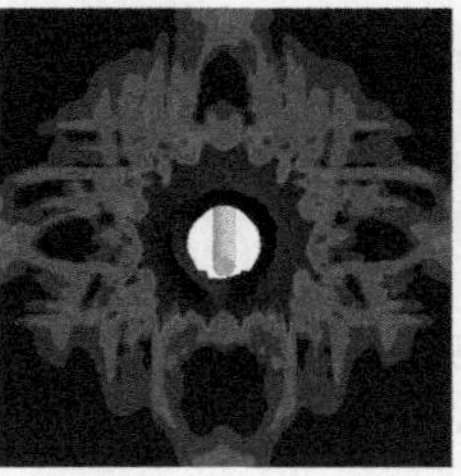
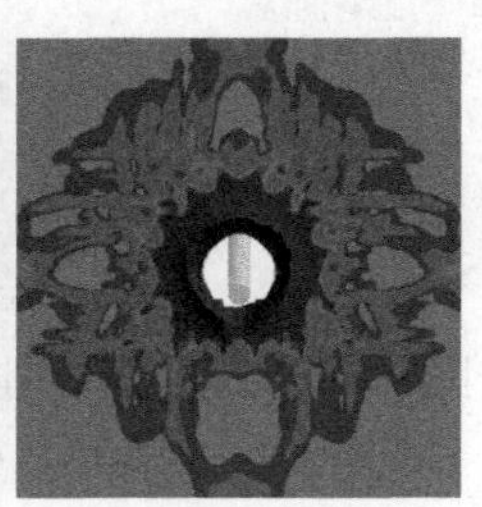
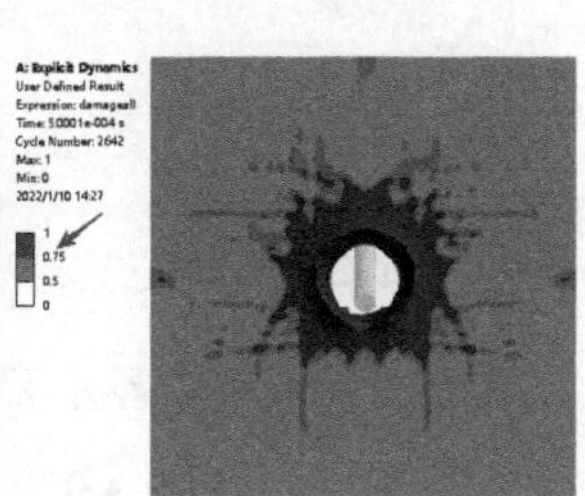

图 5-27 Workbench 中的后处理设置

在菜单栏选择【Section Plane】，选择模型，划分一条线，进行剖切显示，如图 5-28 所示。模型剖切后显示如图 5-29 所示。

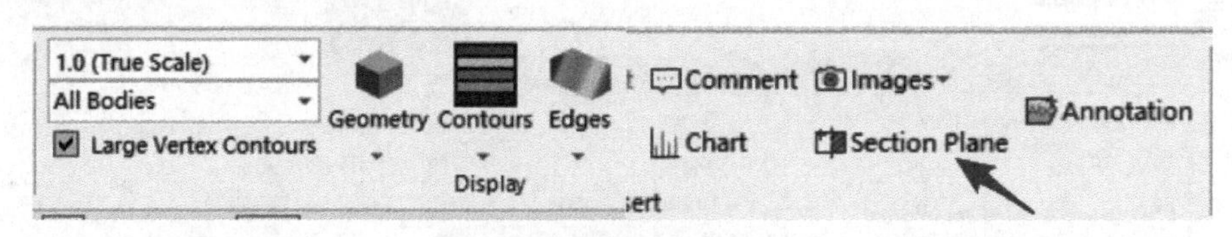

图 5-28　结果剖切显示设置

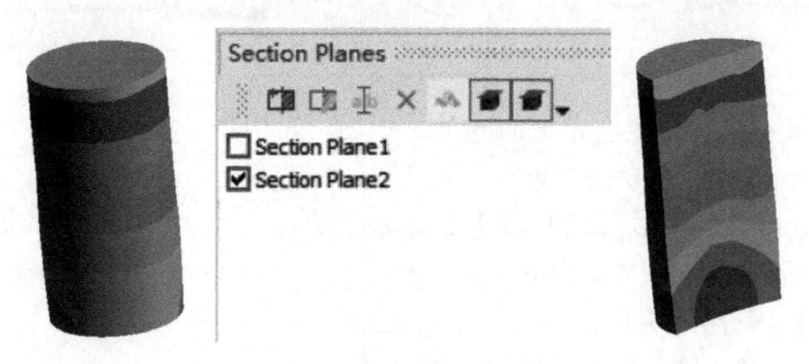

图 5-29　模型剖切结果显示

计算完成后可以通过【Graph】查看结果。点击【Animation】▶可以查看动画，点击 可以保存动画，点击 【Update Contour Range At Each Animation Frame】可针对每一帧的动画实时更新云图中的变量。图 5-30 为计算结果数据表，可以直接复制粘贴到 Excel 或者 Origin 等专业作图软件中。将鼠标定格在某一时刻，右击选择【Retrieve This Result】可以查看对应时刻的云图。

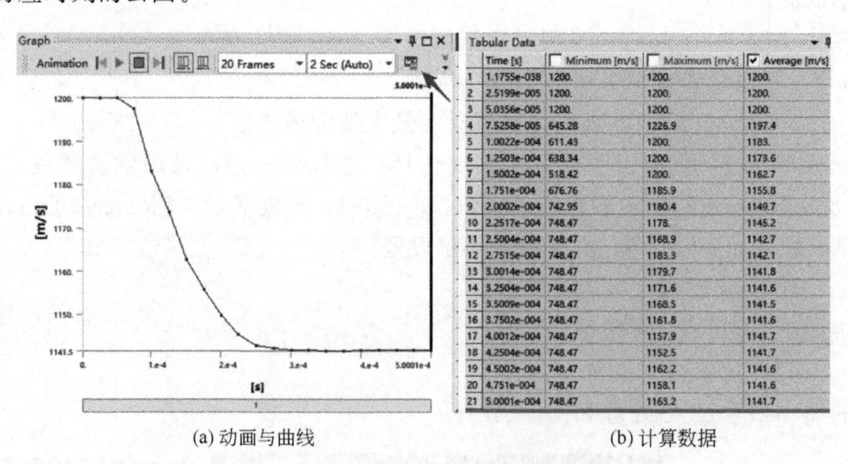

	Time [s]	Minimum [m/s]	Maximum [m/s]	Average [m/s]
1	1.1755e-038	1200.	1200.	1200.
2	2.5199e-005	1200.	1200.	1200.
3	5.0356e-005	1200.	1200.	1200.
4	7.5258e-005	645.28	1226.9	1197.4
5	1.0022e-004	611.43	1200.	1183.
6	1.2503e-004	638.34	1200.	1173.6
7	1.5002e-004	518.42	1200.	1162.7
8	1.751e-004	676.76	1185.9	1155.8
9	2.0002e-004	742.95	1180.4	1149.7
10	2.2517e-004	748.47	1178.	1145.2
11	2.5004e-004	748.47	1168.9	1142.7
12	2.7515e-004	748.47	1183.3	1142.1
13	3.0014e-004	748.47	1179.7	1141.8
14	3.2504e-004	748.47	1171.6	1141.6
15	3.5009e-004	748.47	1168.5	1141.5
16	3.7502e-004	748.47	1161.8	1141.6
17	4.0012e-004	748.47	1157.9	1141.7
18	4.2504e-004	748.47	1152.5	1141.7
19	4.5002e-004	748.47	1162.2	1141.6
20	4.751e-004	748.47	1158.1	1141.6
21	5.0001e-004	748.47	1163.2	1141.7

(a) 动画与曲线　　(b) 计算数据

图 5-30　计算动画、曲线及数据

5.5.4　自定义结果

某些计算结果的显示云图并不能通过简单地插入来查看，需要在结果后处理中自定义结果显示的方式。可在【Solution】中插入【User Defined Result】，在【Expression】中插入自定义的显示结果。或者在【Worksheet：Result Summary】中选择【Available Solution Quantities】，选择需要显示的自定义变量，右击选择【Create User Defined Result】即可，如图 5-31 所示。

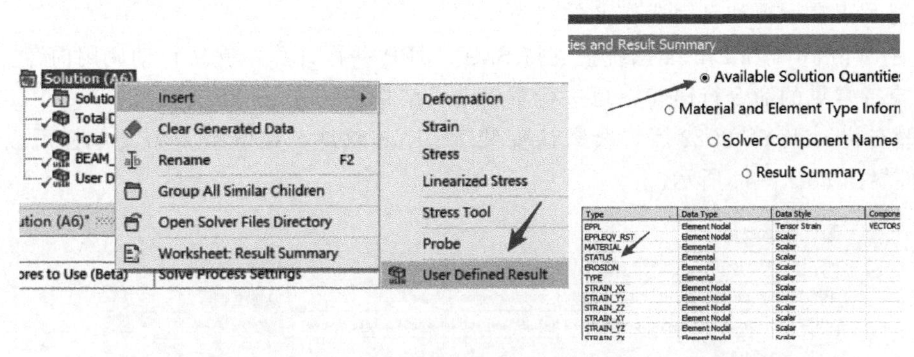

图 5-31　自定义结果显示（Worksheet）

如右击插入【User Defined Result】，在【Expression】中输入 EPS，即自定义查看材料的塑性应变情况。同样，在【Solution】中右击选择【Worksheet：Result Summary】，选择【Available Solution Quantities】，右击【EPS】，选择【Create User Defined Result】也可自定义查看材料的塑性应变情况，如图 5-32 所示，塑性结果显示如图 5-33 所示。

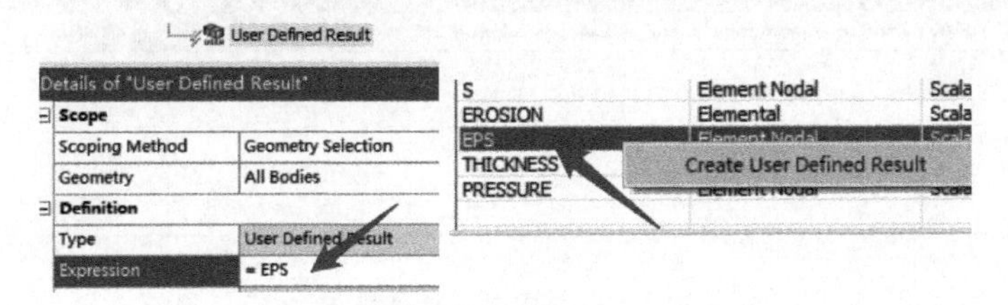

图 5-32　自定义结果显示（塑性应变）

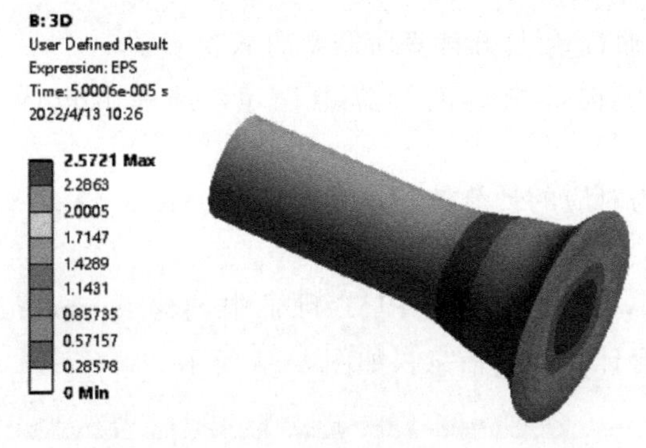

图 5-33　EPS 结果显示

5.6　LS-Run 软件

LS-Run 软件是 ANSYS 公司在收购 LSTC 公司后开发的单独计算 K 文件的程序，其功能如原 Launch Manager 软件，可对 K 文件进行单独求解，支持执行所有 K 文件命令。

LS-Run 功能和特点如下：

① 可以支持所有 K 文件命令，生成启动 LS-DYNA 主计算程序的命令的接口，可以选择单精度或双精度，自动生成. bat 计算命令。

② 具有排队作业提交功能。

③ 显示正在运行和已完成作业的状态。

④ 在 Windows 和 Linux 系统上支持 SMP/MPP 并行计算，支持自动调用内存。

⑤ 支持常见的命令行语句，可进行重启动、结果映射等。

一般安装 ANSYS 2022 后，会默认安装 LS-Run 软件，在电脑开始菜单栏可以点击打开，软件界面如图 5-34 所示。

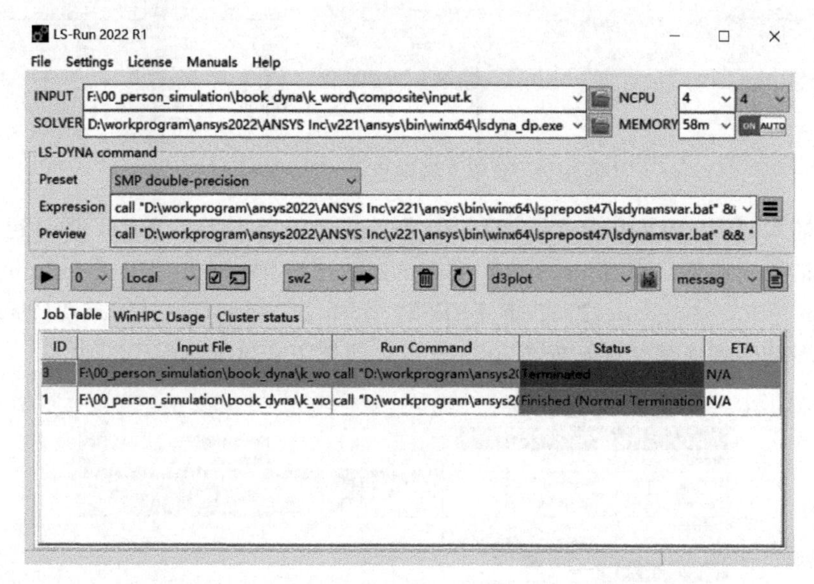

图 5-34　LS-Run 软件界面

主要可以通过以下步骤提交计算：

① 在【INPUT】中通过打开计算所需要的 K 文件。

② 在【SOLVER】中选择求解的计算主程序，选择 lsdyna _ dp. exe（双精度主计算程序）。

③ 设置【NCPU】为对应的计算核心，设置【MOMORY】为对应的内存占用，一般可以打开【AUTO】选项。

④ 点击开始计算，计算会在 INPUT 目录中创建 lsruncommand. bat 文件。lsruncommand. bat 文件中包含计算文件信息，如图 5-35 所示。

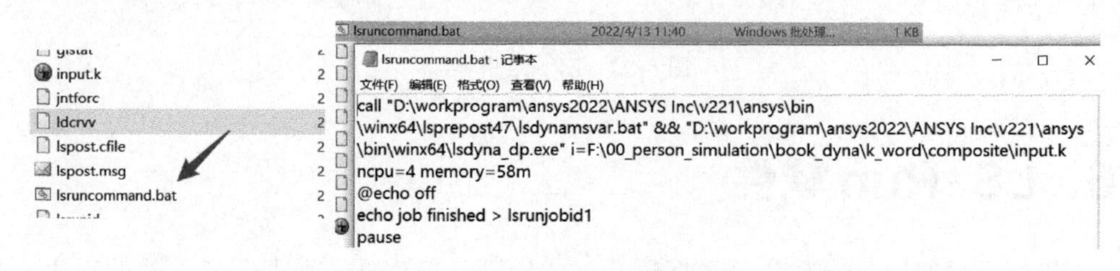

图 5-35　lsruncommand. bat 文件

在计算过程中可以通过打开 D3plot 计算结果文件。计算完成后，在 Status 中显示 Finished（Normal Termination），如果有错误，会在 Status 中显示 Terminated。勾选【Toggle to start LS DYNA in a command promote window】，可以在 CMD 窗口中显示计算信息。

在表达式中插入合适的命令，可以实现对应的功能。例如，在重启动中插入 R=d3dump1，在结果映射中可以插入 MAP=mapfile 等，相应的命令可以参考 LS-DYNA 手册，如图 5-36 所示。

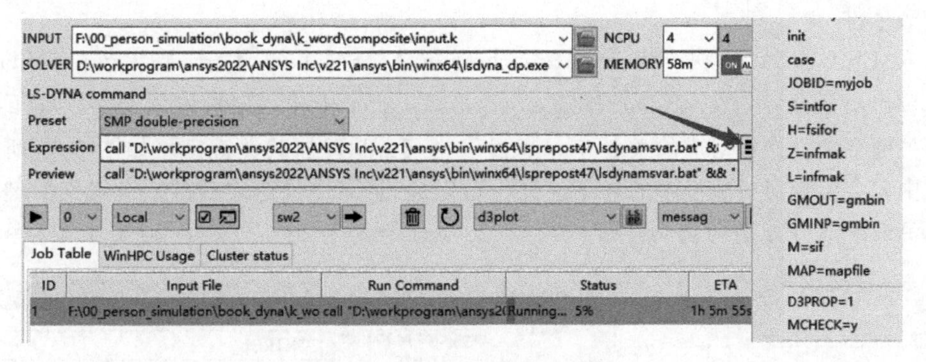

图 5-36 Expression 命令添加

5.7 Workbench 平台插件系统

Workbench 平台支持插件（ACT Extensions）的下载和安装，可以在 ANSYS 官网中的 APP-Store 中下载相关的插件，如最早的 LS-DYNA 模块是以插件的形式安装在 Workbench 平台中的，下载好对应版本的插件后，根据提示直接安装，然后重启 Workbench 即可。

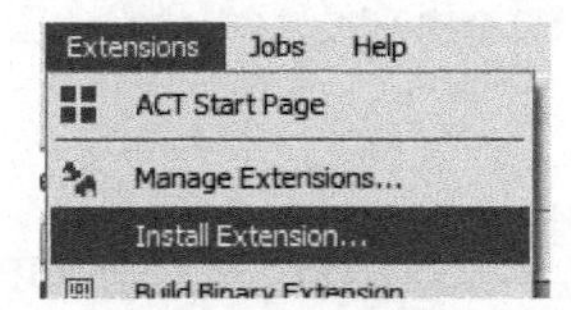

图 5-37 插件安装

下载对应的插件后，可以在初始界面中的菜单栏点击【Extensions】→【Install Extension...】，选择对应的.wbex 文件即可进行安装，如图 5-37 所示，安装成功后会有对应的提示。打开【Manage Extension】，可以查看插件是否安装完成，以及对应的版本。

通过主界面中菜单栏的【Extension】→【Manage Extensions...】，勾选对应的插件即可加载插件，如图 5-38 所示。如果设置为常用插件，可以在对应的插件右击选择【Set As Default】，每次都会默认加载对应的插件。

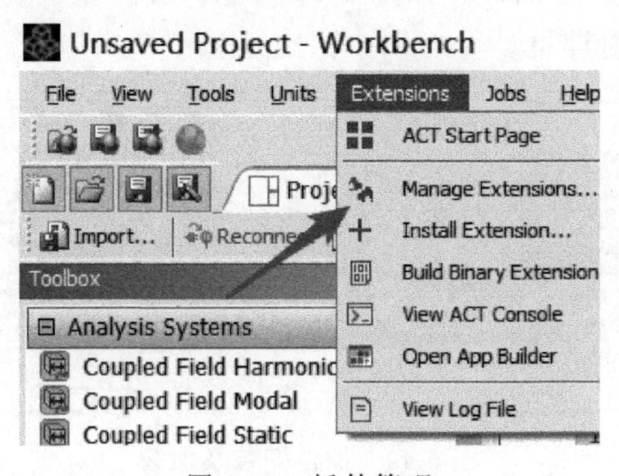

图 5-38 插件管理

5.7.1 Keyword Manager 关键字插件

Keyword Manager 插件是 Workbench 平台中管理 LS-DYNA 关键字的插件，可以通过

插件快速插入关键字，并可以通过 GUI 的形式设置和生成关键字，避免了格式、关键字添加错误等问题。同时通过此插件，可以支持 Workbench LS-DYNA 中不支持的一些关键字。

通过主界面中菜单栏的【Extension】→【Manage Extensions】，勾选 Keyword Manager 可加载插件。

进入 LS-DYNA 模块，点击【Environment】→【Tools】→【Keyword Manager】，弹出对话框后，在 LS-DYNA Keyword Manager 中输入对应的关键字，在下方弹出的备选关键字中，选择对应的关键字，通过点击【Add】加载关键字，如图 5-39 所示。在模型树中，会出现对应关键字的详细信息，可以通过 GUI 操作进行参数设置。关键字的单位制和 Analysis 中求解单位制一致。

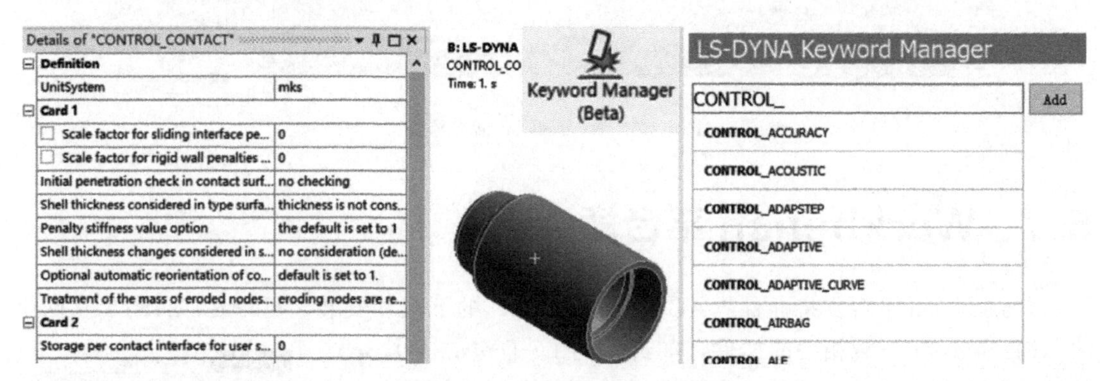

图 5-39 Keyword Manager 模块

5.7.2 LST_ PrePost 插件

LST _ PrePost 允许 Workbench 中的 LS-DYNA 模块调用 LS-PrePost 进行后处理，安装此插件后会在 LS-DYNA 模块中构建工具栏 LST _ LSPP（相应的插件需要在 ANSYS 官网单独下载）。

下载好插件后，通过 Workbench 平台的【Extensions】→【Install Extensions】，选择 LST-PrePost. wbex 文件，点击后即可自动安装。点击【Manage Extensions】，勾选【LST-PrePost】前的□，可加载对应插件，如图 5-40 所示。如果安装不成功，可以参考附带的插件帮助手册，修改用户变量即可。

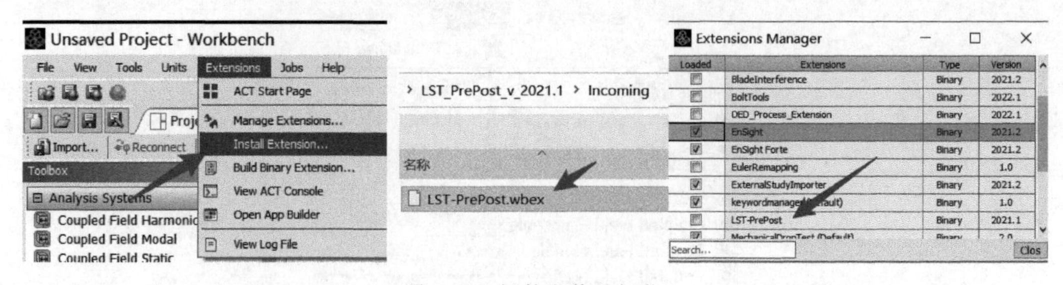

图 5-40 插件安装及加载

加载完成后，在 LS-DYNA 模块中多出 LST _ LSPP 工具栏，该工具栏主要有五个选项，如图 5-41 所示。

【Switch to LSPP】：点击切换到 LSPP，使用 LS-PrePost 软件打开 Workbench 平台生

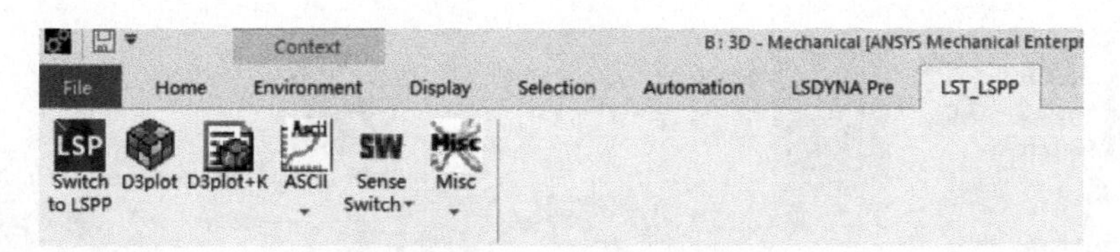

图 5-41 LST _ LSPP 工具栏

成的 K 文件，可以修改并保存后提交计算，如图 5-42 所示。

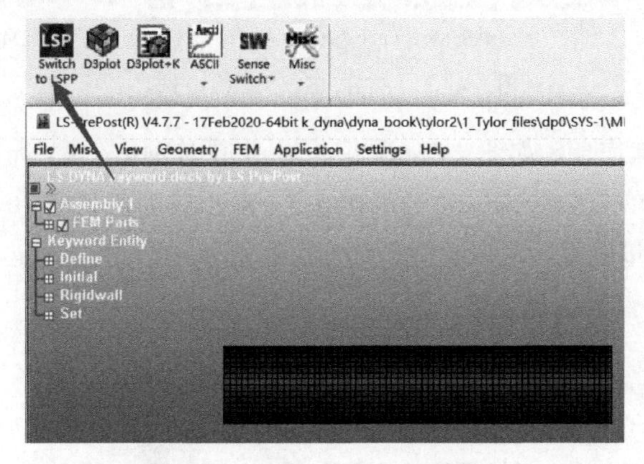

图 5-42 Switch To LSPP 选项

【D3plot】：点击后使用 LS-PrePost 软件打开 Workbench 平台的计算结果 D3plot 文件，如图 5-43 所示。

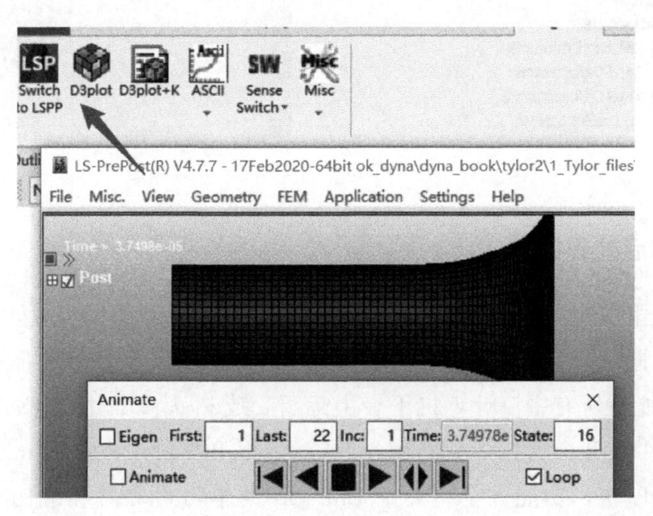

图 5-43 D3plot 选项

【D3plot＋K:】同时打开 D3plot 文件和 K 文件。

【ASCII】：打开计算的 ASCII 文件，如图 5-44(a) 所示。主要包括【glstat】、【matsum】、【rcforc】、【energy ratio】和【binout】。

【Sense Switch】：计算模式切换，如图 5-44(b) 所示。主要包括：【SW1. LS-DYNA terminates】，停止计算；【SW2. estimate time】，中断计算；【SW3. write restart file】，写入重启动文件；【SW4. write d3plot】，写入 D3plot 文件。

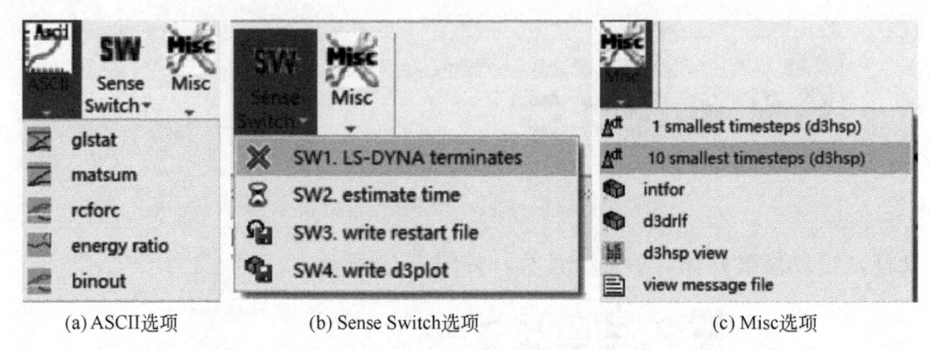

(a) ASCII选项　(b) Sense Switch选项　(c) Misc选项

图 5-44　ASCII、SW 和 Misc 选项

【Misc】：查看计算信息，如图 5-44(c) 所示。主要选项有：【1 smallest timesteps】，最小时间步长的 1 个单元；【10 smallest timesteps】，最小时间步长的 10 个单元，如图 5-45 所示；【intfor】，表面能量密度；【d3drlf】，动力松弛记录；【d3hsp view】，查看 d3hsp 文件；【view message file】，查看信息文件。

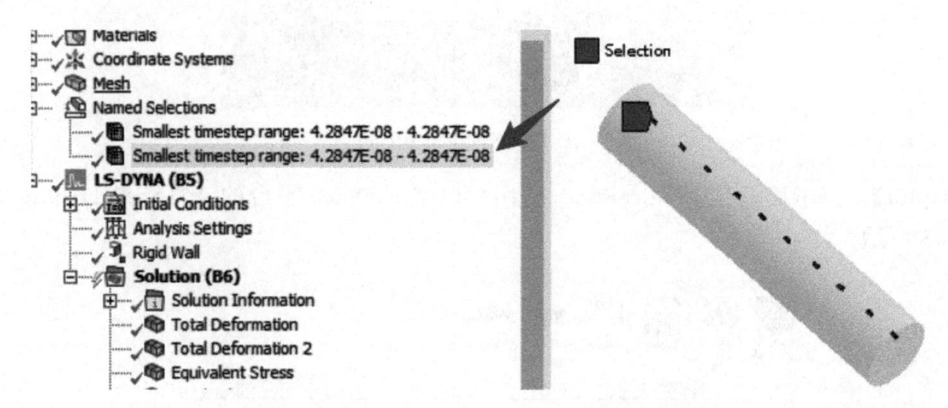

图 5-45　10 smallest timesteps 计算信息

5.7.3　EnSight 后处理插件

EnSight 由美国 CEI 公司研发，是一款尖端的科学工程可视化与后处理软件，基于图标的用户接口易于掌握，并且能够很方便地移动到新增功能层中，目前已集成在 Workbench 平台中。EnSight 能在所有主流计算机平台上运行，支持大多数主流 CAE 程序接口和数据格式。EnSight 是少数几个支持 LS-DYNA、Autodyn 和 Explicit Dynamics 等结果的后处理软件，且后处理速度快，功能齐全。关于 EnSight 的学习可参考相应的帮助手册。图 5-46 是使用 EnSight 后处理软件打开 LS-DYNA 结果文件的界面。

通过主界面中菜单栏的【Extension】→【Manage Extensions】，勾选【EnSight】可加载插件。将 LS-DYNA 动力学的计算结果与 EnSight 关联，可将计算结果导入到 EnSight 中进行后处理。或者直接打开 EnSight 软件，选择需要打开的计算结果即可进行后处理，如图 5-47 所示。

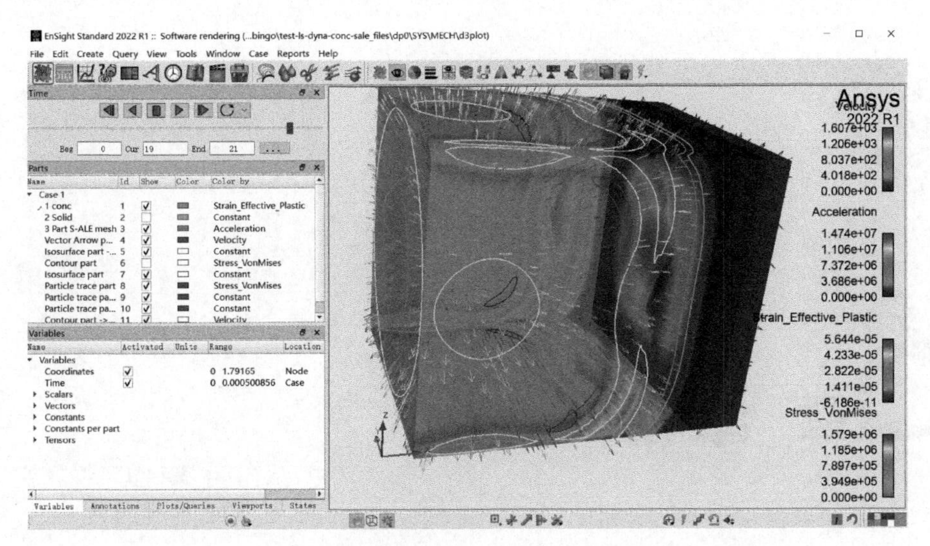

图 5-46 EnSight 后处理（LS-DYNA 中爆炸计算后处理模型）

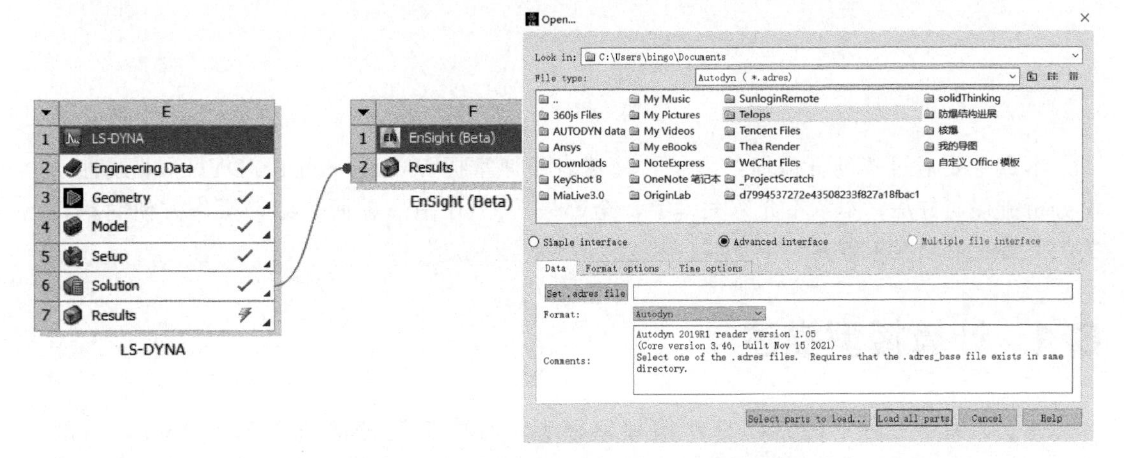

图 5-47 EnSight 模块打开 LS-DYNA 结果

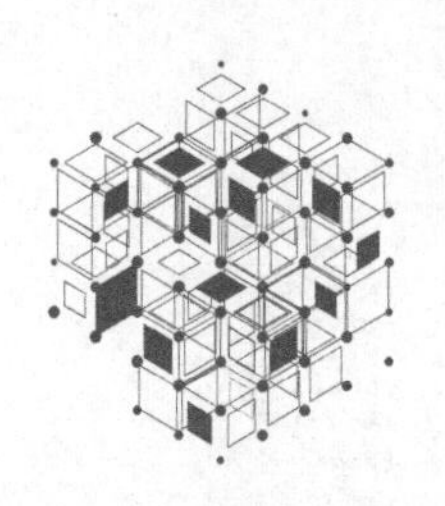

第6章 泰勒杆碰撞

本章主要通过泰勒杆碰撞的实例，使读者快速掌握 Workbench LS-DYNA 非线性动力学分析流程与方法。本章不介绍关键字，全部采用 GUI 图形界面介绍，操作方便简单，相关的关键字可以在求解文件中查看。

6.1 计算模型描述

建立如图 6-1 所示的泰勒杆碰撞计算模型，其中泰勒杆的直径为 6.4mm，高度为 32.4mm，材料为铜，冲击速度为 227m/s。

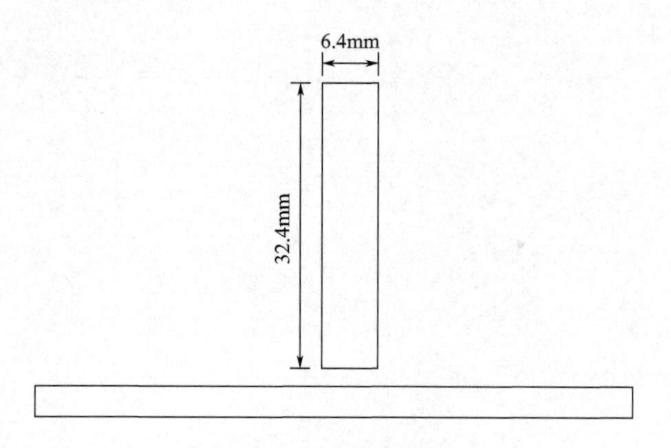

图 6-1 泰勒杆碰撞计算模型

6.2 泰勒杆碰撞 2D 拉格朗日方法

6.2.1 材料、几何处理

(1) 模块选择

从左侧的【Toolbox】工具栏中选择【LS-DYNA】模块进入【Project Schematic】主工作窗口，或者在【Project Schematic】主工作窗口，右击【New Analysis Systems】，选择【LS-DYNA】模块，如图 6-2 所示。

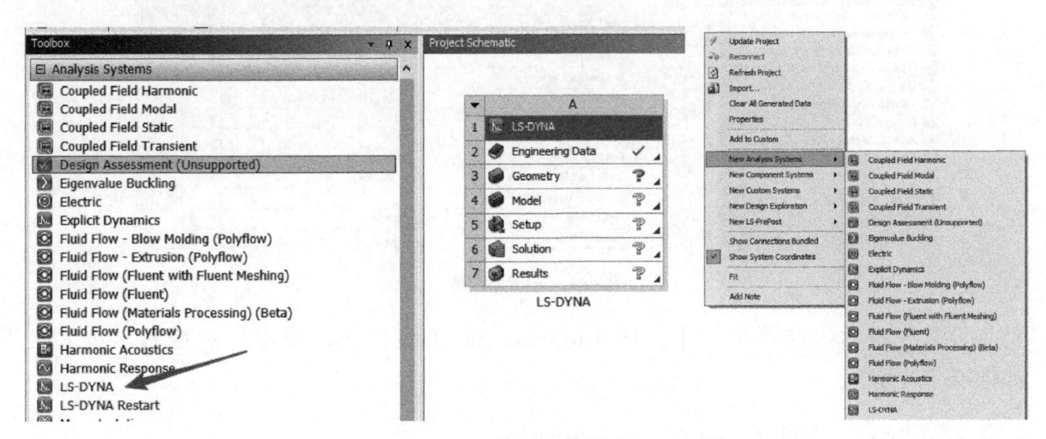

图 6-2 LS-DYNA 计算模块选择

(2) 材料设置

双击【Engineering Data】模块，或者在【Engineering Data】模块中右击【Edit...】，对材料进行编辑，如图 6-3 所示。

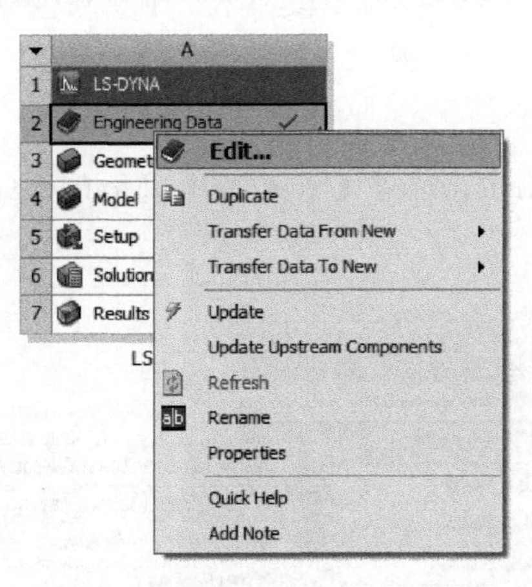

图 6-3 Engineering Data 材料编辑

在【Click Here To Add A New Material】中输入“CU”，确定构建材料名称为 CU，点击 CU 材料，在左侧工具栏中双击添加【Density】、【Isotropic Elasticity】和【Bilinear Isotropic Hardening】，设置材料的密度【Density】为 8930kg/m^3，杨氏模量【Young's Modulus】为 1.17E+11Pa，泊松比【Poisson's Ratio】为 0.35，材料的屈服强度【Yield

Strength】为 4E＋8Pa，材料的切线模量【Tangent Modulus】为 1E＋8Pa，如图 6-4 所示。

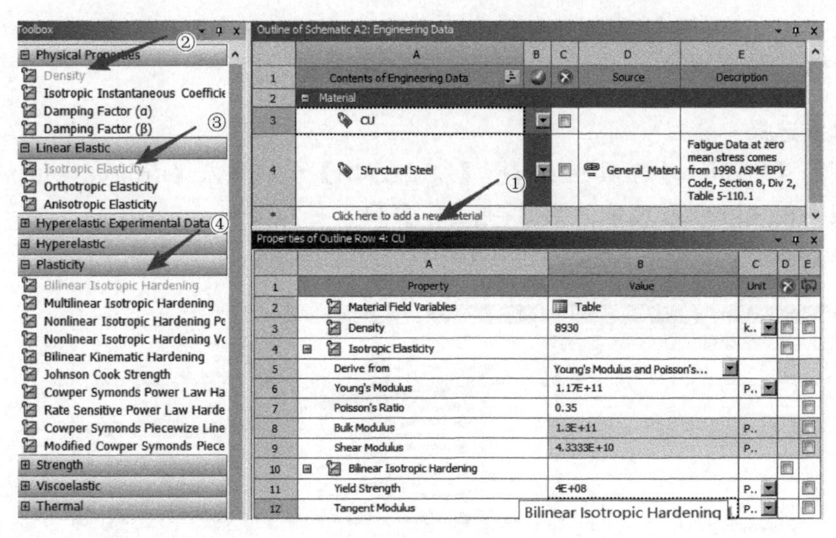

图 6-4 材料设置

材料设置完成后，在菜单栏中关闭 Engineering Data 模块，退出材料编辑，进入主界面，如图 6-5 所示。

图 6-5 退出材料编辑

(3) 几何模型

在【Geometry】模块中右击，选择【New DesignModeler Geometry...】，选择 DM 模块打开，如图 6-6 所示。

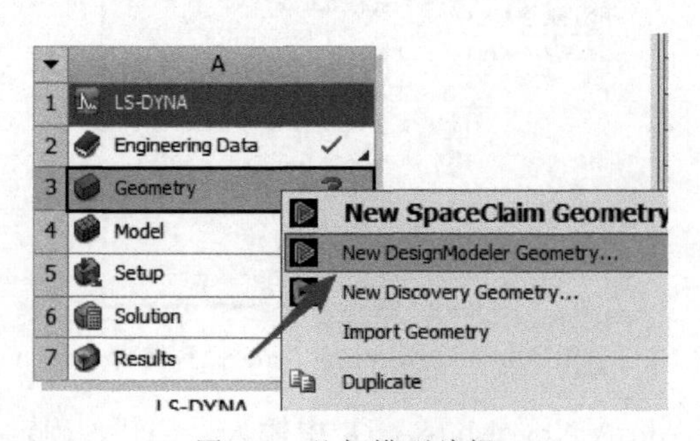

图 6-6 几何模型编辑

选择 DM 菜单栏中的【Units】，设置长度单位为【Millimeter】(mm)，如图 6-7 所示。

选择【XYPlane】，通过快捷工具栏，插入草图【Sketch1】，如图 6-8 所示。

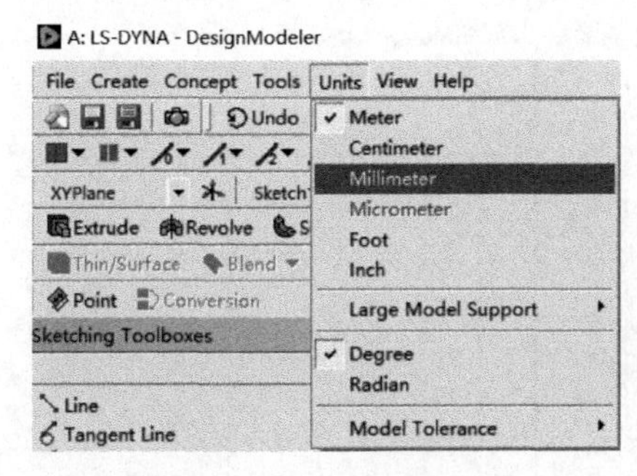

图 6-7　DM 中单位制设置

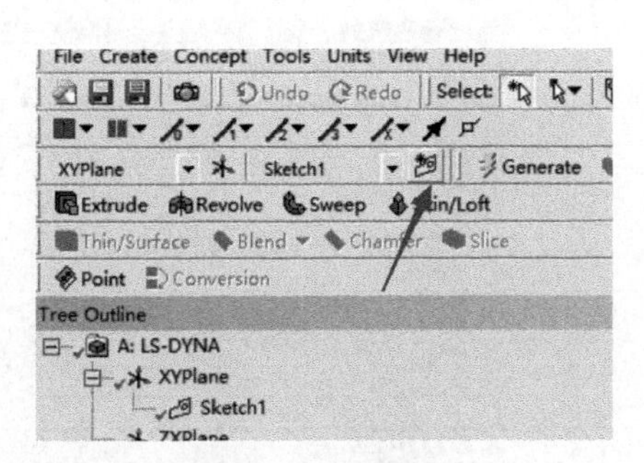

图 6-8　插入草图

选择草图【Sketch1】，选择【Sketching】，进入草图编辑，选择左上角【XYPlane】对齐到 XY 平面中，方便在 XY 平面中构建草图，如图 6-9 所示。

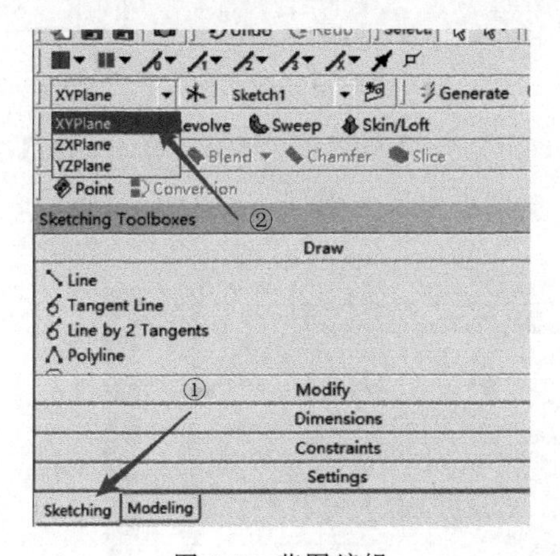

图 6-9　草图编辑

选择草图中的【Rectangle】，以坐标原点为起始点，Y 轴为对称轴，绘制矩形，如图 6-10 所示。

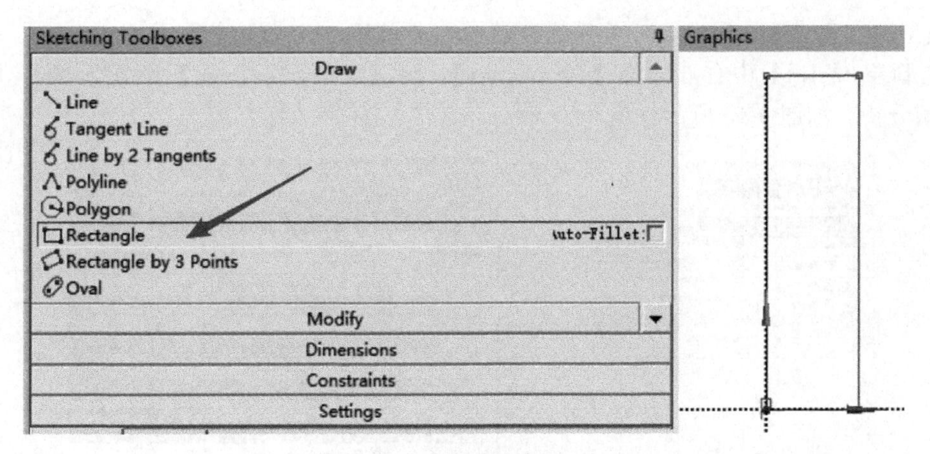

图 6-10　矩形绘制

选择【Dimensions】→【General】，选择长方形的长和宽，设置高【V1】为 32.4mm，宽【H2】为 3.2mm，如图 6-11 所示。

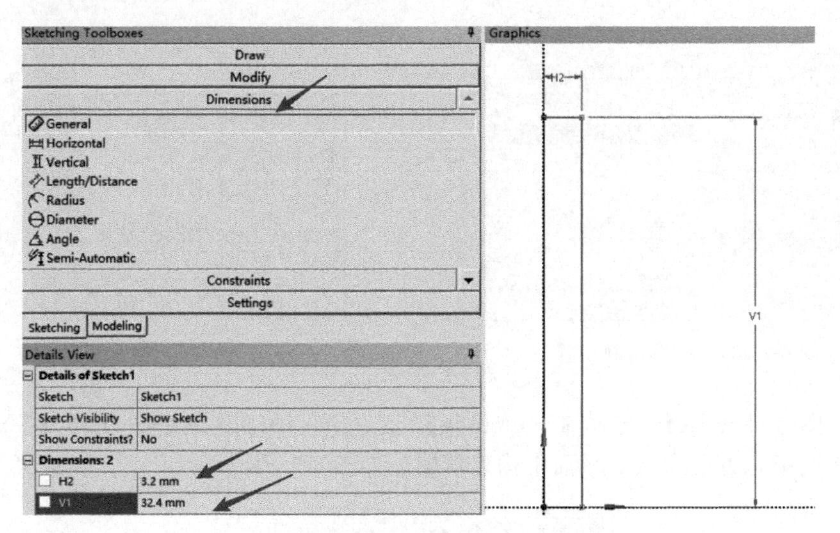

图 6-11　尺寸赋予

通过菜单栏中的【Concept】→【Surfaces From Sketches】，选择草图【Sketch1】，点击快捷工具栏【Generate】即可生成面模型，如图 6-12 所示。

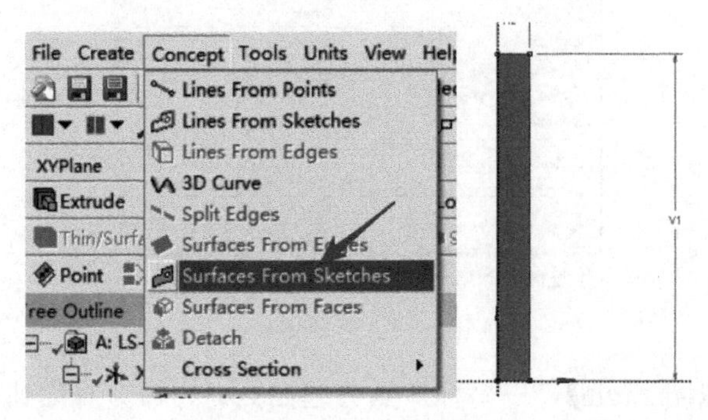

图 6-12　生成面模型

模型建立完成后，退出 DM 几何建模模块，进入 Workbench 主界面。

在【Geometry】中右击选择【Properties】，将【Analysis Type】设置为 2D，即采用 2D 模型分析，如图 6-13 所示。

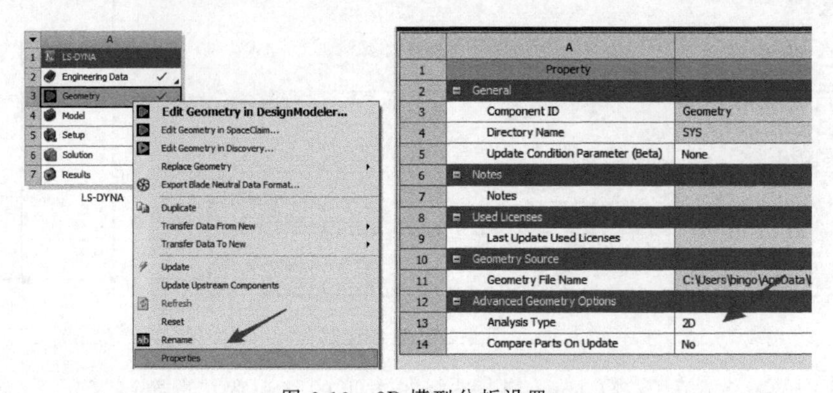

图 6-13　2D 模型分析设置

6.2.2 Model中前处理

(1) 基本条件

双击 Model 进入前处理编辑。选择【Geometry】模型树，在明细选项中将【2D Behavior】改为 Axisymmetric，将计算模型设置为轴对称模型，如图 6-14 所示。

选择泰勒杆模型，在明细选项中的【Assignment】中选择材料为“CU”，即定义泰勒杆的材料参数为 Engineering Data 模块中设置的铜材料，如图 6-15 所示。

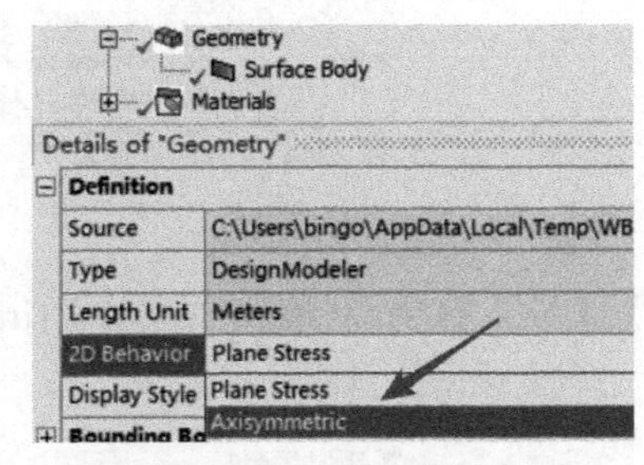

图 6-14 轴对称模型设置

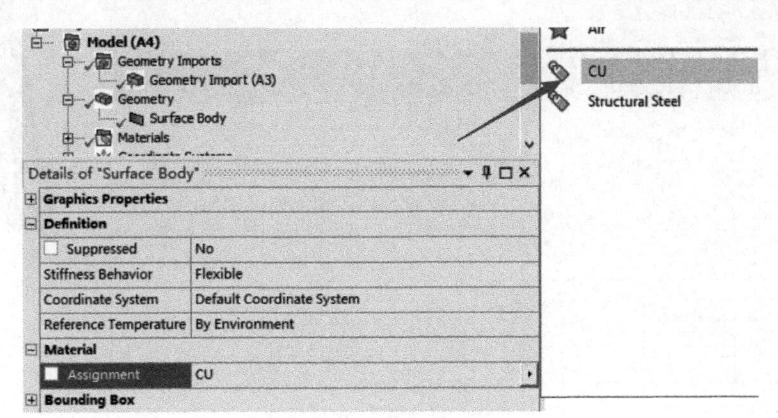

图 6-15 材料模型赋予

(2) 网格划分

选择 Mesh 模型树，在【Element Size】中设置网格大小为 0.5mm，右击选择【Face Meshing】，选择泰勒杆的面，即完成四边形网格划分，如图 6-16 所示。

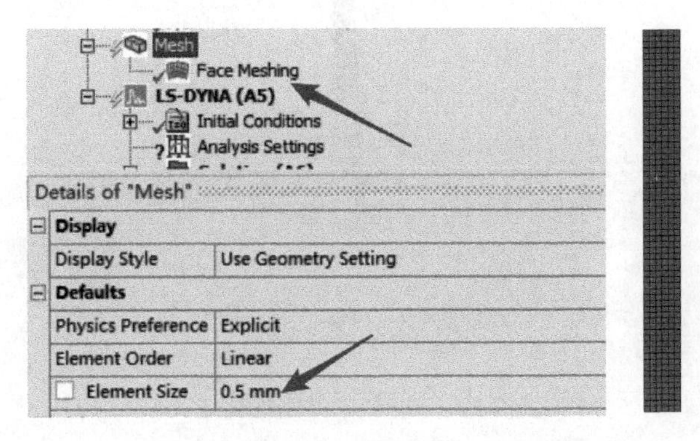

图 6-16 网格划分

(3) 计算设置

在【Initial Conditions】中右击插入【Velocity】，设置泰勒杆的速度为 227m/s，在【Vector】中选择泰勒杆竖直边线，即定义速度方向为竖直向下，如图 6-17 所示。

创建坐标系，在【Coordinate Systems】中右击，选择【Insert】→【Coordinate System】，在明细中，【Geometry】选择泰勒杆的底部边线，调整【Principal Axis】中的【Ax-

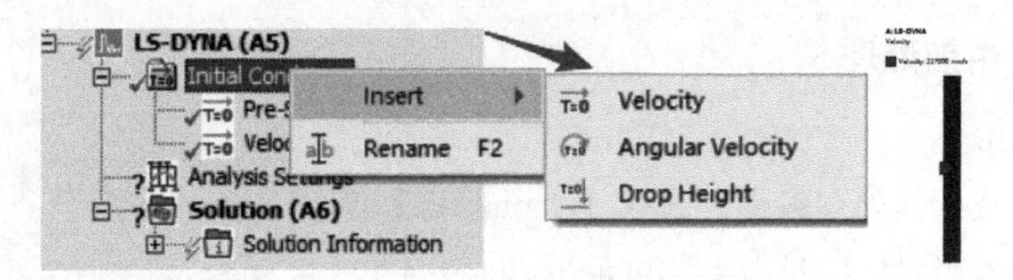

图 6-17 初始速度施加

is】为 X，【Orientation About Principal Axis】中的【Axis】为 Y，使得 Z 轴为泰勒杆的长度方向，如图 6-18 所示。

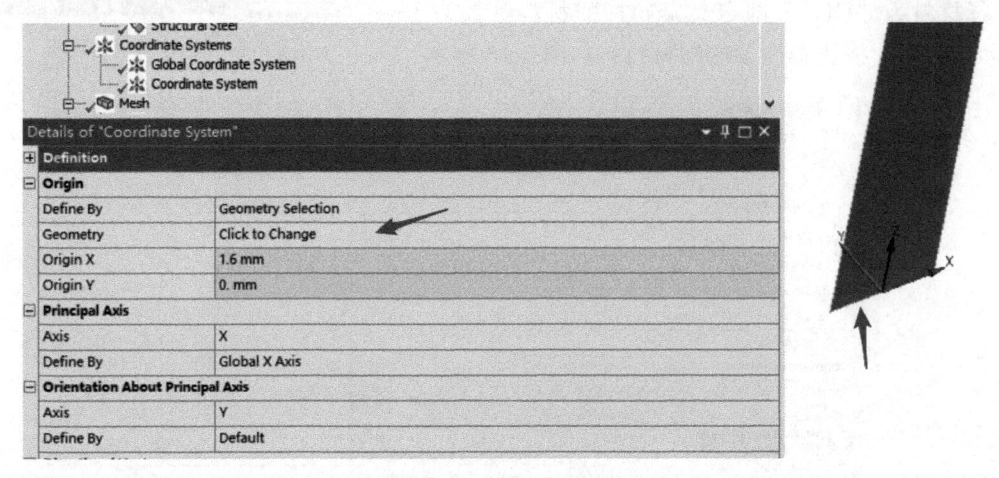

图 6-18 坐标系创建

在【LS-DYNA】模型树中，右击选择【Rigid Wall】，在明细中，【Geometry】选择泰勒杆面模型，【Coordinate System】选择上面定义的坐标系，如图 6-19 所示。

图 6-19 Rigid Wall 刚性面定义

在【Analysis Settings】中，设置计算时间【End Time】为 5E－5s，其余参数默认即可。

在菜单栏的【Solution】中，点击【Solve】可以提交计算，也可以在 LS-DYNA 模型树中右击选择【Solve】提交计算，如图 6-20 所示。

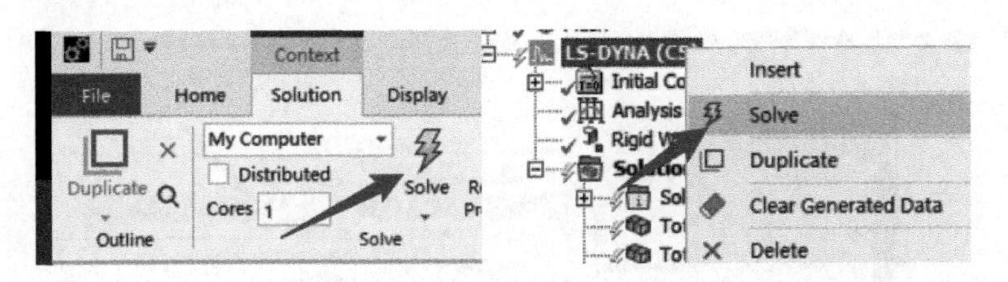

图 6-20 计算提交

6.2.3 计算结果及后处理

在【Solution】模型树中右击选择【Insert】→【Deformation】→【Total】，查看计算后的总体变形情况，如图 6-21 所示。

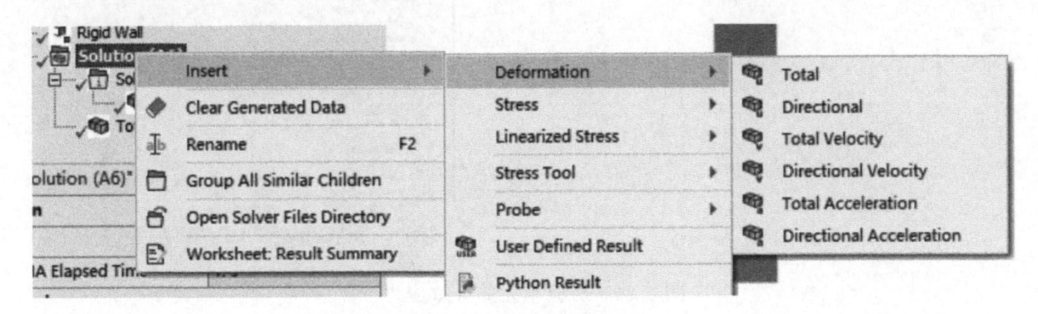

图 6-21 总体变形计算结果查看

不同时刻的计算结果如图 6-22 所示。从图中可以发现，在冲击载荷作用下，泰勒杆底部发生严重的变形，网格发生较大的畸变。

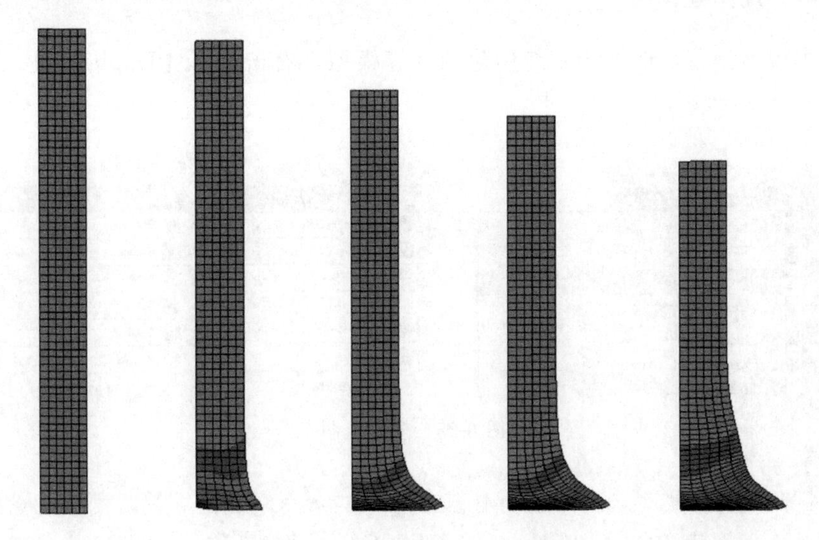

图 6-22 不同时刻的计算结果

针对某一单元的等效应力情况，可以通过快捷选择器中的单元选择器，选择对应的单元，右击选择【Insert】→【Stress】→【Equivalent（Von-Mise）】，选择插入等效应力云图显示，如图 6-23 所示。对应单元的等效应力如图 6-24 所示。

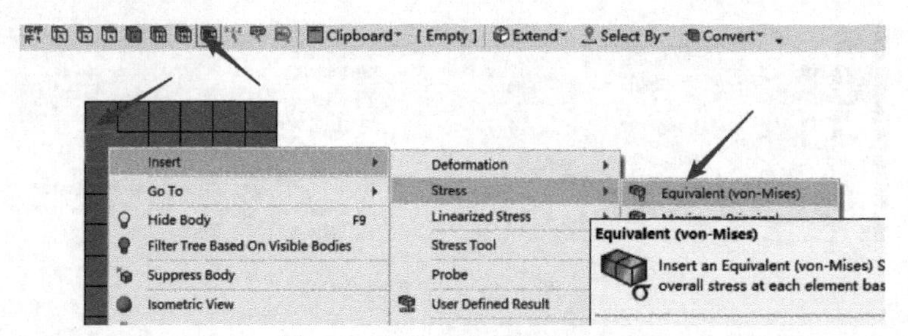

图 6-23 插入单元等效应力

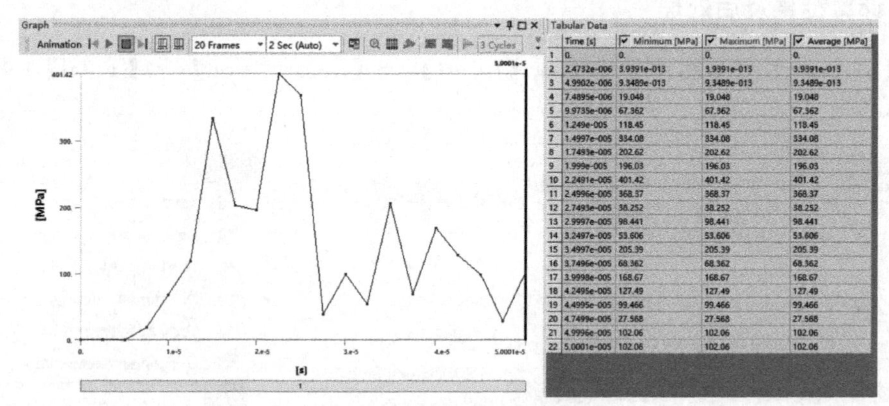

	Time [s]	Minimum [MPa]	Maximum [MPa]	Average [MPa]
1	0.	0.	0.	0.
2	2.4732e-006	3.9391e-013	3.9391e-013	3.9391e-013
3	4.9902e-006	9.3489e-013	9.3489e-013	9.3489e-013
4	7.4895e-006	19.048	19.048	19.048
5	9.9735e-006	67.362	67.362	67.362
6	1.249e-005	118.45	118.45	118.45
7	1.4997e-005	334.08	334.08	334.08
8	1.7493e-005	202.62	202.62	202.62
9	1.999e-005	196.03	196.03	196.03
10	2.2491e-005	401.42	401.42	401.42
11	2.4996e-005	368.37	368.37	368.37
12	2.7493e-005	38.252	38.252	38.252
13	2.9997e-005	98.441	98.441	98.441
14	3.2497e-005	53.606	53.606	53.606
15	3.4997e-005	205.39	205.39	205.39
16	3.7496e-005	68.362	68.362	68.362
17	3.9998e-005	168.67	168.67	168.67
18	4.2495e-005	127.49	127.49	127.49
19	4.4995e-005	99.466	99.466	99.466
20	4.7499e-005	27.568	27.568	27.568
21	4.9996e-005	102.06	102.06	102.06
22	5.0001e-005	102.06	102.06	102.06

图 6-24 对应单元的等效应力

6.3 泰勒杆碰撞 3D 拉格朗日方法

6.3.1 材料、几何处理

由于基本模型一致，选择 6.2 节构建的计算模型，右击选择【Duplicate】，选择复制模型数据，如图 6-25 所示。

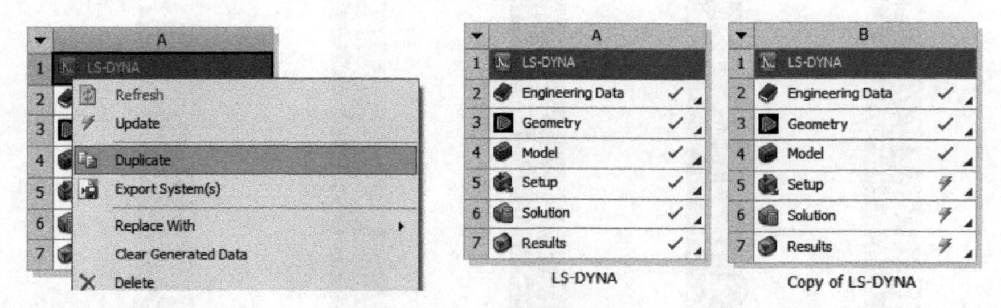

图 6-25 模型复制

注： 复制计算模型，除了没有计算结果，其余和原模型一致，复制完成后，会形成模块 B，一般其名称为“Copy of LS-DYNA”，可以选择名称进行修改或者添加注释。复制模型的 Engineering Data、Geometry 和 Model 模块是✓，代表已完成状态，Setup、Solution 和 Results 模块是⚡，代表处于待更新状态。复制计算程序文件夹中多处 SYS-1 的文件夹，作为第二个计算模型的文件夹。

global
SYS
SYS-1
act.dat
designPoint.wbdp

复制模型计算文件夹

由于是复制模型，材料不变即可。

在【Geometry】中右击，选择【Edit Geometry In Design Modeler】，在快捷工具栏选择【Revolve】，在明细中选择 Sketch1，选择【Axis】为泰勒杆 Y 轴处边线，其他参数默认即可，点击【Generate】后可生成 3D 计算模型，如图 6-26 所示。

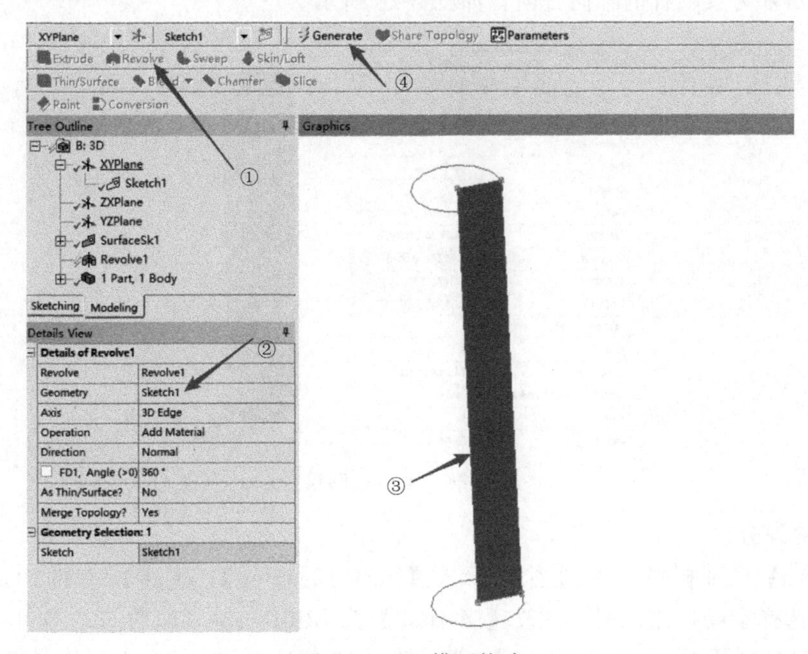

图 6-26　3D 模型构建

为避免原 2D 计算模型造成的干扰，可选择 6.2 节 2D 片体模型，右击选择【Suppress Body】，即可对模型进行抑制，抑制后的模型就不会起作用，如图 6-27 所示。

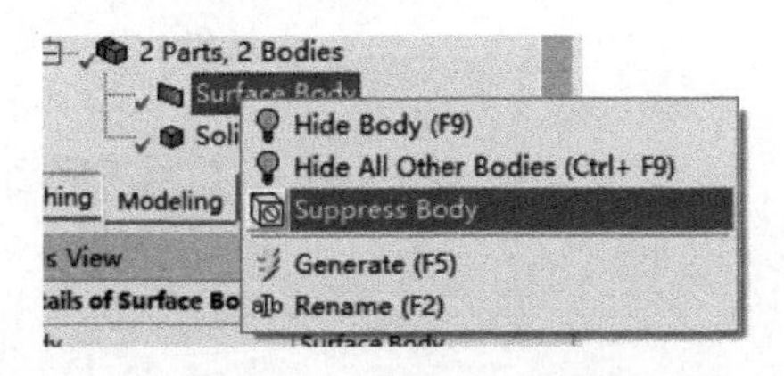

图 6-27　2D 模型的抑制

注： Suppress 是 Workbench 平台中常见命令选项，通过 Suppress 命令可以对模型、材料、条件、网格等选项进行抑制，使其失去作用，其功能等同于删除，但是 Suppress 是抑制而不是删除，更方便后续更改。

退出几何模型，在【Geometry】中右击，选择【Properties】，将【Analysis Type】设置为 3D，即采用 3D 模型分析。

6.3.2 Model 中前处理

（1）基本条件

双击 Model 进入前处理编辑。选择泰勒杆的体模型，通过【Assignment】赋予泰勒杆为 CU 铜材料。

在【Coordinate Systems】中右击插入坐标系【Coordinate System】，设置 Type 为【Cartesian】，在【Geometry】中，选择泰勒杆圆柱的底部面，设置【Principal Axis】中的【Axis】为 X，设置【Orientation About Principal Axis】中的【Axis】为 Y，其他参数默认，即设置 Z 轴为泰勒杆的轴向方向，如图 6-28 所示。

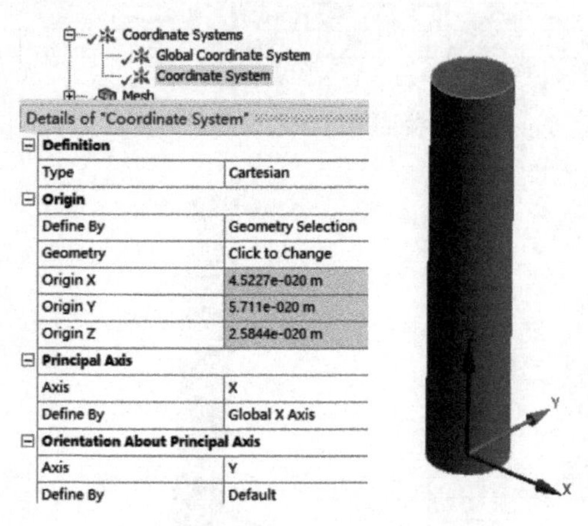

图 6-28　坐标系创建

（2）网格划分

在【Mesh】模型树中，通过右击插入【Face Meshing】，选中所有的面，右击插入【Method】，选择泰勒杆体模型，修改【Method】为 MultiZone，如图 6-29 所示。其他参数默认即可，右击选择【Generate Mesh】，即可完成“天圆地方”的全六面体网格的划分（目前 ANSYS 2022 R2 版本支持此网格划分功能），如图 6-30 所示。

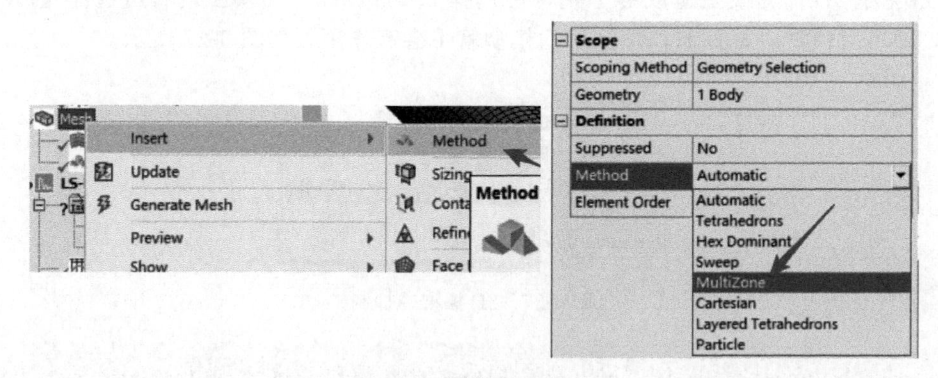

图 6-29　网格划分方式

在 Mesh 模型树中，选择【Quality】中的【Mesh Metric】为 Element Quality，可以查看网格划分情况，网格均为 Hex8 六面体网格，网格的质量在 0.68 以上。点击对应的【Element Metrics】，可以在主窗口中查看对应的网格，如图 6-31 所示。

（3）计算设置

由于是复制模型，其他参数不变，检查模型无误后，点击菜单栏【Solve】提交计算。

6.3.3 计算结果及后处理

在【Solution】中右击，点击【Insert】→【Stress】→【Equivalent（Von Mieses）】，

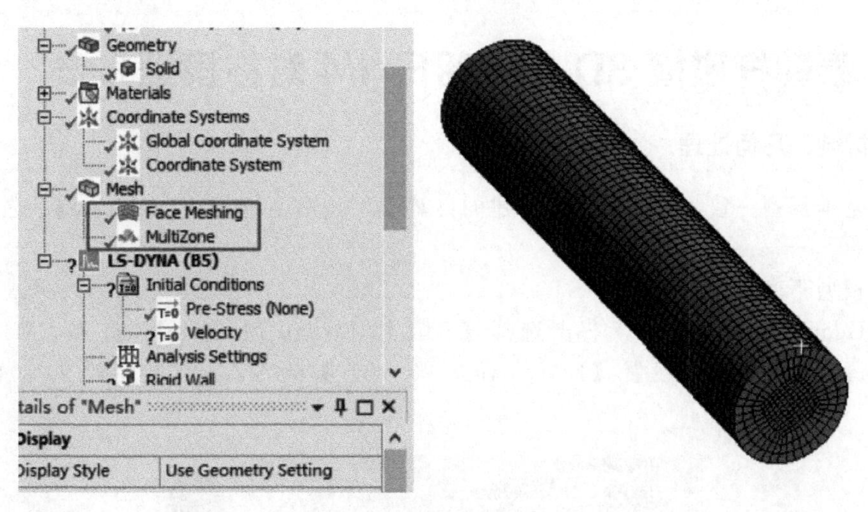

图 6-30　网格划分结果

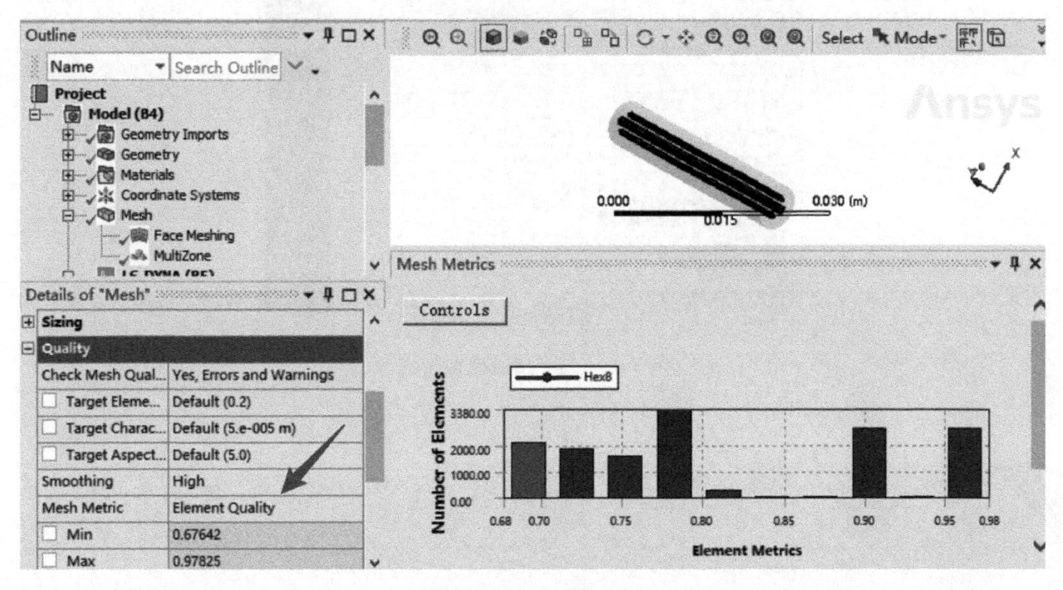

图 6-31　网格质量查看

查看计算后的总体应力情况，如图 6-32 所示。

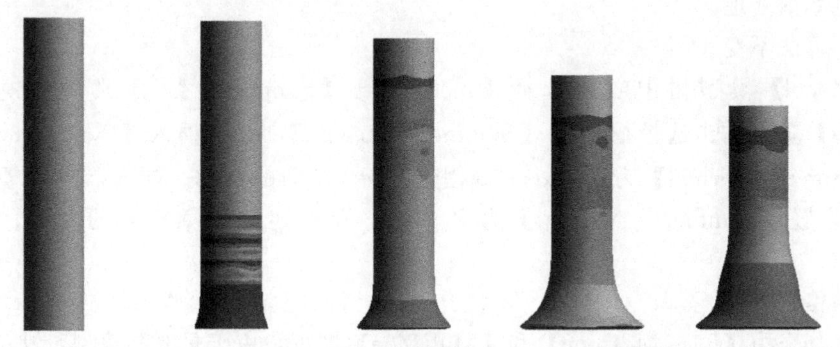

图 6-32　泰勒杆碰撞不同时刻应力分布（3D 模型）

6.4 泰勒杆碰撞 3D 拉格朗日 1/4 对称模型方法

6.4.1 材料、几何处理

由于基本模型一致，选择 6.3 节构建的计算模型，右击选择【Duplicate】，选择复制模型数据。

材料模型不变。

在【Geometry】模型中，右击选择【Edit In Design Modeler】，进入 DM 中，选择【Revolve1】，在明细中，设置【FD1，Angle（>0）】为 90°，代表旋转 90°，如图 6-33 所示。

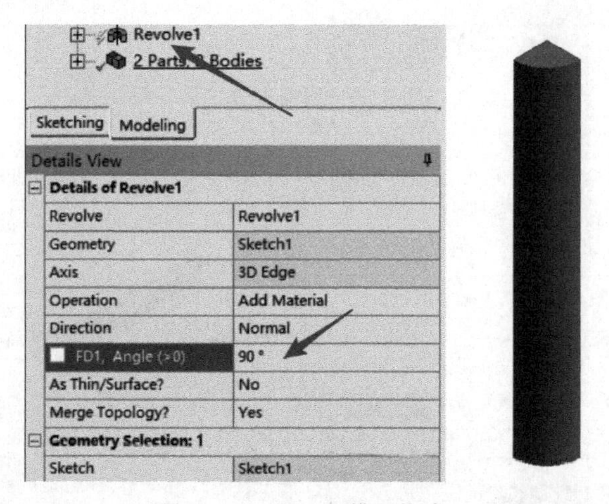

图 6-33　1/4 几何模型构建

注： 1/4 对称模型保证模型在第一象限，1/2 对称模型，只需要将角度设置为 180°。

6.4.2 Model 中前处理

（1）基本前处理

材料、算法不变。

在【Model】模型树中右击选择【Insert】→【Symmetry】，定义对称模型。选择【Symmetry】，右击选择插入【Symmetry Region】，点击插入【Symmetry Region】，设置【Symmetry Normal】为 X Axis，即创建关于 *YZ* 面的对称。同样，插入【Symmetry Region】，设置【Symmetry Normal】为 Z Axis，即创建关于 XY 面的对称，如图 6-34 所示。

（2）网格划分

网格划分采用【Face Meshing】和【MultiZon】即可，由于是复制模型，默认采用上节的划分方式。右击【Generate】可完成网格划分，如图 6-35 所示。

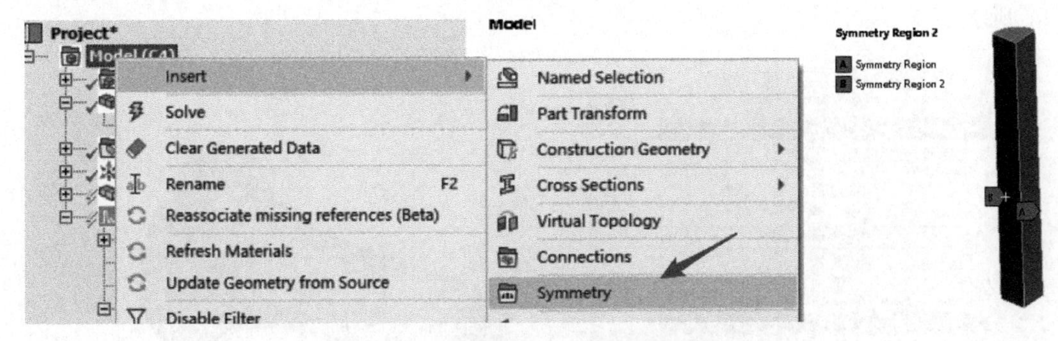

图 6-34　对称性设置

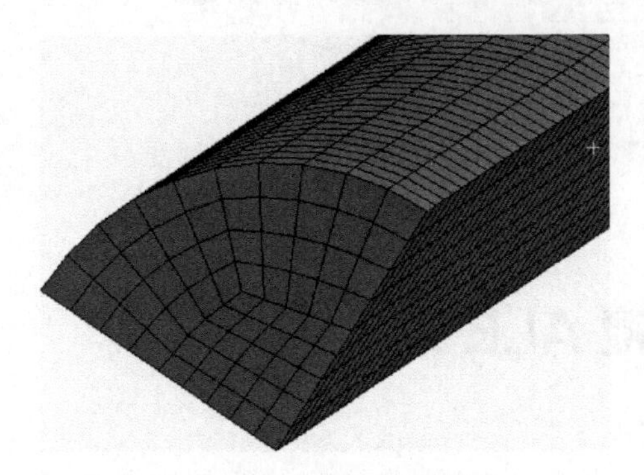

图 6-35　1/4 模型网格划分

(3) 计算条件设置

其余计算参数默认即可，检查模型无误后，在菜单栏中选择【Solve】进行计算。

6.4.3　计算结果及后处理

在【Solution】中右击选择【Insert】→【Stress】→【Equivalent（Von Mieses）】，查看计算后的总体应力情况，如图 6-36 所示。

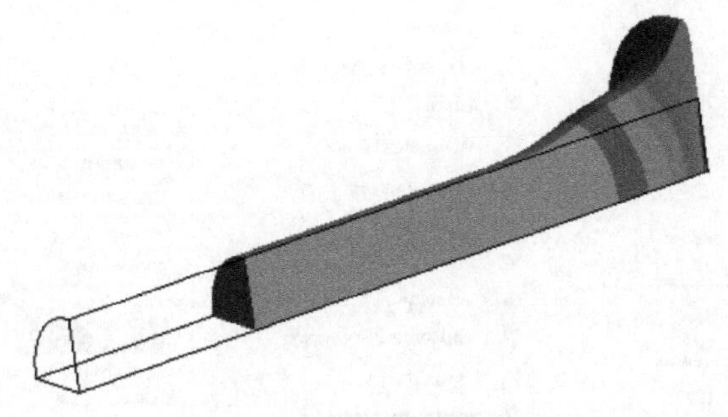

图 6-36　1/4 模型计算结果

为方便显示对称性的模型，可以在【Symmetry】中进行设置。在【Details of Symmetry】→【Graphical Expansion 1】中设置【Num Repeat】为 2，设置【Method】为 Half，设置【ΔX】为 1. e－005mm（一个较小的值即可），在【Graphical Expansion 3】中设置【Num Repeat】为 2，设置【Method】为 Half，设置【ΔZ】为 0。这样可以在网格及后处理中查看到对称后的模型。此设置仅为 Workbench 平台对称显示问题，和计算结果无关，如

图 6-37 所示。

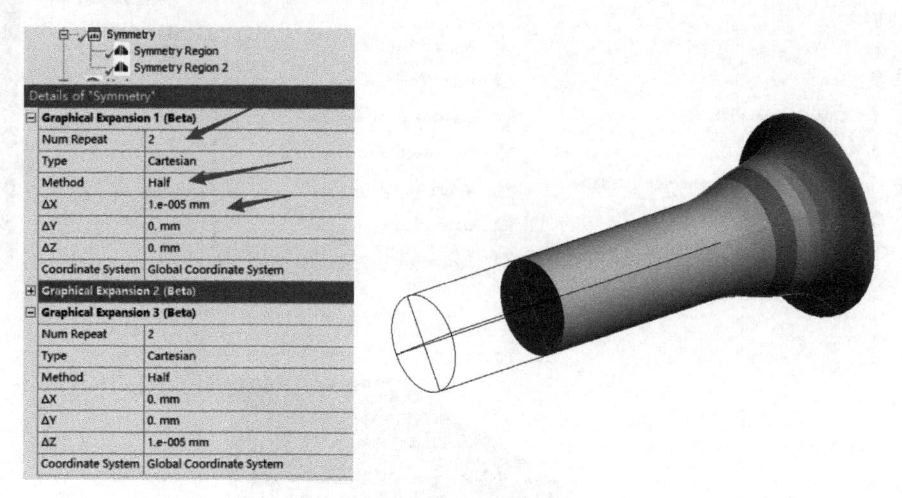

图 6-37　对称显示设置

6.5　泰勒杆碰撞 ALE 方法

6.5.1　材料、几何处理

复制 6.4 节的 1/4 对称模型，几何处理和材料不变。

6.5.2　Model 中前处理

在 LS-DYNA 模型树中右击选择【Insert】→【Section】，在明细中将【ALE】设置为 Yes，设置【Formulation】为 1 point ALE，即设置计算的算法为单点 ALE 算法，如图 6-38 所示。其他算法设置均可以采用此方式进行。

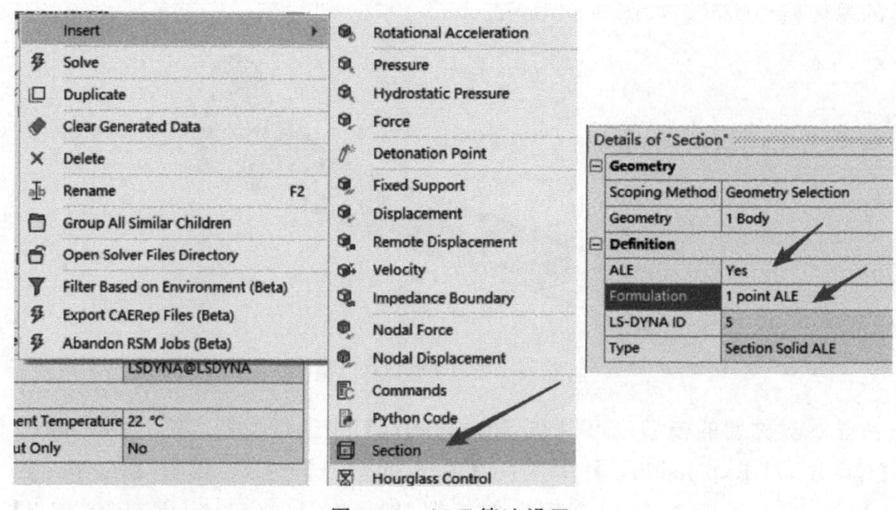

图 6-38　ALE 算法设置

修改【Analysis Setting】中的【Simple Average Weighting Factor】为 1，其他条件默认即可，点击菜单栏【Solve】提交计算。

6.5.3 计算结果及后处理

相对于拉格朗日算法计算的模型，ALE 网格会随着变形的发生进行相应的调整，避免网格变形造成时间步长的减少。其畸变程度较拉格朗日网格减少很多，尤其是在泰勒杆底部碰撞处的网格。ALE 计算结果如图 6-39 所示，拉格朗日计算结果如图 6-40 所示。

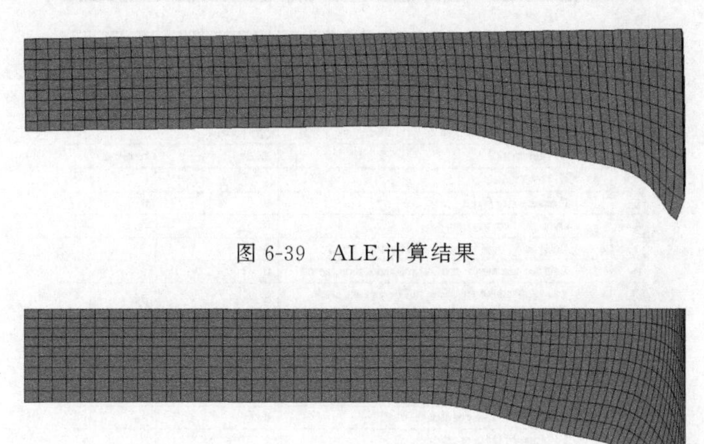

图 6-39 ALE 计算结果

图 6-40 拉格朗日计算结果

对于拉格朗日网格，随着网格的畸变，计算的时间步长由 4.14E－8s 逐渐减少到 6.7E－9s，如图 6-41(a) 所示；而对于 ALE 网格，其计算的时间步长稳定在 3.1E－8s 左右，如图 6-41(b) 所示。

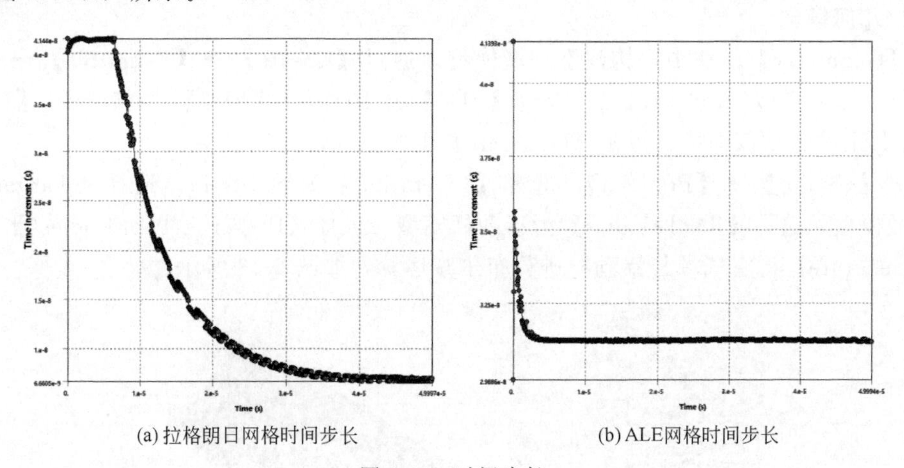

(a) 拉格朗日网格时间步长　(b) ALE网格时间步长

图 6-41 时间步长

6.6 泰勒杆碰撞欧拉方法

6.6.1 材料、几何处理

(1) 材料模型

复制 6.4 节的 1/4 对称模型，在【Engineering Data】中创建空气“Air”材料，添加

【Density】、【＊MAT_NULL】和【＊EOS_LINEAR_POLYNOMIAL】，设置【Density】为 1.25kg/m^3，设置【Equation of state coefficient，c4】为 0.4，设置【Equation of state coefficient，c5】为 0.4，设置【Initial internal energy，E0】为 1E＋05Pa，其余参数默认即可，如图 6-42 所示。

Properties of Outline Row 3: air

	A	B	C
1	Property	Value	
2	Material Field Variables	Table	
3	Density	1.25	kg m^-3
4	*MAT_NULL		
5	Pressure cutoff, pc	0	Pa
6	Dynamic viscosity, mu	0	Pa s
7	Relative volume for erosion in tension, terod	0	
8	Relative volume for erosion in compression, cerod	0	
9	Young's Modulus (used for null beams and shells only), ym	0	Pa
10	Poisson's Ratio (used for null beams and shells only), pr	0	
11	*EOS_LINEAR_POLYNOMIAL		
12	Equation of state coefficient, c0	0	Pa
13	Equation of state coefficient, c1	0	Pa
14	Equation of state coefficient, c2	0	Pa
15	Equation of state coefficient, c3	0	Pa
16	Equation of state coefficient, c4	0.4	
17	Equation of state coefficient, c5	0.4	
18	Equation of state coefficient, c6	0	
19	Initial internal energy, E0	1E+05	Pa
20	Initial relative volume, V0	1	

图 6-42 空气材料

（2）几何模型

在【Geometry】模块中，构建空气域模型，通过【Create】→【Primitive】→【Box】，设置【Operation】为 Add Frozen，设置【FD6】为 10mm，【FD7】为 35mm，【FD8】为 10mm，其余参数默认即可，点击【Generate】生成空气计算域模型。

通过【Create】→【Boolean】，选择【Operation】为 Subtract，选择【Target Body】为空气域模型，选择【Tool Bodies】为泰勒杆模型，选择【Preserve Tool Bodies?】为 Yes，点击【Generate】将空气域与泰勒杆进行布尔减运算，如图 6-43 所示。

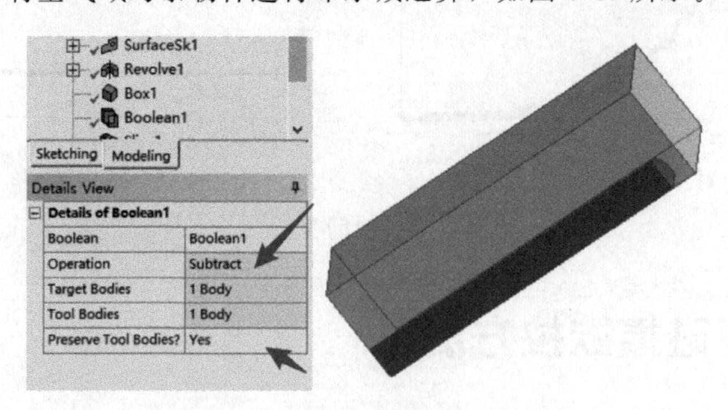

图 6-43 空气域与泰勒杆布尔减运算

为进一步方便划分网格，通过【Create】→【Slice】，选择【Slice Type】为 Slice by Surface，选择目标面分别为泰勒杆的顶面和外圆弧侧面，点击【Generate】对模型进行分割，如图 6-44 所示。

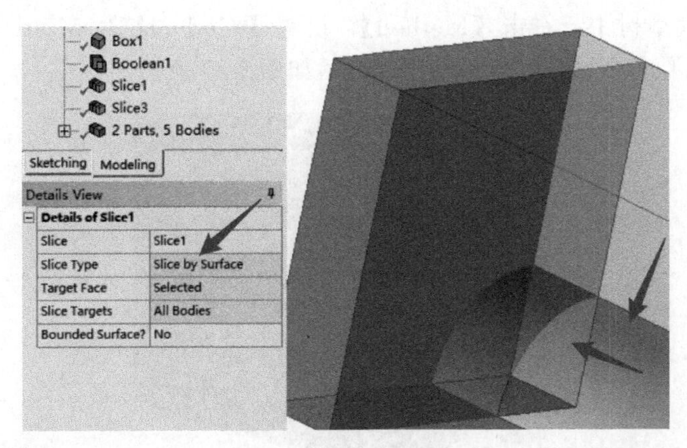

图 6-44 空气域分割

选择所有的实体 Body，右击【Form New Part】，将所有的模型共节点，如图 6-45 所示。

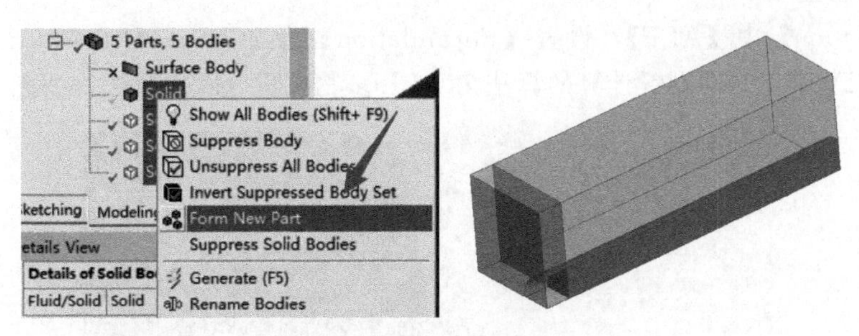

图 6-45 模型共节点

6.6.2 Model 中前处理

(1) 基本条件

双击进入 Model 模块，选择所有的空气 Body，通过【Assignment】设置材料模型为空气“Air”，设置泰勒杆的材料为铜“CU”，其他参数默认即可。

在对称面模型树中，选择所有模型关于 X 轴和 Z 轴对称，如图 6-46 所示。

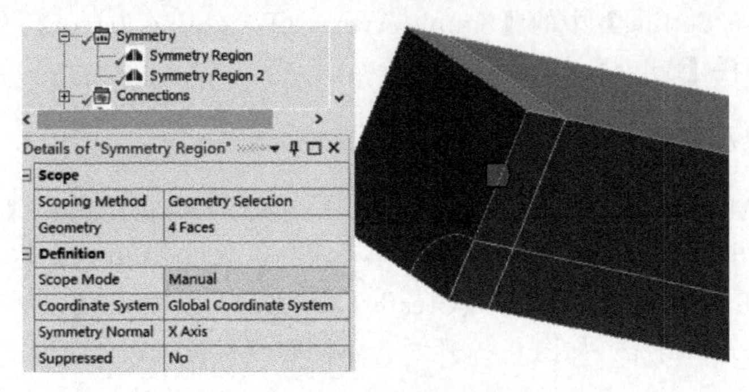

图 6-46 对称性设置

(2) 网格划分

在【Mesh】模型树中，右击【Method】，设置【Method】为 MultiZone，设置网格大小为 0.0005m，其他参数默认，网格划分完成后如图 6-47 所示。

图 6-47　网格划分完成

(3) 计算设置

修改【Section】中【ALE】，设置【Formulation】为 1 Point ALE Multi-Material Element，简称 MMALE，即设置计算的算法为 ALE 多物质耦合欧拉算法，如图 6-48 所示。

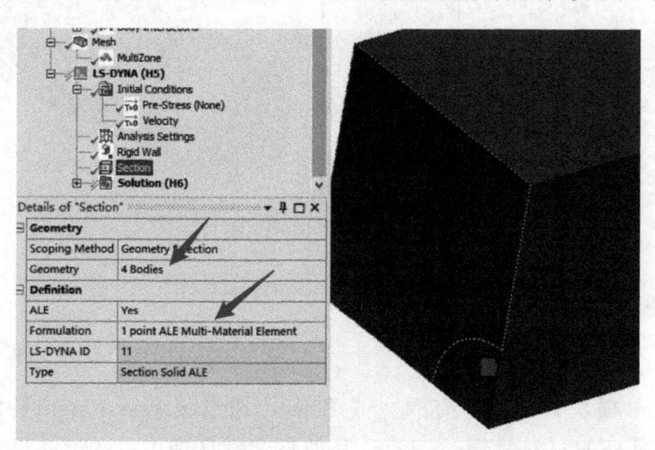

图 6-48　ALE 多物质耦合欧拉算法设置

修改【Analysis Setting】中的【Simple Average Weighting Factor】为－1，其他条件默认即可。点击菜单栏【Solve】提交计算。

6.6.3 计算结果及后处理

为方便查看 ALE 多物质分布情况，在【Solution】中右击，选择【Worksheet Result Summary】，在弹出的窗口中选择【Available Solution Quantities】，右击【ALE _ VOLUME _ FRACTION _ MAT1】，选择【Create User Defined Result】，创建物质 1（泰勒杆铜 CU 材料）体积分布情况，如图 6-49 所示。不同时刻材料体积分布如图 6-50 所示。

> **注**：由于采用欧拉（或 MMALE）方法，设置了空间网格，物质在空间网格中流动，所以物质边缘处界面不清晰，呈锯齿状。

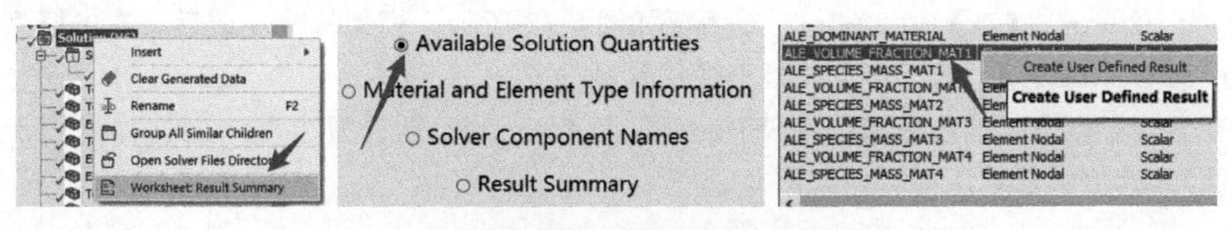

图 6-49 创建物质体积分数结果

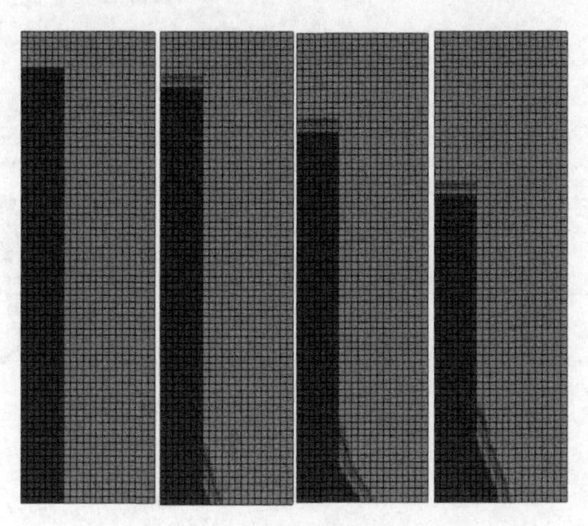

图 6-50 不同时刻材料体积分布

6.7 泰勒杆碰撞 SPH 方法

6.7.1 材料、几何处理

复制 6.4 节 1/4 对称模型，几何处理和材料不变。

6.7.2 Model 中前处理

(1) 基本条件

双击进入【Model】模块中，为方便构建接触面，在【Model】模型树中右击选择【Insert】→【Construction Geometry】→【Solid】，构建一个方块 Part 辅助体，如图 6-51 所示。

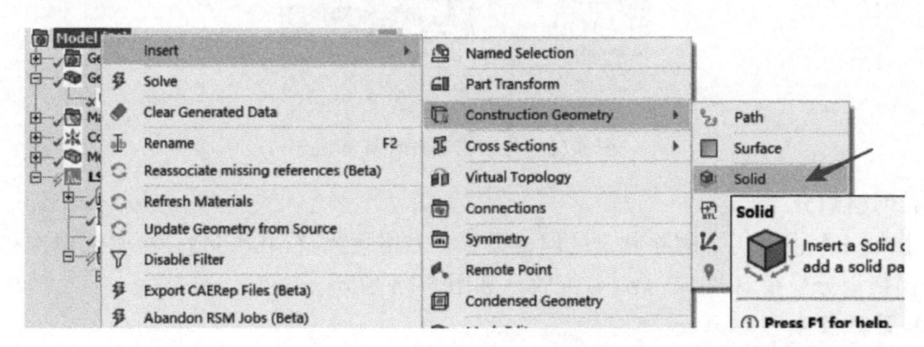

图 6-51 构建方块 Part 辅助体

设置方块的【X1】为−20mm，【X2】为 20mm，【Y1】为−0.5mm，【Y2】为−1mm，

【Z1】为−20mm，【Z2】为20mm，其情况如图6-52所示。模型构建完成后，右击模型选择【Add To Geometry】，选择将方块模型变成计算的Part。

在方块模型中，修改模型的【Stiffness】为【Rigid】，即设置方块为刚性体（用于替代刚性面）。其他参数默认即可，如图6-52所示。

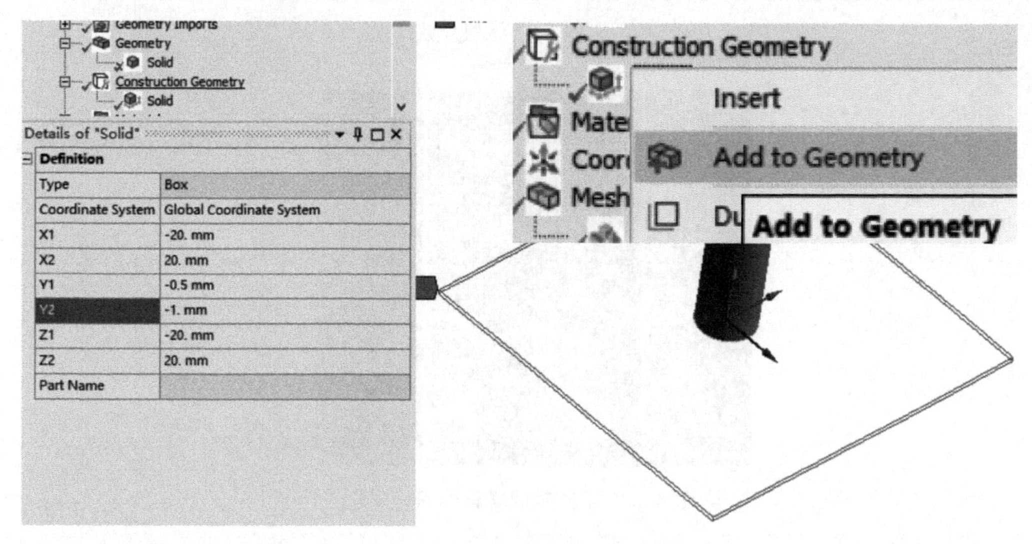

图6-52 方块模型构建

设置好刚性块后，系统会自动添加【Body Interaction】，即系统自动添加了接触。（此计算中的自动接触为*CONTACT_AUTOMATIC_SINGLE_SURFACE）

在【Model】模型树中，选择泰勒杆Part，在明细中，修改【Reference Frame】为Particle，即将算法改为SPH算法，如图6-53所示。

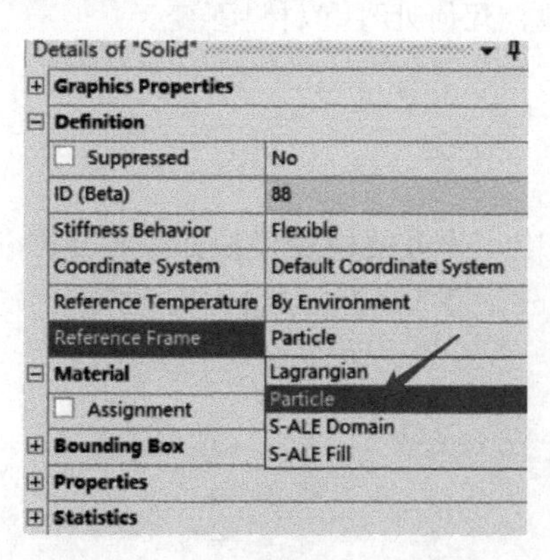

图6-53 修改泰勒杆计算算法

（2）网格划分

在【Mesh】模型树，删除其余的网格设置，右击插入【Method】，在明细中选择Particle，即网格划分采用SPH粒子划分方式，如图6-54所示。

（3）计算条件

在【LS-DYNA】模型树中右击选择【Insert】→【Fixed Support】，选择刚性块，即设置刚性块固定。

为避免计算出现网格穿透，可以适当地修改【Analysis Setting】中的【Time Step Safe-

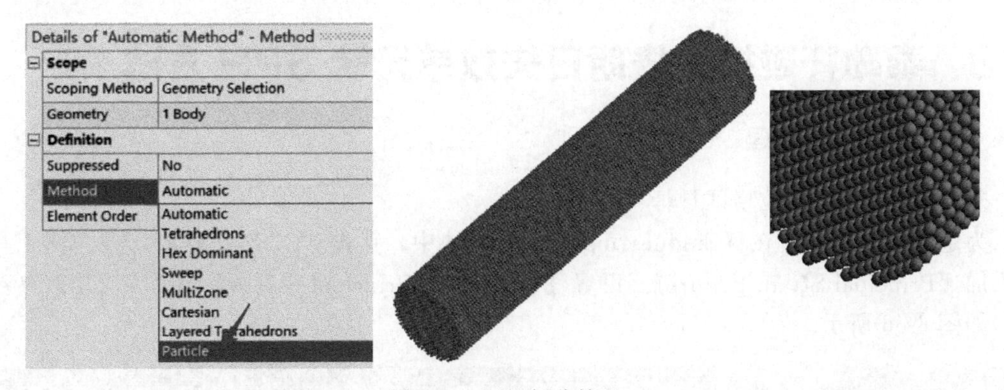

图 6-54　网格划分情况

ty Factor】为 0.4，即在原有的时间步长基础上，将安全系数调整为 0.4，降低时间步长，保证计算的可靠性。其他计算参数默认即可。

6.7.3　计算结果及后处理

计算完成后，可以通过查看总体的变形情况，发现 SPH 算法能够较好地展现结构破碎情况，如图 6-55 所示。

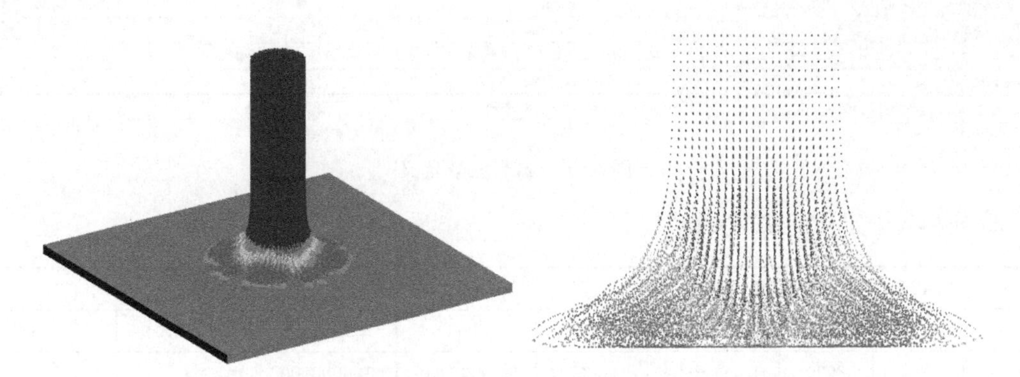

图 6-55　SPH 算法计算结果

> **注：** 可以在菜单栏【Display】中，点击【Thick shells and beams】切换粒子显示形态。
>
> 粒子显示情况切换

6.8　泰勒杆碰撞拉格朗日失效单元转 SPH 方法

6.8.1　材料、几何处理

复制 6.3 节的 3D 拉格朗日计算模型。

为定义单元失效，在【Engineering Data】模块中，点击“CU”铜材料，在左侧工具栏中添加【Principal Strain Failure】。设置【Maximum Principal Strain】为 0.7，几何参数不变，如图 6-56 所示。

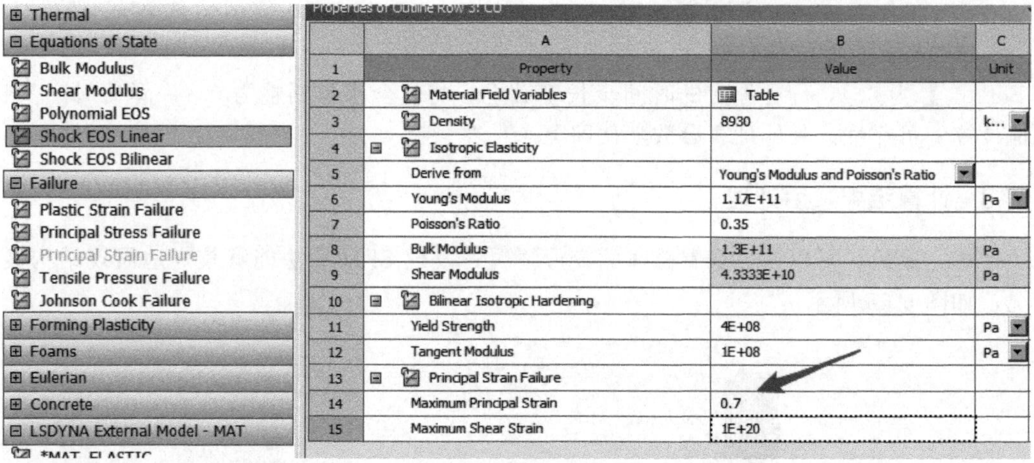

图 6-56　材料失效定义

此处相当于定义了如下关键字。

*MAT_PLASTIC_KINEMATIC							
$　　ID	RO	E	PR	SIGY	ETAN	BETA	UNUSED1
1	8930	1.17E+11	0.35	400000000	100000000	1	
$　　SRC	SRP	FS	VP				UNUSED2
0	0	0	0				
*MAT_ADD_EROSION							
$　　ID	EXCL	MXPRES	MNEPS	EFFEPS	VOLEPS	NUMFIP	NCS
1	0	0	0	0	0	0	0
$　　MNPRES	SIGP1	SIGVM	MXEPS	EPSSH	SIGTH	IMPULSE	FAILTM
0	0	0	0.7	1.00E+20	0	0	0

6.8.2　Model 中前处理

(1) 基本条件

为方便构建接触面，在【Model】中右击选择【Insert】→【Construction Geometry】→【Solid】，构建一个方块 Part。设置方块的【X1】为－20mm，【X2】为 20mm，【Y1】为－0.5mm，【Y2】为－1mm，【Z1】为－20mm，【Z2】为 20mm。模型构建完成后，右击模

型选择【Add To Geometry】，选择将方块模型变成计算的 Part，方块构建同 6.7 节所述。

在方块模型中，修改模型的【Stiffness】为 Rigid，即设置方块为刚性体（用于替代刚性面），其他参数默认即可。

设置好刚性块后，系统会自动添加【Body Interaction】，即系统自动添加了接触。（此计算中的自动接触为 * CONTACT _ AUTOMATIC _ SINGLE _ SURFACE）

（2）网格划分

网格划分采用原拉格朗日网格划分，如图 6-57 所示。

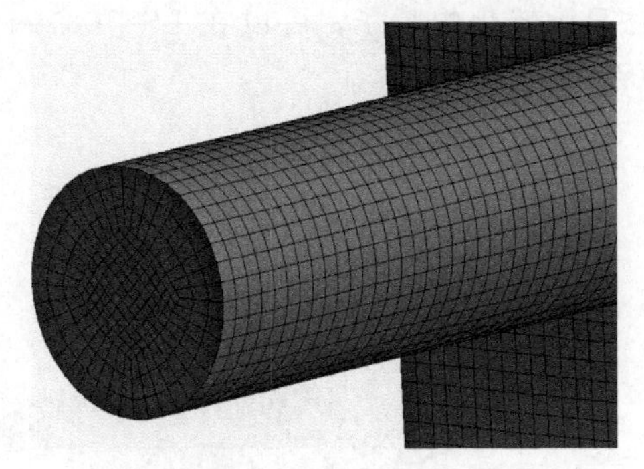

图 6-57　网格划分

（3）计算条件

在【LSDYNA Pre】菜单栏中选择【Contact Property】，或者在【LS-DYNA】模型树中右击选择【Insert】→【Contact Properties】，在明细中，设置【Contact】为 Body Interaction，选择【Type】为 Eroding，即设置接触方式为单面侵蚀接触（ * CONTACT _ ERODING _ SINGLE _ SURFACE），如图 6-58 所示。

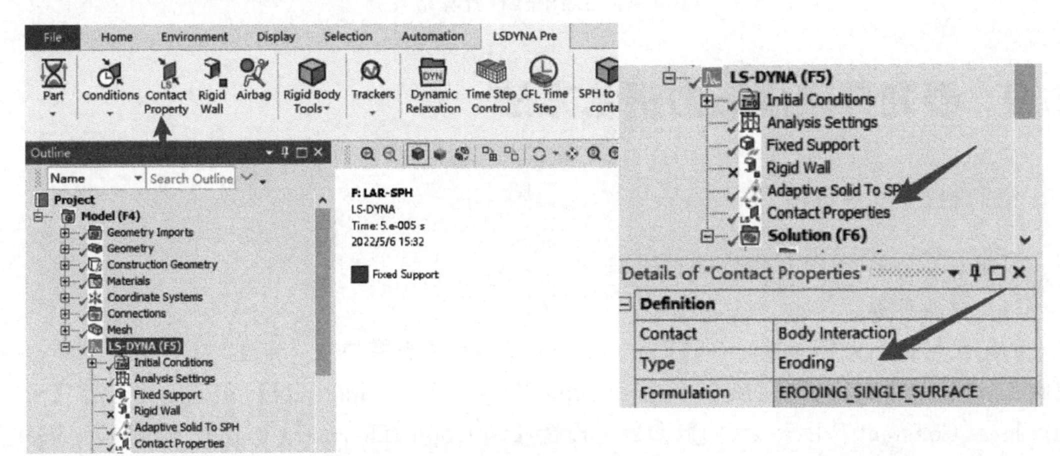

图 6-58　接触设置

在【LS-DYN】A 模型树中右击选择【Insert】→【Adaptive Solid To SPH】，在明细中，选择泰勒杆的几何体，在【Coupling Type】中选择 Coupled to Solid Element，定义失效粒子与单元的接触，其他参数默认，如图 6-59 所示。

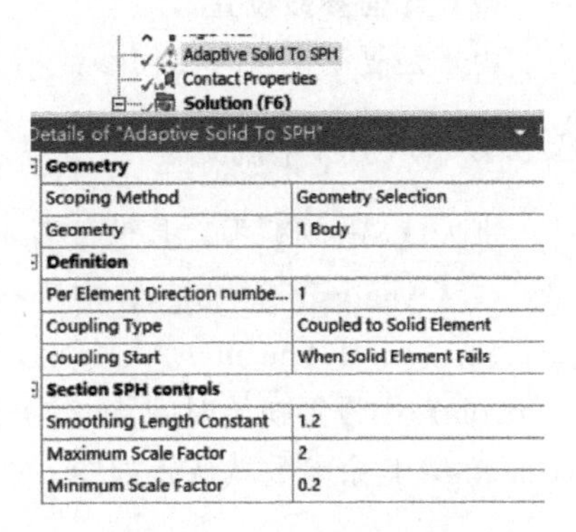

图 6-59　Adaptive Solid To SPH 设置

在 LS-DYNA 模型树中右击选择【Insert】→【Fixed Support】，选择刚性块，即设置刚性块固定。

为避免计算出现网格穿透，可以适当地修改【Analysis Setting】中的【Time Step Safety Factor】为 0.4，即在原有的时间步长基础上，通过调整安全系数为 0.4，降低时间步长，保证计算的可靠性。

其他计算参数默认即可。

6.8.3 计算结果及后处理

由于模型定义了材料失效模型，当单元应变达到0.7时，发生单元删除，删除的单元会自动转化为SPH粒子，并且与其他单元一样继续保存作用状态。在Workbench后处理中无法显示转化的粒子，可以在LS-PrePost软件中打开查看失效单元转化情况，如图6-60所示。

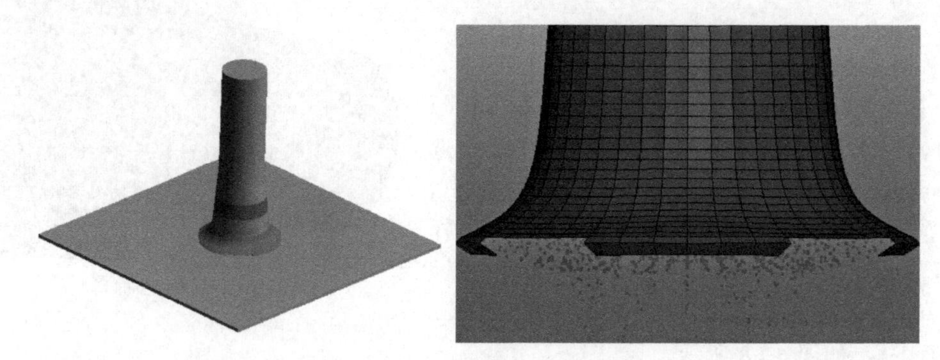

图6-60 LAR-SPH计算结果

6.9 泰勒杆碰撞热力耦合方法

6.9.1 材料、几何处理

复制6.4节的1/4 3D拉格朗日模型。

(1) 材料参数

为定义材料热力学参数，在【Engineering Data】材料模块中，点击“CU”铜材料，在左侧工具栏中添加各向同性热导率【Isotropic Thermal Conductivity】和定压比热容【Specific Heat Constant Pressure CQ】参数。设置【Isotropic Thermal Conductivity】为109W/(M·K)，设置【Specific Heat Constant Pressure CQ】为390J/(kg·K)。

(2) 几何参数设置

由于是复制模型，几何参数不变。

6.9.2 Model中前处理

进入【Model】中，其他设置不变，确认泰勒杆为“CU”铜材料。

在【Analysis Settings】中进行热力耦合设置，在明细中设置【Solver Type】为Coupled Structural Thermal Analysis，即设置计算方式为热-结构耦合计算。在【Thermal Step Controls】中设置初始时间步长为1E－09s、最小时间步长为1E－10s和最大时间步长为1E－08s，其余参数默认，如图6-61所示。

6.9.3 计算结果及后处理

由于模型定义了热力学参数，可以在【Solution】中右击插入【User Defined Result】，

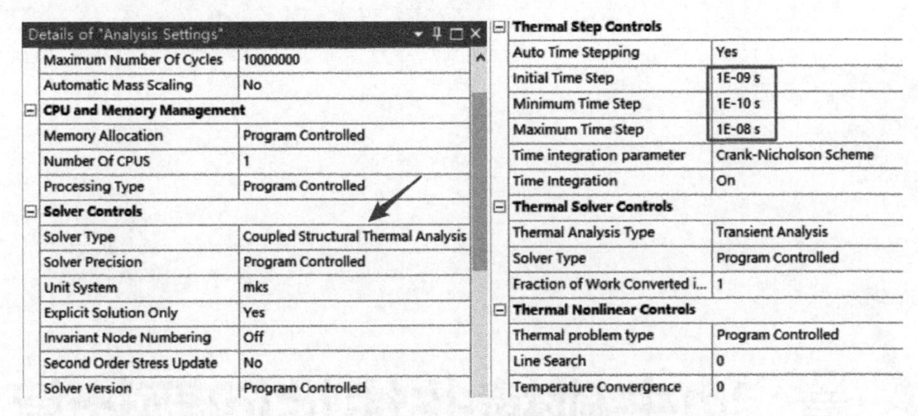

图 6-61 Analysis Setting 中热力耦合设置

设置【Expression】为 Temp。可以看到泰勒杆冲击碰撞处发生较大的温升，部分区域温度达到 300℃以上，如图 6-62 所示。

图 6-62 热力耦合计算结果

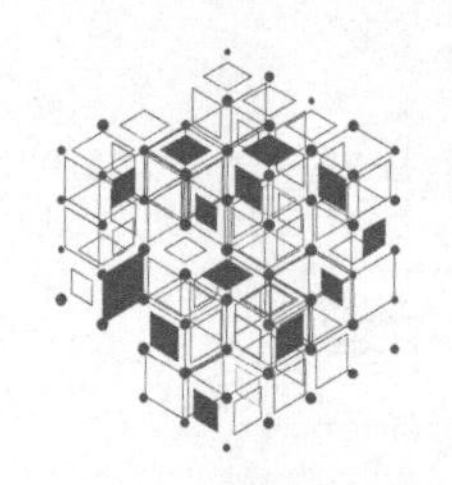

第7章 冲击碰撞非线性问题计算

7.1 子弹侵彻靶板

构建子弹侵彻靶板模型，模型如图 7-1 所示，子弹材料为钢，形状为卵形，速度为 800m/s，靶板材料为铝合金，厚度为 8mm。

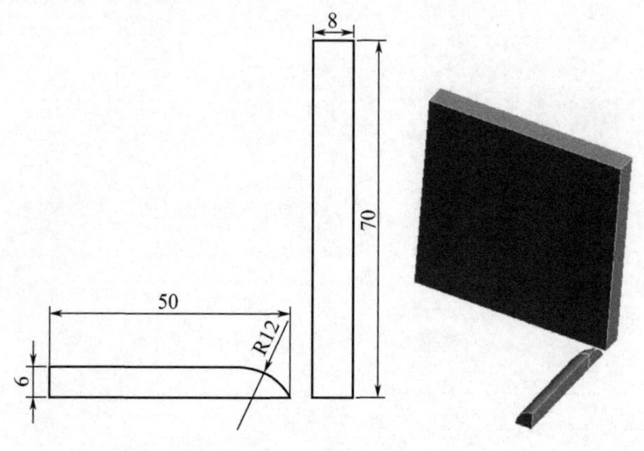

图 7-1 子弹侵彻靶板计算模型（单位：mm）

7.1.1 材料、几何处理

(1) 模块选择

加载 LS-DYNA 模块。

(2) 材料模型

双击【Engineering Data】，进入材料编辑。加载【Explicit Dynamics】材料库中的AL2024T351和STEEL S-7材料，材料参数如图7-2所示。

Properties of Outline Row 3: AL2024T351

	A	B	C
1	Property	Value	Unit
2	Material Field Variables	Table	
3	Density	2785	kg m^-3
4	Specific Heat Constant Pressure, C_p	875	J kg^-1 C^-1
5	Johnson Cook Strength		
6	Strain Rate Correction	First-Order	
7	Initial Yield Stress	2.65E+08	Pa
8	Hardening Constant	4.26E+08	Pa
9	Hardening Exponent	0.34	
10	Strain Rate Constant	0.015	
11	Thermal Softening Exponent	1	
12	Melting Temperature	501.85	C
13	Reference Strain Rate (/sec)	1	
14	Shear Modulus	2.76E+10	Pa
15	Shock EOS Linear		
16	Gruneisen Coefficient	2	
17	Parameter C1	5328	m s^-1
18	Parameter S1	1.338	
19	Parameter Quadratic S2	0	s m^-1
20	Principal Strain Failure		
21	Maximum Principal Strain	0.75	
22	Maximum Shear Strain	1E+20	

Properties of Outline Row 5: STEEL S-7

	A	B	C
1	Property	Value	Unit
2	Material Field Variables	Table	
3	Density	7750	kg m^-3
4	Specific Heat Constant Pressure, C_p	477	J kg^-1 C^-1
5	Johnson Cook Strength		
6	Strain Rate Correction	First-Order	
7	Initial Yield Stress	1.539E+09	Pa
8	Hardening Constant	4.77E+08	Pa
9	Hardening Exponent	0.18	
10	Strain Rate Constant	0.012	
11	Thermal Softening Exponent	1	
12	Melting Temperature	1489.9	C
13	Reference Strain Rate (/sec)	1	
14	Shear Modulus	8.18E+10	Pa
15	Shock EOS Linear		
16	Gruneisen Coefficient	2.17	
17	Parameter C1	4569	m s^-1
18	Parameter S1	1.49	
19	Parameter Quadratic S2	0	s m^-1
20	Principal Strain Failure		
21	Maximum Principal Strain	0.75	
22	Maximum Shear Strain	1E+20	

图7-2 材料参数加载

(3) 几何模型

在【XYPlane】中插入草图Sketch1，以Y轴为对称轴，构建子弹草图。设置【H1】=6mm，【R2】=12mm，【V3】=50mm。在【XYPlane】中插入草图Sketch2，以Y轴为对称轴，构建靶板草图，设置【H4】=70mm，【V5】=8mm，【V6】=2mm，如图7-3所示。

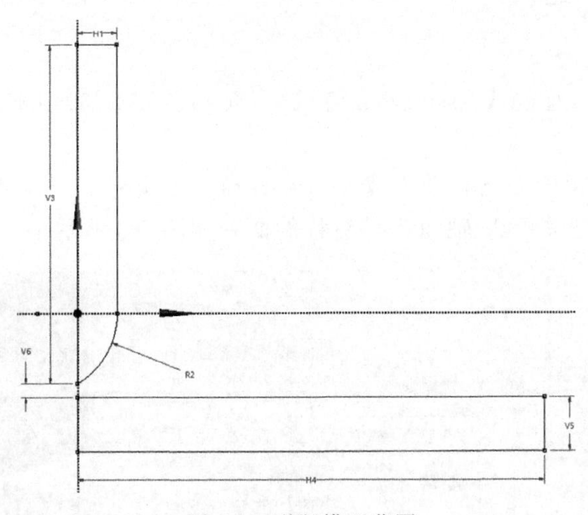

图7-3 弹靶模型草图

选择快捷工具栏【Revolve】，选择Sketch1，设置【Direction】为Y轴，【FD1，Angle】为90°，其他默认，点击【Generate】生成子弹的1/4模型。选择快捷工具栏【Extrude】，选择Sketch2，设置【Direction】为Z轴正方向，【FD1，Depth】为70mm，点击【Generate】生成靶板模型。

通过【Create】→【Slice】，设置【Slice Type】为Slice By Plane，【Base Plane】为ZX-Plane，点击【Generate】对子弹进行分割。

选择子弹的弹头和弹尾 Part，右击选择【Form New Part】，如图 7-4 所示，建模完成后的弹靶几何模型如图 7-5 所示。

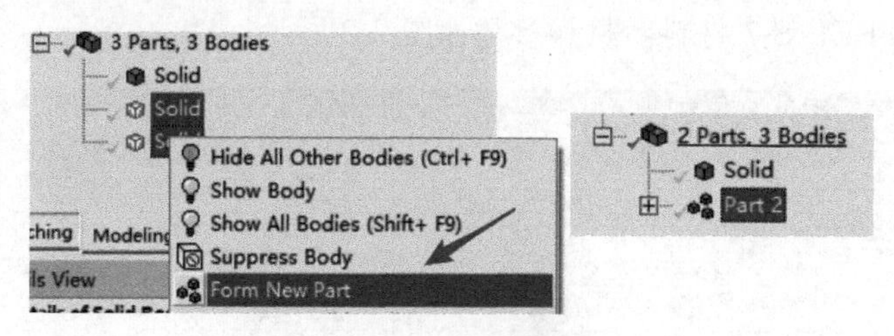

图 7-4 共节点操作

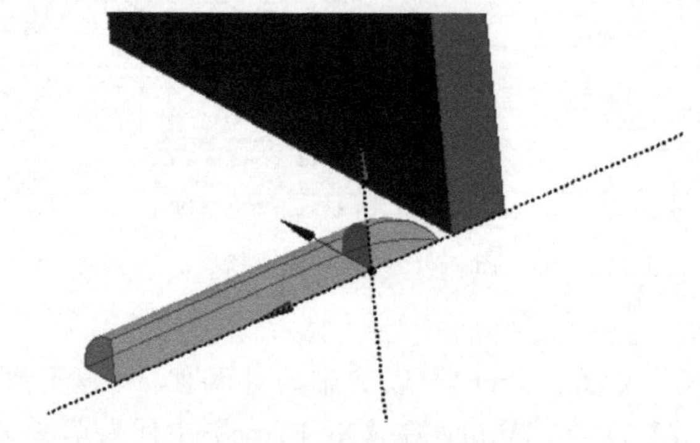

图 7-5 弹靶几何模型

7.1.2 Model 中前处理

(1) 基本条件

选择对应的 part，通过【Assignment】赋予靶板为 AL2024T351 材料，弹头和弹尾 Part 为 STEEL S-7 钢。

在【Model】模型树中右击，插入【Symmetry】，在【Symmetry】中插入【Symmetry Region】，选择弹靶模型关于 X 轴和 Z 轴对称的面，如图 7-6 所示。

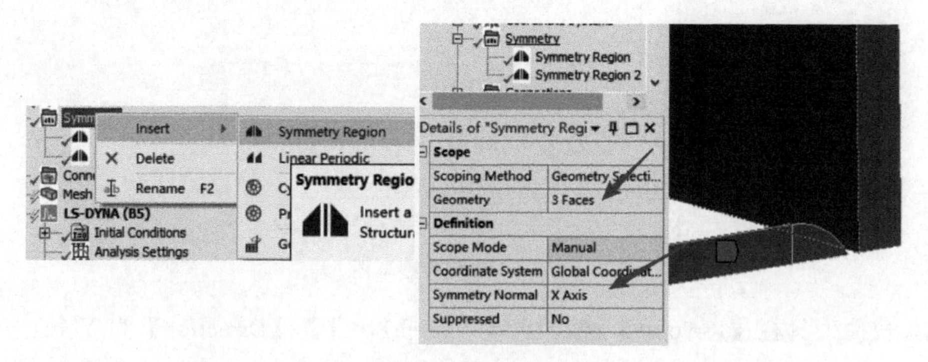

图 7-6 对称性设置

在【Connections】中右击选择插入【Manual Contact Region】，选择【Contact】为子弹弹头和弹尾，选择【Target】为靶板，修改【Type】为 Frictionless，如图 7-7 所示。

(2) 网格划分

在【Mesh】模型树中，设置【Element Size】为 0.001m，右击插入【Method】，设置

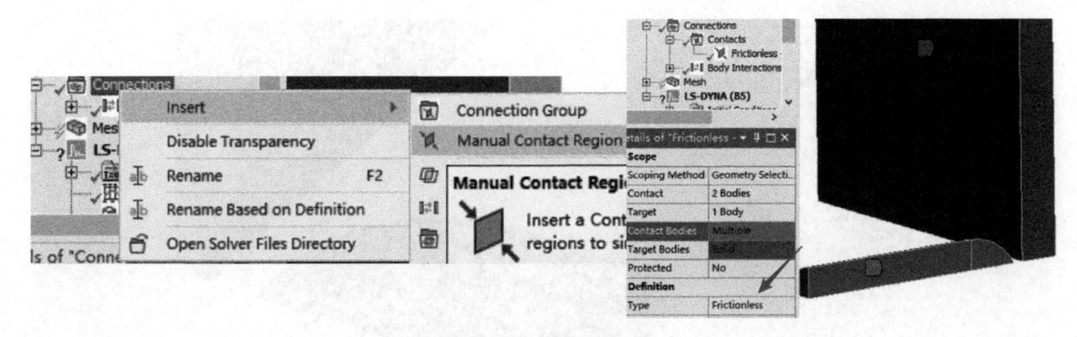

图 7-7　接触设置

【Type】为 MultiZone，选择弹头和弹尾 Part，右击插入【Face Meshing】，选择子弹所有表面。

选择靶板的边线，右击插入【Size】，设置【Bias Option】为 Bias Factor，设置【Bias Type】为- - ——，采用向一边汇聚的形式，设置【Bias Factor】为 3.0，其余参数默认。依次选择靶板的其他边线，进行 Bias 设置，确认所有的网格向中心汇聚，如图 7-8 所示。右击【Generate Mesh】生成计算网格文件，如图 7-9 所示。

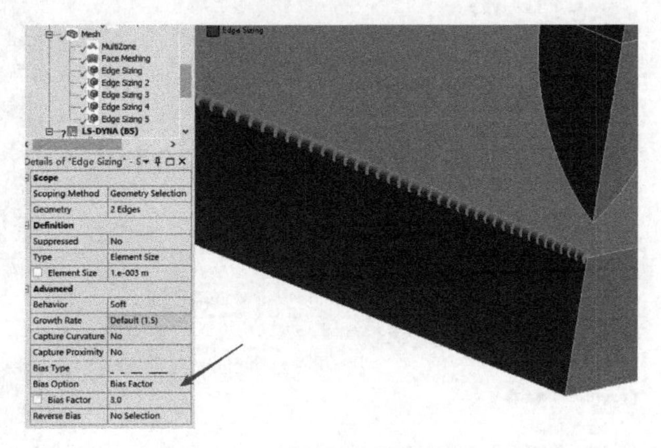

图 7-8　计算网格渐变划分

图 7-9　计算网格文件

(3) 计算条件

在【Initial Conditions】中右击，插入【Velocity】，选择弹头和弹尾模型，设置子弹的速度为 800m/s，沿着弹轴矢量方向，如图 7-10 所示。

右击插入【Fixd Support】，选择靶板的两个表面，进行固定。

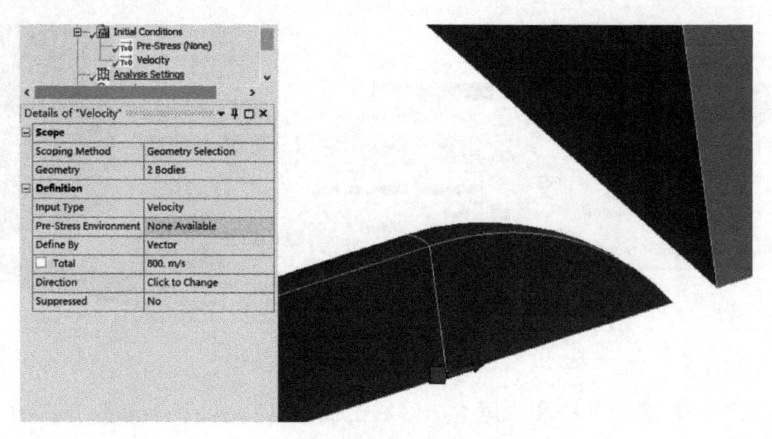

图 7-10　初始速度条件施加

右击插入【Contact Properties】，设置【Contact】为 Frictionless-Multiple To Solid，修改【Type】为 Eroding，如图 7-11 所示。

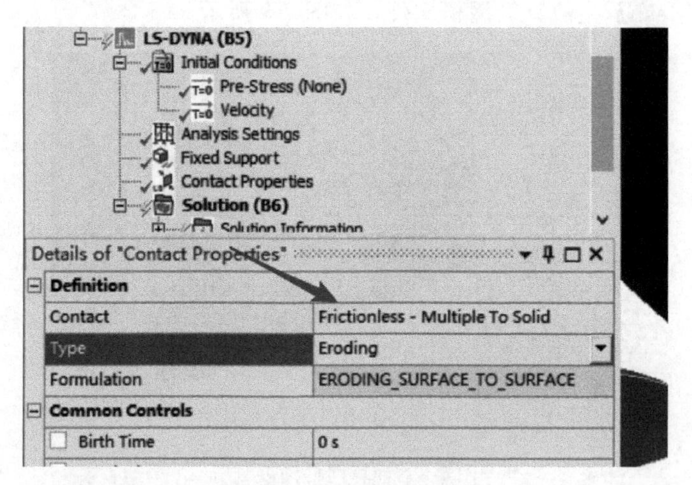

图 7-11　侵蚀接触设置

在【Analysis Setting】中设置【End Time】为 0.0001s，设置【Unit System】为 mks，其他参数采用默认设置。

7.1.3　计算结果及后处理

计算完成后，在【Solution】中右击插入【Total Deformation】查看总体变形情况，插入【Equivalent Stress】查看应力情况，如图 7-12 所示。

计算生成的关键字和结果文件可以通过在 Solution 模型树中右击选择【Open Solver Files Directory】，打开 input.k 文件查看，如图 7-13 所示。一般情况下，Workbench 会自动生成很多非必要的关键字，但是一般情况下都是采用默认设置，不会对计算结果有影响，如果有特殊需要，可以手动修改后通过 LS-RUN 重新提交计算。

核心关键字如下（此处的单位制为 mks，与 Analysis Settings 中的单位制设置相同）：

图 7-12　子弹侵彻靶板计算结果

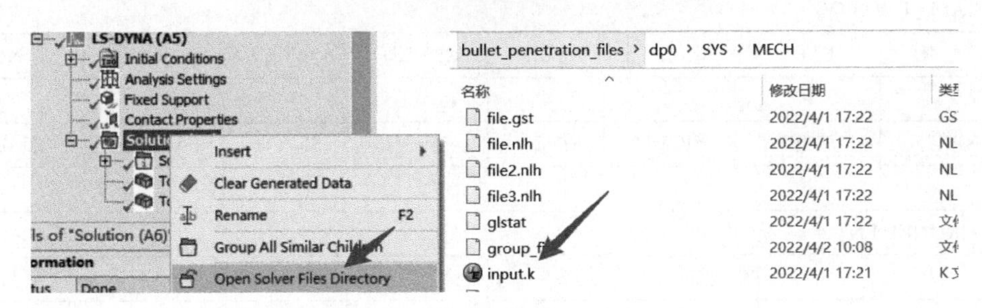

图 7-13　K 文件打开与查找

$AL2024T351 材料参数							
*MAT_JOHNSON_COOK							
$　ID	RO	G	E	PR	DTF	VP	RATEOP
1	2785	2.76E+10	0	0	0	0	0
$　A	B	N	C	M	TM	TR	EPSO
265000000	426000000	0.34	0.015	1	501.85	22	1
$　CP	PC	SPALL	IT	D1	D2	D3	D4
875	0	0	0	0	0	0	0
$　D5	C2P						UNUSED
0	0						
*MAT_ADD_EROSION							
$　ID	EXCL	MXPRES	MNEPS	EFFEPS	VOLEPS	NUMFIP	NCS
1	0	0	0	0	0	0	0
$　MNPRES	SIGP1	SIGVM	MXEPS	EPSSH	SIGTH	IMPULSE	FAILTM
0	0	0	0.75	1.00E+20	0	0	0
*EOS_GRUNEISEN							
$　ID	C	S1	S2	S3	GAMAO	A	E0
1	5328	1.338	0	0	2	0	0
$　V0							UNUSED1
0							

$ STEEL S-7 材料参数
*MAT_JOHNSON_COOK

$ ID	RO	G	E	PR	DTF	VP	RATEOP
2	7750	8.18E+10	0	0	0	0	0
$ A	B	N	C	M	TM	TR	EPSO
1.54E+09	477000000	0.18	0.012	1	1489.85	22	1
$ CP	PC	SPALL	IT	D1	D2	D3	D4
477	0	0	0	0	0	0	0
$ D5	C2P						UNUSED
0	0						

*MAT_ADD_EROSION

$ ID	EXCL	MXPRES	MNEPS	EFFEPS	VOLEPS	NUMFIP	NCS
2	0	0	0	0	0	0	0
$ MNPRES	SIGP1	SIGVM	MXEPS	EPSSH	SIGTH	IMPULSE	FAILTM
0	0	0	0.75	1.00E+20	0	0	0

*EOS_GRUNEISEN

$	ID	C	S1	S2	S3	GAMAO	A	E0
2		4569	1.49	0	0	2.17	0	0
$	V0							UNUSED1
0								

$ X 轴对称：
*BOUNDARY_SPC_SET

$ NSID	CID	DOFX	DOFY	DOFZ	DOFRX	DOFRY	DOFRZ
1	0	1	0	0	0	1	1

$ Z 轴对称：
*BOUNDARY_SPC_SET

$ NSID	CID	DOFX	DOFY	DOFZ	DOFRX	DOFRY	DOFRZ
2	0	0	0	1	1	1	0

$ 初始速度条件关键字：
*INITIAL_VELOCITY_GENERATION

$ SID	STYP	OMEGA	VX	VY	VZ	IVATN	ICID
2	2	0	0	−800	0	0	31
$ XC	YC	ZC	NX	NY	NZ	PHASE	UNUSED2
0	0	0	0	0	0	0	0

$固定边界关键字： *BOUNDARY_SPC_SET							
NSID	CID	DOFX	DOFY	DOFZ	DOFRX	DOFRY	DOFRZ
3	0	1	1	1	1	1	1

$侵蚀接触关键字： *CONTACT_ERODING_SURFACE_TO_SURFACE_ID							
$ ID							HEADING
100							
$ SSID	MSID	SSTYP	MSTYP	SBOXID	MBOXID	SPR	MPR
1	2	2	2	0	0	1	1
$ FS	FD	DC	VC	VDC	PENCHK	BT	DT
0	0	0	0	10	0	0	0
$ SFS	SFM	SST	MST	SFST	SFMT	FSF	VSF
0	0	0	0	0	0	0	0
$ ISYM	EROSOP	IADJ					UNUSED1
0	0	0					
$ SOFT	SOFTSCL	LCIDAB	MAXPAR	SBOPT	DEPTH	BSORT	FRCFRQ
2	0.1	0	0	3	5	0	0
$ PENMAX	TKHOPT	SHLTHK	SNLOG	ISYM	I2D3D	SLDTHK	SLDSTF
0	0	0	0	0	0	0	0

7.1.4 绑定接触法计算

复制上述 LS-DYNA 计算模块，在【Geometry】中再次选择子弹头部和尾部组成 Part 模型，右击【Explode Part】，形成分开模型，如图 7-14 所示。

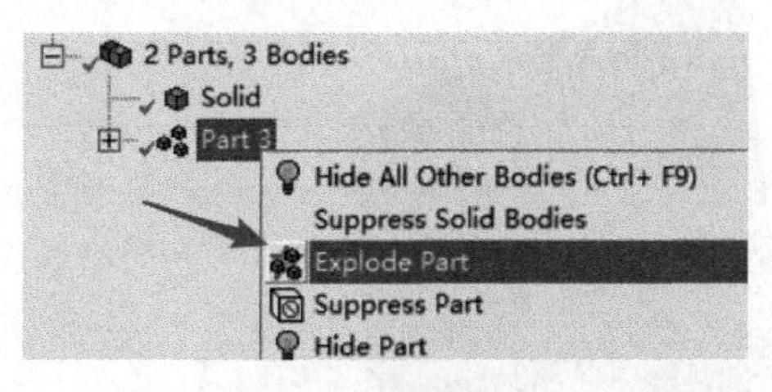

图 7-14 模型分离

双击 Model，在【Contact】中会自动添加绑定接触。如果未添加，在【Connections】中右击插入【Manual Contact】，在明细中，选择【Contact】为弹头与弹尾连接面，选择【Target】为弹尾与弹头连接面，设置【Type】为 Bonded，即设置弹头面与弹尾面的绑定接触，如图 7-15 所示。

确定对称面、【Frictionless】接触、【Contact Properties】中的侵蚀接触设置。

在【Mesh】模型树中，选择子弹所有表面插入【Face Meshing】，其他网格划分参数选择默认设置。网格划分完成，如图 7-16 所示，此处弹头和弹尾网格未共节点。

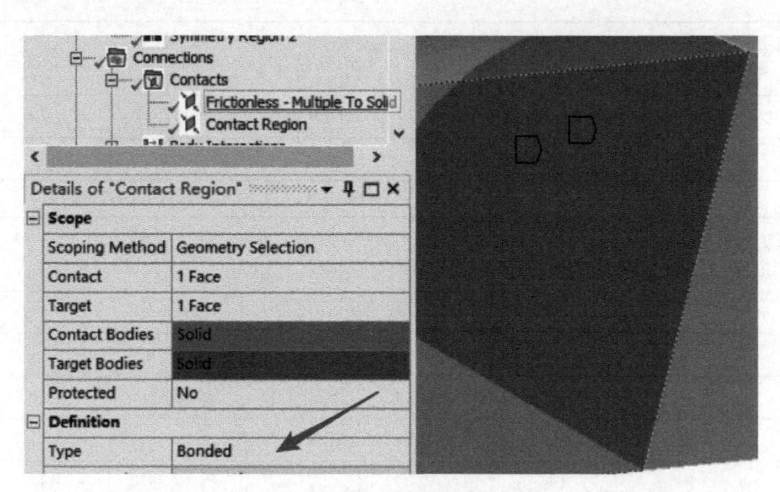

图 7-15 弹头与弹尾绑定接触

图 7-16 弹头和弹尾网格划分

其他计算条件一致，点击【Solve】提交。计算完成后，查看其计算的结果可以发现，基本同其节点结果一致，如图 7-17 所示。

图 7-17 绑定接触后的弹靶计算结果

核心关键字如下：

$绑定接触面关键字： * CONTACT_TIED_SURFACE_TO_SURFACE_OFFSET_ID							
$ ID							HEADING
140							
$ SSID	MSID	SSTYP	MSTYP	SBOXID	MBOXID	SPR	MPR
3	4	0	0	0	0	1	1
$ FS	FD	DC	VC	VDC	PENCHK	BT	DT
0	0	0	0	10	0	0	0
$ SFS	SFM	SST	MST	SFST	SFMT	FSF	VSF
0	0	−1.67E−07	−1.67E−07	0	0	0	0
$ SOFT	SOFTSCL	LCIDAB	MAXPAR	SBOPT	DEPTH	BSORT	FRCFRQ
0	0	0	0	3	5	0	0
$ PENMAX	TKHOPT	SHLTHK	SNLOG	ISYM	I2D3D	SLDTHK	SLDSTF
0	0	0	0	0	0	0	0

7.1.5 整体模型法计算

复制上述【LS-DYNA】计算模块，在【Geometry】中选择【Revolve】，选择子弹草图Sketch1，设置选择角度为90°，选择【Operation】为Add Frozon，点击【Generate】生成子弹全模型。

通过【Tools】→【FaceSlipt】进行刻面。选择【Target Face】为子弹*YZ*对称面，选择【Tool Geometry】为子弹圆弧边线，如图7-18所示。点击【Generate】可生成边线模型，再次在*XZ*面进行同样设置，刻面完成后如图7-19所示。

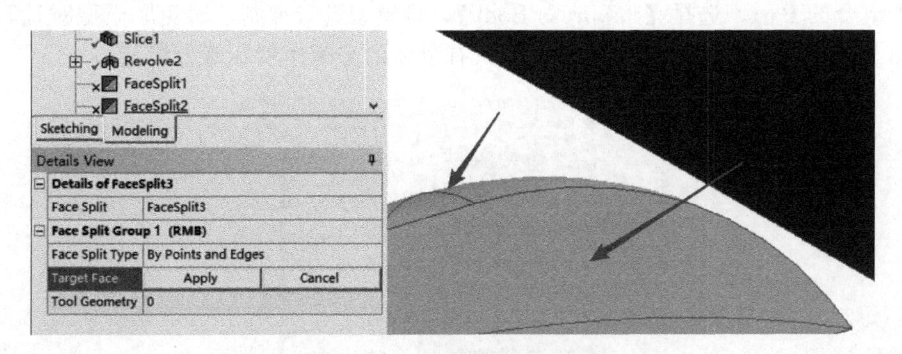

图7-18 对整体子弹模型刻面

注： 刻面是为了方便几何模型的网格划分。如果不刻面，在Wokrbench Mesh模块中无法划分全六面体网格。在选择【Tool Geometry】时，默认是点选择器，需要通过快捷工具栏，切换到线选择器。本例中，采用外部整体网格划分然后导入也可以进行同样的计算。

双击进入【Model】模块，通过【Assignment】赋予新设置的整体为STEEL S-7材料，确认靶板为AL2024T351材料。

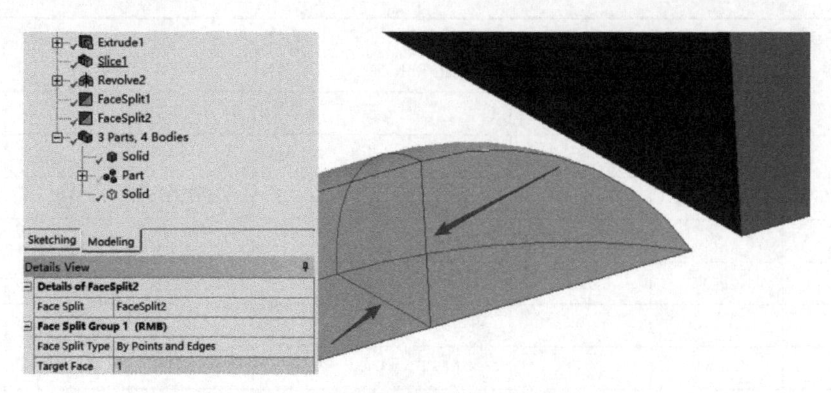

图 7-19　子弹刻面后的几何模型

在【Mesh】模型树中，选择全弹丸体模型，通过右击插入【Method】，修改【Type】为 MultiZone，再次插入【Face Meshing】，选择全弹丸的所有面，点击【Generate Mesh】可生成网格，如图 7-20 所示。

图 7-20　全模型弹靶模型网格

右击组合的 Part，选择【Suppress Body】，将模型进行抑制，避免原模型对计算造成干扰，如图 7-21 所示。确认整体计算模型中只有整体的子弹模型和靶板模型。

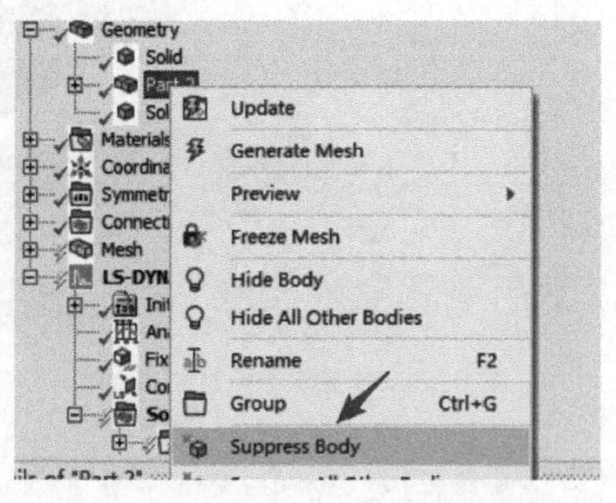

图 7-21　抑制原弹头和弹尾模型

重新修改对称面为整体子弹的对称面，重新修改【Frictionless】接触为整体子弹与靶板，修改子弹速度为整体子弹模型，修改【Contact Properties】为重新定义的 Frictionless 接触。其他默认，点击【Solve】即可提交计算。

采用整体模型计算后的结果如图 7-22 所示。

图 7-22 整体模型计算结果

将共节点模型、绑定接触模型和整体模型进行比较，三种计算模型计算的剩余速度基本相差不大，但是采用绑定接触的模型，其数据抖动较大，如图 7-23 所示。

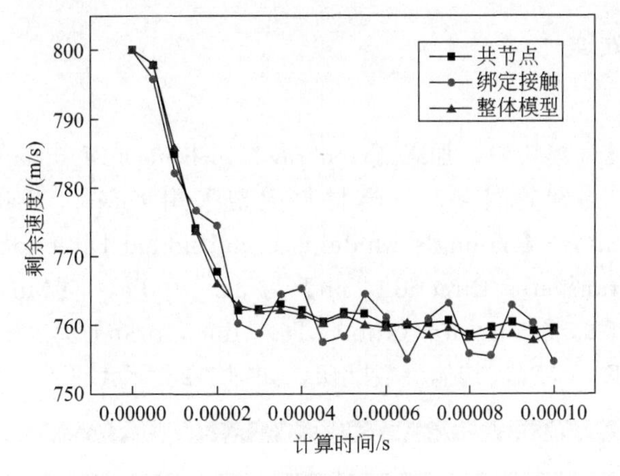

图 7-23 三种计算模型比较

进一步，由于绑定接触计算条件下，子弹在侵彻后整体性较好，所以三种方式计算的结果差距不大；当子弹模型发生较大变形，或者发生破碎时，如图 7-24 所示，计算结果会有较大的不同。此时，建议采用整体模型，不推荐采用绑定接触或者共节点模型。

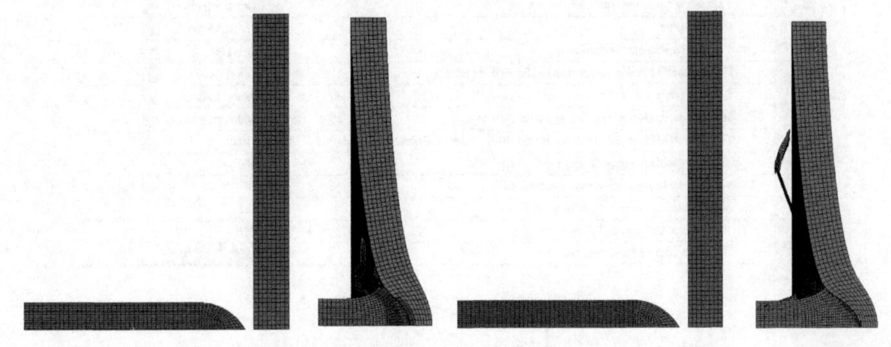

图 7-24 子弹破碎条件下的整体模型与绑定节点模型

7.2 圆管对气囊的冲击作用

构建圆管对气囊的冲击作用分析，圆管速度为 5m/s。其中，圆管为钢材料，长度为 300mm，半径为 30mm，壁厚为 1mm；气囊材料为复合材料，长宽为 300mm，厚度为 0.2mm，如图 7-25 所示。

图 7-25 计算模型

7.2.1 材料、几何处理

(1) 材料模型

在 Engineering Data 模块中，加载【General Non-Linear Materials】材料库中的 Structural Steel NL 材料作为钢管材料。气囊材料模型采用 * Mat _ Fabric 材料模型，设置【Density】为 900kg/m^3，【Young's Modulus-Longitudinal Direction，ea】为 3E+08Pa，【Young's Modulus-Transverse Direction，eb】为 3E+08Pa，【Minor Poisson's Ratio ba Direction，prba】为 0.3，【Poisson's Ratio ca Direction，prab】为 0.3，【Shear Modulus ab Direction，gab】为 4E+07Pa，其他参数默认，如图 7-26 所示。

2	Material
3	airbag
4	Structural Steel

Properties of Outline Row 3: airbag

	A	B	
1	Property	Value	
2	Material Field Variables	Table	
3	Density	900	kg m^-3
4	*MAT_FABRIC		
5	Calculation Option of Initial area	Use the Initia...	
6	Material Axes	Locally ortho...	
7	Compressive Stress Elimination	Don't Elimina...	
8	Flag to Modify Membrane Formulation for Fabric Material	Least Costly ...	
9	Fabric Venting	Wang-Nefske...	
10	Initial Stress by Reference Geometry for FORM=12	Not Active	
11	Flag to turn off Compression in Liner Until the Reference Geometry is Reached	Off	
12	Young's Modulus - Longitudinal Direction, ea	3E+08	Pa
13	Young's Modulus - Transverse Direction, eb	3E+08	Pa
14	Minor Poisson's Ratio ba Direction, prba	0.3	
15	Major Poisson's Ratio ca Direction, prab	0.3	
16	Shear Modulus ab Direction, gab	4E+07	Pa

图 7-26 气囊材料模型

(2) 几何模型

在【Geometry】中选择【Design Modeler】进行几何建模。

创建气囊模型：通过【Create】→【Primitives】→【Box】，设置【FD3】为－150mm，【FD4】为－150mm，【FD5】为0mm，【FD6】、【FD7】为300mm，【FD8】为1mm，点击【Generate】生成长宽300mm、高1mm的矩形体。通过快捷工具栏的【Thin】，选择气囊体，设置【Selection Type】为Bodied Only，【Direction】为Inward，【FD1，Thickness】为0mm，【FD2，Face Offset】为0mm，点击【Generate】生成气囊抽壳模型，选择所有气囊的边线。通过快捷工具栏的【Fblend】，设置【FD1，Radius】为0.5mm，点击【Generate】生成半径0.5mm的倒角，如图7-27所示。

Details of Thin1	
Thin/Surface	Thin1
Selection Type	Bodies Only
Geometry	1 Body
Direction	Inward
FD1, Thickness (>=0)	0 mm
FD2, Face Offset (>=0)	0 mm
Preserve Bodies?	No

图7-27　气囊几何模型

创建圆管模型：通过【Create】→【Primitives】→【Cylinder】，设置【FD3】为100mm，【FD4】为0mm，【FD5】为－150mm，【FD8】为300mm，【FD10】为30mm，【As Thin/Surface】为Yes，【FD1，Inner Thickness】为1mm，【FD2，Outer Thickness】为0mm，其他参数默认，点击【Generate】生成厚度为1mm的圆管实体模型。通过【Tools】→【Mid-Surface】，点击圆管内外表面，点击【Generate】对模型抽中间面，生成圆管壳模型，如图7-28所示。

图7-28　计算几何模型

7.2.2 Model中前处理

(1) 基本条件

选择气囊Body，设置【Thickness】为0.0002m，通过【Assignment】设置材料为Airbag。选择圆管，通过【Assignment】设置材料为Structural Steel NL。

接触及其他参数默认。

(2) 网格划分

在【Mesh】模型树，设置【Element Size】为0.005m，右击【Generate Mesh】生成网格模型，如图7-29所示。

(3) 计算条件

在【Initial Conditions】中右击，选择【Velocity】，选择圆管体模型，设置【Define By】为Components，设置【Z Component】为－5m/s。

点击【LS-DYNA】模型树，右击插入【Rigid Wall】，选择气囊的下表面，选择【Coordinate System】为模型的Global Coordinate System，如图7-30所示。

图 7-29　计算网格模型

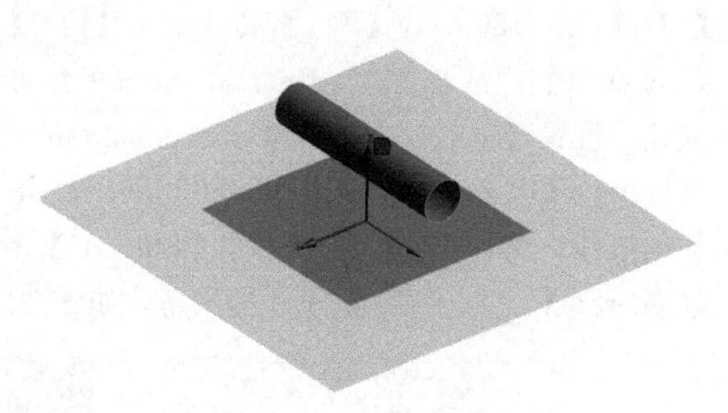

图 7-30　刚性面设置

在【Analysis Settings】中设置【End Time】为 0.02s，设置【Unit System】为 mks，其他参数默认。

点击【LS-DYNA】模型树，右击插入【Airbag】，选择气囊的所有表面，设置【Formulation】为 Simple Airbag Model，其他参数默认，在【Imput Mass Flow Rate】中设置气体生成速率，气体生成速率如表 7-1 所示，气囊设置如图 7-31 所示。

表 7-1　气体生成速率

时间/s	气体产生速率/(kg/s)
0	0
0.001	0.5
0.02	0.5

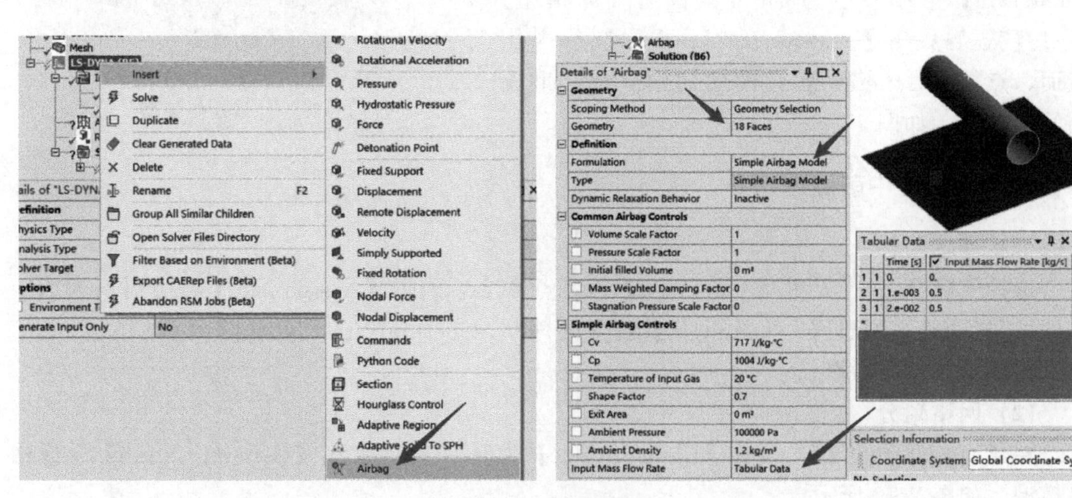

图 7-31　气囊设置

设置完成后，在菜单栏点击【Solve】提交计算。

7.2.3　计算结果及后处理

点击【Solution】，右击插入【Total Deformation】，查看不同时刻气囊膨胀的计算结果，如图 7-32 所示。

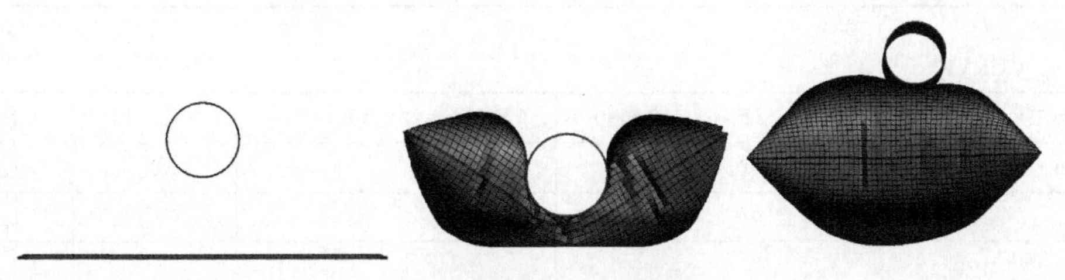

图 7-32 不同时刻气囊计算结果

核心关键字如下：

$气囊材料参数
*MAT_FABRIC

$ ID	RO	EA	EB		PRBA	PRAB	
1	900	300000000	300000000		0.3	0.3	
$ GAB			CSE	EL	PRL	LRATIO	DAMP
40000000			0	0	0	0	0
$ AOPT	FLC	FAC	ELA	LNRC	FORM	FVOPT	TSRFAC
0	0	0	0	0	0	1	0
$ UNUSED	RGBRTH	A0REF	A1	A2	A3	X0	X1
	0	0	0	0	0	0	0
$ V1	V2	V3				BETA	ISREFG
0	0	0					

$气囊壳单元定义
*SECTION_SHELL

$ ID	ELFORM	SHRF	NIP	PROPT	QR	ICOMP	SETYP
1	2	0.833333	3	0	0	0	0
$ T1	T2	T3	T4	NLOC	MAREA		UNUSED
0.0002	0.0002	0.0002	0.0002	0	0	0	0

$刚性面定义
*RIGIDWALL_PLANAR

$ NSID	NSIDEX	BOXID	OFFSET	BIRTH	DEATH		UNUSED1
2	0	0	0	0	0		
$ XT	YT	ZT	XH	YH	ZH	FRIC	WVEL
0	0	0	0	0	1	0	0

$气囊设置关键字 * DEFINE_CURVE							
$ ID	SIDR	SFA	SFO	OFFA	OFFO	DATTYP	UNUSED1
1	0	0	0	0	0	0	
$	A1		O1				UNUSED1
	0		0				
$	A1		O1				UNUSED1
	0.001		0.5				
$	A1		O1				UNUSED1
	0.02		0.5				
* AIRBAG_SIMPLE_AIRBAG_MODEL							
$ SID	SIDTYP	RBID	VSCA	PSCA	VINI	MWD	SPSF
1	0	0	1	1	0	0	0
$ CV	CP	T	LCID	MU	EXITAREA	PE	RO
717	1004	293.15	1	0.7	0	100000	1.2
$ LOU	TEXT	A	B	MW	GASC		UNUSED1
0	0	0	0	0	0		

7.3 玻璃管跌落

通过 LS-DYNA 中的 Drop-Test 插件快速建立跌落分析模型，如图 7-33 所示，其中玻璃管的长度为 100mm、半径为 20mm、厚度为 3mm，跌落的高度为 5m。

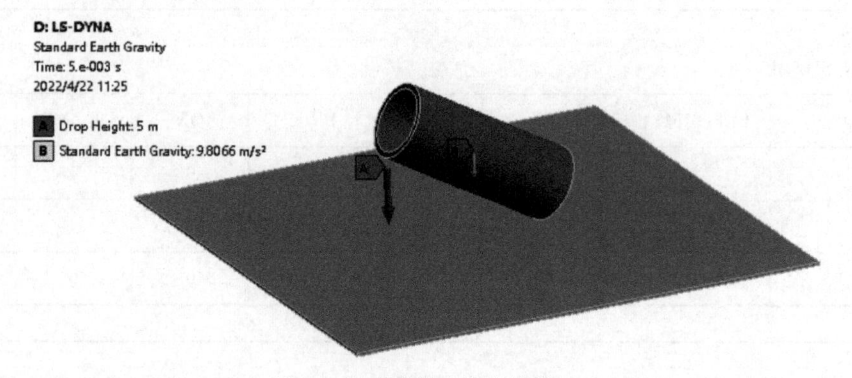

图 7-33 玻璃管跌落计算模型

7.3.1 材料、几何处理

(1) 模块选择

加载 LS-DYNA 模块，在 Workbench 主界面菜单栏，确认 MechanicalDropTest（Default）插件已加载（一般条件会默认加载），如图 7-34 所示。

(2) 材料定义

本例中，由于 Engineering Data 模块不支持 HJC 模型的玻璃材料，需要在后续通过插

Extensions Manager

Loaded	Extensions	Type	Version
☐	AdditiveWizard	Binary	2022.1
☐	ANSYSMotion	Binary	2022.1
☐	AqwaLoadMapping	Binary	2022.1
☐	BladeInterference	Binary	2021.2
☐	BoltTools	Binary	2022.1
☐	DED_Process_Extension	Binary	2022.1
☐	EnSight	Binary	2021.2
☑	EnSight Forte	Binary	2021.2
☐	EulerRemapping	Binary	1.0
☑	ExternalStudyImporter	Binary	2021.2
☑	keywordmanager (Default)	Binary	1.0
☑	LST-PrePost (Default)	Binary	2021.1
☑	MechanicalDropTest (Default)	Binary	2.0
☐	MechanicalEmbeddedDesignLife	Binary	2022.1
☐	MotionLoads	Binary	2.2

图 7-34 MechanicalDropTest 插件

入命令添加材料，此处默认为结构钢。

(3) 几何模型

右击【Geometry】选择【Edit Geometry In Design Model】，进入几何编辑中。

通过【Create】→【Primitive】→【Cylinder】，设置【FD8】为 100mm，【FD10】为 20mm，【As Thin Surface】为 Yes，【FD1，Inner Thickness】为 3mm，点击【Generate】生成圆管模型，如图 7-35 所示。

图 7-35 几何模型完成图

注： 此处不需要设置地面模型，Drop Test 插件会自动创建刚性地面，如果地面为软质材料，可以设置一个地面模型，赋予地面模型对应材料。

7.3.2 Model 中前处理

(1) 基本条件

双击进入【Model】。在玻璃管 Body 中右击，插入【Commands】，如图 7-36 所示，设置玻璃管的材料为 * MAT _ JOHNSON _ HOLMQUIST _ CERAMICS。

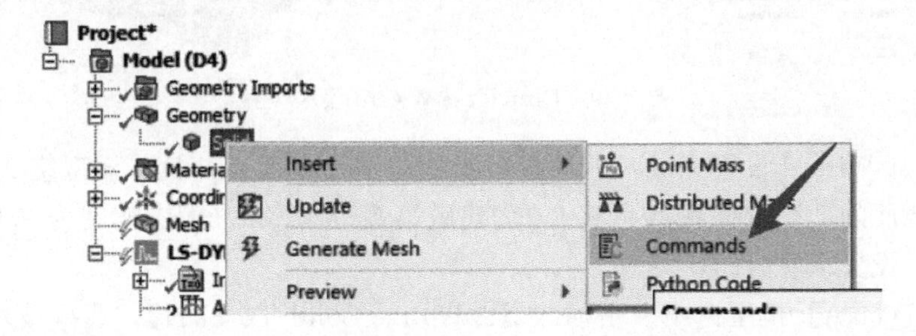

图 7-36 玻璃材料插入 Commands 命令定义

核心关键字如下：

*MAT_JOHNSON_HOLMQUIST_CERAMICS							
$# MID	RO	G	A	B	C	M	N
1	2530	3.04E+10	0.93	0.088	0.003	0.35	0.77
$# EPSI	T	SFMAX	HEL	PHEL	BETA		
1	1.50E+08	0.5	5.95E+09	2.92E+09	1		
$# D1	D2	K1	K2	K3	FS		
0.053	0.85	4.54E+10	−1.38E+11	2.90E+11	0.1		

(2) 网格划分

在【Mesh】模型树中右击，插入【Face Meshing】，选择玻璃管所有面。再次插入【Sizing】，选择玻璃管体模型，设置网格大小为0.0005m，网格划分完成后如图7-37所示。

图7-37 网格划分模型

(3) 计算条件

点击【LS-DYNA】模型树，在菜单栏【Environment】中选择【Drop Test Wizard】模块，点击启动，如图7-38所示。

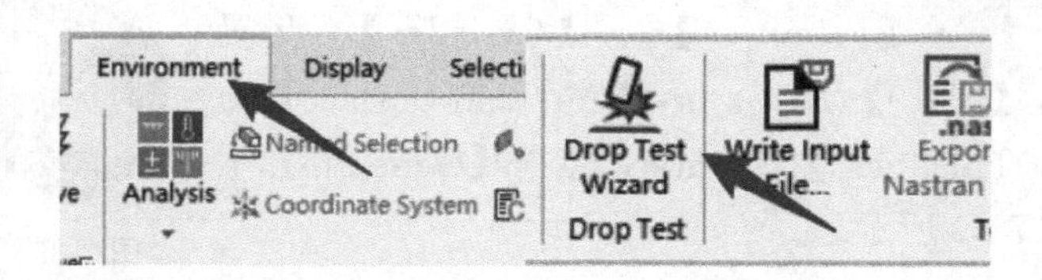

图7-38 Drop Test Wizard模块启动

设置【Drop Rotation (X)】为30deg，【Drop Height】为5m，其他参数默认，点击【Next】。设置【Frictional Behavior】为Frictional，【Friction Coefficient】为0.1，【Dynamic Coefficient】为0.1，点击【Finish】完成跌落计算模型构建，如图7-39所示。

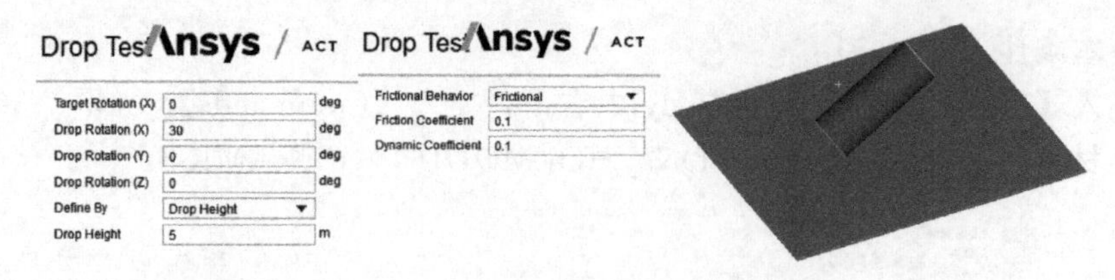

图7-39 Drop Test Wizard模块设置

Drop Test Wizard设置完成，软件会自动创建刚性地面，并且将模型绕 X 轴旋转30°，设置模型与地面的动静摩擦系数为0.1，创建跌落高度为5m（撞击速度为9.9m/s），创建重力加速度，设置求解时间，等等。

在【LS-DYNA】模型树中右击插入【Adaptive Solid To SPH】，选择玻璃管模型，其他参数默认。

在【Analysis Settings】中修改【End Time】为0.005s，修改【Unit System】为mks。

其他参数默认。

在菜单栏选择【Solve】，提交计算。

7.3.3 计算结果及后处理

计算完成后，在【Solution】中插入【Total Deformation】查看总体变形情况，后处理显示结果如图 7-40 所示。

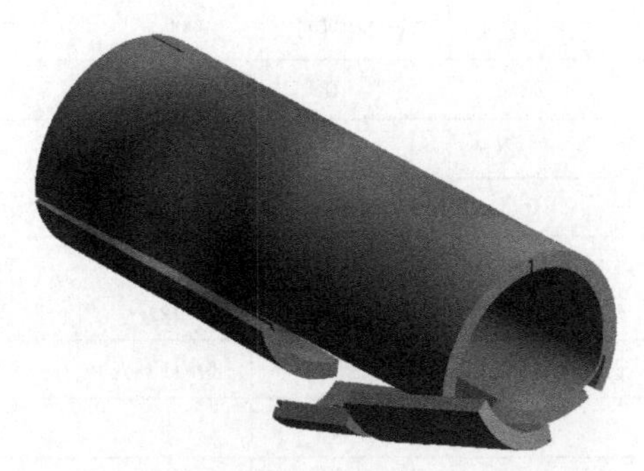

图 7-40 Workbench 后处理显示结果

通过 LS-PrePost 软件打开 D3plot 计算结果文件，可以看到结构发生破碎，破碎删除单元转化为 SPH 粒子，如图 7-41 所示。

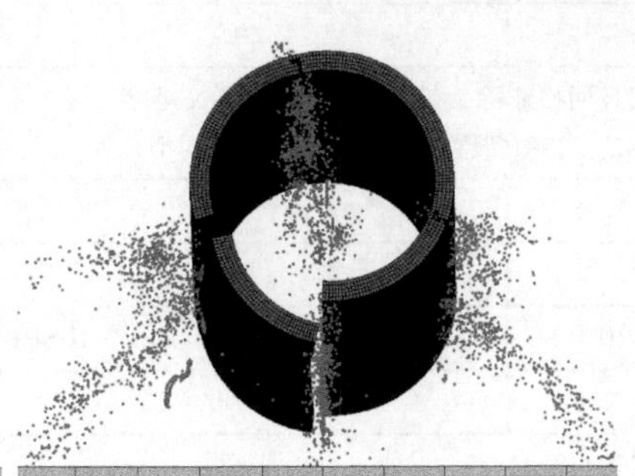

图 7-41 LS-PrePost 后处理显示结果

核心关键字如下：

$ 重力加速度加载曲线
* DEFINE_CURVE

$ ID	SIDR	SFA	SFO	OFFA	OFFO	DATTYP	UNUSED1
3	0	0	0	0	0	0	
$	A1		O1				UNUSED1
	0		9.80665				
$	A1		O1				UNUSED1
	0.00085		9.80665				
$	A1		O1				UNUSED1
	0.005		9.80665				
$	A1		O1				UNUSED1
	0.05		9.80665				

$ 重力加速度加载
* LOAD_BODY_Y

$ LCID	SF	LCIDDR	XC	YC	ZC	CID	UNUSED1
3	1	0	0	0	0	23	

$ 全局坐标系
* DEFINE_COORDINATE_SYSTEM

$ ID	XO	YO	ZO	XL	YL	ZL	UNUSED1

$全局坐标系 * DEFINE_COORDINATE_SYSTEM							
23	0	0	0	1	0	0	
$ XP	YP	ZP					UNUSED2
0	1	0					
$跌落速度 * INITIAL_VELOCITY_GENERATION							
$ SID	STYP	OMEGA	VX	VY	VZ	IVATN	ICID
1	2	0	0	－9.903	0	0	23
$ XC	YC	ZC	NX	NY	NZ	PHASE	UNUSED2
0	0	0	0	0	0	0	
$拉格朗日网格删除后转化为SPH网格关键字 * DEFINE_ADAPTIVE_SOLID_TO_SPH_ID							
$ DID							UNUSED
0							0
$ IPID	ITYPE	NQ	IPSPH	ISSPH	ICPL	IOPT	CPCD
1	0	1	3	3	0	0	0
* SECTION_SPH							
$ ID	CSLH	HMIN	HMAX	SPHINI	DEATH	START	UNUSED1
3	1.2	0.2	2	0	0	0	

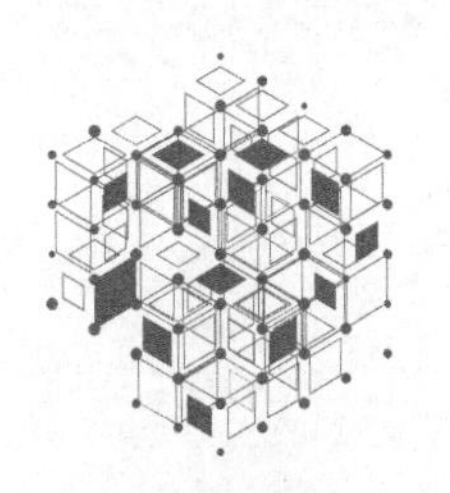

第8章 爆炸非线性问题计算

8.1 WB LS-DYNA中的爆炸计算方法

ANSYS/Workbench 2022支持流固耦合作用，包括炸药、空气、水等常规流体材料和金属、岩土等常见固体材料，其计算流固耦合问题的方式主要有两种：①MMALE多物质耦合方式；②S-ALE+几何映射的方式。

MMALE求解过程中涉及的关键字主要有：

*CONTROL_ALE

*ALE_MULTI-MATERIAL_GROUP

*CONSTRAINED_LAGRANGE_IN_SOLID

*INITIAL_VOLUME_FRACTION_GEOMETRY

……

S-ALE除了上述MMALE中的关键字，其他常用下关键字如下：

*ALE_STRUCTURED_MESH

* ALE_STRUCTURED_FSI

*ALE_STRCUTURED_MESH_CONTROL_POINT

*ALE_STRUCTURED_MESH_VOLUME_FILLING

……

Workbench 2022 R1 DYNA版本支持常见的炸药、空气、水等有关爆炸方面的材料参数。在材料库中可以通过左右侧Toolbox选择并添加材料。在Engineering Data模块中，通过LS-DYNA External Model Mat和LS-DYNA External Model EOS选项查看支持的最新材料。增加支持的关键字如下：

* EOS _ JWL
* EOS _ LINEAR _ POLYNOMIAL
* EOS _ GRUNEISEN
* EOS _ IDEAL _ GAS
* MAT _ HIGH _ EXPLOSIVE _ BURN
* MAT _ NULL

8.1.1 S-ALE 算法介绍

S-ALE 算法同传统 ALE 算法一样，采用相同的输运和界面重构算法。S-ALE 具有如下特点：

① 网格生成更加简单。S-ALE 可以自动生成 ALE 的正交网格，其类似于 Autodyn 中的欧拉网格，只定义矩形欧拉域的起始点和终点坐标，确定三个坐标系上网格数量即可，文件更小，便于修改网格，I/O 处理时间更少（目前 R13 版本已经支持 2D 模型）。

② 需要更少的内存。

③ 计算时间更短，比传统的 ALE 算法减少 1/3 时间。

④ 并行效率高，S-ALE 适合处理大规模 ALE 模型，目前有 SMP、MPP 和 MPP 混合并行计算办法。

⑤ 计算稳健。

S-ALE 作为 LS-DYNA 新增的 ALE 求解器，采用结构化正交网格求解 ALE 问题。S-ALE 可生成多块网格，每块网格可独立求解。不同的网格占据相同的空间区域。

S-ALE 中定义了两种 Part，分别如下：

① 网格 Part，指 S-ALE 网格，由一系列单元和节点组成，没有材料信息，仅仅是一个网格 Part，由 * ALE _ STRUCTURED _ MESH 中的 DPID 定义。

② 材料 Part，S-ALE 网格中流动的多物质材料，不包含任何网格信息，可有多个卡片，每个卡片定义一种多物质（* MAT ＋ * EOS＋HOURGLASS）。其 ID 仅出现在 * ALE _ MULTI-MATERIAL _ GROUP 关键字中，其他对于该 ID 的引用都是错误的。

定义 S-ALE 时，用户只需要定义三个方向的网格间距。通过一个节点定义网格源节点，并制定网格平动；通过另外三个节点定义局部坐标系，并制定网格旋转运动。S-ALE 建模过程有以下三个步骤：

① 网格生成。生成单块网格 Part，由 * ALE _ STRUCTURED _ MESH 关键字卡片生成网格 Part。由 * ALE _ STRCUTURED _ MESH _ CONTROL _ POINT 关键字卡片控制 X、Y 和 Z 方向的网格间距。

② 定义 ALE 多物质。定义 S-ALE 网格中的材料，对于每一种 ALE 材料，定义一个 Part，该 Part 将 * MAT＋ * EOS＋ * HOURGLASS 组合在一起，由此形成材料 Part。然后在 * ALE _ MULTI-MATERIAL _ GROUP 或者 * ALE _ STRUCTURED _ MULTI-MATERIAL _ GROUP 关键字下列出全部的 ALE 多物质 Part。

③ 填充多物质。初始阶段在 S-ALE 网格 Part 中填充多物质材料，通过 * INITIAL _ VOLUME _ FRACTION _ GEOMETRY 或者 * ALE _ STRUCTURED _ MESH _ VOLUME _ FILLING 实现。

LS-PrePost 中的典型 S-ALE 网格形态如图 8-1 所示。

图 8-1 LS-PrePost 典型 S-ALE 网格形态显示

典型的 S-ALE 关键字如下：

(1) * ALE _ STRUCTURED _ MESH

该关键字主要是生成 3D 的 S-ALE 网格。

CARD1	1	2	3	4	5	6	7	8
Variable	MSHID	DPID	NBID	EBID				TDEATH
Type	I	I	I	I				F
Default	0	None	0	0				
CARD2	1	2	3	4	5	6	7	8
Variable	CPIDX	CPIDY	CPIDZ	NID0	LCSID			10^{16}
Type	I	I	I	I	I			
Default	None	None	None	None	None			

MSHID：S-ALE 网格 ID，此 ID 唯一。

DPID：默认的 PART ID，生成的网格被赋予 DPID。DPID 是指空 Part，不包含材料，没有单元算法，仅用于引用网格。

NBID：生成节点，节点编号 ID 从 NBID 开始。

EBID：生成单元，单元编号 ID 从 EBID 开始。

TDEATH：设置网格的关闭时间。关闭后删除 S-ALE 网格及与之相关的 * CONSTRAINED _ LAGRANGE _ IN _ SOLID 和 * ALE _ COUPLING _ NODAL 卡片，S-ALE 网格相关的计算也随之停止。

CPIDX、CPIDY、CPIDZ：沿着每个局部坐标轴方向定义节点/值控制点 ID。

NID0：在输入阶段指定网格源节点，随后在计算过程中，在该节点施加指定运动，使网格平动。

LCSID：局部坐标系 ID。

(2) * ALE _ STRCUTURED _ MESH _ CONTROL _ POINT

为 * ALE _ STRUCTURED _ MESH 关键字提供 CPIDX、CPIDY、CPIDZ 间隔信息，以定义结构化网格。

CARD1	1	2	3	4	5	6	7	8
Variable	CPID			SFO		OFFO		
Type	I			F		F		
Default	None			1		0		
CARD2	1	2	3	4	5	6	7	8
Variable	N		X		RATIO			
Type	I		F		F			
Default	None		None		0			

CPID：控制点 ID。ID 号唯一，被 * ALE _ STRCUTURED _ MESH 中 CPIDX、CPIDY、CPIDZ 引用。

SFO：纵坐标缩放因子，用于对网格做简单修改，默认值为 1.0。

OFFO：纵坐标偏移值。

N：控制点节点序号，起始点为 1，终点值可以按照某特定网格的网格数量+1。

X：控制点的位置，主要是坐标值。

RATIO：渐变网格间距比。RATIO>0，网格尺寸渐进增加；RATID<0，网格尺寸渐进减少。

8.1.2 S-ALE 模型构建

新建一个 1000mm×500mm×200mm 的矩形计算域。网格尺寸大小为 10mm，起始点为（0，0，0），计算域参数设置如表 8-1 所示，形成的模型如图 8-2 所示。

表 8-1 S-ALE 计算域参数设置

*KEYWORD							
*DEFINE_COORDINATE_SYSTEM							
$ # CID	XO	YO	ZO	XL	YL	ZL	CIDL
1	0	0	0	1	0	0	0
$ # XP	YP	ZP					
0	1	0					
*ALE_STRUCTURED_MESH							
$ # MSHID	DPID	NBID	EBID	UNUSED	UNUSED	UNUSED	TDEATH
1	1	0	0				1.00E+16
$ # CPIDX	CPIDY	CPIDZ	NID0	LCSID			
1	2	3	0	1			
*ALE_STRUCTURED_MESH_CONTROL_POINTS							
$ # CPID	UNUSED	UNUSED	SFO	UNUSED	OFFO		
1			1		0		
$ #	N		X		RATIO		
	1		0		0		
	101		1000		0		

* ALE_STRUCTURED_MESH_CONTROL_POINTS							
$ # CPID	UNUSED	UNUSED	SFO	UNUSED	OFFO		
2			1		0		
$ #	N		X		RATIO		
	1		0		0		
	51		500		0		
* ALE_STRUCTURED_MESH_CONTROL_POINTS							
$ # CPID	UNUSED	UNUSED	SFO	UNUSED	OFFO		
3			1		0		
$ #	N		X		RATIO		
	1		0		0		
	21		200		0		
* END							

8.1.3 Workbench 中的 S-ALE 算法

(1) Workbench 支持的 S-ALE 关键字

Workbench 平台中 S-ALE 算法设置非常简单，主要支持的和爆炸相关的关键字如下：

图 8-2 矩形块体 S-ALE 模型建立

* ALE _ MULTI-MATERIAL _ GROUP 或者 * ALE _ STRUCTURED _ MULTI-MATERIAL _ GROUP，定义模型的多物质耦合。

* ALE _ STRUCTURED _ MESH，定义 S-ALE 网格划分。

* ALE _ STRUCTURED _ MESH _ CONTROL _ POINTS，定义 S-ALE 网格控制节点。

* INITIAL _ DETONATION，设置炸点，炸点会默认为所有的 Part。

* INITIAL _ VOLUME _ FRACTION _ GEOMETRY 或者 * ALE _ STRUCTURED _ MESH _ VOLUME _ FILLING，S-ALE 计算域体用于填充背景网格，如填充特定形状的炸药。

* ALE _ VOID _ PART，用于 * Section _ Solid 为 12 的情况。

* ALE _ ESSENTIAL _ BOUNDARY，用于定义 ALE 的边界条件。

* CONSTRAINED _ LAGRANGE _ IN _ SOLID 或者 * ALE _ STRUCTURED _ FSI，定义流固耦合之间的接触。

(2) S-ALE 网格划分

Workbench 中主要有两种 S-ALE 的网格划分方式：一种是给出各个方向上单元网格的尺寸，另一种是给出各个方向上网格的数量，如图 8-3 所示。S-ALE 网格通过在 Model 模型树右击插入【S-ALE Mesh】命令定义。

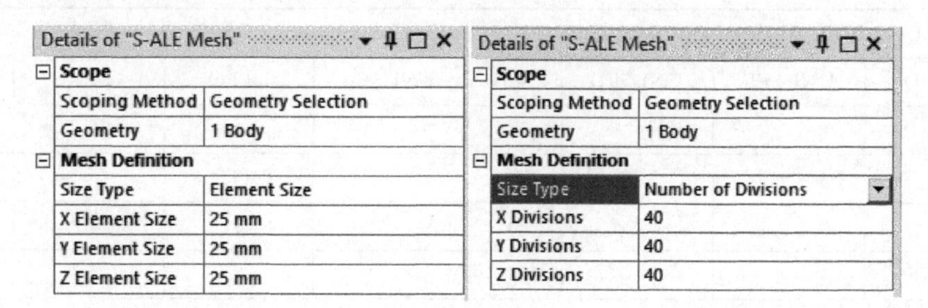

图 8-3 网格划分

8.1.4 Workbench 中的流固耦合接触设置

Workbench LS-DYNA 中的流固耦合接触可以在 Contact 中通过右击插入 GUI 命令进行设置。对应 * CONSTRAINED _ LAGRANGE _ IN _ SOLID 关键字。该关键字为拉格朗日几何实体（如薄壳、实体和梁的拉格朗日网格）与 ALE 或欧拉几何实体（如 ALE 和欧拉网格）提供耦合作用的途径。常见选项如图 8-4 所示。

Details of "Coupling"	
Lagrange Bodies	
Scoping Method	Geometry Selection
Geometry	1 Body
ALE Bodies	
Scoping Method	Geometry Selection
Geometry	1 Body
Definition	
Fluid Structure Coupling Method	Penalty Coupling Allowing Erosion in the Lagrangian Entities
Coupling Direction	Normal Direction, Compression and Tension
Number of Coupling Points	2
Lagrange Normals Point Toward ALE Fluids	Yes
Leakage Control	None
Stiffness Scale Factor	0.1
Minimum Volume Fraction to Activate Coupling	0.5
Friction	0
Birth Time	0 s
Death Time	1E+20 s

图 8-4 流固耦合接触选项

【Lagrange Bodies】：通过选择器，选择对应的固体拉格朗日网格。

【ALE Bodies】：通过选择器，选择对应的流体欧拉网格。

【Fluid Structure Coupling Method】：选择流固耦合类型，一般默认带侵蚀的耦合模型。

【Coupling Direction】：耦合方向，默认采用 Normal Direction，Compression and Tension，即法线方向，考虑压缩和拉伸。

【Number of Coupling Points】：耦合点数，默认为 2。

【Lagrange Normals Point Toward ALE Fluids】：拉格朗日法线指向【ALE Fluis】，一般默认 Yes。

【Leakage Control】：泄漏控制，一般默认无。

【Stiffness Scale Factor】：刚度比例因子，一般默认 0.1。

【Minimum Volume Fraction to Activate Coupling】：激活耦合的最小体积分数，一般默认 0.5。

【Friction】：摩擦系数，一般默认 0。

【Birth Time】：开始时间，一般默认 0。

【Death Time】：结束时间，一般默认 1E+20s。

注：最新的流固耦合接触关键字推荐采用 * ALE _ STRUCTURED _ FSI，此关键字更加简洁，对泄漏的控制也更好。

8.2 空气中爆炸

8.2.1 材料、几何处理

（1）模块设置

采用 LS-DYNA 模块，采用 MMALE 方法进行计算。

（2）材料设置

在 Engineering Data 模块中，添加“Air”空气材料，在左侧工具栏添加【* MAT _ NULL】和【* EOS _ LINEAR _ POLYNOMIAL】，定义空气材料如图 8-5 所示。设置【Density】为 1. 25kg/m^3，设置【Equation of state coefficient，c4】和【Equation of state coefficient，c5】为 0. 4，设置【Initial internal energy，E0】为 2. 5E+05Pa。

Properties of Outline Row 3: Air

	A	B	C
1	Property	Value	Unit
2	Material Field Variables	Table	
3	Density	1.25	kg m^-3
4	*MAT_NULL		
5	Pressure cutoff, pc	0	Pa
6	Dynamic viscosity, mu	0	Pa s
7	Relative volume for erosion in tension, terod	0	
8	Relative volume for erosion in compression, cerod	0	
9	Young's Modulus (used for null beams and shells only), ym	0	Pa
10	Poisson's Ratio (used for null beams and shells only), pr	0	
11	*EOS_LINEAR_POLYNOMIAL		
12	Equation of state coefficient, c0	0	Pa
13	Equation of state coefficient, c1	0	Pa
14	Equation of state coefficient, c2	0	Pa
15	Equation of state coefficient, c3	0	Pa
16	Equation of state coefficient, c4	0.4	
17	Equation of state coefficient, c5	0.4	
18	Equation of state coefficient, c6	0	
19	Initial internal energy, E0	2.5E+05	Pa
20	Initial relative volume, V0	1	

图 8-5 空气材料模型

添加“TNT”炸药材料，在左侧工具栏添加【* MAT _ HIGH _ EXPLOSIVE _ BURN】和【* EOS _ JWL】，定义炸药参数如图 8-6 所示，具体可参见 2. 2. 3 节中 TNT 材料参数。

添加【Explicit Dynamics】材料库中的“Steel 1006”材料。

（3）几何模型构建

在 Design Modeler 中，通过【Create】→【Primitives】→【Box】，设置空气域的【FD6】为 0. 6m，【FD7】为 0. 6m，【FD8】为 0. 6m，点击【Generate】生成大小为 0. 6m×0. 6m×0. 6m 的空气域。

Properties of Outline Row 6: TNT

	A	B	C
1	Property	Value	Unit
2	Material Field Variables	Table	
3	Density	1630	kg m^-3
4	*MAT_HIGH_EXPLOSIVE_BURN		
5	Beta burn flag	Beta and Pro...	
6	Detonation Velocity, d	6930	m s^-1
7	Chapman-Jouget Pressure, pcj	2.1E+10	Pa
8	Bulk Modulus, k	0	Pa
9	Shear Modulus, g	0	Pa
10	Yield Stress, sigy	0	Pa
11	*EOS_JWL		
12	Equation of state coefficient, A	3.7377E+11	Pa
13	Equation of state coefficient, B	3.7471E+09	Pa
14	Equation of state coefficient, R1	4.15	
15	Equation of state coefficient, R2	0.9	
16	Equation of state coefficient, omeg	0.35	
17	Detonation energy per unit volume and initial value for E, E0	6E+09	Pa
18	Initial relative volume, V0	1	

图 8-6　炸药材料参数

通过【Create】→【Primitives】→【Box】，设置【Operation】为 Slice Material，炸药域的【FD6】为 0.05m，【FD7】为 0.05m，【FD8】为 0.05m，点击【Generate】生成大小为 0.05m×0.05m×0.05m 的炸药域方块。

通过【Create】→【Primitives】→【Cylinder】，设置【Operation】为 Add Frozen，圆管的【FD8】为 0.5m，【FD10】为 0.5m，【As Thin/Surface】为 Yes，【FD1，Inner Thickness】为 0m，【FD2，Outer Thickness】为 0.04m，点击【Generate】生成外径为 0.5m，厚度为 0.04m，高度为 0.5m 的圆管模型。

通过【Create】→【Slice】，在【Base Plane】中选择 XYPlane。点击【Generate】将模型按照 *XY* 面进行分割，同样再次通过【Create】→【Slice】，在【Base Plane】中选择 YZplane，点击【Generate】将模型按照 *YZ* 面进行分割。选择圆管的第二、第三和第四模型，右击选择【Suppress】，将模型进行抑制。

选择空气和炸药 Part，右击选择【Form New Part】，将空气与炸药共节点。模型构建完成后如图 8-7 所示。

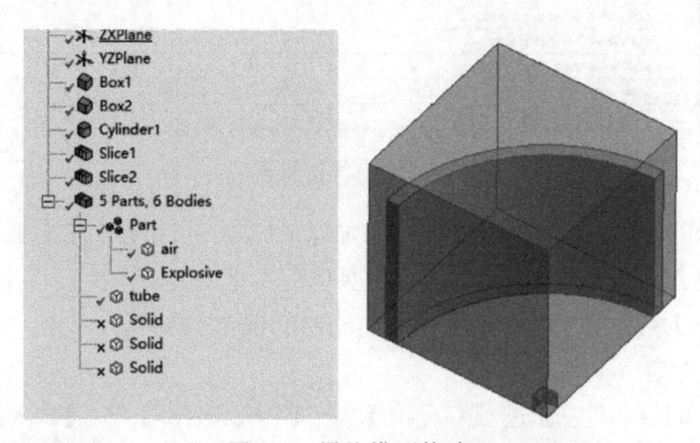

图 8-7　爆炸模型构建

注：此时空气 Part 与炸药 Part 之间无干涉，在创建炸药时，设置【Operation】为【Slice Material】，在空气 Part 中"挖去"炸药。而圆管模型（固体拉格朗日算法）与空气模型（流体欧拉算法）之间需要干涉。

8.2.2 Model 中前处理

(1) 基本条件

进入 Model 中，其他设置不变，赋予 Part 对应的材料。【Reference Frame】采用默认参数，此处采用 Lagrangian。

右击插入【Symmetry】，在【Symmetry】中右击插入【Symmetry Region】，设置【Symmetry Normal】为 X Axis，选择模型关于 X 轴对称的面。同样，再次插入【Symmetry Region】，设置【Symmetry Normal】为 Y Axis 和 Z Axis。创建关于 Y 轴和 Z 轴的对称面，如图 8-8 所示。

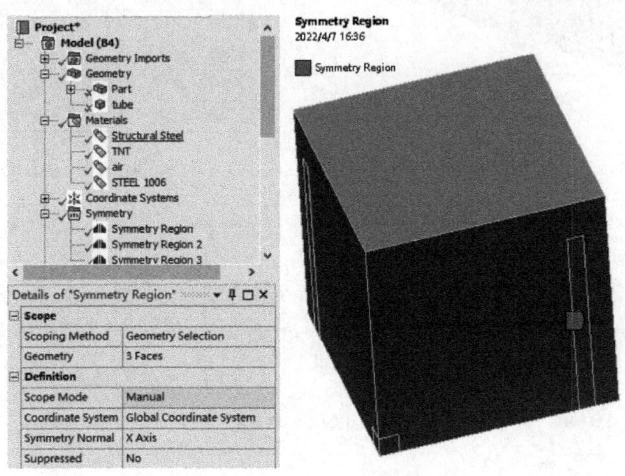

图 8-8　对称性设置

在【Connections】中右击插入【Coupling】，选择【Lagrange Body】为圆管，选择【ALE Bodies】为炸药和空气，设置【Leakage Control】为 Weak，其他参数默认，如图 8-9 所示。

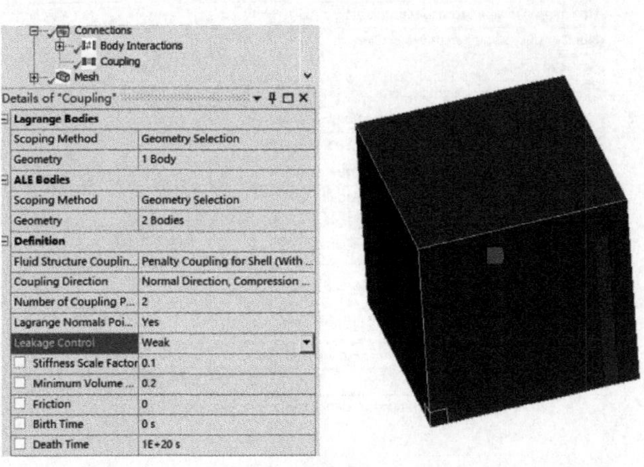

图 8-9　流固耦合设置

(2）网格划分

在【Mesh】模型树中，设置整体模型的【Element Size】为 10mm，右击插入【Face Meshing】，选择所有的面，右击插入【Method】，选择所有的体模型，将【Method】设置为 MultiZone，其余参数默认，生成网格大小为 10mm 的计算模型，如图 8-10 所示。

(3）计算条件

右击插入【Detonation Point】，设置炸点坐标为（0，0，0），其他参数默认。

右击插入【Section】，选择炸药和空气 Body，设置【ALE】为 Yes，设置【Formulation】为 1 point ALE Multi-Material Element，如图 8-11 所示。

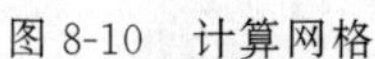
图 8-10　计算网格

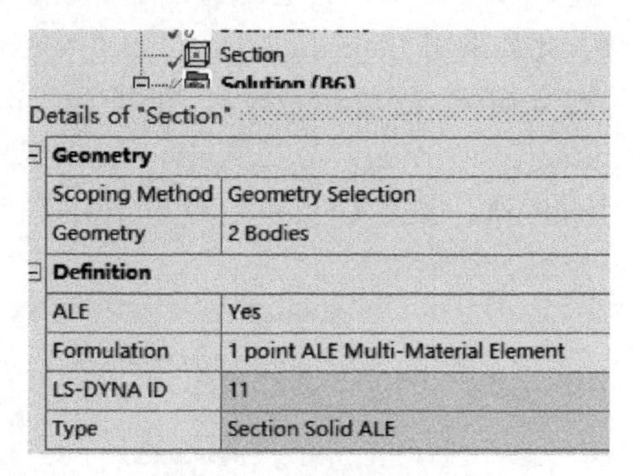

图 8-11　ALE 算法设置

注： 此模型中，外部压力对结果影响很小，无需考虑边界处压力情况，如果需要考虑边界处的空气压力，可以通过 Keyword Manage 插入关键字 * CONTROL_ALE，设置【UnitSystem】为 mks。对于爆炸问题，关键字手册中推荐设置【Advection method】为−2，即【Modified Van Leer】，设置【A pseudo reference pressure equivalent to an environmental pressure】为 100000，即参考边界处压力为 100000Pa（空气中的压力）。

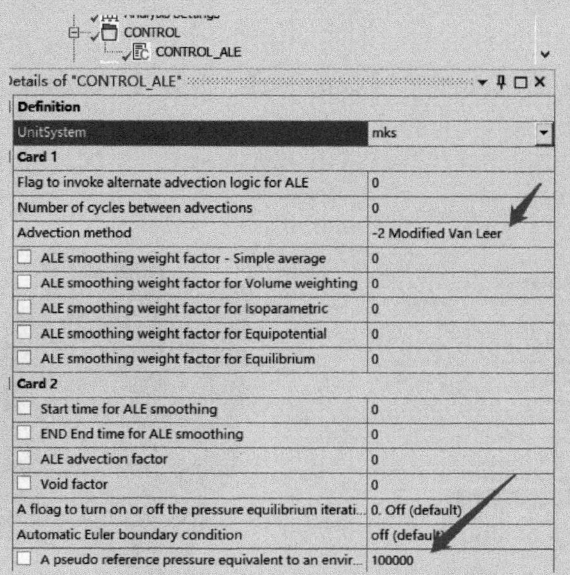

对应的新的 ALE 关键字如下：

*CONTROL_ALE							
$ DCT	NADV	METH	AFAC	BFAC	CFAC	DFAC	EFAC
0	0	−2	0	0	0	0	0
$ START	END	AAFAC	VFACT	PRIT	EBC	PREF	NSIDEBC
0	0	0	0	0	0	1.00E+05	0
$ NCPL	NBKT	IMASCL	CHECKR	BEAMIN	MMGPREF	PDIFMX	DTMUFAC
0	0	0	0.00E+00	0.00E+00	0	0.00E+00	0.00E+00
$ OPTIMPP	IALEDR	BNDFLX	MINMAS				
0	0	0	0.00E+00				

选择炸药和空气的非对称面，右击插入【Impedance Boundary】，其他参数默认，即设置无反射边界条件，如图 8-12 所示。

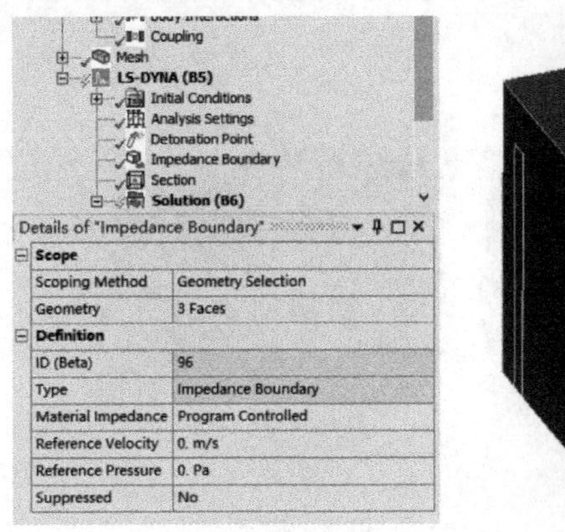

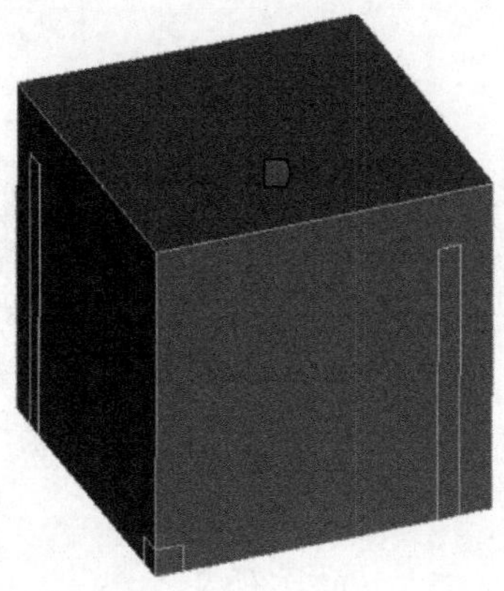

图 8-12 无反射边界条件

在【Analysis Setting】中设置【End Time】为 0.0005s，【Time Step Safety Factor】为 0.67，【Number of CPUS】为 12，【UnitSystem】为 mks。

在菜单栏中点击【Solve】提交计算。

8.2.3 计算及后处理

计算完成后，在【Solution】中右击插入【User Defined Result】，设置【Expression】为 Pressure，如图 8-13 所示。不同时刻冲击波的压力应力云图如图 8-14 所示。

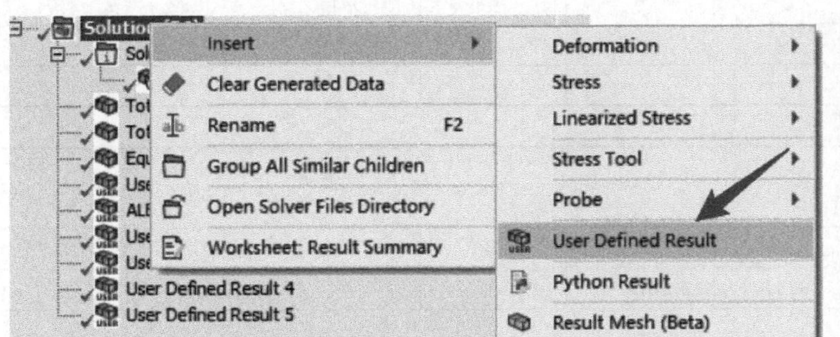

图 8-13 自定义压力应力云图显示设置

图 8-14 不同时刻的压力应力云图

在【Solution】中右击插入【Stress】→【Equivalent Stress】，选择圆管，即显示不同时刻圆管的等效应力云图，如图 8-15(a) 所示。在【Solution】中右击，插入【User Defined Result】，设置【Expression】为 EPS，选择圆管，即显示不同时刻圆管的塑性应变云图，如图 8-15(b) 所示。由图可知，塑性应变为 0，圆管未发生塑性变形，结构具有较好的抗冲击性。

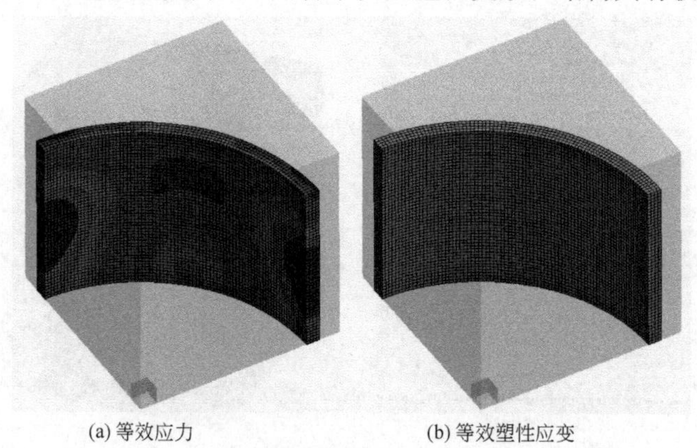

(a) 等效应力　　(b) 等效塑性应变

图 8-15 圆管不同时刻的等效应力及塑性应变云图

核心关键字如下：

$空气材料 *MAT_NULL							
$ ID	RO	PC	MU	TEROD	CEROD	YM	PR
1	1.25	0	0	0	0	0	0
*EOS_LINEAR_POLYNOMIAL							
$ ID	C0	C1	C2	C3	C4	C5	C6
1	0	0	0	0	0.4	0.4	0
$ E0	V0						UNUSED1
250000	1						

$炸药材料参数 *MAT_HIGH_EXPLOSIVE_BURN							
$ ID	RO	D	PCJ	BETA	K	G	SIGY
2	1630	6930	2.10E+10	0	0	0	0
*EOS_JWL							
$ ID	A	B	R1	R2	OMEG	E0	V0
2	3.74E+11	3.75E+09	4.15	0.9	0.35	6.00E+09	1

$ STEEL1006 材料参数
* MAT_JOHNSON_COOK

$ ID	RO	G	E	PR	DTF	VP	RATEOP
1	7896	8.18E+10	0	0	0	0	0
$ A	B	N	C	M	TM	TR	EPSO
350000000	275000000	0.36	0.022	1	1537.85	22	1
$ CP	PC	SPALL	IT	D1	D2	D3	D4
452	0	0	0	0	0	0	0
$ D5	C2P						UNUSED
0	0						

$ 流固耦合设置，其中 SLAVE 为 3，代表固体，MASTER 为 1，代表空气和炸药组合成的 * SET_PART_LIST
$ CTYPE 为 5，代表含有侵蚀的流固耦合接触。MCOUP 为-2，代表耦合材料由空气和炸药组合而成。
* CONSTRAINED_LAGRANGE_IN_SOLID

$ SLAVE	MASTER	SSTYP	MSTYP	NQUAD	CTYPE	DIREC	MCOUP
3	1	1	0	2	5	2	−2
$ START	END	PFAC	FRIC	FRCMIN	NORM	NORMTYP	DAMP
0	1.00E+20	0.1	0	0.5	0	0	0
$ CQ	HMIN	HMAX	ILEAK	PLEAK	LCIDPOR	NVENT	BLOCKAGE
0	0	0	1	0.1	0	0	0
$ IBOXID	IPENCHK	INTFORC	IALESOF	LAGMUL	PFACMM	THKF	UNUSED1
0	0	0	0	0	0	0	

$ MMALE 算法设置
* SECTION_SOLID

$ ID	ELFORM	AET					UNUSED1
1	11	0					

* ALE_MULTI-MATERIAL_GROUP

$ PSID	IDTYPE						
1	1						
$ PSID	IDTYPE						
2	1						

$ 炸点设置
* INITIAL_DETONATION

$ PID	X	Y	Z	LT			UNUSED1
0	0	0	0	0			

$无反射边界条件定义 * BOUNDARY_NON_REFLECTING							
$　　SID	AD	AS					UNUSED1
3	0	0					

8.2.4　空气中爆炸 S-ALE 方法

复制上述计算模型，材料参数不变，采用 TNT 炸药、空气和 STEEL 1006 钢。

双击【Geometry】，在【Design Modeler】中，将炸药的【Operation】改为 Add Frozen。炸药和空气之间不做布尔运算，可以干涉，如图 8-16 所示。

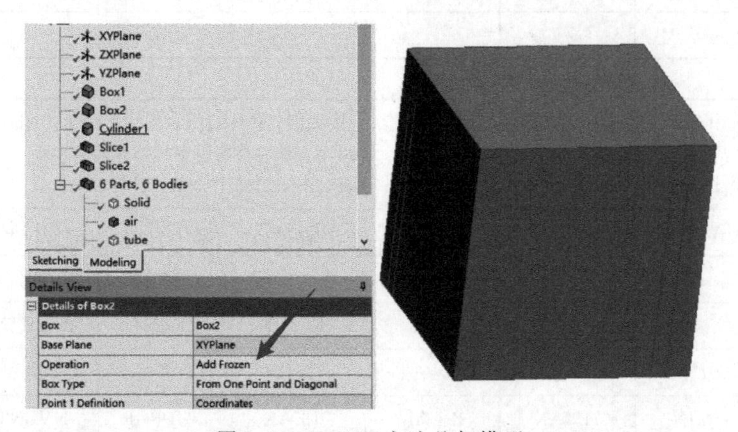

图 8-16　S-ALE 方法几何模型

如图 8-17 所示，进入 Model 中，设置炸药【Reference Frame】为 S-ALE Fill，材料为 TNT；设置空气的【Reference Frame】为 S-ALE Domain，材料为 Air；设置圆管的【Reference Frame】采用默认的 Lagrangian，材料为 Steel 1006。

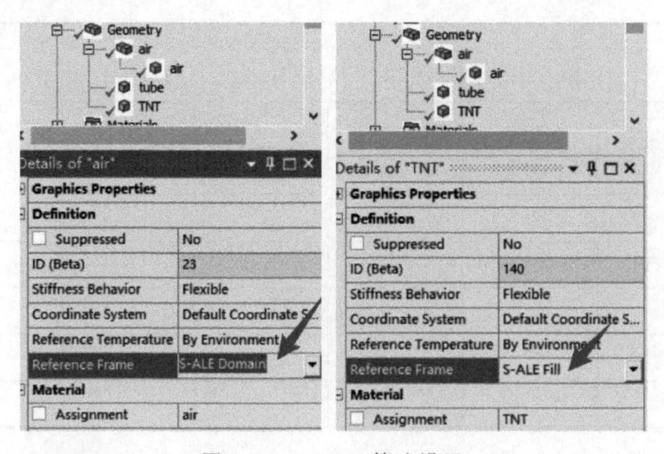

图 8-17　S-ALE 算法设置

在【Model】模型树中右击插入【S-ALE Mesh】，选择空气 Body，设置【Size Type】为 Element Size，【X Element Size】为 0.01m，【Y Element Size】为 0.01m，【Z Element Size】为 0.01m，如图 8-18 所示。

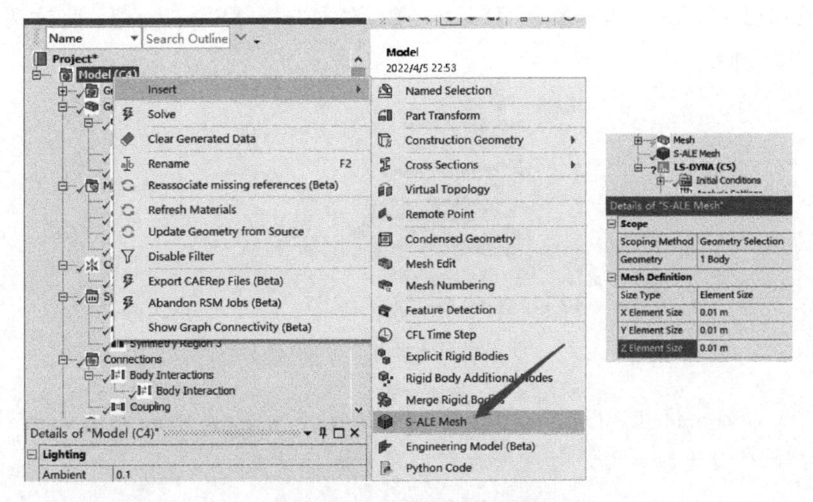

图 8-18　S-ALE 网格设置

查看对称性，对称性选择空气（S-ALE Domain）和圆管的面，如图 8-19 所示。

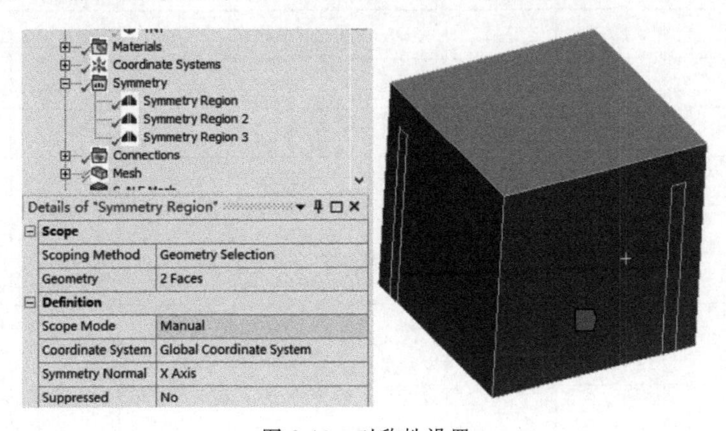

图 8-19　对称性设置

查看接触设置，采用复制模型，确定定义的【Coupling】流固耦合接触，在 ALE Bodies 中确认选择炸药和空气两个 Bodies，如图 8-20 所示。

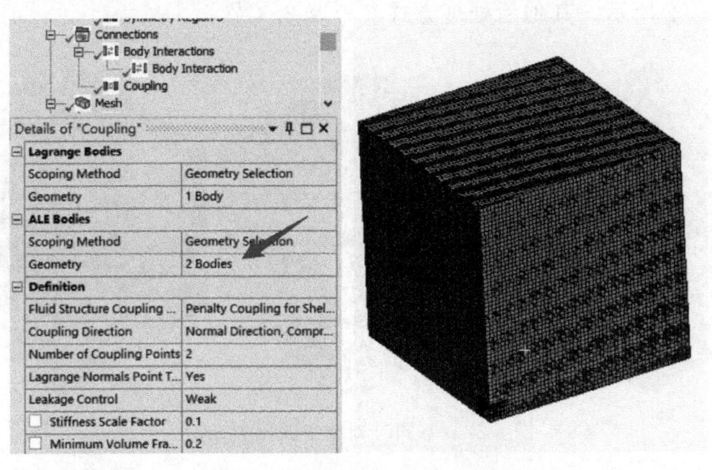

图 8-20　流固耦合接触设置

选择【Impedance Boundary】和【Section】，右击选择【Suppress】，将这两种命令进行抑制，如图 8-21 所示。

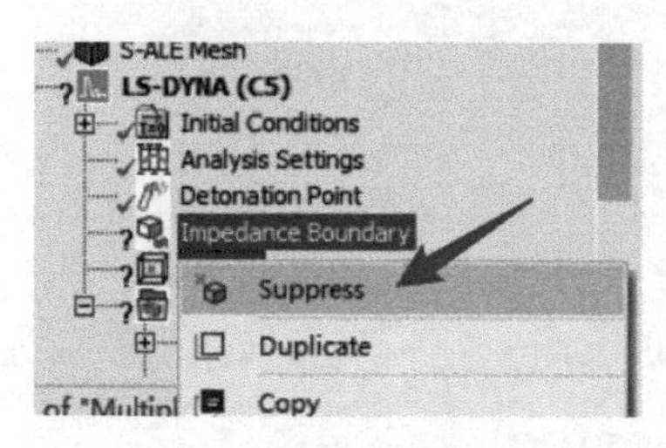

图 8-21　抑制边界条件和 Section 算法设置

注：Workbench LS-DYNA 目前不支持 S-ALE 的 Boundary Impedence 设置，如果想设置无反射边界条件，可以通过如下命令进行设置：

$定义 S-ALE 的 X 正方向、Y 正方向和 Z 正方向为 Segment 几何，并被无反射边界引用 * SET_SEGMENT_GENERAL							
$ ID	DA1	DA2	DA3	DA4			UNUSED1
999	0	0	0	0			
$ OPTION	E1	E2	E3	E4	E5	E6	E7
SALEFAC	1	1	0	0	0	0	0
SALEFAC	1	0	0	1	0	0	0
SALEFAC	1	0	0	0	0	1	0
$无反射边界条件定义 * BOUNDARY_NON_REFLECTING							
999	0	0					

其他参数默认，点击【Solve】可进行计算。计算完成后，可以插入自定义显示变量 Pressure，如图 8-22 所示，其他后处理方式参考 8.2.3 节。

图 8-22　不同时刻冲击波压力云图

核心关键字如下：

$ S-ALE PART 网格核心关键字 * ALE_STRUCTURED_MESH_CONTROL_POINTS							
$ CIPD		UNUSED1	SFO	UNUSED2	OFFO		UNUSED3
1			0		0		
$ N	UNUSED1	X	UNUSED2	RATIO			UNUSED3
1		0		0			
$ N	UNUSED1	X	UNUSED2	RATIO			UNUSED3
61		0.6		0			
* ALE_STRUCTURED_MESH_CONTROL_POINTS							
$ CIPD		UNUSED1	SFO	UNUSED2	OFFO		UNUSED3
2			0		0		
$ N	UNUSED1	X	UNUSED2	RATIO			UNUSED3
1		0		0			
$ N	UNUSED1	X	UNUSED2	RATIO			UNUSED3
61		0.6		0			
* ALE_STRUCTURED_MESH_CONTROL_POINTS							
$ CIPD		UNUSED1	SFO	UNUSED2	OFFO		UNUSED3
3			0		0		
$ N	UNUSED1	X	UNUSED2	RATIO			UNUSED3
1		0		0			
$ N	UNUSED1	X	UNUSED2	RATIO			UNUSED3
61		0.6		0			
* ALE_STRUCTURED_MESH							
$ MESHID	DPID	NBID	EBID			UNUSED1	TDEATH
1	3	0	0				0
$ CPIDX	CPIDY	CPIDZ	NIDO	LCSID			UNUSED2
1	2	3	0	0			

$ 炸药填充在 S-ALE 背景网格中的关键字 * INITIAL_VOLUME_FRACTION_GEOMETRY							
$ FMSID	FMIDTYP	BAMMG	NTRACE				UNUSED1
1	0	1	3				
$ CNTTYP	FILLOPT	FAMMG	VX	VY	VZ		UNUSED1
2	1	2	0	0	0		
$ SGSID	NORMDIR	OFFST					UNUSED2
2	0	0					

S-ALE 与固体流固耦合设置关键字 * CONSTRAINED_LAGRANGE_IN_SOLID							
$ SLAVE	MASTER	SSTYP	MSTYP	NQUAD	CTYPE	DIREC	MCOUP
1	3	1	1	2	4	2	−3
$ START	END	PFAC	FRIC	FRCMIN	NORM	NORMTYP	DAMP
0	1.00E+20	0.1	0	0.2	0	0	0
$ CQ	HMIN	HMAX	ILEAK	PLEAK	LCIDPOR	NVENT	BLOCKAGE
0	0	0	1	0.1	0	0	0
$ IBOXID	IPENCHK	INTFORC	IALESOF	LAGMUL	PFACMM	THKF	UNUSED1
0	0	0	0	0	0	0	

$ S-ALE 关于 Z 轴对称关键字 * SET_NODE_GENERAL							
$ ID	DA1	DA2	DA3	DA4			UNUSED1
9	0	0	0	0			
$ OPTION	E1	E2	E3	E4	E5	E6	E7
SALEFAC	1	0	0	1	0	0	0
* BOUNDARY_SPC_SET							
$ NSID	CID	DOFX	DOFY	DOFZ	DOFRX	DOFRY	DOFRZ
9	0	0	1	0	1	0	1
$ S-ALE 关于 Y 轴对称关键字 * SET_NODE_GENERAL							
$ ID	DA1	DA2	DA3	DA4			UNUSED1
7	0	0	0	0			
$ OPTION	E1	E2	E3	E4	E5	E6	E7
SALEFAC	1	0	0	0	0	1	0
* BOUNDARY_SPC_SET							
$ NSID	CID	DOFX	DOFY	DOFZ	DOFRX	DOFRY	DOFRZ
7	0	0	0	1	1	1	0
$ S-ALE 关 X 轴对称关键字 * SET_NODE_GENERAL							
$ ID	DA1	DA2	DA3	DA4			UNUSED1
5	0	0	0	0			
$ OPTION	E1	E2	E3	E4	E5	E6	E7
SALEFAC	1	1	0	0	0	0	0
* BOUNDARY_SPC_SET							
$ NSID	CID	DOFX	DOFY	DOFZ	DOFRX	DOFRY	DOFRZ
5	0	1	0	0	0	1	1

8.3 爆炸驱动破片

本节研究炸药对周围缠绕钢珠的爆炸驱动作用，其中钢珠直径为8mm，总共264个，采用STEEL4340钢，缠绕炸药一圈，如图8-23所示。炸药为TNT炸药，质量为0.5kg，直径为80mm，高度为62mm。

8.3.1 材料、几何处理

(1) 模块设置

采用LS-DYNA模块，计算采用S-ALE方法。

(2) 材料模型

在Engineering Data中添加材料参数。添加“Air”空气材料，具体参数设置参考8.2节模型。添加“TNT”炸药材料，具体参数设置参考8.2节模型。

图8-23 计算模型

从【Explicit Dynamics Material】材料库中添加STEEL4340钢，修改其状态方程为【Shock EOS Linear】，设置【Gruneisen Coefficient】为2.17，【Parameter C1】为4569m/s，【Parameter S1】为1.49，【Parameter Quadratic S2】为0，添加【Principal Strain Failure】，设置【Maximum Principal Strain】为0.7，如图8-24所示。

STEEL 4340 Explicit_Materials.xml

perties of Outline Row 4: STEEL 4340

A	B	
Property	Value	
Material Field Variables	Table	
Density	7830	kg m^-3
Specific Heat Constant Pressure, C_p	477	J kg^-1 C^-1
Johnson Cook Strength		
Strain Rate Correction	First-Order	
Initial Yield Stress	7.92E+08	Pa
Hardening Constant	5.1E+08	Pa
Hardening Exponent	0.26	
Strain Rate Constant	0.014	
Thermal Softening Exponent	1.03	
Melting Temperature	1519.9	C
Reference Strain Rate (/sec)	10000	
Shear Modulus	8.18E+10	Pa
Shock EOS Linear		
Gruneisen Coefficient	2.17	
Parameter C1	4569	m s^-1
Parameter S1	1.49	
Parameter Quadratic S2	0	s m^-1
Principal Strain Failure		
Maximum Principal Strain	0.7	
Maximum Shear Strain	1E+20	

图8-24 STEEL4340钢材料参数

(3) 几何模型构建

进入Design Modeler，选择【Create】→【Primitives】→【Cylinder】，设置【FD8】为62mm，【FD10】为40mm，点击【Generate】，生成直径为80mm、高度为62mm的圆柱炸

药模型。

选择【Create】→【Primitives】→【Sphere】，设置【FD3】为44.2mm，【FD5】为4mm，【FD6】为4mm，点击【Generate】创建半径为4mm的破片。

破片几何阵列设置如图8-25所示。

Details View	
Details of Pattern1	
Pattern	Pattern1
Pattern Type	Circular
Geometry	1 Body
Axis	Plane Normal
FD2, Angle	Evenly Spaced
FD3, Copies (>=0)	32

Details View	
Details of Pattern2	
Pattern	Pattern2
Pattern Type	Linear
Geometry	33 Bodies
Direction	Plane Normal
FD1, Offset	8.1 mm
FD3, Copies (>=0)	7

图8-25　破片几何阵列设置

选择【Create】→【Pattern】，选择破片，设置【Pattern】为Circular，【Axis】为Z轴，【FD2，Angle】为Evenly Spaced，【FD3，Copies】为32，点击【Generate】创建破片圆周阵列，阵列数量为32个。

选择【Create】→【Pattern】，选择所有破片，设置【Pattern】为Linear，【Axis】为Z轴正向，【FD1，Offset】为8.1mm，【FD3，Copies】为7，点击【Generate】创建破片纵向阵列，阵列数量为7行。

选择【Create】→【Primitives】→【Box】，设置【Operation】为Add Frozen，【FD3】为－200mm，【FD4】为－200mm，【FD5】为－120mm，【FD6】为400mm，【FD7】为400mm，【FD8】为300mm，其他参数默认，点击【Generate】生成空气计算域模型，如图8-26所示。

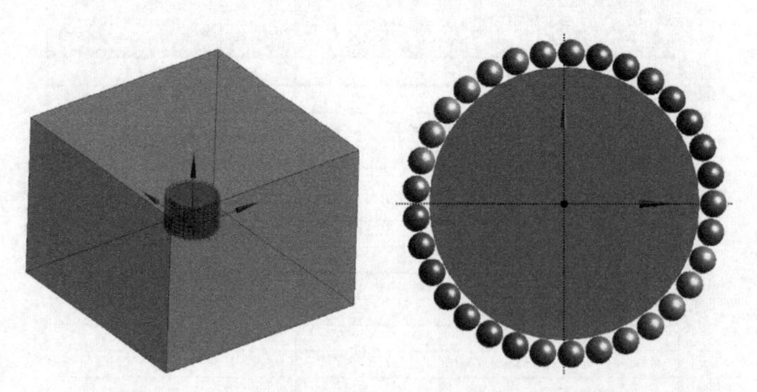

图8-26　计算模型

8.3.2　Model中前处理

（1）基本条件

进入Model中，通过【Assignment】赋予不同Part对应的材料。设置空气材料为Air，【Reference Frame】算法为S-ALE Domain；设置炸药材料为TNT，【Reference Frame】算法为S-ALE Fill；设置所有的破片材料为Steel4340，【Reference Frame】算法为默认的Lagrangian。

注：为方便查找对应的 Part，在主窗口中选择对应的 Part，通过右击选择【Go To】→【Corresponding Bodies In Tree】，即可在左侧特征树中找到对应的 Part，可以给对应的 Part 重命名或者修改相应的算法和赋予材料等。

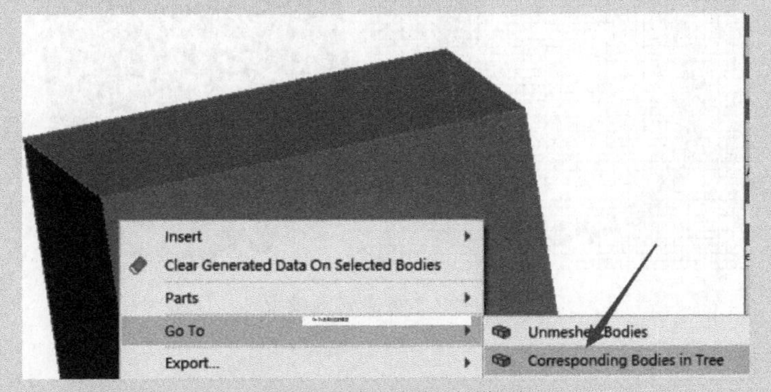

GoTo 选择对应的模型

选择所有的钢珠 Part，通过右击选择【Group】，将所有的钢珠定义为一个组，方便选择和材料的定义。选择所有的钢珠，通过右击选择【Rename All】，或者按住 F2，勾选“Rename Sequentially（Example：‘Name1’，‘Name2’…）”，即可批量重命名，将所有破片命名为“Fragment”。

在 Connections 模型树中选择所有的【Contacts】，右击删除，避免多余的绑定接触。保留【Body Interactions】，右击插入【Coupling】，定义流固耦合接触，选择【Lagrange Bodies】为全部的钢珠，选择【ALE Bodies】为空气和炸药，其他参数默认，如图 8-27 所示。

Details of "Coupling"

Lagrange Bodies	
Scoping Method	Geometry Selection
Geometry	264 Bodies
ALE Bodies	
Scoping Method	Geometry Selection
Geometry	2 Bodies
Definition	
Fluid Structure Coupling Method	Penalty Coupling Allowing Erosion i
Coupling Direction	Normal Direction, Compression Onl
Number of Coupling Points	2
Lagrange Normals Point Toward ALE Fluids	Yes
Leakage Control	Weak
Stiffness Scale Factor	0.1
Minimum Volume Fraction to Activate Coupling	0.5
Friction	0
Birth Time	0 s
Death Time	1E+20 s

图 8-27 接触算法设置

（2）网格划分

在 Model 模型树中右击，插入【S-ALE Mesh】，设置网格大小，【X Element Size】为 0.0025m，【Y Element Size】为 0.0025m，【Z Element Size】为 0.0025m。

在 Mesh 模型树中，选择所有的钢珠体，右击插入【Method】，设置【Method】为 MultiZone，选择所有的钢珠面，右击插入【Face Meshing】，选择所有的钢珠体，右击插入【Size】，设置【Element Size】为 0.002m，其余参数默认。网格划分完成如图 8-28 所示。

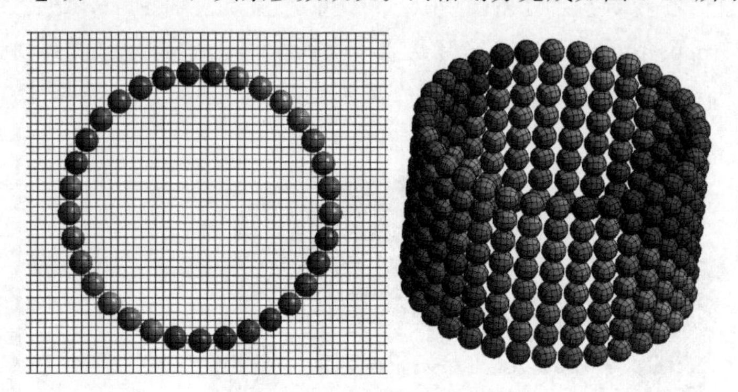

图 8-28 网格划分情况

(3) 计算条件

右击插入【Detonation Point】，设置【X Coordinate】为 0m，【Y Coordinate】为 0m，【Z Coordinate】为 0.06m，即设置炸点的坐标为（0，0，0.06）

在【Analysis Settings】中，设置【End Time】为 5E−5s，【Time Step Safety Factor】为 0.67，【Memory Allocation】为 Manual，【Value】为 2000MB，【Number Of CPUS】为 6，即可用内存为 2000MB，计算核心数为 6 个，设置【Unit System】为 mks。

设置完成后，在菜单栏选择【Solve】，提交计算。

8.3.3 计算及后处理

计算完成后，右击插入【Total Deformation】，选择所有模型，查看不同时刻爆轰波传递情况，如图 8-29 所示。右击插入【Total Deformation】，选择所有的破片模型，可以查看不同时刻破片分布情况，如图 8-30 所示。分别选择同一列上不同破片，右击插入【Total Velocity】，查看速度时间变化曲线，如图 8-31 所示。

图 8-29 不同时刻爆轰波传递情况

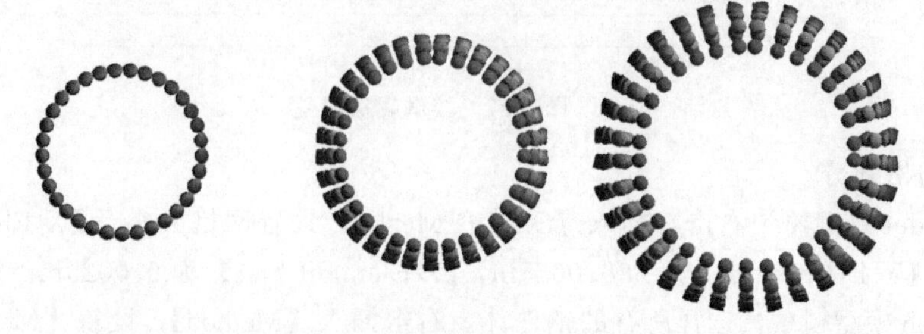

图 8-30 不同时刻破片分布情况

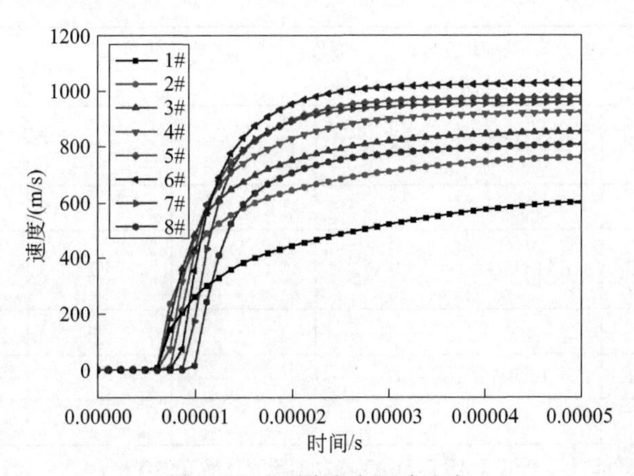

图 8-31 不同破片驱动速度

关键字如下：

$ S-ALE 算法及网格定义 * ALE_STRUCTURED_MESH							
$ MESHID	DPID	NBID	EBID			UNUSED1	TDEATH
1	266	0	0				0
$ CPIDX	CPIDY	CPIDZ	NIDO	LCSID			UNUSED2
1	2	3	0	0			
$ S-ALE 节点和网格数量 * ALE_STRUCTURED_MESH_CONTROL_POINTS							
$ CIPD		UNUSED1	SFO	UNUSED2	OFFO		UNUSED3
1			0		0		
$ N	UNUSED1	X	UNUSED2	RATIO			UNUSED3
1		−0.2		0			
$ N	UNUSED1	X	UNUSED2	RATIO			UNUSED3
161		0.2		0			
* ALE_STRUCTURED_MESH_CONTROL_POINTS							
$ CIPD		UNUSED1	SFO	UNUSED2	OFFO		UNUSED3
2			0		0		
$ N	UNUSED1	X	UNUSED2	RATIO			UNUSED3
1		−0.2		0			
$ N	UNUSED1	X	UNUSED2	RATIO			UNUSED3
161		0.2		0			
* ALE_STRUCTURED_MESH_CONTROL_POINTS							
$ CIPD		UNUSED1	SFO	UNUSED2	OFFO		UNUSED3
3			0		0		
$ N	UNUSED1	X	UNUSED2	RATIO			UNUSED3
1		−0.12		0			
$ N	UNUSED1	X	UNUSED2	RATIO			UNUSED3
121		0.18		0			

$S-ALE FILL 定义,定义炸药的外表面封闭的 Segment 集合,形成封闭的几何填充 *INITIAL_VOLUME_FRACTION_GEOMETRY							
$ FM-SID	FMIDTYP	BAMMG	NTRACE				UNUSED1
1	0	2	3				
$ CNTT-YP	FILLOPT	FAMMG	VX	VY	VZ		UNUSED1
2	1	1	0	0	0		
$ SGSID	NORMDIR	OFFST					UNUSED2
2	0	0					
$接触设置,其中 MASTER266 为 S-ALE PART,SLAVE 为 3,设置的所有钢珠集合 *CONSTRAINED_LAGRANGE_IN_SOLID							
$ SLAVE	MASTER	SSTYP	MSTYP	NQUAD	CTYPE	DIREC	MCOUP
3	266	0	1	2	5	2	−4
$ START	END	PFAC	FRIC	FRCMIN	NORM	NORMTYP	DAMP
0	1.00E+20	0.1	0	0.5	0	0	0
$ CQ	HMIN	HMAX	ILEAK	PLEAK	LCIDPOR	NVENT	BLOCKAGE
0	0	0	1	0.1	0	0	0
$ IBOXID	IPENCHK	INTFORC	IALESOF	LAGMUL	PFACMM	THKF	UNUSED1
0	0	0	0	0	0	0	
$炸点设置 *INITIAL_DETONATION							
$ PID	X	Y	Z	LT			UNUSED1
0	0	0	0.06	0			

8.4 基于 Conwep 模型爆炸

8.4.1 计算模型描述

计算 200g TNT 炸药对于复合夹芯蜂窝靶板的作用，其中，靶板由面板、蜂窝铝和背板组成，面板和背板都采用钢板，厚度为 4mm，蜂窝铝厚度为 40mm。计算查看整体结构在 TNT 炸药作用下的变形情况和内部蜂窝结构的吸能情况。计算模型如图 8-32 所示。

经过分析可以得知，此模拟主要考虑结构变形和蜂窝铝的吸能问题，由于不用考虑冲击波的绕射问题，可以直接采用 Conwep 的爆炸加载方式。

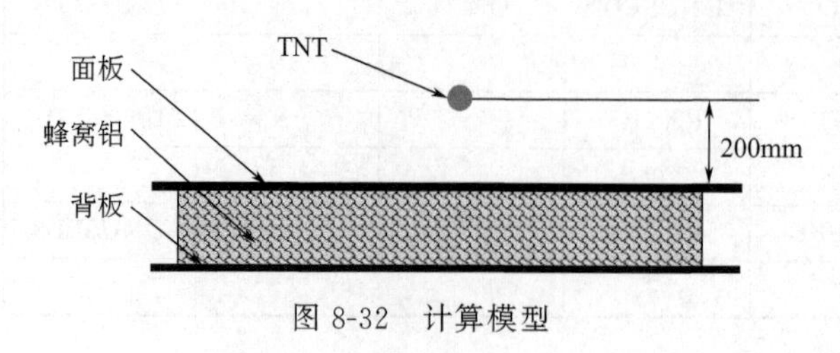

图 8-32 计算模型

Conwep 是源于美国军方试验数据的爆炸载荷计算方法，利用自由场中爆炸和近距离爆炸计算。Conwep 忽略空气介质的刚度和惯性，可以避免对空气模型进行计算。Conwep 一般给出的载荷数据包括载荷传播到面的时间、最大超压、超压时间以及指数衰减因子，从而获得完整的压力载荷曲线。

Conwep 加载的优势有：

① 计算速度快；

② 对于大模型计算较为精确。

通过 ALE 进行爆炸计算：

① 可以定义炸药 JWL 参数，可以定义炸药；

② 可以考虑不同结构的反射、透射作用等。

典型 LS-DYNA 中的 Conwep 计算模型常用到两个关键字：* LOAD _ BLAST _ ENHANCED 和 * LOAD _ BLAST _ SEGMENT _ SET。* LOAD _ BLAST _ ENHANCED 用于定义爆炸载荷，其形式见表 8-2。* LOAD _ BLAST _ SEGMENT _ SET 用于将定义的爆炸载荷施加到结构中，见表 8-3。

表 8-2 * LOAD _ BLAST _ ENHANCED 关键字模型

CARD1	1	2	3	4	5	6	7	8
VARIABLE	BID	WGT	XBO	YBO	ZBO	TBO	IUNIT	BLAST
TYPE	I	F	F	F	F	F	I	I
DEFAULT	NONE	0	0	0	0	0	2	2
CARD2	1	2	3	4	5	6	7	8
VARIABLE	CFM	CFL	CFT	CFP	NIDBO	DEATH	NEGPHS	
TYPE	F	F	F	F	I	F	I	
DEFAULT	0	0	0	0	NONE	10^{20}	0	

表 8-2 中：

BID：爆炸 ID 号。

WGT：等效 TNT 当量。LS-DYNA 中推荐用如下公式进行 TNT 炸药的等效质量计算。

$$M_{TNT}=M_e \frac{v_e^2}{v_{tnt}^2} \tag{8-1}$$

式中，M_{TNT} 是 TNT 炸药的等效质量；v_{tnt} 是 TNT 的爆速。在 LS-DYNA 中，TNT 炸药的密度为 1.57g/cm^3，爆速为 6930m/s。

XBO：炸药的球心 X 坐标。

YBO：炸药的球心 Y 坐标。

ZBO：炸药的球心 Z 坐标。

TBO：起爆时间，默认是 0 点。

IUNIT：单位制系统，默认参数 2，是 mks 的标准单位制。

BLAST：爆炸类型。1—地面爆炸；2—空气爆炸；3—战斗部动爆炸；4—地面发射冲击波。默认是 2，空气中爆炸。战斗部动爆炸条件下有可选选项卡。

CFM：质量转化系数，一般采用标准单位制后默认即可。

CFL：长度转化系数，一般采用标准单位制后默认即可。

CFT：时间转化系数，一般采用标准单位制后默认即可。

CFP：压力转化系数，一般采用标准单位制后默认即可。

NIDBO：爆炸中心可选节点编号，非 0 时以节点编号作为爆炸中心。

DEATH：结束时间，采用默认参数。

NEGPHS：负相处理，一般采用默认参数。

表 8-3　* LOAD _ BLAST _ SEGMENT _ SET 关键字模型

CARD1	1	2	3	4	5	6	7	8
VARIABLE	BID	SSIG	ALEPID	SFNRB	SCALEP			
TYPE	I	F	I	F	F			
DEFAULT	NONE	NONE	↓	0	1			

BID：爆炸 ID 号，可引用 * LOAD _ BLAST _ ENHANCED 中的 BID 号。

SSIG：Segment ID 号，定义爆炸作用表面。

ALEPID：一般采用默认参数，可定义 CONWEP-MMALE 联合作用，具体可参考手册。

SFNRB：单元非反射条件比例因子，一般采用默认参数。

SCALEP：压力比例因子，一般采用默认参数。

8.4.2　材料、几何处理

（1）MD 模块中处理

在【Toolbox】中选择【Material Designer】和【LS-DYNA】模块，并把它们拖动到 Workbench 主界面中，如图 8-33 所示。

在【Material Designer】中右击选择【New MD】，进入材料设计器。选择右上角的蜂窝选项，显示【RVE】模型为【Honeycomb】，然后选择“材料”，在选项中定义【Honeycomb】为默认的 Structural Steel。由于此处只提供模型文件，也可先在【Engineering Data】中设置好蜂窝铝的基体材料，材料最终在【LS-DYNA】模块中定义。点击主窗口中的✓，然后在模型树中依次选择【几何】，在弹出的选项中，选择蜂窝生成形式为【叶形片厚度】，设置【叶行片厚度】为 0.5mm，【侧边长度】为 20mm，【单元格角度】为 60°，【厚度】为 40mm，在高级选项中，设置【重复计数】为 10。再次点击主窗口的✓，然后点击右上角的材料栏目，选择退出，退出 MD 模型。几何模型设置如图 8-34 所示。

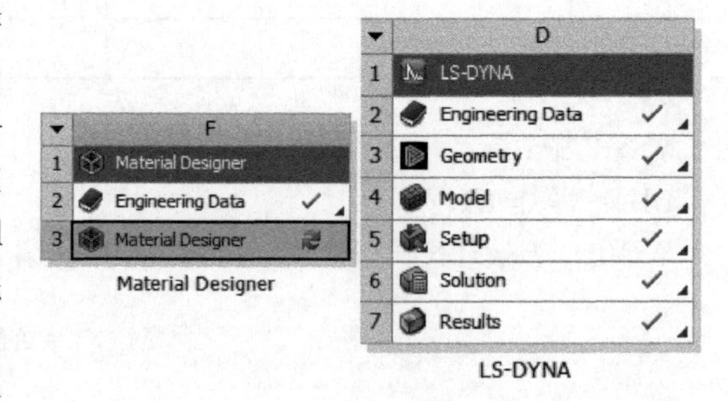

图 8-33　Material Designer 模块和 LS-DYNA 模块

退出 MD 模型后会直接进入 SpaceClaim，选择菜单栏中的【准备】→【中间面】，然后点击其中一个蜂窝结构的正反面即可，模型会自动生成中间面。

选择在蜂窝的上表面建立矩形面，长度为 700mm，宽度为 400mm，矩形处于蜂窝模型的正中间位置。生成矩形面后，选择移动平面，向 Z 轴的正方向平移 2mm（由于靶板为 4mm 厚度，创建的平面即为上面板），在蜂窝中间创建中间面，将生成的上面板生成对称模型，同时，可以通过菜单栏最右侧的脚本记录及生成模型，如图 8-35。

模型生成后，通过菜单栏中【准备】→【共享】，将蜂窝模型共边处的面结构进行节点

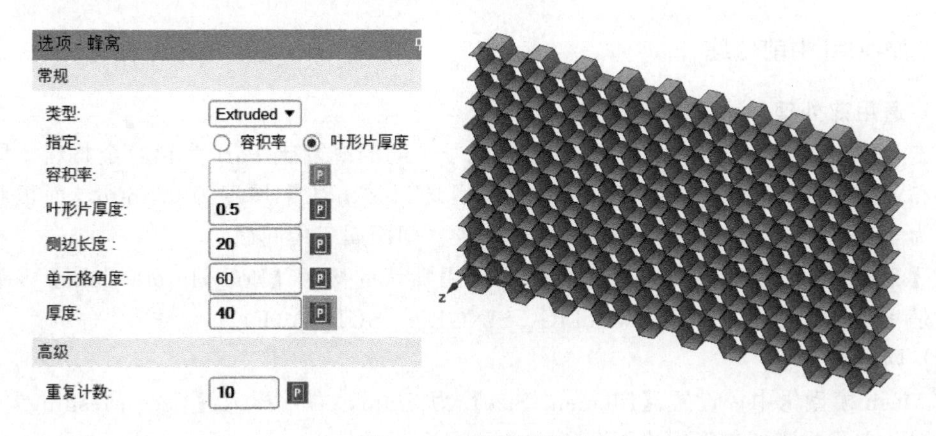

图 8-34 几何模型设置

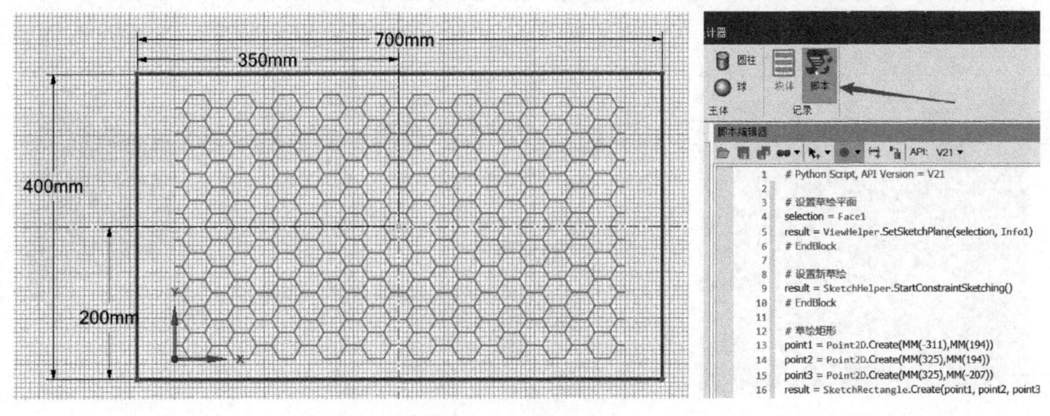

图 8-35 草图绘制

绑定。模型生成后，通过另存的方式，将模型保存成几何文件（如 *.scdoc 格式的几何文件）。

（2）LS-DYNA 模块处理

在 LS-DYNA 中的【Engineering Data】中创建材料模型，主要有面板、背板和中间蜂窝铝的材料模型。其中，面板和背板是 Q235 钢，中间蜂窝铝为 6061 铝合金。材料均采用【Bilinear Isotropic Hardening】弹塑性模型，材料参数如表 8-4 所示。

表 8-4 材料参数

面板(Q235 钢)	蜂窝铝(6061 铝合金)
密度:7850kg/ m^3	密度:2700kg/ m^3
弹性模量:200GPa	弹性模量:70GPa
泊松比:0.3	泊松比:0.3
屈服强度:235MPa	屈服强度 120MPa
切线模量:6100MPa	切线模量:0

退出【Engineering Data】模块，在【Geometry】中，选择导入保存的 *.scdoc 格式文件即可。

8.4.3 Model中前处理

（1）通用前处理

双击Model进入，通过【Assignment】赋予中间的蜂窝铝Part为铝合金材料，同样赋予面板和背板为Q235钢材料。确认蜂窝铝模型【Thickness】厚度为0.5mm，面板和背板的厚度为4mm，确认【Offset Type】为Middle（即面属于中间面）。

在【Connections】中删除多余的接触，采用默认的接触【Body Interactions】（默认接触一般是*CONTACT_AUTOMATIC_SINGLE_SURFACE）。

（2）网格划分

在Mesh模型树中，设置【Element Size】为5mm，右击插入【Face Meshing】，采用的网格划分方式为正四边形网格划分。

网格划分如图8-36所示，爆炸载荷加载面的Selection集合如图8-37所示。

图8-36 网格划分

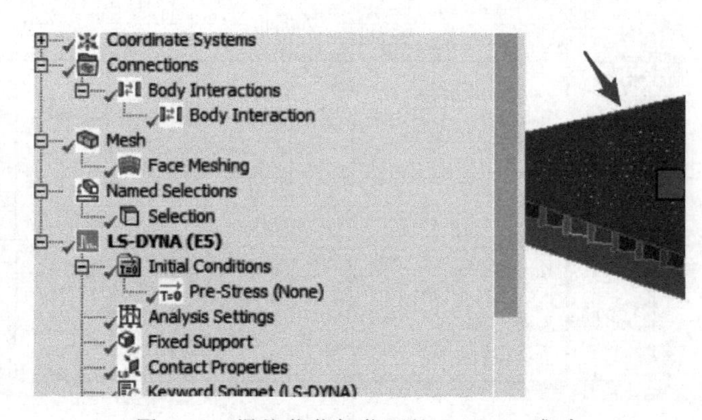

图8-37 爆炸载荷加载面的Selection集合

（3）计算设置

选择上表面的靶板，右击选择【Create Named Selection】，定义上表面【Named Selections】，为冲击波的加载定义了加载面。在明细中的【LS-DYNA Named Selection User Id】中可以设置SECTION的ID号，默认编号是0，如图8-38所示。

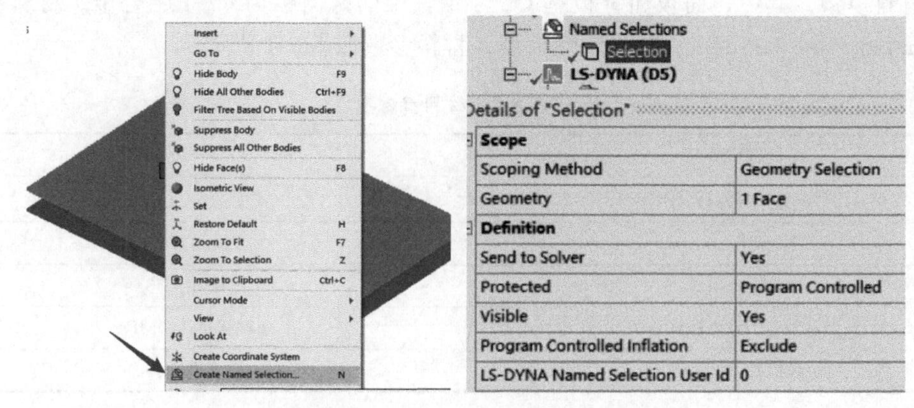

图8-38 Named Selections定义

通过右击插入【Fixed Support】，选择背板，即设置背板为固定。

通过右击插入 Keyword Snippet（LS-DYNA）命令，定义 Conwep 模型加载，关键字如图 8-39 所示和表 8-5 所示。

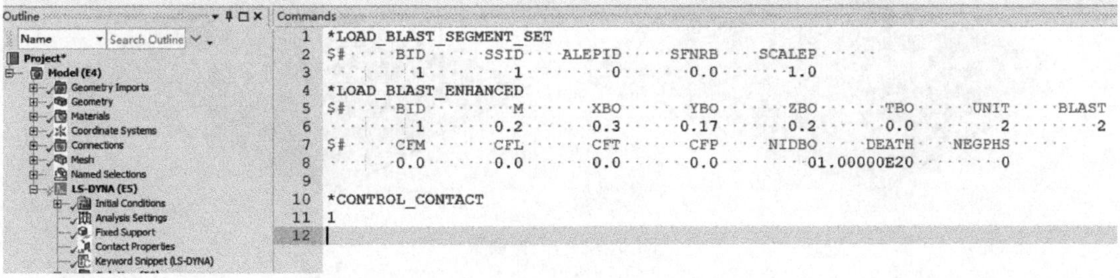

```
1  *LOAD_BLAST_SEGMENT_SET
2  $#     BID      SSID    ALEPID     SFNRB    SCALEP
3           1         1         0       0.0       1.0
4  *LOAD_BLAST_ENHANCED
5  $#     BID         M       XBO       YBO       ZBO       TBO      UNIT     BLAST
6           1       0.2       0.3      0.17       0.2       0.0         2         2
7  $#     CFM       CFL       CFT       CFP     NIDBO     DEATH    NEGPHS
8         0.0       0.0       0.0       0.0         01.00000E20         0
9
10 *CONTROL_CONTACT
11 1
12
```

图 8-39　Command 命令中的 Conwep 核心关键字

表 8-5　Conwep 核心关键字

$ Conwep 关键字： * LOAD_BLAST_SEGMENT_SET								
$ #　　BID	SSID	ALEPID	SFNRB	SCALEP				
1	1	0	0	1				
* LOAD_BLAST_ENHANCED								
$ #　　BID	M	XBO	YBO	ZBO	TBO	UNIT	BLAST	
1	0.2	0.3	0.17	0.2	0	2	2	
$ #　　CFM	CFL	CFT	CFP	NIDBO	DEATH	NEGPHS		
0	0	0	0	0	1.00E+20	0		
* CONTROL_CONTACT								
1								

注：通过 * LOAD _ BLAST _ ENHANCED 定义 CONWEP 模型，其中炸药的质量为 0.2kg，*XYZ* 坐标为（0.3，0.17，0.2），采用标准单位制（mks）。采用的是空气中爆炸（无地面反射）形式，通过 * LOAD _ BLAST _ SEGMENT _ SET，设置冲击波加载面，BID 为 1，即引用 * LOAD _ BLAST _ ENHANCED 中的爆炸代号 1，SSID 数值为 1，即之前定义的靶板的上表面。可以添加 * CONTROL _ CONTACT 命令，设置接触刚度为 1，避免变形较大，出现穿透的现象（注意 * CONTROL _ CONTACT 至少为两行，需要空出完全默认值的一行）。

在【Analysis Setting】中设置【End Time】为 0.002s，【Time Step Safety Factor】为 0.667，【Number Of CPUS】为 6，【Unit System】为 mks。在【Output Control】中，设置【Strain】为 Yes，点击【Solve】进行计算。

8.4.4　计算结果及后处理

计算完成，在【Solution】中右击插入【Deformation】→【Total】，查看总体变形情况，如图 8-40 所示。鼠标在不同时刻位置点击可生成不同时刻的变形情况。

在【Solution】中右击选择【Open Solver Files Directory】，然后通过 LS-PrePost 打开 Workbench 计算完成的 D3Plot 文件，在 LS-PrePost 中通过【History】→【Part Internal Energy】，勾选【Sum Mats】，选择所有的蜂窝铝 Part，可以查看蜂窝铝材料的总体吸能情况，如图 8-41 所示。

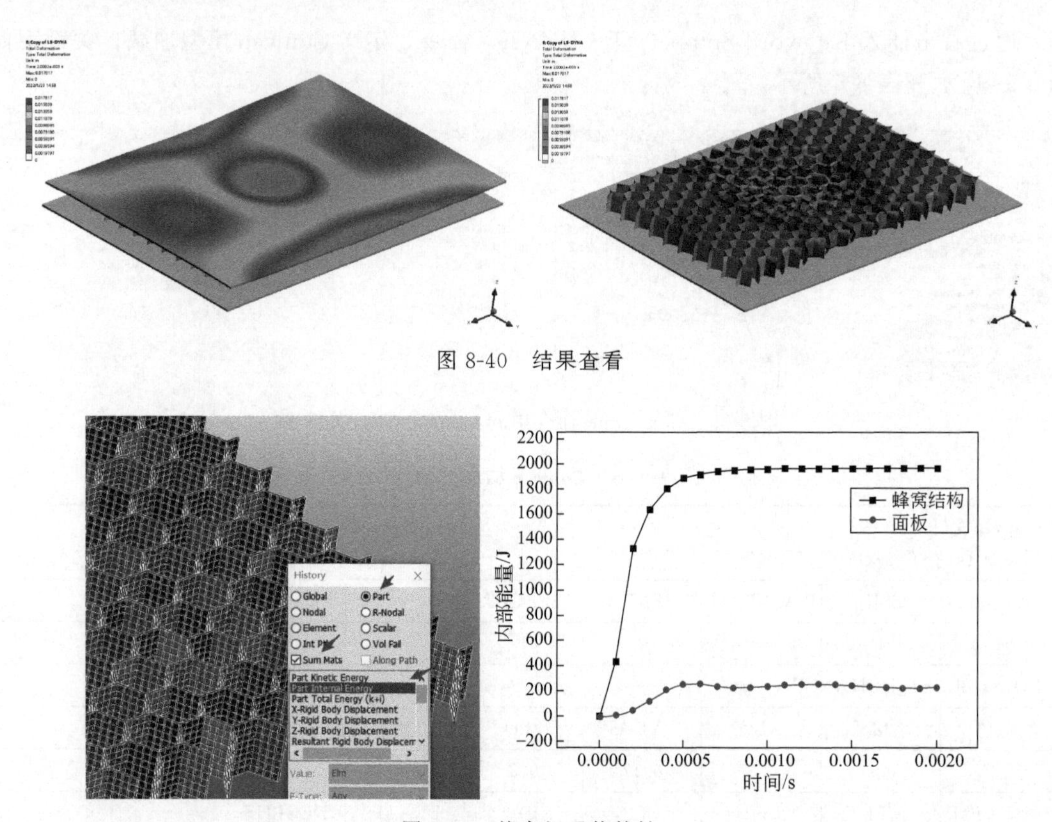

图 8-40 结果查看

图 8-41 蜂窝铝吸能特性

通过结果分析发现，蜂窝复合夹层结构在冲击波的作用下发生较大的塑性变形。蜂窝结构是主要的吸能结构，其吸能效率远远大于面板结构。

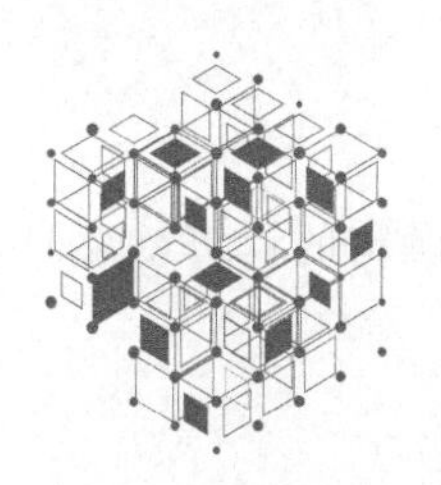

第9章 重启动及重启动模块

9.1 重启动介绍

LS-DYNA 程序的重启动分析功能允许用户将整个作业的计算分成若干步完成，每次分析从求解的某个点开始接着进行计算，避免将时间浪费在不必要的计算上，并且通过适当的修改还可以使复杂的过程简化并能成功完成。

Workbench LS-DYNA 中的重启动设置非常简单，将 LS-DYNA 模块中的【Solution】连接到【LS-DYNA Restart】中的【Setup】。或者在 LS-DYNA 模块中的【Solution】上右击，选择【Transfer Data To New】→【LS-DYNA Restart】，如图 9-1 所示。

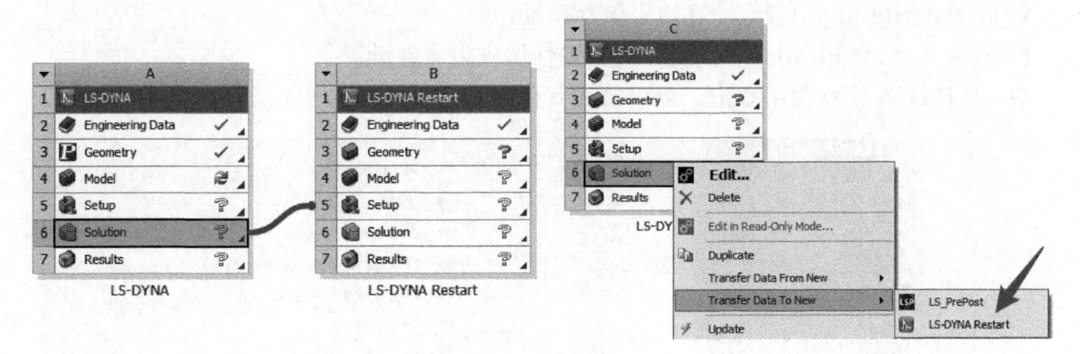

图 9-1 重启动设置

如图 9-2 所示，重启动分为：Small Restart 小型重启动；Simple Restart 简单重启动；Full Restart 完全重启动。

9.1.1 简单重启动

简单重启动用于继续完成没有到达 * CONTROL _ TERMINATION 设定的计算结束时间就中断的命令。由于不用对关键字进行修改，一般不需要输入。

9.1.2 小型重启动

小型重启动只允许对模型进行一些简单的修改，常见的如增加计算时间、修改输出间隔、删除接触、刚柔转化等，如图 9-3 所示，主要选项如下。

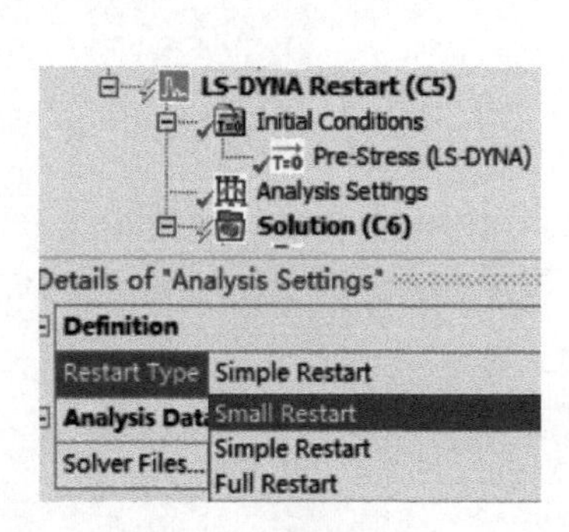

图 9-2 重启动分类

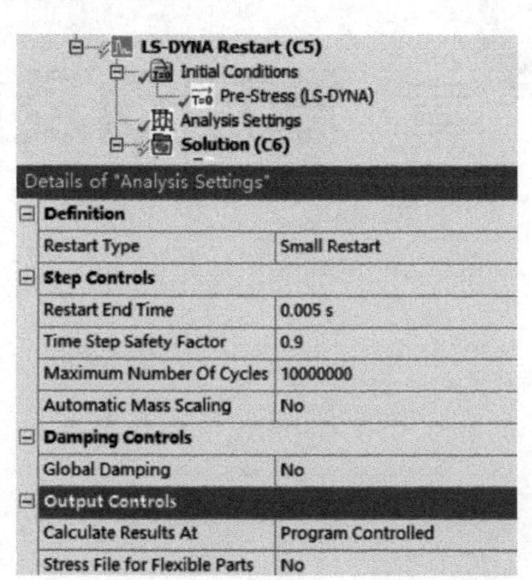

图 9-3 Small Restart Analysis 中设置

【Restart Type】：设置为 Small Restart；

【Restart End Time】：设置重启动时间，其数值要大于原计算时间；

【Time Step Safety Factor】：时间步长安全系数；

【Maximum Number Of Cycles】：最大计算循环；

【Automatic Mass Scaling】：控制质量缩放；

【Global Damping】：全局阻尼系数；

【Calculate Results At】：计算结果保存设置；

【Stress File for Flexible Parts】：计算弹性体应力文件设置。

在 LS-DYNA 模型树中右击，可以插入其他控制选项，如图 9-4 所示。

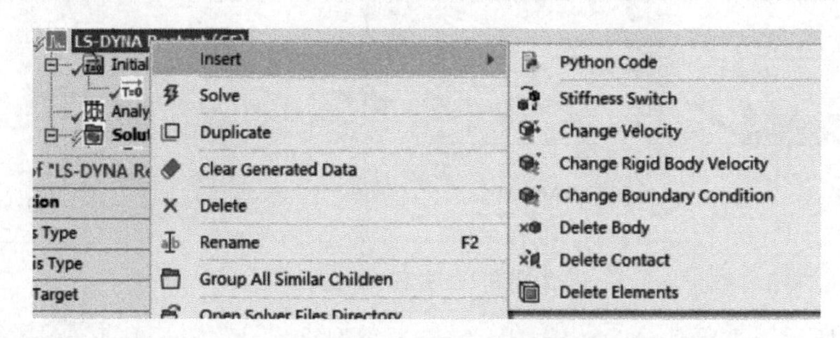

图 9-4 Small Restart 其他选项设置

【Python Code】：插入 Python 命令；

【Stiffness Switch】：刚柔转化；

【Change Velocity】：改变速度；

【Change Rigid Body Velocity】：改变刚体速度；

【Change Boundary Condition】：改变边界条件；

【Delete Body】：删除体模型；

【Delete Contact】：删除接触；

【Delete Elements】：删除单元。

9.1.3 完全重启动

完全重启动可对模型做重大修改，如添加 Part、载荷和接触。完全重启动需要一个二进制重启动文件（d3dump 文件）和一个完整的关键字输入文件（K 文件）。这个输入文件需要包含关于模型的完整描述，包括：

① 原输入文件中需要保留下来的已有节点、单元、Part、材料模型、接触、载荷等，这是从原输入文件中直接复制过来的。

② 从原输入文件复制过来而且可根据需要进行适当修改的，如控制设置和加载曲线等。

③ 新增的 Part、接触、材料模型和载荷。

在 Workbench LS-DYNA Restart 模块中，完全重启动的菜单栏选项与原 LS-DYNA 模块相同，Analysis Settings 中的选项会减少，如图 9-5 所示。

Analysis Settings
Solution (C6)

Details of "Analysis Settings"

Definition	
Restart Type	Full Restart
Step Controls	
Restart End Time	0.005 s
Time Step Safety Factor	0.9
Maximum Number Of Cycles	10000000
Automatic Mass Scaling	No
Damping Controls	
Global Damping	No
Output Controls	
Calculate Results At	Program Controlled
Stress File for Flexible Parts	No
Solver Controls	
Explicit Solution Only	Yes

图 9-5 Full Restart 中 Analysis 选项

9.2 小球坠网并反弹对靶板的作用

塑料小球以一定速度坠落在网上并弹起对钢板的作用，如图 9-6 所示。其中，球半径为 100mm，速度为 X 方向 10m/s，Y 方向 5m/s，Z 方向 −30m/s。

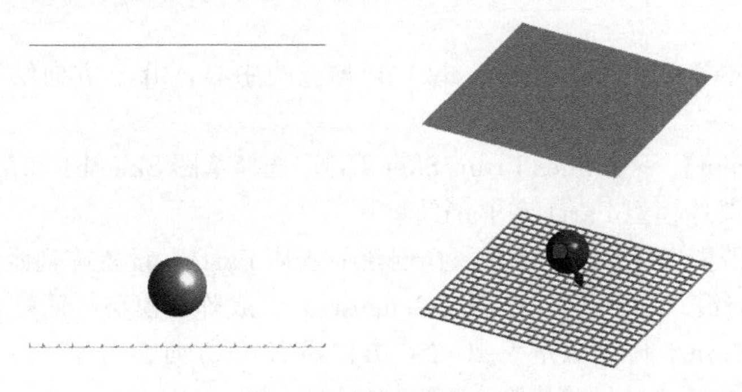

图 9-6 计算问题描述

在本模型中，网可以采用 LS-DYNA 中的 Cable 线缆单元，球和上板采用 Shell 单元即可。在小球坠落的时候，由于上板无作用，可以先把上板通过 Deformable To Rigid 转为刚体。

第一次重启动时，主要采用的是【Small Restart】，增加了计算时间，改变了时间步长控制选项。

第二次重启动时，采用的是【Full Restart】，删除了网 Part，将上板通过 Stiffness Switch 转化为弹性体，同时定义了球与上板的接触，用于查看弹回后的小球对上板的作用。

9.2.1 材料、几何处理

(1) 模块设置

选择 LS-DYNA 模块。

(2) 材料选择

在【Engineering Data】模块中选择【General Non-Linear Materials】材料库，选择“Aluminum Alloy NL”铝合金材料，在【ANSYS GRANTA Materials Data For Simulation (Sample)】材料库中，选择“Plastic，PA6”材料，如图 9-7 所示。

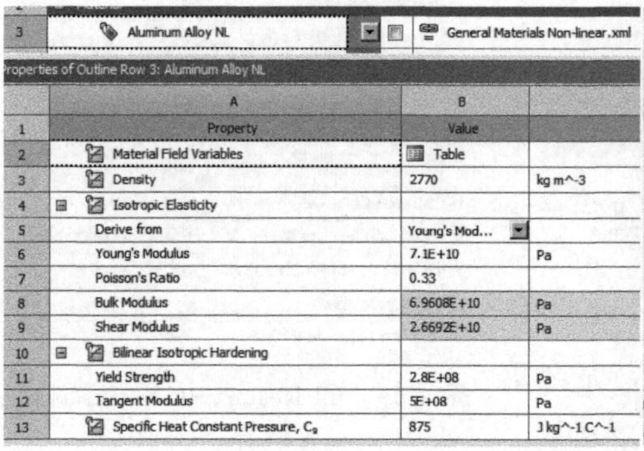

3	Aluminum Alloy NL	General Materials Non-linear.xml

Properties of Outline Row 3: Aluminum Alloy NL

	A	B	C
1	Property	Value	
2	Material Field Variables	Table	
3	Density	2770	kg m^-3
4	Isotropic Elasticity		
5	Derive from	Young's Mod...	
6	Young's Modulus	7.1E+10	Pa
7	Poisson's Ratio	0.33	
8	Bulk Modulus	6.9608E+10	Pa
9	Shear Modulus	2.6692E+10	Pa
10	Bilinear Isotropic Hardening		
11	Yield Strength	2.8E+08	Pa
12	Tangent Modulus	5E+08	Pa
13	Specific Heat Constant Pressure, C_p	875	J kg^-1 C^-1

(a) Aluminum Alloy NL

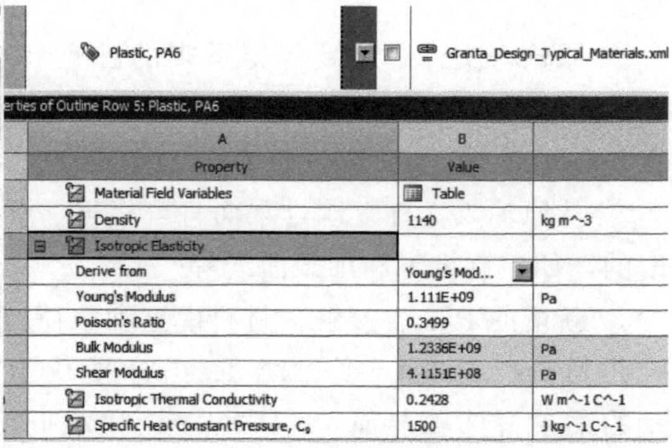

Plastic, PA6	Granta_Design_Typical_Materials.xml

Properties of Outline Row 5: Plastic, PA6

A	B	C
Property	Value	
Material Field Variables	Table	
Density	1140	kg m^-3
Isotropic Elasticity		
Derive from	Young's Mod...	
Young's Modulus	1.111E+09	Pa
Poisson's Ratio	0.3499	
Bulk Modulus	1.2336E+09	Pa
Shear Modulus	4.1151E+08	Pa
Isotropic Thermal Conductivity	0.2428	W m^-1 C^-1
Specific Heat Constant Pressure, C_p	1500	J kg^-1 C^-1

(b) Plastic，PA6

图 9-7 材料参数

(3) 几何模型构建

在 DM 模块中构建网和球体模型。

① 网的模型构建。

a. 在【XYPlane】中插入草图 Sketch1，以原点为中心，沿 X 方向绘制线段，设置线段的长度为 1000mm。

b. 在【XYPlane】中插入草图 Sketch2，以原点为中心，沿 Y 方向绘制线段，设置线段的长度为 1000mm。

c. 通过【Concept】→【Lines From Sketchs】，选择草图 Sketch1 和草图 Sketch2，点击【Generate】，构建线体模型 Part1 和 Part2。

d. 通过【Create】→【Pattern】，选择创建的线体 Part1，设置阵列距离为 50mm，阵列数量为 10 个，方向沿 X 正方向，点击【Generate】生成阵列模型。同样，再次选择 Part1，设置阵列距离为 50mm，阵列数量为 10 个，方向沿 X 负方向。同理，对 Part2 在 Y 方向进行阵列，阵列后形成正交的网格模型。

e. 通过【Create】→【Boolean】，设置【Operation】为 Unite，选择全部的线体，点击【Generate】，进行布尔加运算。

f. 通过【Concept】→【Cross Section】→【Circular】，设置单元的界面为圆形，设置圆

的半径为5mm。

g. 选择所有的线体单元，设置截面为【Circular1】，即网截面为半径5mm的圆柱。

② 球体模型构建。

通过【Create】→【Primitives】→【Sphere】，构建球体模型，设置【FD5】为200mm，【FD6】为100mm，【As Thin/Surface】为Yes，【FD1，Inner Thickness】为0mm，【FD2，Outer Thickness】为0，其他参数默认。点击【Generate】，生成坐标为（0，0，200）、半径为100mm的球的片体模型。

③ 板的模型构建。

通过【Create】→【Primitives】→【Box】，构建上板模型，设置【FD3】为－500mm，【FD4】为－500mm，【FD5】为1000mm，【FD6】为1000mm，【FD7】为1000mm，【FD8】为3mm，【As Thin/Surface】为No，其余参数默认即可，点击【Generate】生成块体模型。

通过【Tools】→【Mid Surface】，选中上述板的上下表面，点击【Generate】后生成中间面。

几何模型创建后如图9-8所示，包括网、小球和上板三个Part。

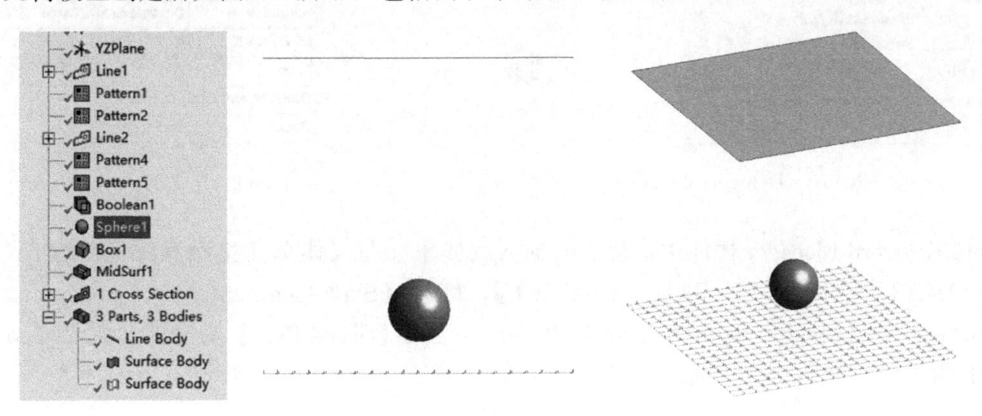

图9-8 几何模型

9.2.2 Model中前处理

(1) 基本条件

通过【Assignment】分别赋予不同Part对应的材料，网和球体赋予“Plastic，PA6”材料，上方的钢板赋予“Aluminum Alloy AL”材料。删除自动的【Body Interactions】接触。

(2) 网格划分

在【Mesh】模型树中，设置【Element Size】为0.01m，选择球体，右击插入【Method】，设置为MultiZone Quad，选择球体，右击插入【Face Meshing】，网格划分完成如图9-9所示。

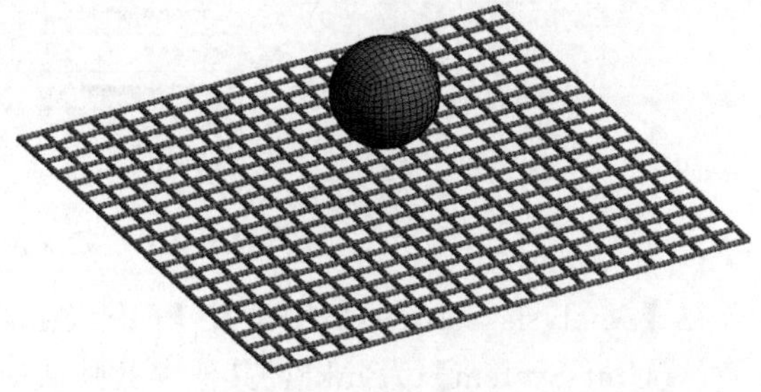

图9-9 网格划分

(3) 计算条件

选择球体，在【Initial Conditions】中

插入【Velocity】，在明细中，设置【Deifine By】为 Components，即采用坐标系进行速度定义，初始条件【X Component】为 10m/s，【Y Component 】为 5m/s，【Z Component】为－30m/s。

选择网模型的四个端点，插入【Fixed Support】，设置为固定。

在【LS-DYNA】模型树中，右击选择【Deformable To Rigid】，选择顶部靶板模型，即将其转化为刚性体，如图 9-10 所示。

选择网的体模型，右击插入【Section】，在明细中设置【Formulation】为 Discrete Beam/Cable，在【Discrete And Cable Controls】中选择 Cable，即线体采用 Cable 单元计算，如图 9-11 所示。

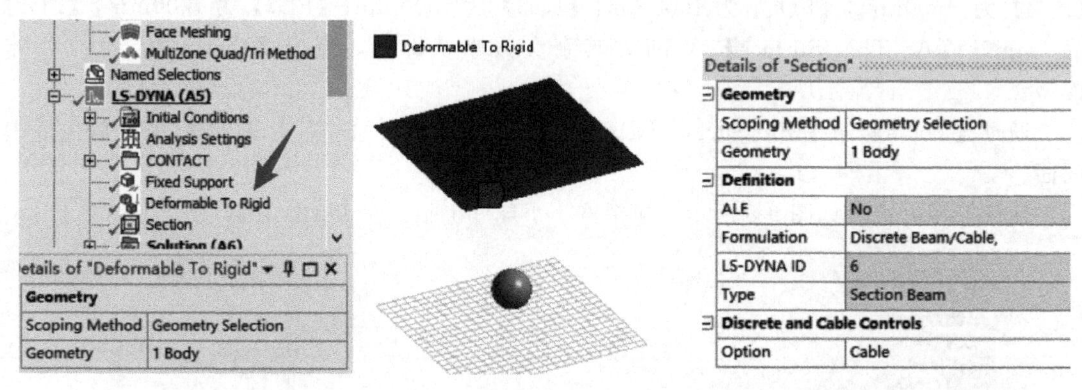

图 9-10　Deformable To Rigid 设置　　　图 9-11　定义网 Part 的 Section

在 Keyword Manager 插件中，搜索并插入线体单元与实体单元接触算法【CONTACT _ AUTOMATIC _ BEAMS _ TO _ SURFACE】，修改【Slave segment set of node set type】为 part，设置【Master segment type】为 part，定义【Slave Part】为球体，定义【Master Part】为网体，如图 9-12 所示。

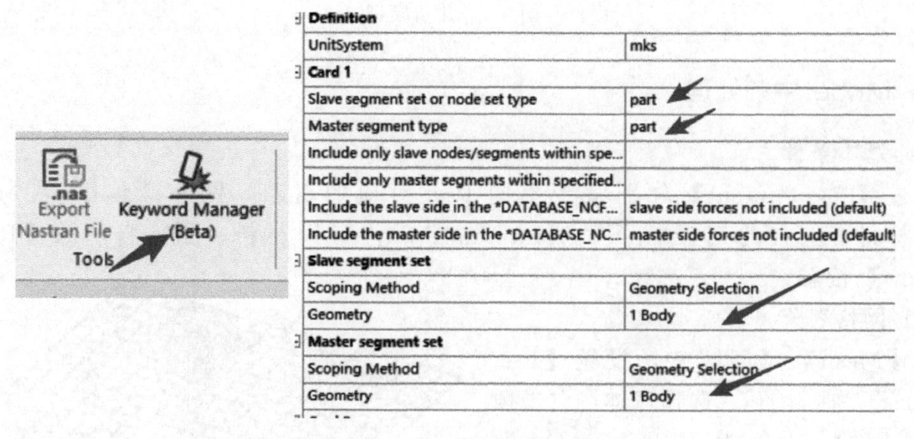

图 9-12　定义网与球的接触

在【Analysis Settings】中设置【End Time】为 0.05s，【Time Step Safety Factor】为 0.67，【Unit System】为 mks，其他参数默认即可。

点击【Solve】开始计算，计算结果如图 9-13 所示。

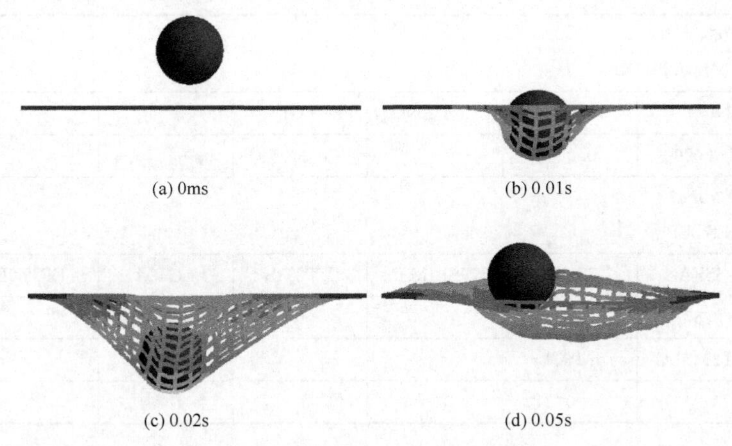

(a) 0ms　(b) 0.01s　(c) 0.02s　(d) 0.05s

图 9-13　不同时刻小球运动规律

核心关键字如下：

$初始速度 * INITIAL_VELOCITY_GENERATION							
$ SID	STYP	OMEGA	VX	VY	VZ	IVATN	ICID
2	2	0	10	5	−30	0	32
$ XC	YC	ZC	NX	NY	NZ	PHASE	UNUSED2
0	0	0	0	0	0	0	
$固定边界 * BOUNDARY_SPC_SET							
$ NSID	CID	DOFX	DOFY	DOFZ	DOFRX	DOFRY	DOFRZ
1	0	1	1	1	1	1	1
$刚柔转化，将上板转化为刚体 * DEFORMABLE_TO_RIGID							
$ PID	MRB	PTYPE					UNUSED
2	0	PSET					
$Cable 单元定义 * SECTION_BEAM							
$ ID	ELFORM	SHRF	QR	CST	SCOOR	NSM	UNUSED1
1	6	0.833	0	0	2	0	
$ VOL	INER	CID	CA	OFFSET	RRCON	SRCON	TRCON
0	0	0	7.85E-05	0	0	0	0
$Cable 单元材料 * MAT_CABLE_DISCRETE_BEAM							
$ ID	RO	E	LCID				UNUSED1
1	1140	1.11E+09	0				
$球与网之间接触 * CONTACT_AUTOMATIC_BEAMS_TO_SURFACE							
$ SSID	MSID	SSTYP	MSTYP	SBOXID	MBOXID	SPR	MPR
1	2	3	3	0	0	0	0
$ FS	FD	DC	VC	VDC	PENCHK	BT	DT
0	0	0	0	0	0	0	0
$ SFS	SFM	SST	MST	SFST	SFMT	FSF	VSF
0	0	0	0	0	0	0	0

$计算终止时间,0.05s *CONTROL_TERMINATION							
$ ENDTIM	ENDCYC	DTMIN	ENDENG	ENDMAS			UNUSED
0.05	10000000	0.001	0	100000			
$时间步长安全系数,0.67 *CONTROL_TIMESTEP							
$ DTINIT	TSSFAC	ISDO	TSLIMT	DT2MS	LCTM	ERODE	MS1ST
0	0.67	0	0	0	0	1	0
$ DT2MSF	DT2MSLC	IMSCL					UNUSED
0	0	0					

9.2.3 第一次重启动

第一次重启动采用【Small Restart】，删除原有的接触，增加计算时间，使得小球在空中运动，接近靶板。

关闭原 Model 界面，在 LS-DYNA 模块的【Solution】中右击，选择【LS-DYNA Restart】，程序会自动添加 LS-DYNA Restart，并与原模型关联进行重启动计算，如图 9-14 所示。

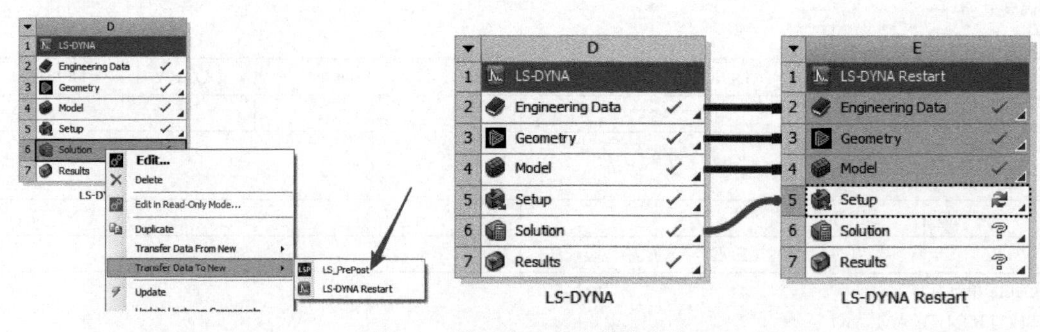

图 9-14 第一次重启动模块连接

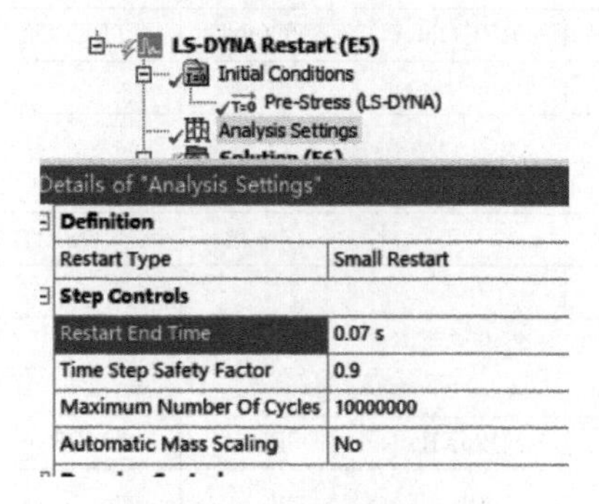

图 9-15 小型重启动设置

双击 LS-DYNA Restart 中的【Setup】进入重启动界面。

删除掉 LS-DYNA 中的原接触选项 Body Interactions，其余设置不变。

在 LS-DYNA Restart 中，在【Analysis Settings】中，选择【Restart Type】为 Small Restart，选择【Restart End Time】为 0.07s，设置【Time Step Safety Factor】为 0.9，其他参数默认，如图 9-15 所示。

点击【Solve】后进行计算，计算结果如图 9-16 所示。

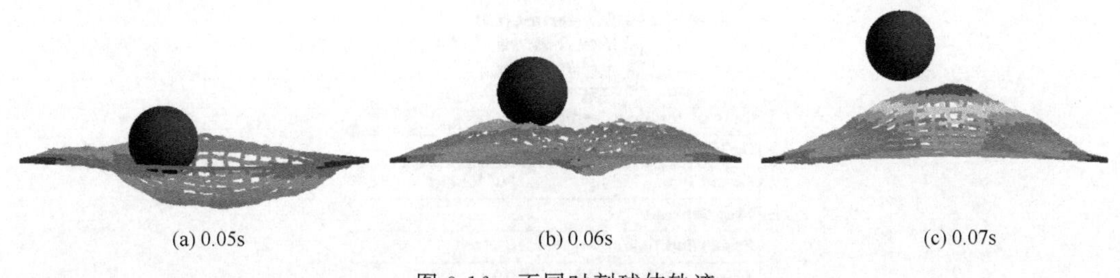

图 9-16 不同时刻球体轨迹

核心关键字如下：

$计算终止时间,0.07s,此值一般大于重启动前的计算时间 *CONTROL_TERMINATION							
$ ENDTIM	ENDCYC	DTMIN	ENDENG	ENDMAS			UNUSED
0.07	10000000	0.001	0	100000			
$时间步长系数,0.9 *CONTROL_TIMESTEP							
$ DTINIT	TSSFAC	ISDO	TSLIMT	DT2MS	LCTM	ERODE	MS1ST
0	0.9	0	0	0	0	1	0
$ DT2MSF	DT2MSLC	IMSCL					UNUSED
0	0	0					

9.2.4 第二次重启动

退出 LS-DYNA Restart 后，再次在 LS-DYNA Restart 的【Solution】中右击，选择【LS-DYNA Restart】，构建第二重的重启动。在第二次重启动中，需要删除掉网模型，只保留球体和靶板模型，靶板模型由原来的刚体转化为弹性体。

同样，退出 LS-DYNA Restart 中的 Model 界面，在【Setup】中右击选择【LS-DYNA Restart】，程序自动生成第二次重启动模块，如图 9-17 所示。

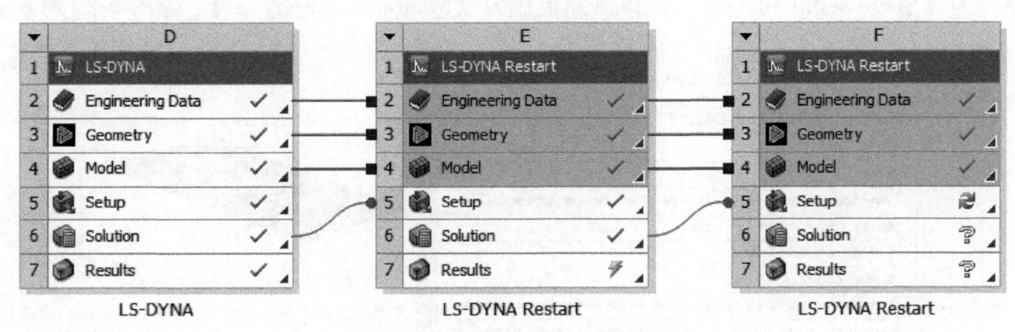

图 9-17 第二次重启动模块连接

双击第二次重启动的 Setup 模块，在第二次重启动中，选择【Restart Type】为 Full Restart，即采用完全重启动。设置【Restart End Time】为 0.14s，【Time Stpe Factor】为 0.9，其余参数默认，如图 9-18 所示。

通过 Keyword Manager 插件，将原网 Part 删除，只保留球体与靶板模型，通过添加

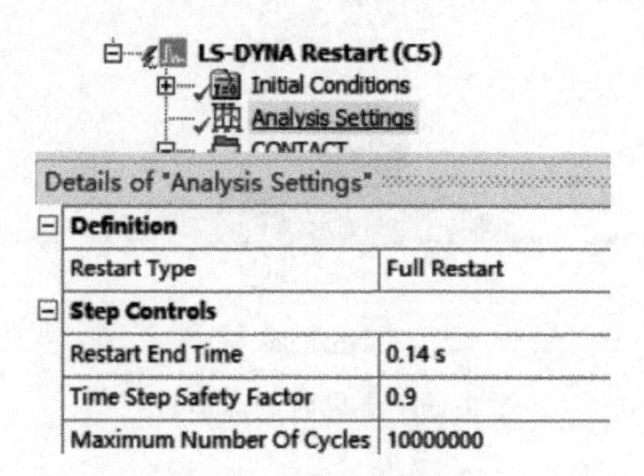

图 9-18　完全重启动设置

【*DELETE_ELEMENT_BEAM】，在【Geometry】中选择网 Part，即可在第二次重启动过程中将其删除，如图 9-19 所示。

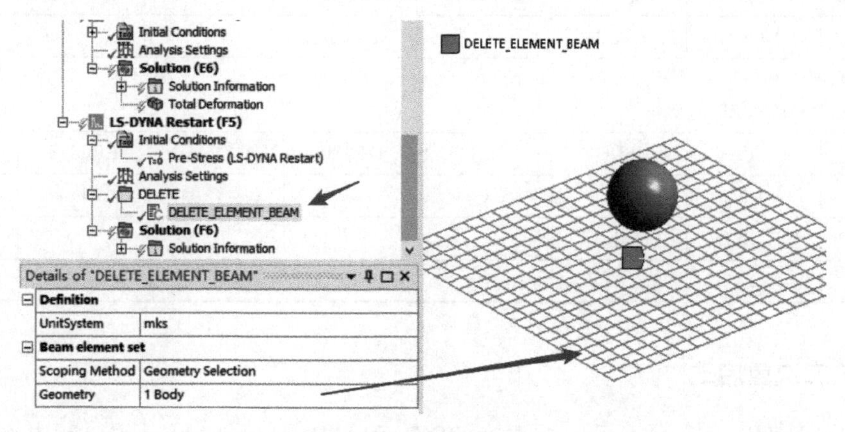

图 9-19　删除网 Part

通过 Keyword Manager，选择插入球体与靶板的接触关键字【*CONTACT_AUTOMATIC_SINGLE_SURFACE_TO_SURFACE】，在【Slave segment set or node...】中选择 include all for single surface definition，将【Master segment type】设置为 part，选择球体作为【Slave segment set】，选择顶部板作为【Master segment set】，如图 9-20 所示。

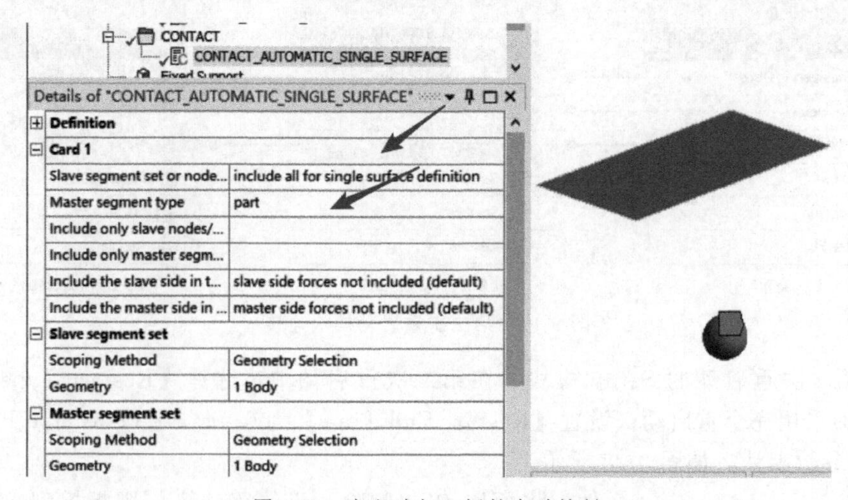

图 9-20　定义球与上板的自动接触

选择【LS-DYNA Restart】模型树，右击插入【Stiffness Switch】，选择上板体模型，将其从刚性体转化为弹性体，便于查看整体的变形情况，如图 9-21 所示。

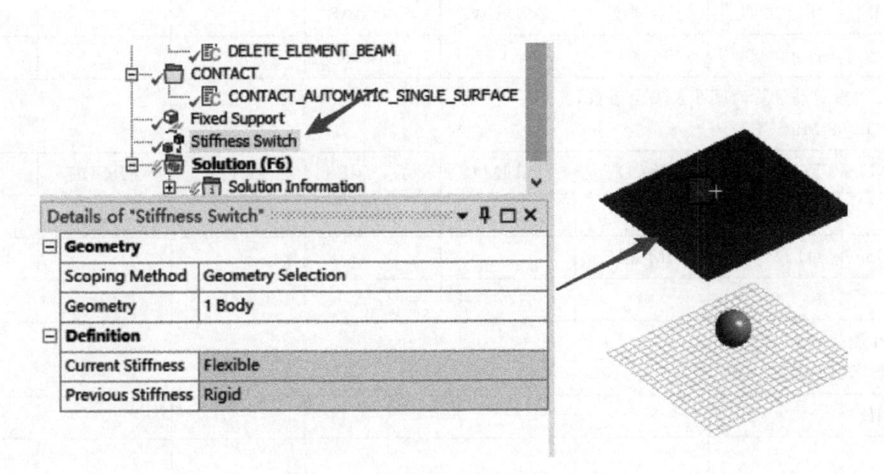

图 9-21　Stiffness Switch 刚柔转化

选择【LS-DYNA Restart】模型树，右击插入【Fixed Support】，对上板的四个边固定约束。

计算结果如图 9-22 所示，不同时刻，球体有不同的运动情况，坠网后弹起，作用在顶板上，然后再次反弹。

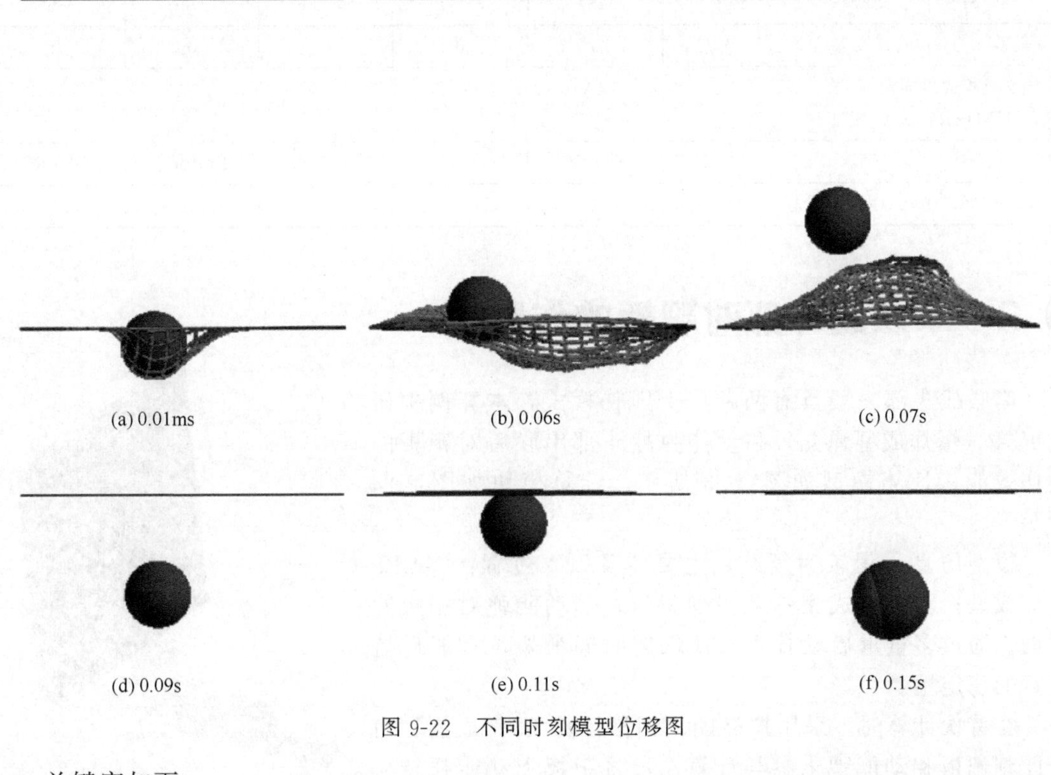

图 9-22　不同时刻模型位移图

关键字如下：

$定义第二次重启动计算时间,0.14s *CONTROL_TERMINATION							
$ ENDTIM	ENDCYC	DTMIN	ENDENG	ENDMAS			UNUSED
0.14	10000000	0.001	0	100000			
$定义第二次重启动计算时间步长安全系数,0.9 *CONTROL_TIMESTEP							
$ DTINIT	TSSFAC	ISDO	TSLIMT	DT2MS	LCTM	ERODE	MS1ST
0	0.9	0	0	0	0	1	0
$ DT2MSF	DT2MSLC	IMSCL					UNUSED
0	0	0					
$将网 Part 删除 *DELETE_ELEMENT_BEAM							
$ ESID							
2							
$定义球体与上板的接触 *CONTACT_AUTOMATIC_SINGLE_SURFACE							
$ SSID	MSID	SSTYP	MSTYP	SBOXID	MBOXID	SPR	MPR
0	3	5	3	0	0	0	0
$ FS	FD	DC	VC	VDC	PENCHK	BT	DT
0	0	0	0	0	0	0	0
$ SFS	SFM	SST	MST	SFST	SFMT	FSF	VSF
0	0	0	0	0	0	0	0
$定义上板边界固定 *BOUNDARY_SPC_SET							
$ NSID	CID	DOFX	DOFY	DOFZ	DOFRX	DOFRY	DOFRZ
1	0	1	1	1	1	1	1

9.3 串联战斗部对靶板的作用

串联战斗部一般具有两种以上毁伤模式，本算例中研究 EFP（爆炸成型弹丸）和动能弹战斗部串联后对靶板的毁伤效能，计算模型如图 9-23 所示，计算模块如图 9-24 所示。

模型仿真过程较为复杂，主要涉及以下过程：①EFP 爆炸成型；②爆炸成型弹丸侵彻靶板；③动能弹对靶板的侵彻。通过多重重启动技术，使求解时间最短，且能保持计算的稳定性。

在首次计算时，采用拉格朗日网格计算 EFP 成型，由于此刻靶板和动能弹未参与计算，可将靶板和动能弹转化为刚体结构，从而加快计算速度。

图 9-23 串联战斗部计算模型

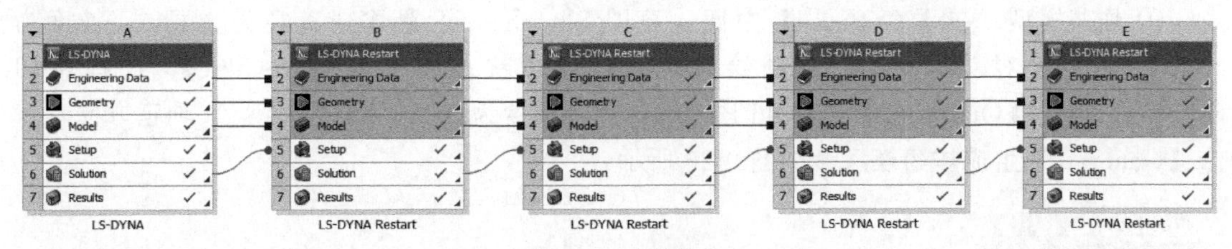

图 9-24　计算模块

第一次重启动时，通过 Small Restart，将网格畸变的炸药删除，保留 EFP 药型罩、靶板和动能弹模型。

第二次重启动时，通过 Full Restart，构建 EFP 药型罩侵彻靶板模型，将原靶板模型从刚体转化为弹性体，并添加弹丸与靶板的侵蚀接触等。

第三次重启动时，通过 Small Restart，将网格畸变的 EFP 药型罩删除，仅保留靶板和动能弹模型。

第四次重启动时，通过 Full Restart，构建动能弹侵彻靶板模型（此时靶板已经被 EFP 药型罩侵彻开坑），将原动能弹转化为弹性体模型，添加动能弹与靶板的侵蚀接触。

9.3.1　材料、几何处理

（1）模块设置

选择 LS-DYNA 模块。

（2）材料模型

在 Engineering Data 模块中，通过【Explicit Materials】材料库加载 CU-OFHC2、STEEL1006、STEEL S-7 材料，添加 TNT 炸药。在 CU-OFHC2 中添加【Principal Strain Failure】，设置【Maximum Principal Strain】为 1.5。同样，在 STEEL 1006 中设置【Maximum Principal Strain】为 0.75，如图 9-25 所示，在 STEEL S-7 中设置【Maximum Principal Strain】为 0.75。

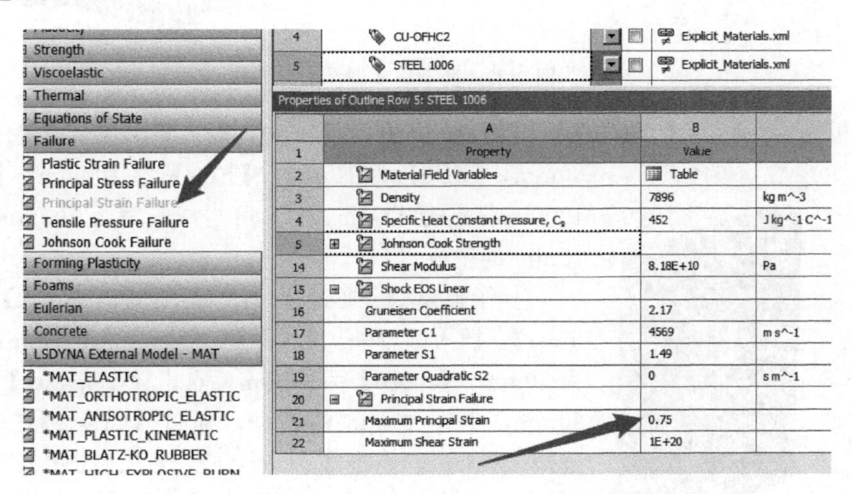

图 9-25　Maximum Principal Strain 设置

（3）几何建模

在 DM 模块中构建模型。

① 炸药模型。在【XYPlane】中插入草图 Sketch1，设置炸药直径为 20mm，长度为 40mm，圆弧半径为 30mm。草图绘制完成，通过快捷工具栏【Revolve】，选择草图 Sketch1，设置【Operation】为 Add Frozen，旋转角度为 90°，旋转方向为 X 轴正方向，点击【Generate】生成炸药模型，如图 9-26 所示。

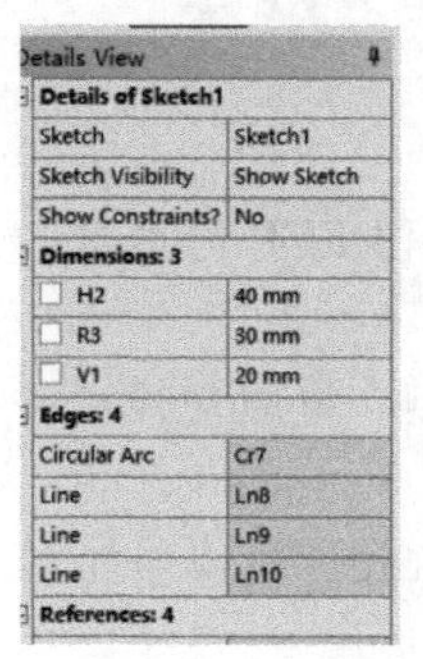

Details View	
Details of Sketch1	
Sketch	Sketch1
Sketch Visibility	Show Sketch
Show Constraints?	No
Dimensions: 3	
H2	40 mm
R3	30 mm
V1	20 mm
Edges: 4	
Circular Arc	Cr7
Line	Ln8
Line	Ln9
Line	Ln10
References: 4	

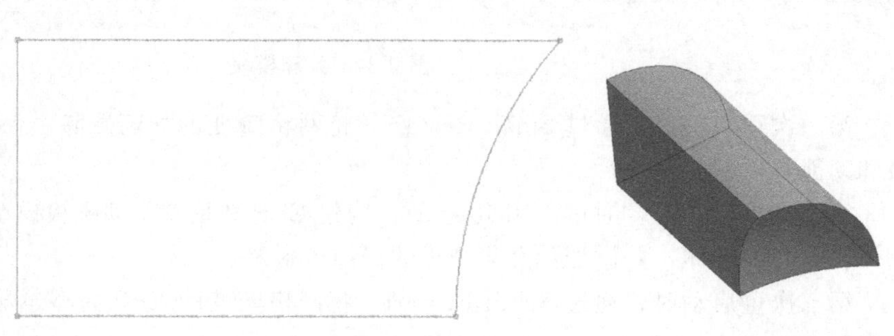

图 9-26 炸药模型参数

② 药型罩模型。在【XYPlane】中插入草图 Sketch2，设置药型罩尺寸厚度为 2.5mm，与炸药圆弧处贴合。草图绘制完成，通过快捷工具栏【Revolve】，选择草图 Sketch2，设置【Operation】为 Add Frozen，旋转角度为 90°，旋转方向为 X 轴正方向，点击【Generate】生成药型罩模型，如图 9-27 所示。

Details of Sketch2	
Sketch	Sketch2
Sketch Visibility	Show Sketch
Show Constraints?	No
Dimensions: 1	
H4	2.5 mm
Edges: 4	
Line	Ln13
Circular Arc	Cr14
Line	Ln15
Circular Arc	Cr16
References: 3	
Ln10	Sketch1
Cr7	Sketch1

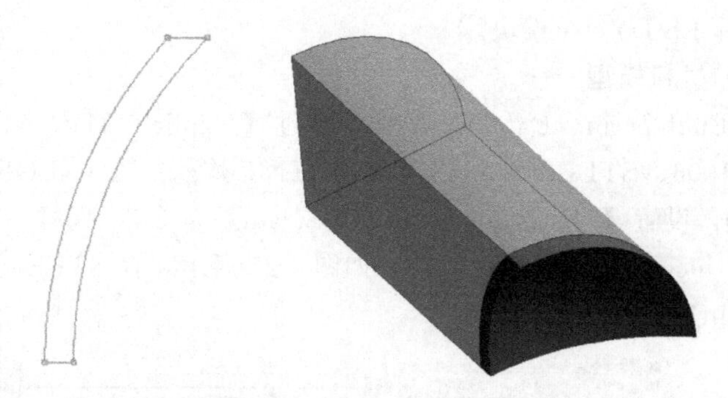

图 9-27 药型罩模型参数

③ 靶板模型。通过【Create】→【Primitive】→【Box】，插入矩形块，设置【FD3】为 30mm，【FD6】为 10mm，【FD7】为 100mm，【FD8】为 100mm，点击【Generate】可生成长宽为 100mm，厚度为 10mm 的靶板。

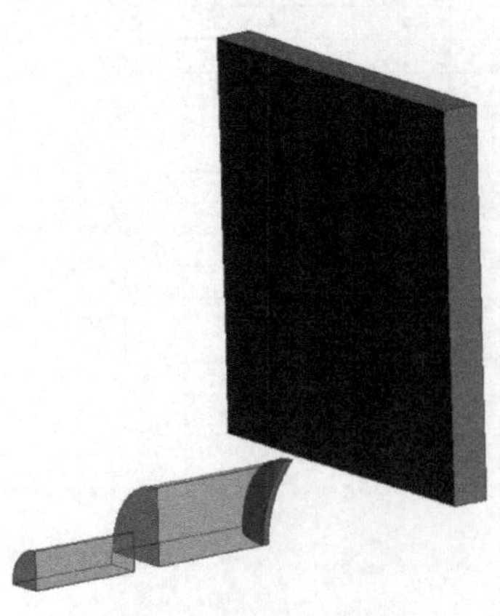

图 9-28 计算几何模型

④ 子弹模型。通过【Create】→【Primitive】→【Cylinder】，插入圆柱块，设置【FD5】为－100mm，【FD8】为 30mm，【FD10】为 10mm，点击【Generate】生成长度 30mm，半径 10mm 的圆柱。通过【Create】→【Slice】，选择 ZXPlane，点击【Generate】，对模型进行 ZX 面分割；再次通过【Create】→【Slice】，选择 XYPlane，点击【Generate】，对模型进行 XY 面分割，保留第一象限模型，右击【Suppress】抑制其他模型。最终生成的计算几何模型如图 9-28 所示。

9.3.2 Model中前处理

（1）通用条件

通过【Assignment】分别赋予对应Part不同材料，设置炸药为TNT，药型罩为CU-OFHC2、靶板为STEEL 1006、子弹为STEEL S-7，其他参数默认。

点击【Model】，右击插入【Symmetry】，右击【Symmetry】插入【Symmetry Region】，选择模型所有关于 Y 轴和 Z 轴对称的面。

在【Connections】中删除或者抑制所有接触。

（2）网格划分

在Mesh模型树中，设置【Element Size】为1mm，点击Mesh模型树，右击插入【Method】，选择所有模型，设置【Method】为MultiZone，再次右击插入【Face Meshing】，选择所有面，右击【Generate Mesh】可生成全六面体网格模型，如图9-29所示。

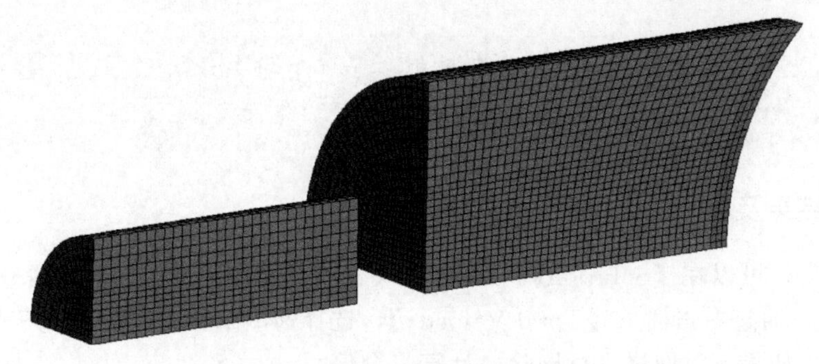

图9-29 网格划分

（3）计算设置

在【Analysis Settings】中设置【End Time】为3E－5s，【Time Step Factor】为0.6，【Unit System】为mks，其他参数模默认。

通过Keyword Manager，插入【CONTACT_SLIDING_ONLY_PENALTY】接触，设置【Unitsystem】为mks，选择药型罩内表面为【Slave segment set】，选择炸药与药型罩接触面为【Master segment set】，如图9-30所示。

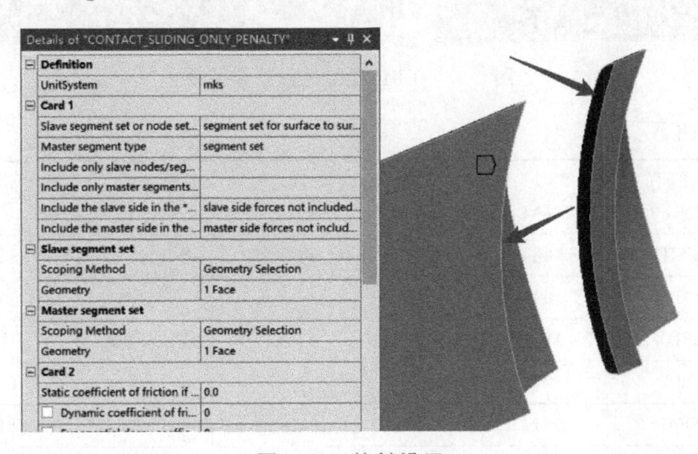

图9-30 接触设置

在LS-DYNA模型树中，右击插入【Detonation Point】，选择炸药的顶点处，如图9-31所示。

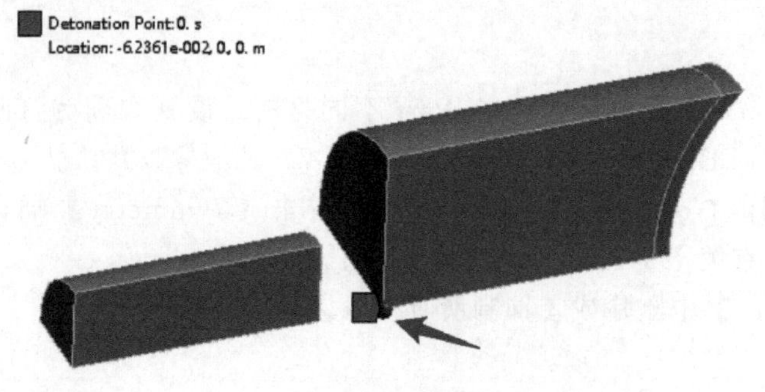

图9-31　炸点设置

在LS-DYNA模型树中，选择靶板和子弹，右击【Deformable To Rigid】，将其转化为刚体。其他参数默认即可。

注： 因为在EFP成型的过程中，靶板和子弹对结果没有影响，之前将所有自动接触删除，此处再把子弹和靶板定义为刚体，可加速计算。

9.3.3　计算结果及后处理

计算完成后，可以在【Solution】中右击插入【Total Deformation】查看整体变形情况，如图9-32所示。通过右击插入【Total Velocity】，选择药型罩，可以看到由于炸药在爆炸过程中变形较大，如果不对网格进行删除，计算将会停止。

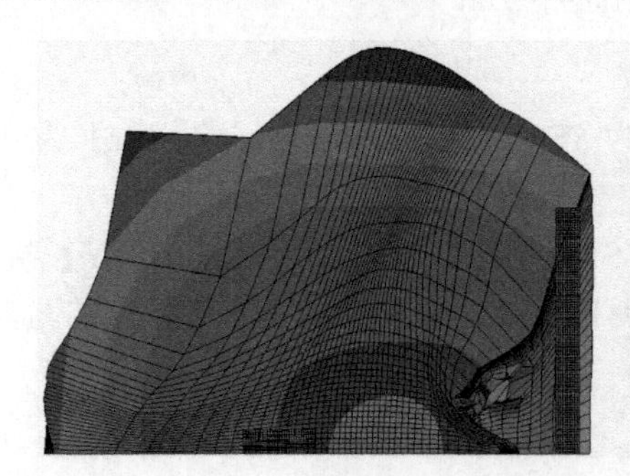

图9-32　EFP成型过程计算结果

核心关键字如下：

$定义炸药与药型罩之间的接触 *CONTACT_SLIDING_ONLY_PENALTY							
$　SSID	MSID	SSTYP	MSTYP	SBOXID	MBOXID	SPR	MPR
4	5	0	0	0	0	0	0
$　FS	FD	DC	VC	VDC	PENCHK	BT	DT
0	0	0	0	0	0	0	0
$　SFS	SFM	SST	MST	SFST	SFMT	FSF	VSF
0	0	0	0	0	0	0	0

$将模型转化为刚体 *DEFORMABLE_TO_RIGID							
$　PID	MRB	PTYPE					UNUSED
3	0	PSET					

9.3.4　第一次重启动（炸药删除）

为避免炸药网格畸变导致计算停止，需要将炸药 Part 进行删除。退出 Model 后，在计算的 Solution 中，右击【Transfer Data To New】，选择【LS-DYNA Restart】进行第一次重启动。

设置【Restart Type】为 Small Restart，【Restart End Time】为 3.1E－5s，【Time Step Factor】为 0.67。

点击【LS-DYNA Restart】，右击选择【Delete Body】，选择炸药 Body，如图 9-33 所示。

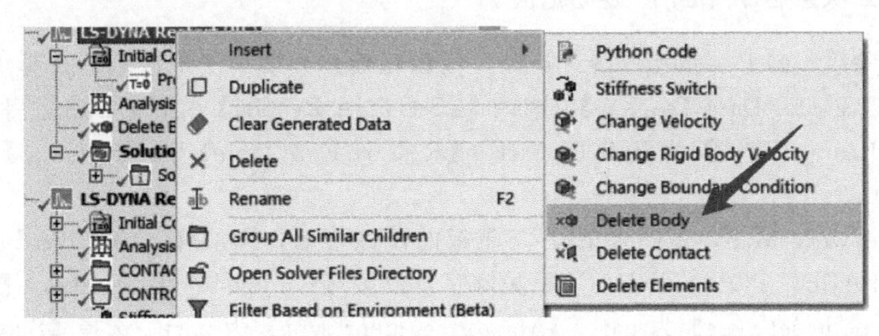

图 9-33　炸药 Part 删除

点击菜单栏【Solve】即可开始重启动计算。计算完成后，炸药在重启动的过程中被删除，如图 9-34 所示。

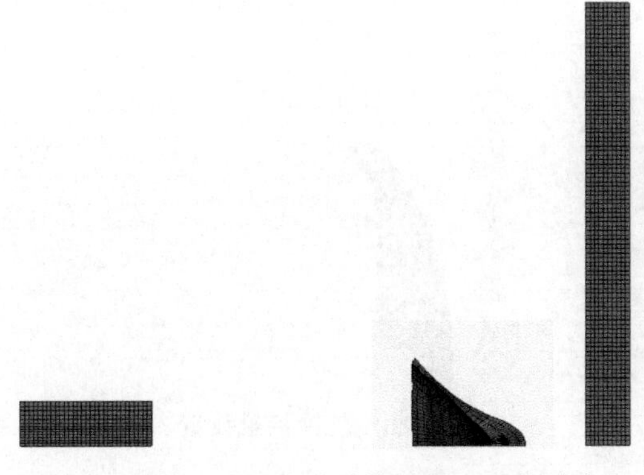

图 9-34　第一次重启动计算结果（炸药删除）

核心关键字如下：

$设置第一次重启动的计算时间 *CONTROL_TERMINATION							
$　ENDTIM	ENDCYC	DTMIN	ENDENG	ENDMAS			UNUSED
3.10E－05	10000000	0.001	0	100000			

$设置第一次重启动的计算时间步长安全系数 *CONTROL_TIMESTEP							
$　DTINIT	TSSFAC	ISDO	TSLIMT	DT2MS	LCTM	ERODE	MS1ST
0	0.67	0	0	0	0	1	0
$ DT2MSF	DT2MSLC	IMSCL					UNUSED
0	0	0					
$将炸药删除 *DELETE_PART							
$　ID1	ID2	ID3	ID4	ID5	ID6	ID7	ID8
1	0	0	0	0	0	0	0

9.3.5 第二次重启动（EFP侵彻靶板）

炸药删除后，EFP保留速度继续运动，侵彻靶板。在第一次重启动的计算【Solution】中，右击【Transfer Data To New】，选择【LS-DYNA Restart】进行第二次重启动。

设置【Restart Type】为Full Restart，【Restart End Time】为5E－5s，【Time Step Factor】为0.3。

通过Keyword Manager插入EFP与靶板的侵蚀接触，添加【*CONTACT_ERODING_SURFACE_TO_SURFACE】关键字，设置【Unitsystem】为mks，【Slave segment set or node set type】为part，【Master segment type】为part，选择【Slave segment set】为药型罩，选择【Master segment set】为靶板，如图9-35所示。

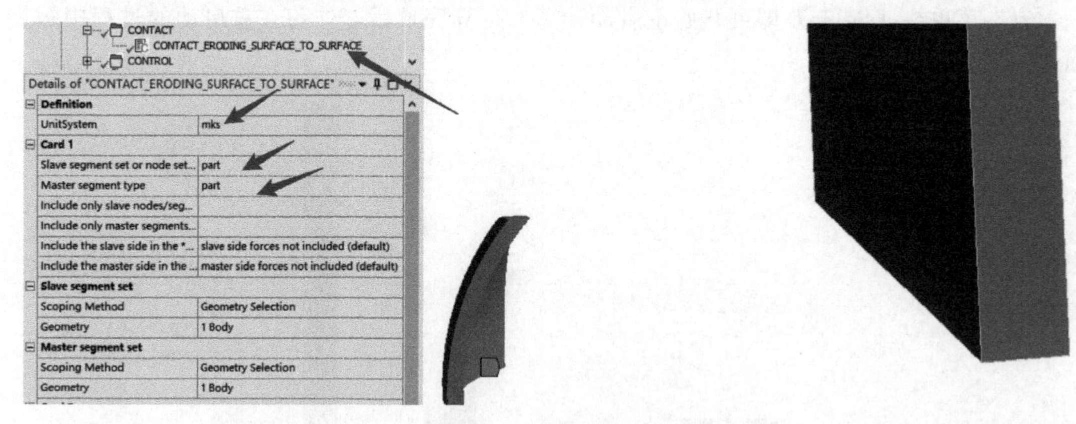

图9-35　侵蚀接触设置

通过Keyword Manager插入【*CONTROL_CONTACT】，设置【Scale factor for sliding interface penalties】为0.5，如图9-36所示。

在【LS-DYNA Restart】中右击选择【Stiffness Switch】，选择靶板，将原刚体靶板转化为弹性体靶板，如图9-37所示。

设置完成后，点击【Solve】进行计算，可以看到在5E－5s时，EFP已经侵彻进靶板中，如图9-38所示。

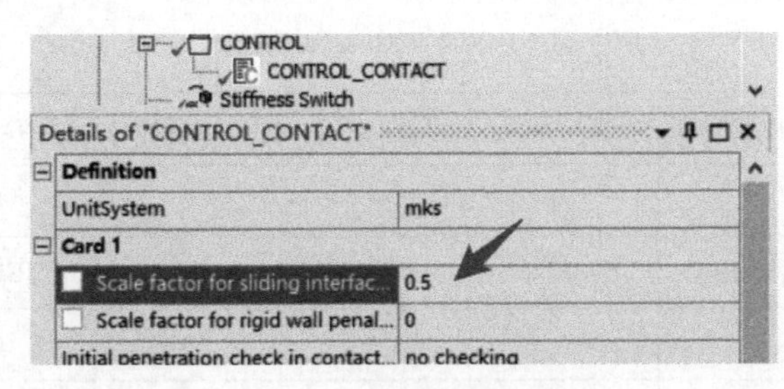

图 9-36 接触刚度设置

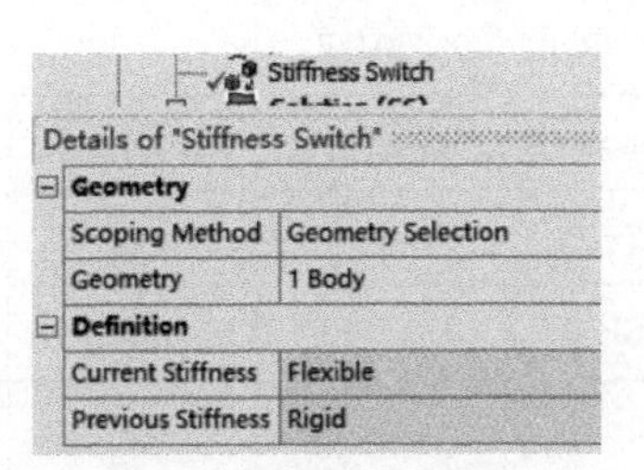

图 9-37 刚体转为弹性体

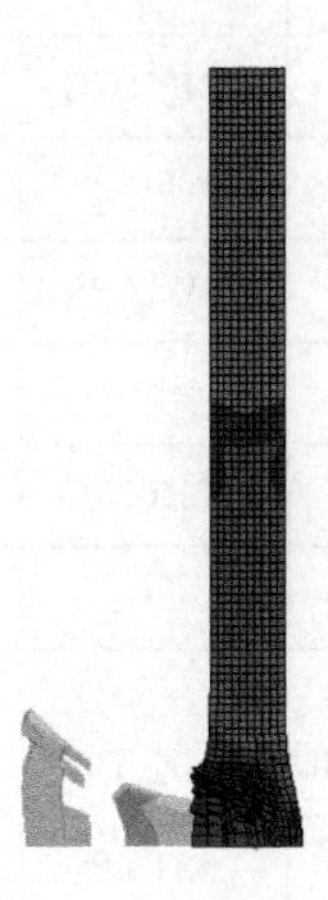

图 9-38 EFP 侵彻靶板

核心关键字如下：

$设置第二次重启动时间 *CONTROL_TERMINATION							
$ ENDTIM	ENDCYC	DTMIN	ENDENG	ENDMAS			UNUSED
5.00E−05	10000000	0.001	0	100000			
$设置第二次重启动时间步长安全系数 *CONTROL_TIMESTEP							
$ DTINIT	TSSFAC	ISDO	TSLIMT	DT2MS	LCTM	ERODE	MS1ST
0	0.3	0	0	0	0	1	0
$ DT2MSF	DT2MSLC	IMSCL					UNUSED
0	0	0					
$设置第二次重启动输出 *CHANGE_OUTPUT							
$ IASCII							UNUSED1
1							
$应力初始化 *STRESS_INITIALIZATION							

$接触刚度设置 *CONTROL_CONTACT							
$ SLSFAC	RWPNAL	ISLCHK	SHLTHK	PENOPT	THKCHG	ORIEN	ENMASS
5.00E−01	0	1	0	0	0	0	0
$ USRSTR	USRFRC	NSBCS	INTERM	XPENE	SSTHK	ECDT	TIEDPRJ
0	0	0	0	0	0	0	0
$ SFRIC	DFRIC	EDC	VFC	TH	TH_SF	PEN_SF	
0	0	0	0	0	0	0	0
$ IGNORE	FRCENG	SKIPRWG	OUTSEG	SPOTSTP	SPOTDEL	SPOTHIN	
0	0	0	0	0	0	0	0
$ ISYM	NSEROD	RWGAPS	RWGDTH	RWKSF	ICOV	SWRADF	ITHOFF
0	0	0	0	0	0	0	0
$ SHLEDG	PSTIFF	ITHCNT	TDCNOF	FTALL	UNUSED	SHLTRW	IGACTC
0	0	0	0	0	0	0	0
$EFP 与靶板侵蚀接触 *CONTACT_ERODING_SURFACE_TO_SURFACE							
$ SSID	MSID	SSTYP	MSTYP	SBOXID	MBOXID	SPR	MPR
2	3	3	3	0	0	0	0
$ FS	FD	DC	VC	VDC	PENCHK	BT	DT
0	0	0	0	0	0	0	0
$ SFS	SFM	SST	MST	SFST	SFMT	FSF	VSF
0	0	0	0	0	0	0	0
$ ISYM	EROSOP	IADJ					
0	0	0					

9.3.6 第三次重启动（删除 EFP）

为避免药型罩网格畸变导致计算停止，需要将药型罩 Part 进行删除。在计算的 Solution 中，右击选择【Transfer Data To New】，选择【LS-DYNA Restart】进行第一次重启动。设置【Restart Type】为 Small Restart，【Restart End Time】为 5.1E−5s，【Time Step Factor】为 0.67。

点击【LS-DYNA Restart】，右击选择【Delete Body】，选择药型罩 Body。

点击计算即可开始重启动计算。计算完成后，药型罩在重启动的过程中被删除，如图 9-39 所示。

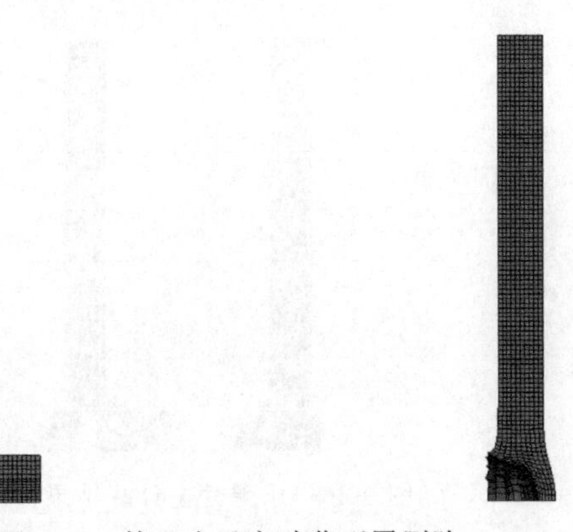

图 9-39 第三次重启动药型罩删除

核心关键字如下：

$设置第三次重启动的计算时间 *CONTROL_TERMINATION							
$ ENDTIM	ENDCYC	DTMIN	ENDENG	ENDMAS			UNUSED
5.10E−05	10000000	0.001	0	100000			
$设置第三次重启动的计算时间步长安全系数 *CONTROL_TIMESTEP							
$ DTINIT	TSSFAC	ISDO	TSLIMT	DT2MS	LCTM	ERODE	MS1ST
0	0.67	0	0	0	0	1	0
$ DT2MSF	DT2MSLC	IMSCL					UNUSED
0	0	0					
$将 EFP 删除 *DELETE_PART							
$ ID1	ID2	ID3	ID4	ID5	ID6	ID7	ID8
2	0	0	0	0	0	0	0

9.3.7 第四次重启动（子弹侵彻靶板）

炸药和药型罩删除后，在重启动的计算 Solution 中，右击选择【Transfer Data To New】，选择【LS-DYNA Restart】进行第四次重启动。

设置【Restart Type】为 Full Restart，【Restart End Time】为 0.0003s，【Time Step Factor】为 0.6。

通过 Keyword Manager 插入子弹与靶板的侵蚀接触，插入【*CONTACT_ERODING_SURFACE_TO_SURFACE】关键字，设置【Unitsystem】为 mks，设置【Slave segment set or node set type】为 part，设置【Master segment type】为 part，选择【Slave segment set】为子弹，选择【Master segment set】为靶板。

在【LS-DYNA Restart】中右击，选择【Stiffness Switch】，选择子弹，将原刚体子弹转化为弹性体子弹。

点击菜单栏【Solve】进行求解，第四次重启动后，子弹对靶板的侵彻计算结果如图 9-40 所示。

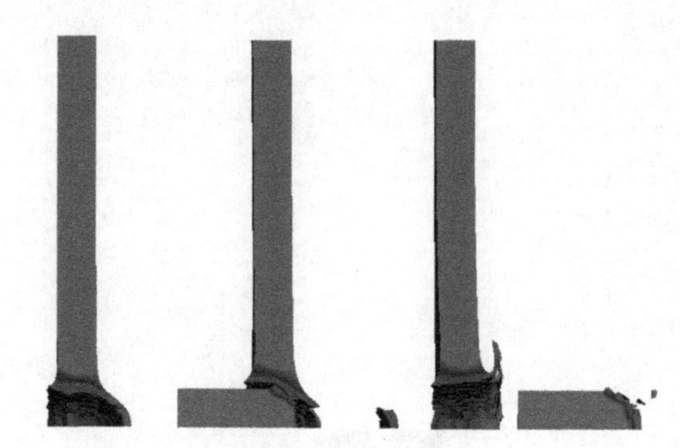

图 9-40　子弹冲击计算结果

关键字如下：

$设置第四次重启动时间 * CONTROL_TERMINATION							
$　ENDTIM	ENDCYC	DTMIN	ENDENG	ENDMAS			UNUSED
0.004	10000000	0.001	0	100000			

$设置第四次重启动时间步长 * CONTROL_TIMESTEP							
$　DTINIT	TSSFAC	ISDO	TSLIMT	DT2MS	LCTM	ERODE	MS1ST
0	0.6	0	0	0	0	1	0
$　DT2MSF	DT2MSLC	IMSCL					UNUSED
0	0	0					

$设置第四次重启动输出 * CHANGE_OUTPUT							
$　IASCII							UNUSED1
1							

$应力初始化 * STRESS_INITIALIZATION

$子弹速度定义 * CHANGE_VELOCITY_GENERATION							
$　SID	STYP	OMEGA	VX	VY	VZ	IVATN	ICID
4	2	0	800	0	0	0	38
$　XC	YC	ZC	NX	NY	NZ	PHASE	UNUSED2
0	0	0	0	0	0	0	

$接触刚度设置 * CONTROL_CONTACT							
$　SLSFAC	RWPNAL	ISLCHK	SHLTHK	PENOPT	THKCHG	ORIEN	ENMASS
5.00E−01	0	1	0	0	0	0	0
$　USRSTR	USRFRC	NSBCS	INTERM	XPENE	SSTHK	ECDT	TIEDPRJ
0	0	0	0	0	0	0	0
$　SFRIC	DFRIC	EDC	VFC	TH	TH_SF	PEN_SF	

$设置第四次重启动时间 *CONTROL_TERMINATION							
0	0	0	0	0	0	0	0
$ IGNORE	FRCENG	SKIPRWG	OUTSEG	SPOTSTP	SPOTDEL	SPOTHIN	
0	0	0	0	0	0	0	0
$ ISYM	NSEROD	RWGAPS	RWGDTH	RWKSF	ICOV	SWRADF	ITHOFF
0	0	0	0	0	0	0	0
$ SHLEDG	PSTIFF	ITHCNT	TDCNOF	FTALL	UNUSED	SHLTRW	IGACTC
0	0	0	0	0	0	0	0
$子弹与靶板侵蚀接触 *CONTACT_ERODING_SURFACE_TO_SURFACE							
$ SSID	MSID	SSTYP	MSTYP	SBOXID	MBOXID	SPR	MPR
4	3	3	3	0	0	0	0
$ FS	FD	DC	VC	VDC	PENCHK	BT	DT
0	0	0	0	0	0	0	0
$ SFS	SFM	SST	MST	SFST	SFMT	FSF	VSF
0	0	0	0	0	0	0	0
$ ISYM	EROSOP	IADJ					
0	0	0					

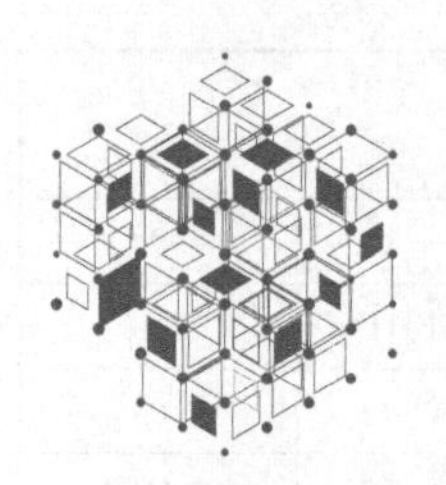

第10章 隐式非线性问题求解

LS-DYNA是著名的显式动力学求解程序，兼具隐式分析，通常情况下针对非线性瞬态动力学进行时间历程较长的分析，需要采用隐式算法，如图10-1所示，典型计算问题如下：

- 冲压成型后回弹计算；
- 应力初始化；
- 冲击后低频动力响应；
- 静力学分析；
- 特征值分析；

……

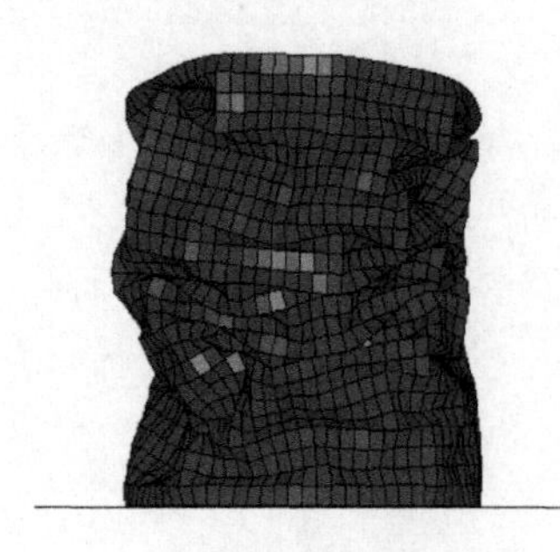

(a) 结构屈曲分析

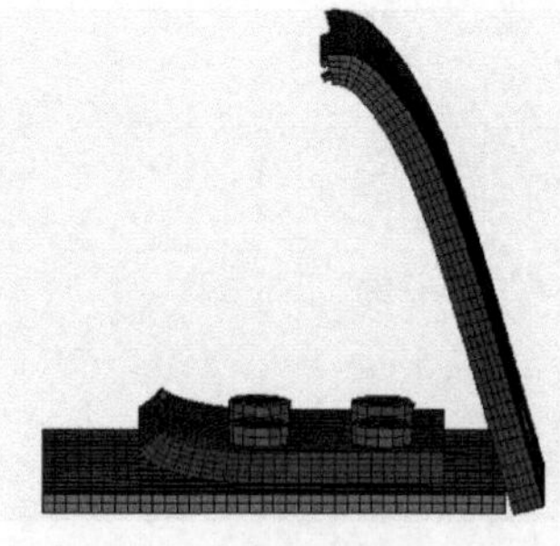

(b) 材料断裂

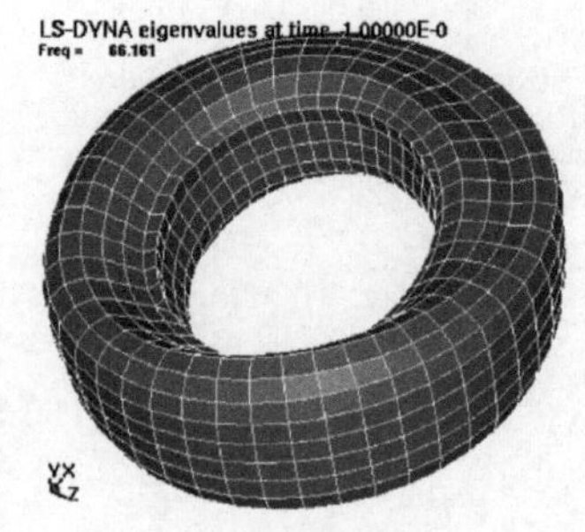

(c) 求解特征值

图10-1 隐式分析典型应用

10.1 隐式问题

常见的隐式分析关键字较多，主要如下：

*CONTROLIMPLICIT_AUTO
*CONTROL_IMPLICIT_BUCKLE
*CONTROL_IMPLICTT_CONSISTENT_MASS
*CONTROL_IMPLICIT_DYNAMICS
*CONTROL_IMPLICIT_EIGENVALUE
*CONTROL_IMPLICIT_FORMING
*CONTROL_IMPLICIT_GENERAL
*CONTROL_IMPLICIT_lNERTIA_RELIEF
*CONTROL_IMPLICIT_JOINTS
*CONTROL_IMPLICIT_MODES
*CONTROL_IMPLICIT_ROTATIONAL_DYNAMICS
*CONTROL_IMPLICIT_SOLUTION
*CONTROL_IMPLICIT_SOLVER
*CONTROL_IMPLICIT_STABILIZATION
*CONTROL_IMPLICIT_STATIC_CONDENSATION
*CONTROL_IMPLICIT_TERMINATION
……

其中，Workbench中常见的隐式分析关键字如下，其余关键字可以通过插入命令或者通过Keyword Manager插件进行加载。

*CONTROL_IMPLICIT_GENERAL
*CONTROL_IMPLICIT_SOLUTION
*CONTROL_IMPLICIT_SOLVER
*CONTROL_IMPLICIT_AUTO

10.2 圆管的压缩

横梁以一定速度向下运动，直至压溃圆管。计算时间为1s，其中横梁运动距离为0.05m，垂直于圆管向下，圆管两端固定，如图10-2所示。

由于此模型计算时间较长，建议采用隐式求解方式。

10.2.1 材料、几何处理

(1) 模块选择

选择LS-DYNA模块。

(2) 材料模型

通过双击【Engineering Data】，进入材料编辑界面，在【General Non-Linear Materials】材料库中选择Structural Steel NL材料，如图10-3所示。

(3) 几何模型

在【Geometry】模块中，右击选择【Edit Geometry In Design Modeler】，进入DM几何编辑。

图10-2 模型描述

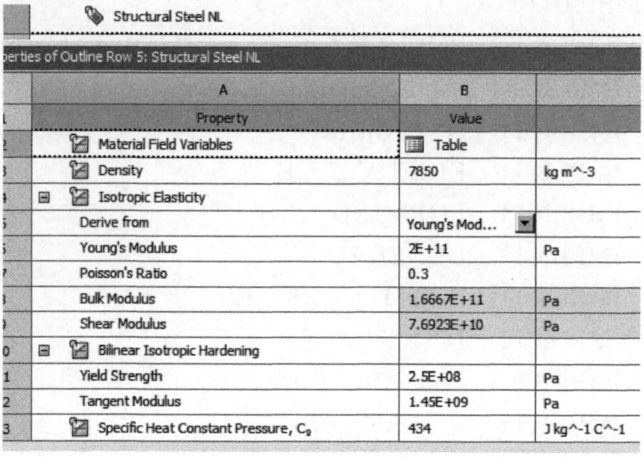

Structural Steel NL

perties of Outline Row 5: Structural Steel NL

A	B	
Property	Value	
Material Field Variables	Table	
Density	7850	kg m^-3
Isotropic Elasticity		
Derive from	Young's Mod...	
Young's Modulus	2E+11	Pa
Poisson's Ratio	0.3	
Bulk Modulus	1.6667E+11	Pa
Shear Modulus	7.6923E+10	Pa
Bilinear Isotropic Hardening		
Yield Strength	2.5E+08	Pa
Tangent Modulus	1.45E+09	Pa
Specific Heat Constant Pressure, C_p	434	J kg^-1 C^-1

图 10-3　材料模型

创建圆管模型：选择【Create】→【Primitive】→【Cylinder】，设置【FD5】为－150mm，【FD8】为 300mm，【FD10】为 50mm，【As Thin Surface】为【Yes】，【FD1，Inner Thickness】为 0mm，【FD2，Outer Thickness】为 0mm。点击【Generate】，即完成圆管壁面模型的构建。

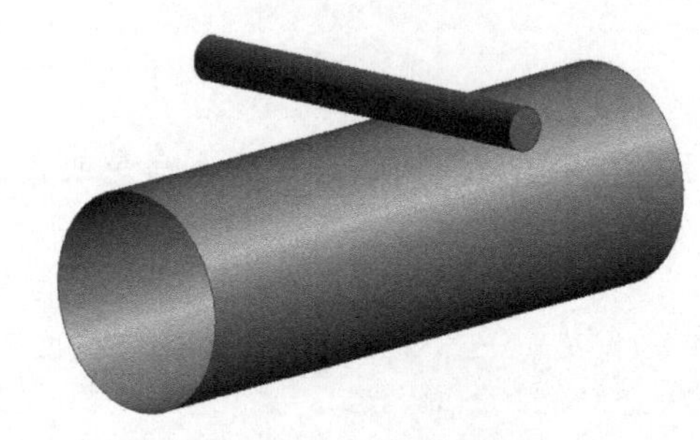

图 10-4　计算几何模型

创建横梁模型：选择【Create】→【Primitive】→【Cylinder】，设置【FD4】为 65mm，【FD8】为 200mm，【FD10，Radius】为 10mm，点击【Generate】创建长 200mm、半径为 10mm 的圆柱。

模型创建完成后如图 10-4 所示。

10.2.2　Model 中前处理

（1）基本前处理

双击进入【Model】模块，在【Geometry】模型树中，通过【Thickness】设置，给圆管赋予截面厚度为 0.001m，通过【Assignment】设置，赋予材料为 Structural Steel NL，赋予圆柱材料为 Structural Steel NL，设置【Stiffness Behavior】为 Rigid，其他参数默认。

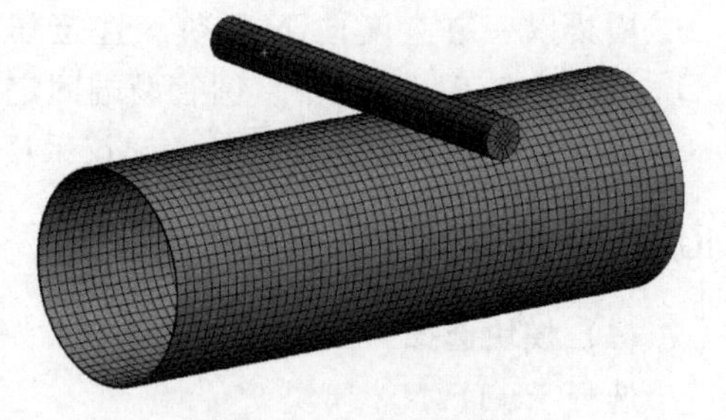

图 10-5　计算网格模型

（2）网格划分

在 Mesh 模型树中，设置【Element Size】为 0.005m，右击插入【Method】，选择【Method】为 MultiZone，右击插入【Face Meshing】，右击【Generate Mesh】即可生成网格模型，如图 10-5 所示。

注： 刚体的网格划分对计算结果几乎不产生影响，此处也可以采用自动划分。

(3) 求解设置

在【Analysis Settings】中设置【End Time】为1s，【Unit System】为mks，【Explicit Solution Only】为No，在【Implicit Controls】中设置【Initial Time Step】为0.01s，其他参数默认，如图10-6所示。

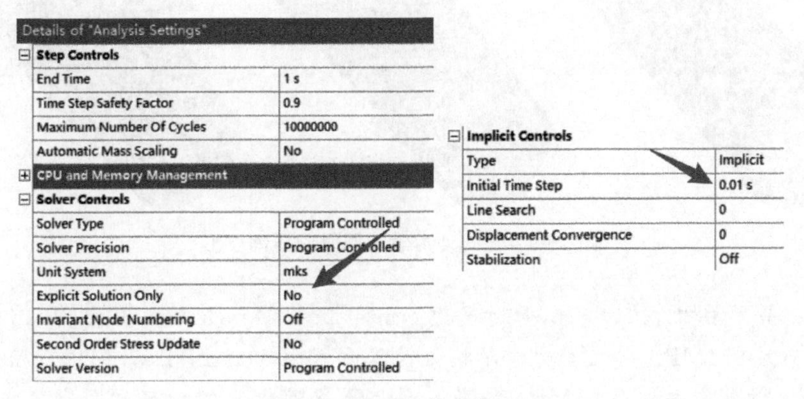

Details of "Analysis Settings"

Step Controls	
End Time	1 s
Time Step Safety Factor	0.9
Maximum Number Of Cycles	10000000
Automatic Mass Scaling	No
CPU and Memory Management	
Solver Controls	
Solver Type	Program Controlled
Solver Precision	Program Controlled
Unit System	mks
Explicit Solution Only	No
Invariant Node Numbering	Off
Second Order Stress Update	No
Solver Version	Program Controlled

Implicit Controls	
Type	Implicit
Initial Time Step	0.01 s
Line Search	0
Displacement Convergence	0
Stabilization	Off

图10-6　隐式分析参数设置

在LS-DYNA中，右击插入【Displacement】，选择圆柱，设置【X Component】为−0.05m，即圆柱沿着X轴向下运动0.05m。再次插入【Rigid Body Constraint】，选择圆柱，设置【X Component】为Free，其他参数为Fixed，即定义了圆柱只有X方向位移自由度，如图10-7所示。

Details of "Displacement"

Scope	
Scoping Method	Geometry Selection
Geometry	1 Body
Definition	
ID (Beta)	51
Type	Displacement
Define By	Components
Coordinate System	Global Coordinate System
X Component	-5.e-002 m (ramped)
Y Component	0. m (ramped)
Z Component	0. m (ramped)
Suppressed	No
Dynamic Relaxation Behavior	Normal Phase Only

Tabular Data

	Steps	Time [s]	X [m]	Y [m]	Z [m]
1	1	0.	0.	0.	0.
2	1	1.	-5.e-002	0.	0.
*					

Details of "Rigid Body Constraint"

Geometry	
Scoping Method	Geometry Selection
Geometry	1 Body
Definition	
X Component	Free
Y Component	Fixed
Z Component	Fixed
Rotation X	Fixed
Rotation Y	Fixed
Rotation Z	Fixed

图10-7　圆柱运动设置

右击插入【Fixed Support】，选择圆管两条边线，将圆管两端固定。

10.2.3　计算结果及后处理

在【Solution】中右击插入【Total Deformation】，查看总体变形情况，如图10-8所示。

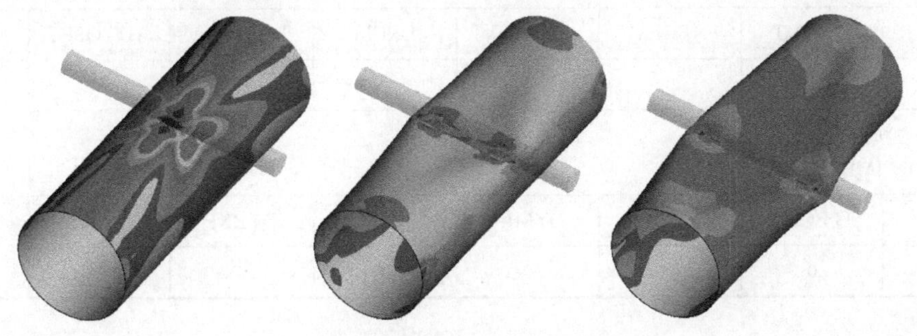

图10-8　隐式动力学不同时刻压缩变形

将模型设置为显式动力学求解，计算结果如图 10-9 所示。

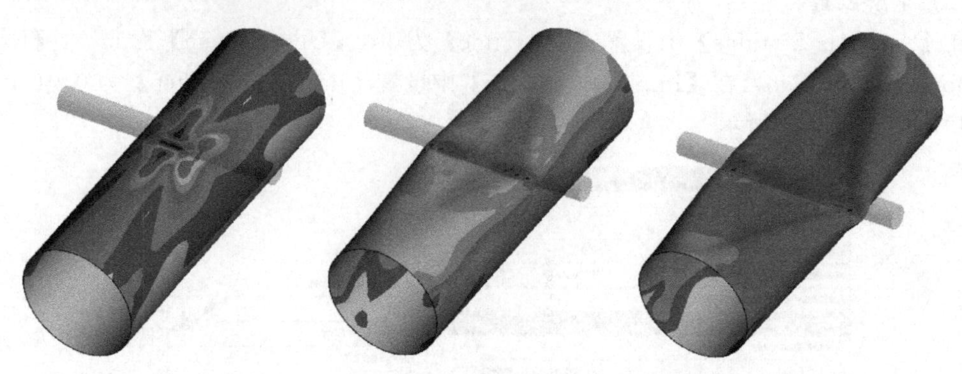

图 10-9　显式动力学不同时刻压缩变形

注：显示动力学单核心计算时间为 6 min 17s，Max RAM Used 为 9.3GB，计算文件大小为 9.1MB。隐式动力学单核心计算时间为 31 min 34s，Max RAM Used 为 0.01GB，计算文件大小 61MB。一般来说，显式动力学的计算时间比隐式长，计算占用的 RAM 要小，生成的计算文件要大。

隐式分析核心关键字如下：

$激活隐式求解 *CONTROL_IMPLICIT_GENERAL							
$ IMFLAG	DT0	IMFORM	NSBS	IGS	CNSTN	FORM	ZERO_V
1	0.01	0	0	0	0	0	0
$定义隐式分析非线性求解控制参数 *CONTROL_IMPLICIT_SOLUTION							
$ NSOLVR	ILIMIT	MAXREF	DCTOL	ECTOL	RCTOL	LSTOL	ABSTOL
0	0	0	0	0	0	0	0
$ DNORM	DIVERG	ISTIF	NLPRINT	NLNORM	D3ITCTL	CPCHK	UNUSED1
0	0	0	0	0	0	0	
$ ARCCTL	ARCDIR	ARCLEN	ARCMTH	ARCDMP	ARCPSI	ARCALF	ARCTIM
0	0	0	0	0	0	0	0
$隐式计算求解控制 *CONTROL_IMPLICIT_SOLVER							
$ LSOLVR	LPRINT	NEGEV	ORDER	DRCM	DRCPRM	AUTOSPC	AUTOTOL
5	1	0	0	0	0	0	0
$激活自动时间步长控制 *CONTROL_IMPLICIT_AUTO							
$ IAUTO	ITEOPT	ITEWIN	DTMIN	DTMAX	DTEXP	KFAIL	KCYCLE
1	0	0	0	0	0	0	0

$定义横梁圆柱运动曲线 * DEFINE_CURVE							
$ ID	SIDR	SFA	SFO	OFFA	OFFO	DATTYP	UNUSED1
2	0	0	0	0	0	0	
$	A1		O1				UNUSED1
	0		0				
$	A1		O1				UNUSED1
	1		−0.05				
$	A1		O1				UNUSED1
	10		−0.05				
$定义横梁圆柱运动 * BOUNDARY_PRESCRIBED_MOTION_RIGID							
$ SID	DOF	VAD	LCID	SF	VID	DEATH	BIRTH
2	1	2	2	1	0	0	0

10.3 板折弯断裂

对厚 3mm 的板进行折弯，查看其破坏情况，如图 10-10 所示。其中，板材料为钢，一端内侧表面固定，折弯作用时间为 2s。

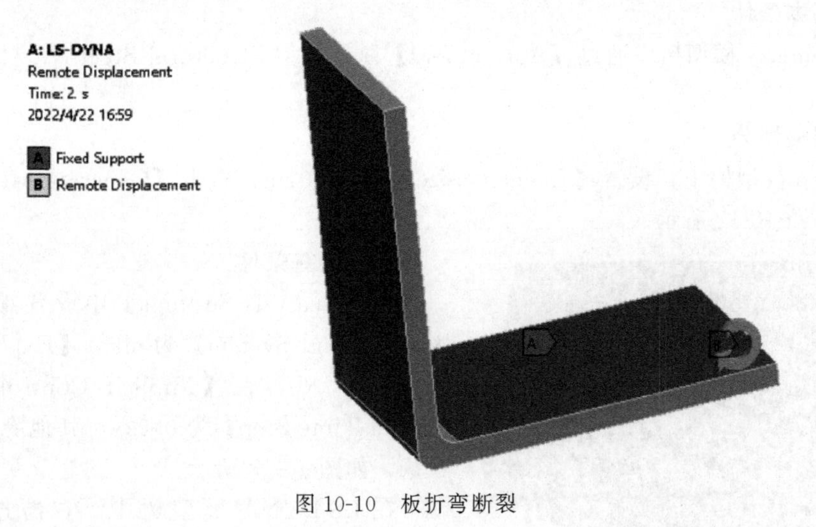

图 10-10 板折弯断裂

10.3.1 材料、几何处理

(1) 模块选择

选择 LS-DYNA 模块。

(2) 材料模型

在【Engineering Data】模块中，通过【General Non-Linear Materials】材料库添加 Structural Steel NL 材料，通过左侧工具栏添加【Plastic Strain Failure】，设置【Maximum Equivalent Plastic Stain EPS】为 0.18，即单元塑性应变达到 0.18 时网格删除。

(3) 几何模型

在 DM 模块中，在【XYPlane】中插入草图，设置参数如下。通过快捷工具栏中的【Extrude】，设置拉伸的【Direction】为 Both-Symmetric，【FD1，Depth】为 30mm，其他参数默认。通过快捷工具【Blend】，选择靶板的折弯处，设置【FD1，Radius】为 2mm，点击【Generate】生成折弯处的倒角为 2mm，如图 10-11 所示。

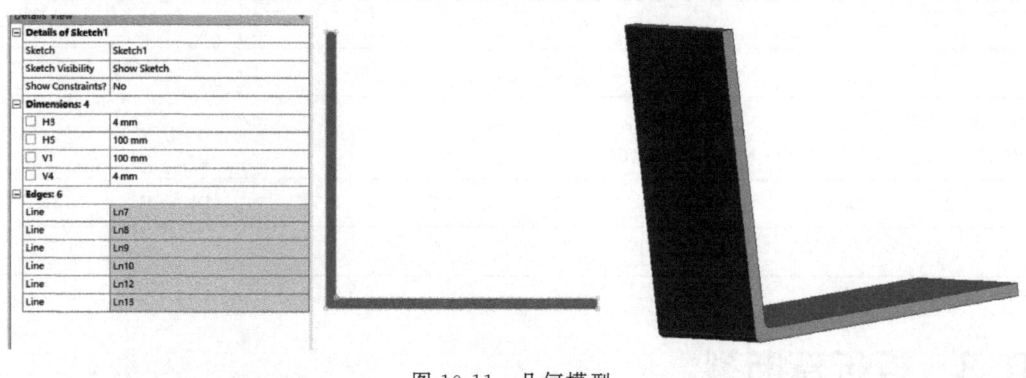

图 10-11 几何模型

10.3.2 Model 中前处理

(1) 基本条件

在 Geometry 模型树中通过【Assignment】赋予模型 Structural Steel NL 材料，其余参数默认。

(2) 网格划分

在 Mesh 模型树中，设置【Element Size】为 0.001m，右击【Generate Mesh】生成网格模型，如图 10-12 所示。

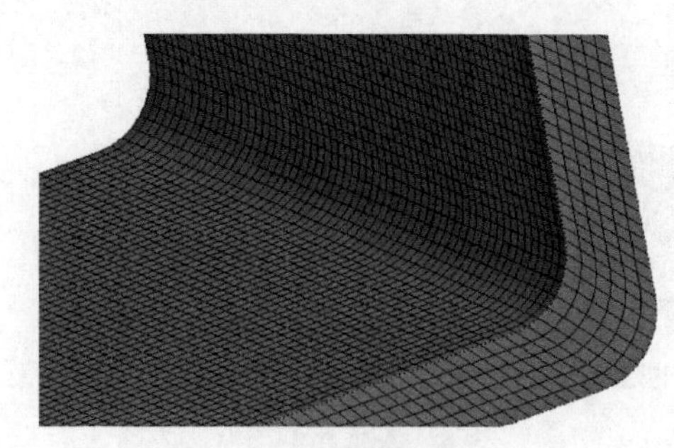

图 10-12 计算网格模型

(3) 计算条件

在【Analysis Settings】中设置【End Time】为 2s，【Unit System】为 mks，【Explicit Solution Only】为 No，在【Implicit Controls】中设置【Initial Time Step】为 0.01s，其他隐式分析参数默认，如图 10-13 所示。

在 LS-DYNA 模型树中，右击选择【Fixed Support】，选择模型靶板内侧面作为固定面，如图 10-14 所示。

在 LS-DYNA 模型树中，右击插入【Remote Displacement】，设置模型的上表面为几何面，设置【X Coordinate】为 0.1m，【Rotation Z】为－45°，【Behavior】为 Rigid，其他参数默认，如图 10-15 所示。

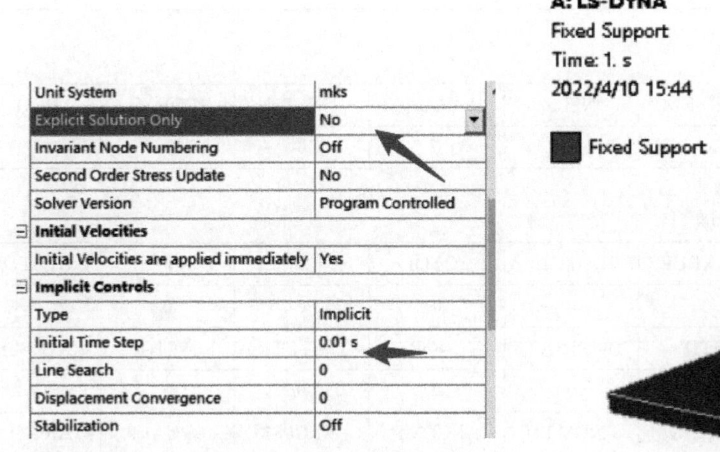

图 10-13 Analysis Setting 中设置

图 10-14 固定面设置

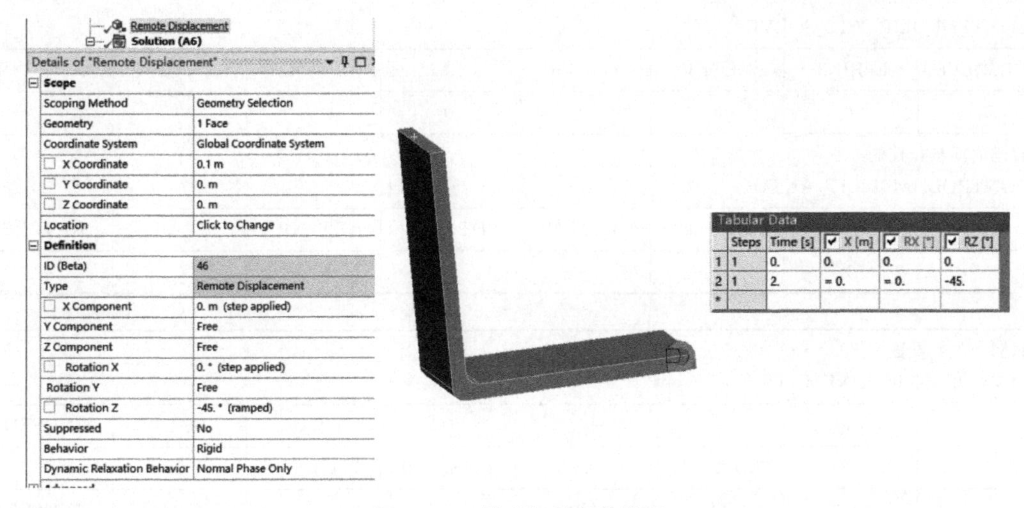

图 10-15 模型初始条件设置

点击菜单栏【Solve】提交计算。

10.3.3 计算结果及后处理

在【Solution】模型树中，右击插入【User Defined Result】，设置【Expression】为 EPS，查看塑性变形情况。不同时刻的模型塑性变形如图 10-16 所示。在 2s 时，模型发生断裂破坏。

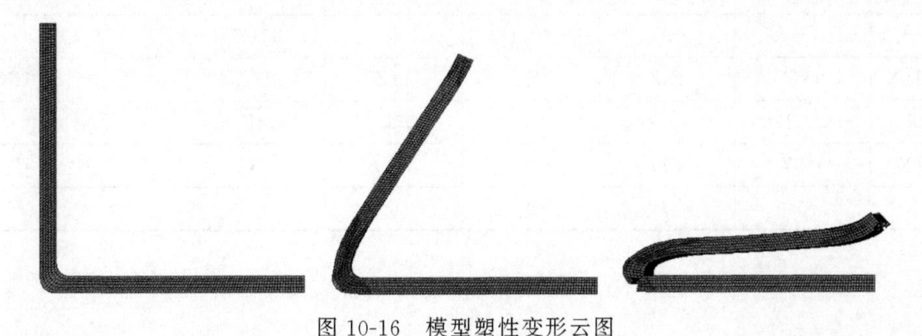

图 10-16 模型塑性变形云图

核心关键字如下：

$隐式求解
*CONTROL_IMPLICIT_GENERAL

$ IMFLAG	DT0	IMFORM	NSBS	IGS	CNSTN	FORM	ZERO_V
1	0.01	0	0	0	0	0	0

$定义隐式分析非线性求解控制参数
*CONTROL_IMPLICIT_SOLUTION

$ NSOLVR	ILIMIT	MAXREF	DCTOL	ECTOL	RCTOL	LSTOL	ABSTOL
0	0	0	0	0	0	0	0
$ DNORM	DIVERG	ISTIF	NLPRINT	NLNORM	D3ITCTL	CPCHK	UNUSED1
0	0	0	0	0	0	0	
$ ARCCTL	ARCDIR	ARCLEN	ARCMTH	ARCDMP	ARCPSI	ARCALF	ARCTIM
0	0	0	0	0	0	0	0

$隐式计算求解控制
*CONTROL_IMPLICIT_SOLVER

$ LSOLVR	LPRINT	NEGEV	ORDER	DRCM	DRCPRM	AUTOSPC	AUTOTOL
5	1	0	0	0	0	0	0

$自动时间步长控制
*CONTROL_IMPLICIT_AUTO

$ IAUTO	ITEOPT	ITEWIN	DTMIN	DTMAX	DTEXP	KFAIL	KCYCLE
1	0	0	0	0	0	0	0

$材料及失效参数定义
*MAT_PLASTIC_KINEMATIC

$ ID	RO	E	PR	SIGY	ETAN	BETA	UNUSED1
1	7850	2.00E+11	0.3	250000000	1.45E+09	1	
$ SRC	SRP	FS	VP				UNUSED2
0	0	0.18	0				

$边界条件设置
*CONSTRAINED_NODAL_RIGID_BODY_INERTIA

$ PID	CID	NSID	PNODE	IPRT	DRFLAG	RRFLAG	UNUSED1
2	0	3	0	0	0	0	
$ XC	YC	ZC	TM	ICRS	NODEID		UNUSED2
0	0	0	0.001413	0	82412		
$ IXX	IXY	IXZ	IYY	IYZ	IZZ		UNUSED3
1.46E-05	−1.37E-05	−2.57E-21	1.37E-05	1.97E-21	2.74E-05		
$ VTX	VTY	VTZ	VRX	VRY	VRZ		UNUSED4
0	0	0	0	0	0		

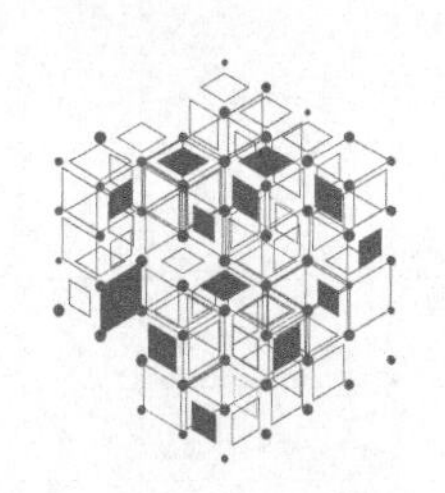

第11章 Workbench-PrePost联合模型构建

由于 Workbench LS-DYNA 平台不支持一些关键字，或者默认生成的参数不满足计算要求，需要 Workbench 平台生成计算 K 文件，再在 LS-PrePost 中修改部分的关键字（或者通过文本编辑器直接修改），然后提交 LS-RUN 求解器进行计算。也可以仅使用 Workbench LS-DYNA 模块生成几何网格文件，在 LS-PrePost 中生成其余关键字进行计算。

11.1 空气爆炸（一维计算）

本节分析直径为 30mm 的 TNT 炸药在空气中爆炸后，距离其 1m 处的冲击波压力峰值。

11.1.1 材料、几何处理

(1) 模块设置

选择 LS-DYNA 模块进行计算。

(2) 材料模型

在【Engineering Data】模块中，构建 TNT 炸药和空气材料参数，具体参数可参考第 8 章。

(3) 几何模型

在 DM 中，构建模型如下：

在【XYPlane】中插入草图 Sketch1，沿着 X 轴绘制一线段，线段的起始点为原点，设置线段长度为 30mm，如图 11-1 所示。

通过【Concept】→【Lines From Sketch】，选择草图 Sketch1，选择【Operation】为 Add Frozen，点击【Generate】可生成炸药的线体模型。

在【XYPlane】中插入草图 Sketch2，沿着 X 轴绘制一线段，线段的起始点为 Sketch1 的终点，设置线段长度为 3000mm。

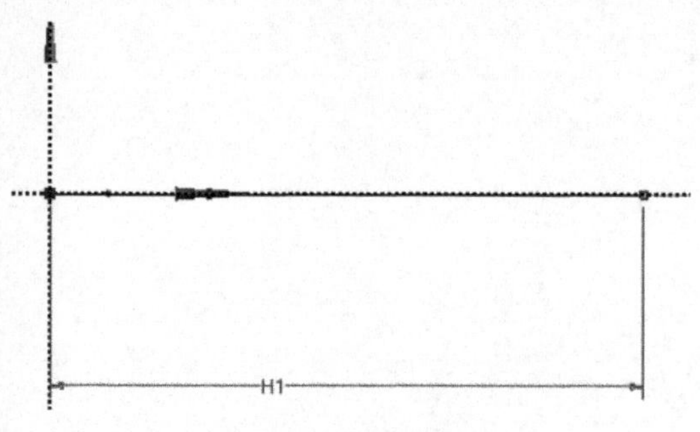

图 11-1　草图创建

通过【Concept】→【Lines From Sketch】，选择草图 Sketch2，选择【Operation】为 Add Frozen，点击【Generate】可生成空气的线体模型。

在【Concept】→【Cross Section】，选择【Circular】，定义【R】为 0.2mm。选择【Line Body】，设置【Cross Section】为此截面（此处的数值可以随意设置，并无实际意义，但是需要有定义截面，方便仿真流程进行下去）。

修改上述创建的两个模型为对应的名称“Explosive”和“Air”，同时选择两个 Body，右击选择【Form New Part】，这样方便两个 Body 共节点。

几何模型创建完成后如图 11-2 所示。

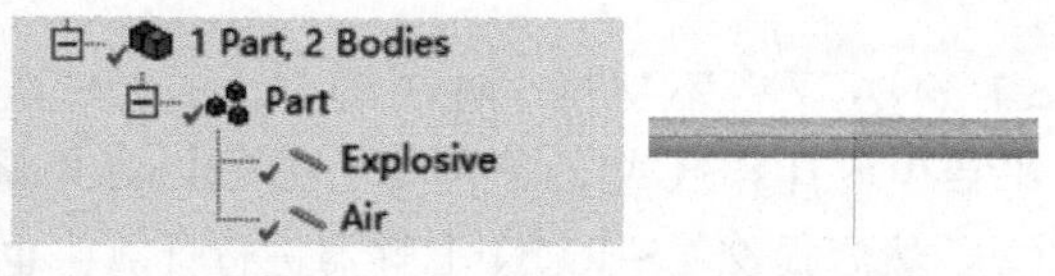

图 11-2　计算几何模型

11.1.2　Model 中前处理

(1) 基本条件

双击进入 Model 模块中，通过【Assignment】分别赋予“Explosive”为 TNT 炸药，“Air”为空气材料，其他参数默认。

删除掉【Connections】下的所有接触选项。

(2) 网格划分

选择所有的 Part，设置网格大小为 1mm，如图 11-3 所示。

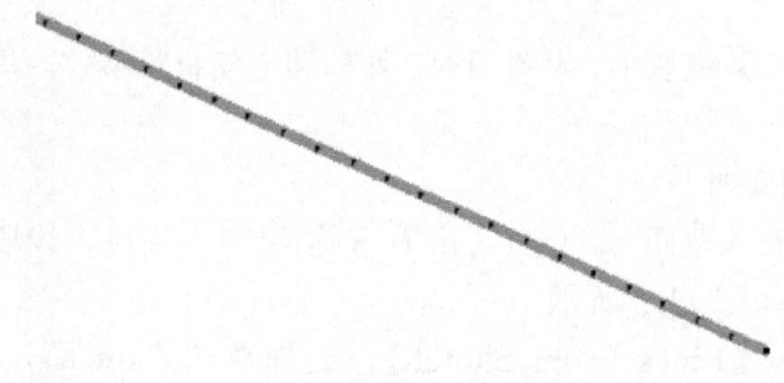

图 11-3　网格划分情况

(3) 计算条件

在 LS-DYNA 模型树中，右击插入【Detonation】，设置炸点的坐标为（0，0，0）。

在【Analysis Settings】中设置求解时间【End Time】为 0.005s，【Time Step Safety Factor】为 0.67，【Unit System】为 mks，【ALE Control】中的【Advection Method】为 Van Leer+Half Index Shift，其余参数默认。

通过 Keyword Manager 插入 * SECTION _ ALE1D 关键字，用于定义模型 1DALE 的算法，设置【UnitSystem】单位制为 mks，【ALE formulation】为 Multi-Material ALE formulation，【Element formulation】为 spherical（element volume=x * x * dx），【Thickness thick】为 0.001，如图 11-4 所示。

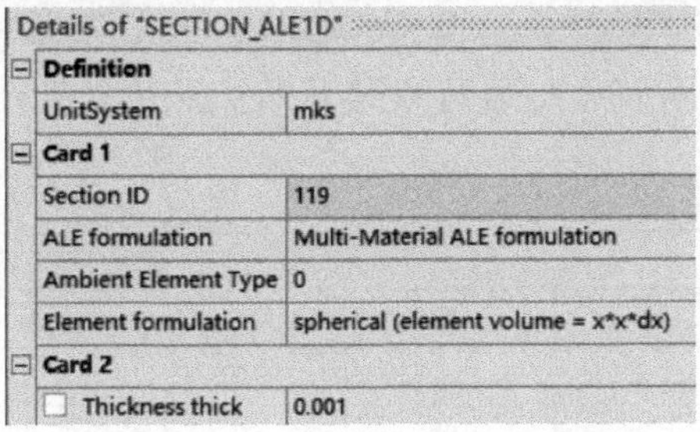

Details of "SECTION_ALE1D"	
Definition	
UnitSystem	mks
Card 1	
Section ID	119
ALE formulation	Multi-Material ALE formulation
Ambient Element Type	0
Element formulation	spherical (element volume = x*x*dx)
Card 2	
Thickness thick	0.001

图 11-4　* SECTION _ ALE1D 关键字

关键字如下：

* SECTION_ALE1D							
$　SECID	ALEFORM	AET	ELFORM				
119	11	0	−8				
$　THICK	THICK						
0.001	0.001						

通过 Keyword Manager 插入 * DATABASE _ TRHIST 关键字，用于定义测试点数据的保存设置，设置【Time interval between outputs】为 1E−08，即每隔 1E−08s 保存一个点，其余参数默认，如图 11-5 所示。

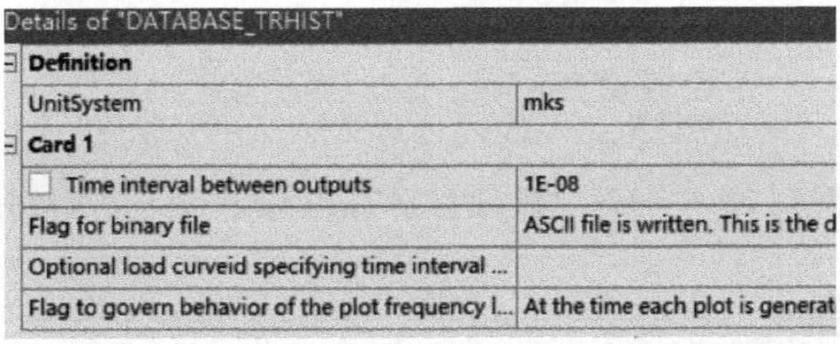

Details of "DATABASE_TRHIST"	
Definition	
UnitSystem	mks
Card 1	
Time interval between outputs	1E-08
Flag for binary file	ASCII file is written. This is the d
Optional load curveid specifying time interval ...	
Flag to govern behavior of the plot frequency l...	At the time each plot is generat

图 11-5　* DATABASE _ TRHIST 关键字设置

关键字如下：

* DATABASE_TRHIST							
$　DT	BINARY	LCUR	IOOPT				
1.00E-08	1	0	1				

通过 Keyword Manager 插入 * DATABASE _ TRACER 关键字，用于定义测试点位置，设置【Unitsystem】单位制为 mks，【Tracking option】为 partical is fixed in space，【Initial x-coordinate】为 0.2，即测试点坐标为（0.2，0，0），固定在空间中。同理，插入其他测试点坐标（0.5，0，0），（1，0，0），（2，0，0），如图 11-6 所示。

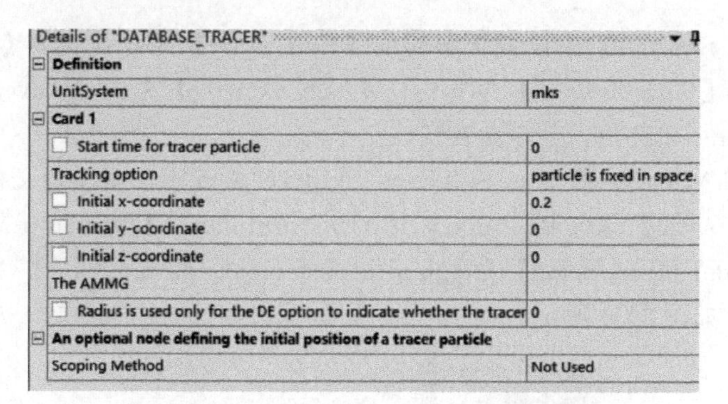

图 11-6　* DATABASE _ TRACER 关键字

关键字如下：

* DATABASE_TRACER							
$ TIME	TRACK	X	Y	Z	AMMGID	NID	RADIUS
0	1	0.2	0	0	0	0	0
0	1	0.5	0	0	0	0	0
0	1	1	0	0	0	0	0
0	1	2	0	0	0	0	0

通过 Keyword Manager 插入 * ALE _ MULTI-MATERIAL _ GROUP 关键字，设置【Unitsystem】单位制为 mks，【Set type】为 part，【Geometry】中选择炸药体模型，如图 11-7 所示。同样，再次复制该关键字，修改其【Geometry】为空气模型。

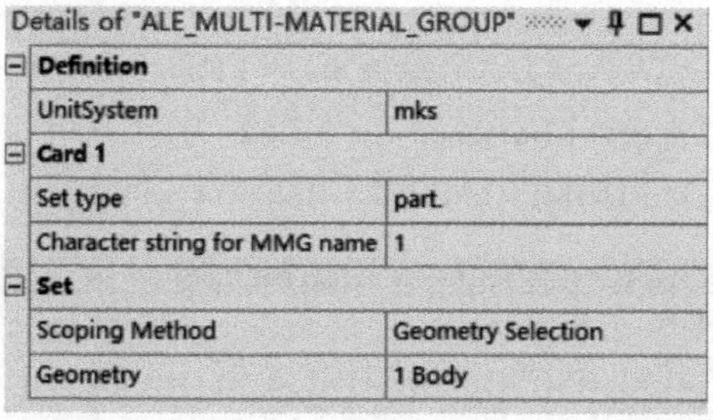

图 11-7　* ALE _ MULTI-MATERIAL _ GROUP 关键字

关键字如下：

* ALE_MULTI-MATERIAL_GROUP							
$ SID	IDTYPE	GPNAME					
1	1						
2	1						

在菜单栏中选择【LST _ LSPP】插件，选择【Switch to LSPP】，如图 11-8 所示，或者使用 LS-PrePost 打开生成的 K 文件。

11.1.3 LS-PrePost 处理

进入 LS-PrePost 中，将炸药和空气的 SECID 修改为 119（对应的 * SECTION _ ALE1D 编号），如图 11-9 所示。

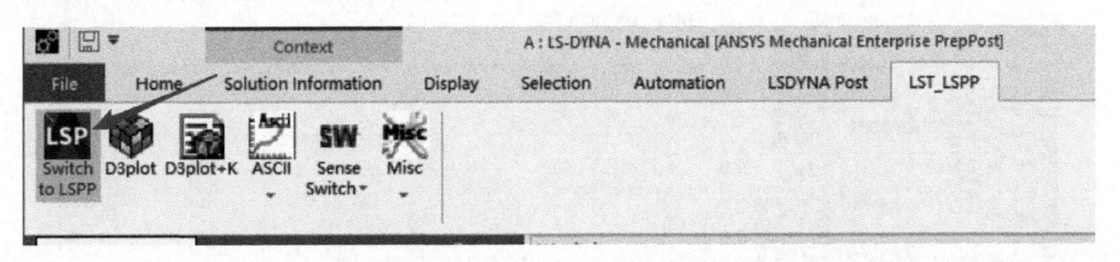

图 11-8　LST _ LSPP 插件启动

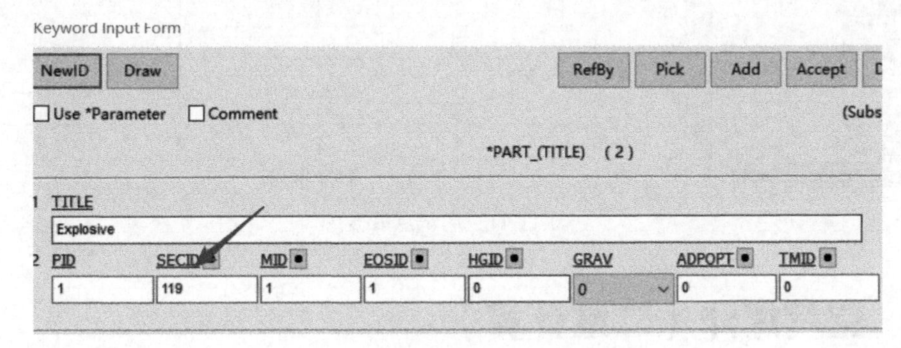

图 11-9　修改对应 Part 的 SECID

11.1.4　计算结果及后处理

保存后，在对应的 K 文件目录中，找到修改后的 K 文件。可以单独将此文件复制保存到一个新的文件夹中，运行 LS-RUN 2022 R1 软件，在【INPUT】中选择对应的计算文件，点击▶运行后开始计算，计算结果会保存在对应的 K 文件夹目录中，如图 11-10 所示。

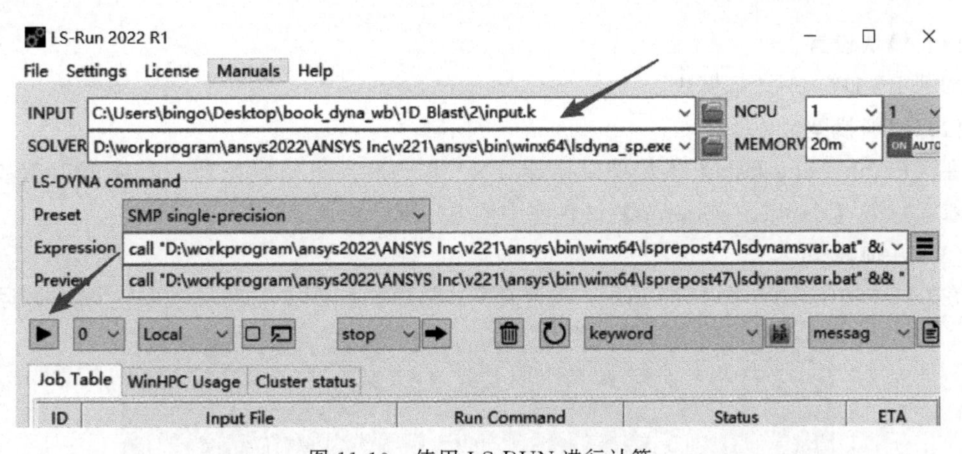

图 11-10　使用 LS-RUN 进行计算

通过 LS-PrePost 打开 D3plot 计算文件，在左侧工具栏中通过选择【Post】→【ASCII】，在弹出的对话框中，选择【trhist *】，然后选择【Load】，选择测试点 2【对应坐标（0.5，0，0）】和测试点 3【对应坐标（1，0，0）】，选择【15-Pressure】作为测试点的数据输出，点击【Plot】查看冲击波的压力时间曲线，如图 11-11 所示。

通过理论计算，1m 处的冲击波压力峰值约 1.2MPa，与仿真计算较为接近。

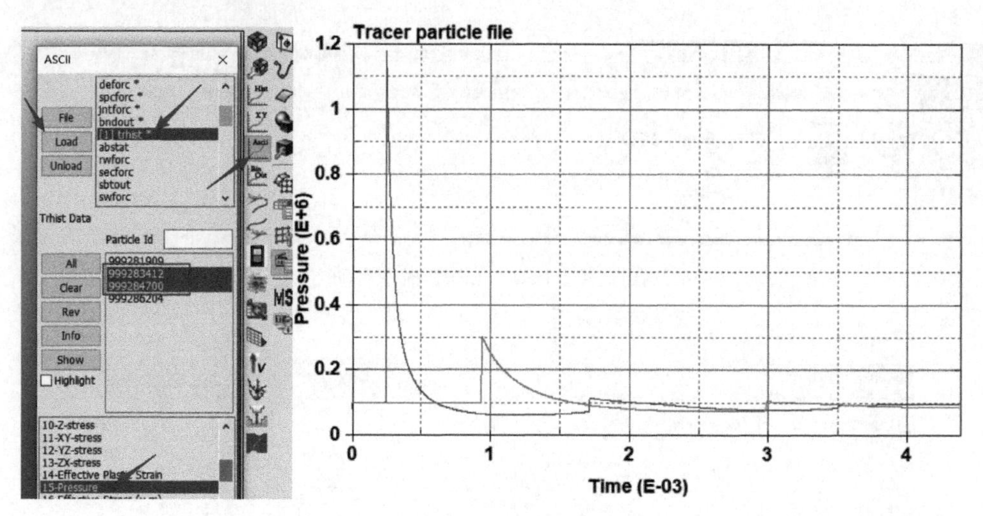

图 11-11　测试点数据

11.2　空气爆炸（二维计算）

1500g 的 TNT 炸药在防爆罐内爆炸后，计算其距离顶部 2m 处的冲击波压力峰值。

由于 Workbench LS-DYNA 平台不支持 2D 流固耦合的爆炸冲击计算，所以可以将 Workbench LS-DYNA 作为前处理，通过在 LS-PrePost 中修改对应的关键字，实现 2D 爆炸流固耦合计算。

11.2.1　材料、几何处理

（1）模块设置

加载 LS-DYNA 计算模块。

（2）材料模型

在【Engineering Data】模块中，构建 TNT 炸药和空气材料参数，具体材料参数参考第 8 章，加载【Explicit Material】材料库中的 STEEL 4340 钢。

（3）几何模型

在 DM 中构建模型如图 11-12 所示，模型关于 Y 轴对称。其中，炸药与空气进行布尔减运算。

图 11-12　计算模型

分别修改上述创建的模型名称为“Explosive”“Air”和“Bin”，选择炸药与空气 Part 右击，选择【Form New Part】共节点。

退出【Geometry】，在【Properties】中设置【Analysis Type】为 2D。

11.2.2 Model 中前处理

(1) 基本条件

双击进入 Model，点击【Geometry】模型树，在明细中设置【2D Behavior】为 Axi-symmetric，即采用轴对称计算模型。

通过【Assignment】分别赋予“Explosive”为 TNT 炸药，“Air”为空气材料，“Bin”为 STEEL 4340，其他参数默认。

删除掉【Connections】下的所有接触选项，插入【Coupling】，选择【Lagrange Bodies】为罐，【ALE Bodies】为炸药和空气，如图 11-13 所示。

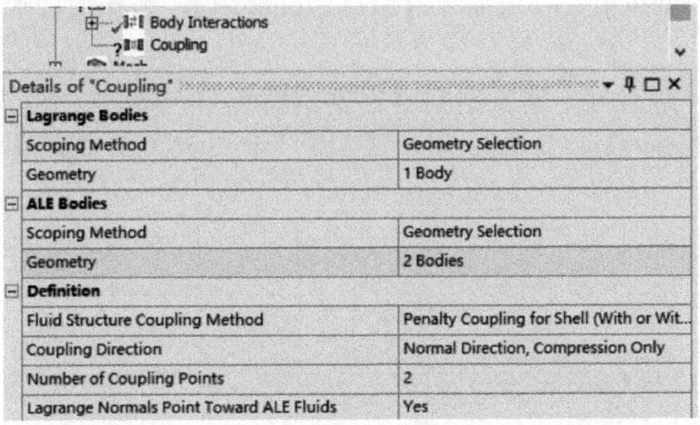

Body Interactions
Coupling

Details of "Coupling"

Lagrange Bodies	
Scoping Method	Geometry Selection
Geometry	1 Body
ALE Bodies	
Scoping Method	Geometry Selection
Geometry	2 Bodies
Definition	
Fluid Structure Coupling Method	Penalty Coupling for Shell (With or Wit...
Coupling Direction	Normal Direction, Compression Only
Number of Coupling Points	2
Lagrange Normals Point Toward ALE Fluids	Yes

图 11-13　流固耦合接触设置

流固耦合接触对应的关键字如下：

*CONSTRAINED_LAGRANGE_IN_SOLID							
$ SLAVE	MASTER	SSTYP	MSTYP	NQUAD	CTYPE	DIREC	MCOUP
3	3	1	0	2	4	2	1
$ START	END	PFAC	FRIC	FRCMIN	NORM	NORMTYP	DAMP
0	1.00E+20	0.1	0	0.5	0	0	0
$ CQ	HMIN	HMAX	ILEAK	PLEAK	LCIDPOR	NVENT	BLOCKAGE
0	0	0	0	0.1	0	0	0
$ IBOXID	IPENCHK	INTFORC	IALESOF	LAGMUL	PFACMM	THKF	UNUSED1
0	0	0	0	0	0	0	

注： 此处会弹出错误提示信息“This Field Can Only Be Used With ALE Bodies: Coupling”，可以忽略，其他设置仍然可以进行。因为 Workbench 平台目前不支持 2D 的多物质耦合方式求解。

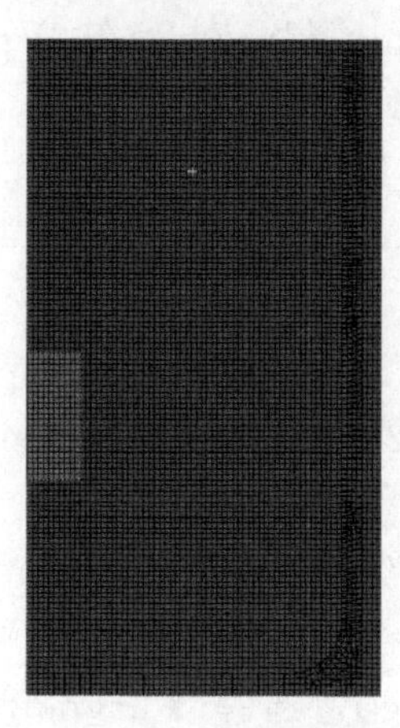
图 11-14 计算网格模型

(2) 网格划分

在 Mesh 模型树中，设置【Element Size】为 0.005m，选择所有体模型，右击插入【Method】，设置【Method】为 MultiZone Quad/Tri，选择所有面模型，右击插入【Face Meshing】，其余参数默认。右击【Generate Mesh】生成网格模型，如图 11-14 所示。

(3) 计算设置

在【Analysis Settings】中设置求解时间【End Time】为 0.002s，【Time Step Safety Factor】为 0.67，【Unit System】为 mks，【ALE Control】中的【Advection Method】为 Van Leer+Half Index Shift，其余参数默认。

在 LS-DYNA 模型树中，右击插入【Detonation】，选择炸药的上部中心点，设置炸点坐标为（0，0.1172）。

在 LS-DYNA 模型树中，右击插入【Fixed Support】，选择罐的底部边线，将其底部固定。

通过 Keyword Manager，插入 * SECTION _ ALE2D 关键字，用于定义模型 2DALE 的算法，设置【UnitSystem】单位制为 mks，【ALE formulation】为 Multi-Material ALE formulation，【Element formulation】为 axisymmetric solid（y-axis of symmetry)-area weighted，如图 11-15 所示。

SECTION
SECTION_ALE2D

Details of "SECTION_ALE2D"

Definition	
UnitSystem	mks
Card 1	
Section ID	236
ALE formulation	Multi-Material ALE formulation
Ambient Element Type	0
Element formulation	axisymmetric solid (y-axis of symmetry) - area weighted

图 11-15 * SECTION _ ALE2D 关键字

对应的 K 文件关键字如下：

* SECTION_ALE2D							
$ SECID	ALEFORM	AET	ELFORM				
236	11	0	14				

通过 Keyword Manager 插入【* DATABASE _ TRHIST】，用于定义测试点数据保存设置，设置【Time Interval Between Outputs】为 1E−09，即每隔 1E−09s 保存一个点，如图 11-16 所示。

对应的 K 文件关键字如下：

* DATABASE_TRHIST							
$ DT	BINARY	LCUR	IOOPT				
1.00E-09	1	0	1				

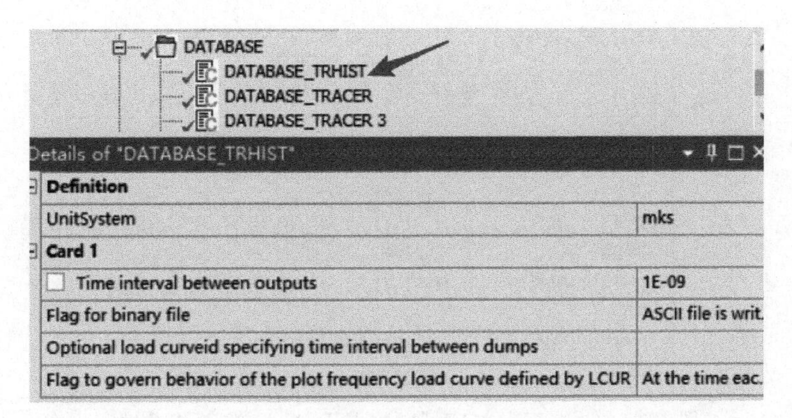

图 11-16 ＊DATABAE _ TRHIST 设置

通过 Keyword Manager，插入＊DATABASE _ TRACER 关键字，用于定义测试点位置，设置【UnitSystem】单位制为 mks，【Tracking option】为 particle is fixed in space，【Initial y-coordinate】为 0.3，即测试点坐标为（0，0.3，0），固定在空间中。同理，插入其他测试点的坐标（0，0.5，0），（0，1，0），（0，2，0），如图 11-17 所示。

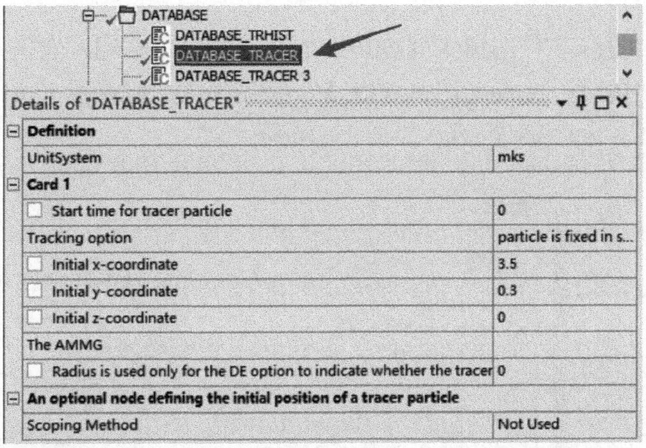

图 11-17 ＊DATABASE _ TRACER 关键字

对应的 K 文件关键字如下：

＊DATABASE_TRACER							
$ TIME	TRACK	X	Y	Z	AMMGID	NID	RADIUS
0	1	0	0.2	0	0	0	0
0	1	0	0.5	0	0	0	0
0	1	0	1	0	0	0	0
0	1	0	2	0	0	0	0

通过 Keyword Manager 插入＊ALE _ MULTI-MATERIAL _ GROUP 关键字，设置【UnitSystem】单位制为 mks，【Set type】为 part，在【Geometry】中选择炸药体模型。同样，再次复制该关键字，修改其【Geometry】为空气体模型，如图 11-18 所示。

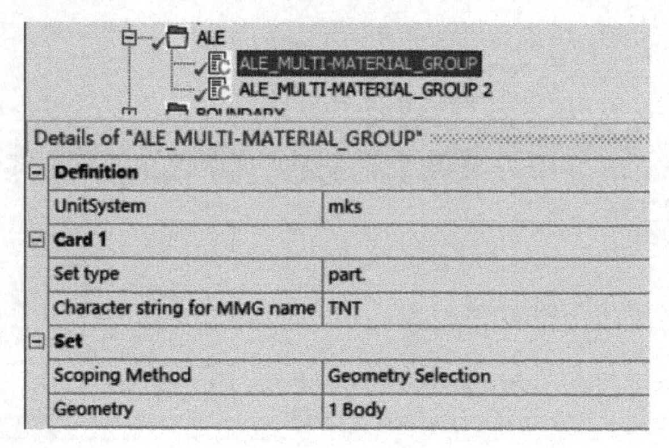

图 11-18　* ALE _ MULTI-MATERIAL _ GROUP 关键字

对应的 K 文件关键字如下：

* ALE_MULTI-MATERIAL_GROUP							
$　　SID	IDTYPE	GPNAME					
1	1	TNT					
2	1	Air					

选择空气最上方边线，右击插入【Create Named Selection】，点击【OK】后创建顶部边线的集合。在创建的【Selection】中右击【Create Nodal Named Selection】，创建顶部点集合，等同于创建【 * Set _ Nodes】，如图 11-19 所示。

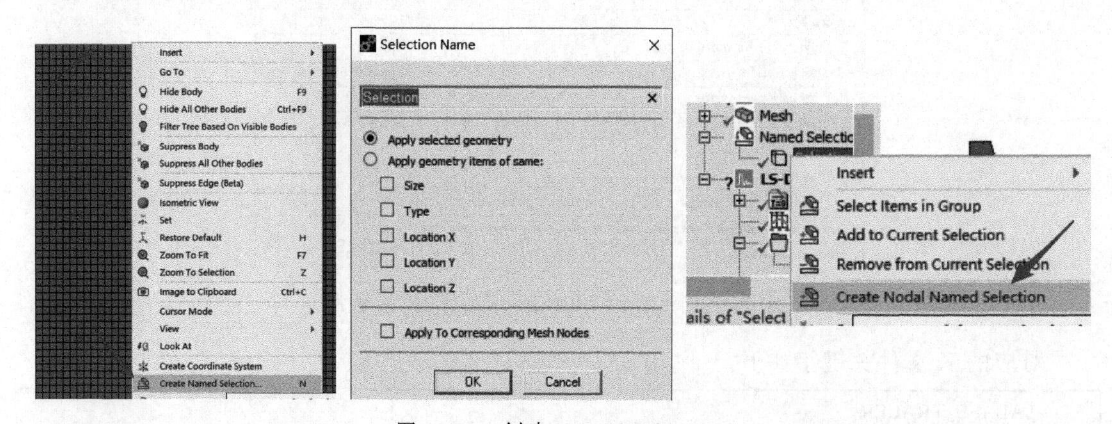

图 11-19　创建 Named Selection

考虑到 Y 对称轴上的点不参与边界条件，通过选择器，选择 Y 轴对称轴与顶部边线交点，通过信息栏可知其 Node ID 为 8。点击创建的点集，在弹出的明细中，右击【Add】，修改【Action】为 Remove，修改【Entity Type】为 Mesh Node，修改【Criterion】为 Node ID，修改【Operator】为 Equal，修改【Value】为 8，即将所创建的上边线所有点集合减去 Node 8，如图 11-20 所示。

同理，选择空气最右方边线，右击插入【Create Named Selection】，点击【OK】后创建右部边线的集合，在创建的【Selection】中右击【Create Nodal Named Selection】，创建右部点集合。

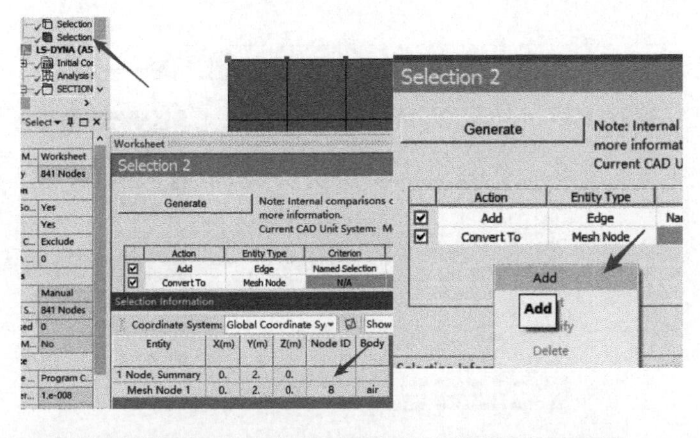

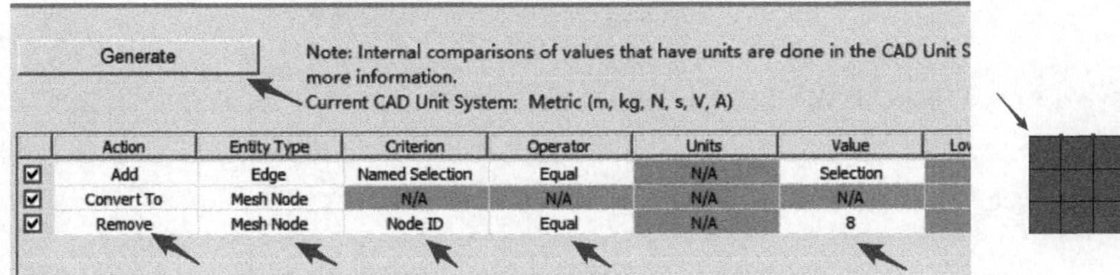

图 11-20　对创建节点进行运算

考虑到右边线与顶部的交点已被定义，为避免重复定义，通过“▦”选择器，选择顶部边线与右边线交点，通过信息栏可知其 Node ID 为 7，点击创建的点集，在弹出的明细中，右击【Add】，修改【Action】为 Remove，修改【Entity Type】为 Mesh Node，修改【Criterion】为 Node ID，修改【Operator】为 Equal，修改【Value】为 7，即将所创建的上边线所有点集合减去 Node 7，如图 11-21 所示。

Selection 3

Worksheet

Selection 3

Generate　Note: Internal comparisons of values that have units are done in the CAD Unit S
more information.
Current CAD Unit System: Metric (m, kg, N, s, V, A)

Action	Entity Type	Criterion	Operator	Units	Value
Add	Edge	Named Selection	Equal	N/A	Selection2
Convert To	Mesh Node	N/A	N/A	N/A	N/A
Remove	Mesh Node	Node ID	Equal	N/A	7

图 11-21　最右点集合创建

为方便集合命名管理，点击创建的点集，右击选择【Rename】，修改上边线点集合为【Up _ Node】，设置【LS-DYNA Named Selection User Id】为 997，如图 11-22 所示；同理，修改右边线点集合为【Right _ Node】，设置【LS-DYNA Named Selection User Id】为 998。

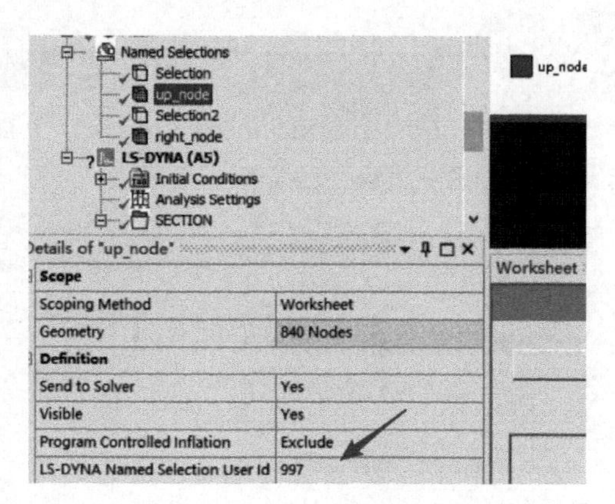

图 11-22　LS-DYNA Named Selection User ID 重命名

> **注：** 此例主要是讲解 Workbench LS-DYNA 平台中对于集合的操作，包括节点的查看、集合的运算、集合的命名等，不同的网格划分方式会有不同的节点信息，可能和本例有一定区别。集合的定义在 LS-PrePost 中也有相关的操作。

通过 Keyword Manager 插入＊BOUNDARY_NON_REFLECTING_2D 关键字，修改【UnitSystem】为 mks，设置【Scoping Method】为 Named Selection，设置【Named Selection】为 up_node，如图 11-23 所示。同样，复制点击【＊BOUNDARY_NON_REFLECTING_2D】命令，右击【Duplicate】，在【Named Selection】中选择 Right_Node。

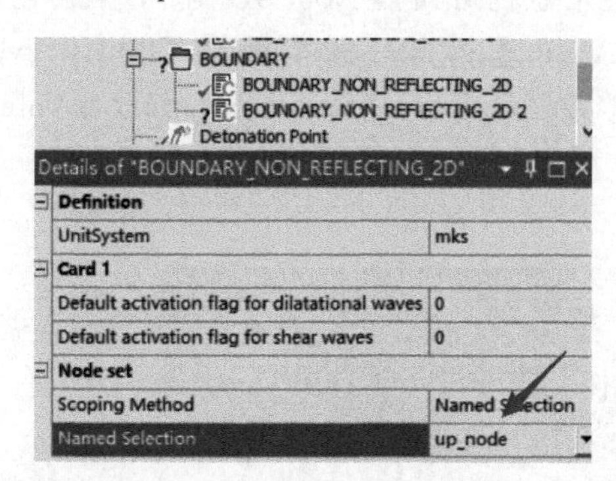

图 11-23　创建无反射边界条件

对应的 K 文件关键字如下：

＊BOUNDARY_NON_REFLECTING_2D							
$　　NSID	AD	AS					
997	0	0					
＊BOUNDARY_NON_REFLECTING_2D							
$　　NSID	AD	AS					
998	0	0					

在菜单栏中选择【LST_LSPP】插件，选择【Switch To LSPP】，通过 PrePost 软件打

开 K 文件进行修改。

11.2.3 LS-PrePost 处理

进入 LS-PrePost，修改炸药和空气的 SECID 为 236（对应的 * SECTION _ ALE2D 编号，默认采用的是 * SECTION _ SHELL 的关键字）。

11.2.4 计算结果及后处理

点击保存后，在对应的 K 文件目录中找到修改后的 K 文件。可以单独将此文件复制保存到一个新的文件夹中，运行 LS-RUN 2022 R1 软件，在 INPUT 中选择对应的计算文件，点击运行后开始计算，计算结果会保存在对应的 K 文件夹目录中。

通过 LS-PrePost 打开 D3plot 计算文件，在左侧工具栏中通过选择【Post】→【Fringe Component】→【Stress】→【pressure】，显示压力变化云图，如图 11-24(a) 所示。选择【Model And Part】→【Reflect Model】，勾选【Reflect About YZ Plane】，将模型关于 Y 轴对称显示，如图 11-24(b) 所示。冲击波传播情况如图 11-25 所示。

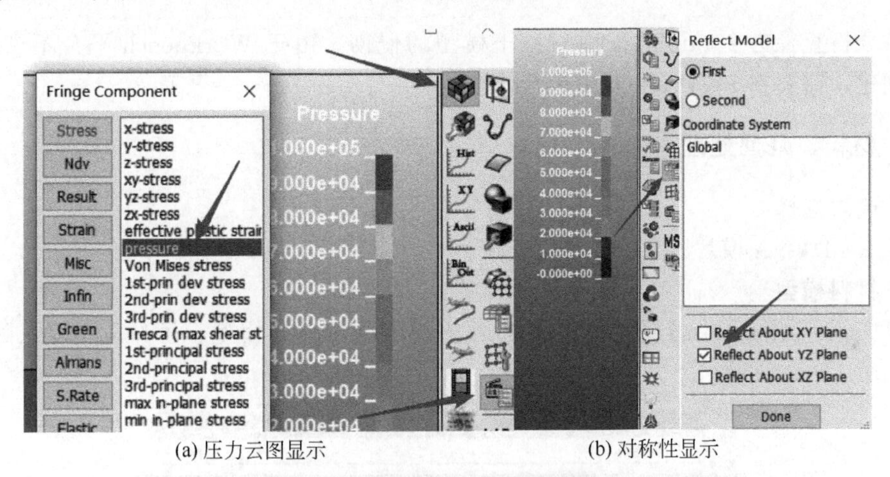

(a) 压力云图显示 (b) 对称性显示

图 11-24 计算结果显示设置

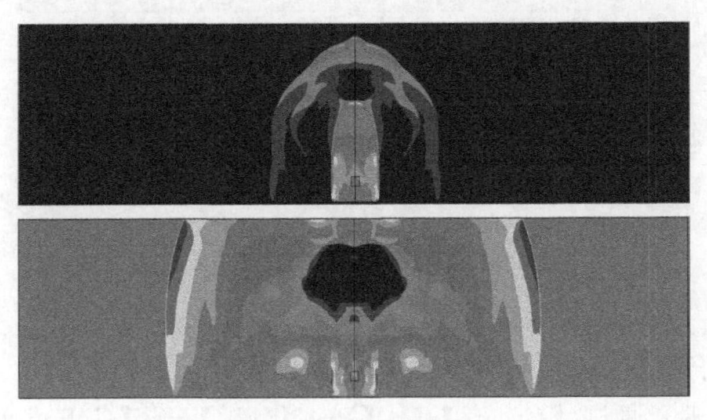

图 11-25 冲击波传播

选择【Post】→【ASCII】，在弹出的对话框中，选择【Trhis】，然后选择【Load】，选择测试点，选择【Pressure】作为测试点的数据输出，然后点击【Plot】查看冲击波的压力时间曲线，如图 11-26 所示。

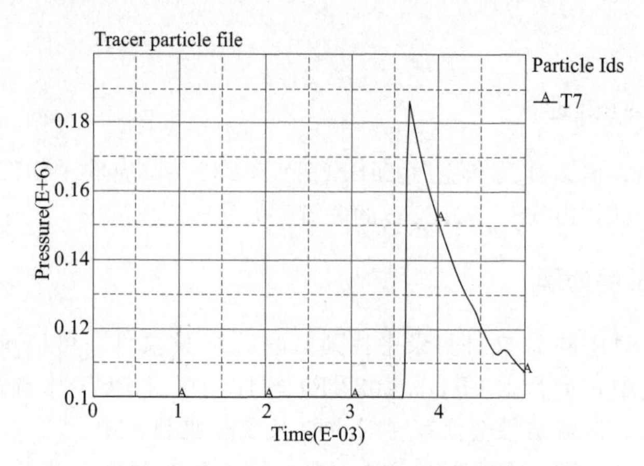

图 11-26　2m 处测试点压力时间曲线

11.3　子弹侵彻沙土 DEM 模型

本节分析直径为 20mm 的子弹对沙土模型的侵彻。由于 Workbench 平台不支持 DEM 模块的创建，需要在 LS-PrePost 中进行修改。

11.3.1　材料、几何处理

(1) 模块选择

选择 LS-DYNA 模块。

(2) 材料模型

在【Engineering Data】模块中，设置沙土模型为弹性体模型，子弹采用默认的钢材料模型，如图 11-27 所示。

2	Material	
3	sand	

Properties of Outline Row 3: sand

	A	B	
1	Property	Value	
2	Material Field Variables	Table	
3	Density	1620	kg m^-3
4	Isotropic Elasticity		
5	Derive from	Young's Modulus and Poisson's Ratio	
6	Young's Modulus	3E+10	Pa
7	Poisson's Ratio	0.16	
8	Bulk Modulus	1.4706E+10	Pa
9	Shear Modulus	1.2931E+10	Pa

图 11-27　沙土材料模型设置

(3) 几何模型

在 DM 中的几何建模汇总：

① 子弹模型构建。通过【Create】→【Primitives】→【Cylinder】，设置【FD8】为 0.1m，【FD10】为 0.01m，其余参数默认，即构建长为 0.1m、半径为 0.01m 的圆柱子弹。

② 沙土壁面结构模型构建。通过【Create】→【Primitives】→【Cylinder】，设置【FD5】为−0.505m，【FD8】为 0.5m，【FD10】为 0.15m，即构建长为 0.5m、半径为 0.15m 的沙土填充体。

通过快捷工具【Thin/Surface】，设置【Selection Type】为 Bodies Only，设置【FD1，Thickness】为 0m，【FD2，Face Offset】为 0m，确定生成了片体模型，如图 11-28 所示。

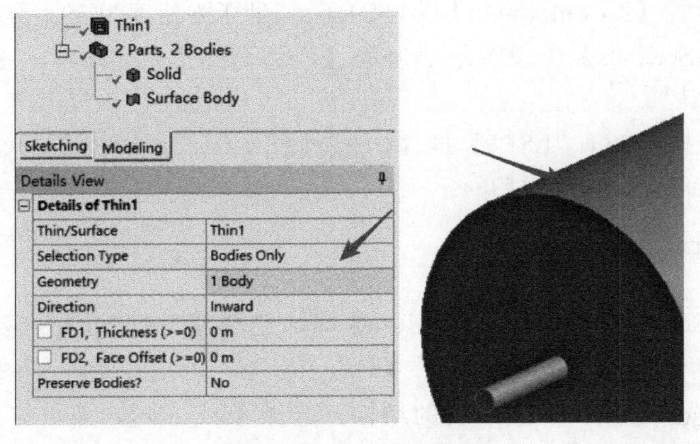

图 11-28 沙土模型构建

③ 外表面固定外壳设置。通过【Create】→【Primitives】→【Cylinder】，设置【Operation】为 Add Frozen，【FD5】为－0.505m，【FD8】为 0.5m，【FD10】为 0.15m，【As Thin /Surface】为【Yes】，【FD1，Inner Thickness】为 0m，【FD2，Outer Thickness】为 0.002m。

通过【Tools】→【Mid-Surface】，选择固定外壳内外表面，生成中面。

创建的几何模型如图 11-29 所示。

图 11-29 几何体生成模型

11.3.2 Model 中前处理

(1) 基本条件

双击进入 Model 中，通过【Assignment】设置子弹材料为 Structural Steel，设置沙土材料为 Sand，设置外壳材料为 Structural Steel，其他参数默认。

删除掉【Connections】下的所有接触选项，只保留【Body Interactions】。

(2) 网格划分

在 Mesh 模型树中，右击插入【Size】，选择子弹，设置【Element Size】为 0.002m，选择子弹，右击插入【Method】，设置【Type】为 MultiZone，选择子弹所有外表面，右击插入【Face Meshing】。选择沙土和外壳，插入【Size】，设置【Element Size】为 0.01m。网格模型如图 11-30 所示。

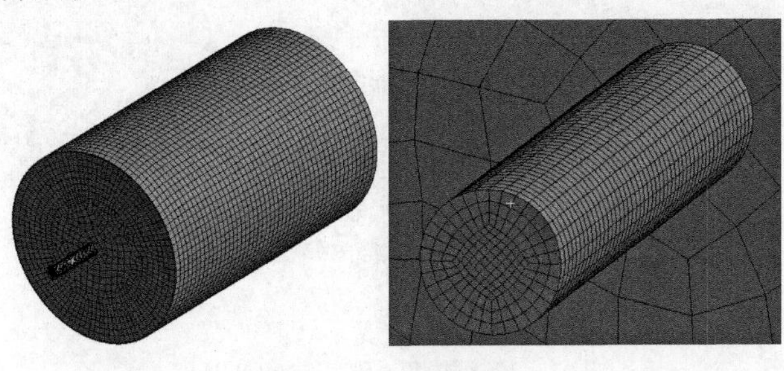

图 11-30 网格模型

(3) 计算条件

在 LS-DYNA 模型树中，右击，插入【Velocity】，选择子弹模型，修改【Define By】为 Component，设置【Z Component】为－50m/s，即子弹速度为 50m/s。

在【Analysis Settings】中设置求解时间【End Time】为 0.04s，【Unit System】为 mks，其余参数默认。

在菜单栏中选择【LST _ LSPP】插件，选择【Switch To LSPP】(未安装插件的可以输出 K 文件后用 LS-PrePost 软件打开)。

11.3.3 LS-PrePost 处理

在右侧工具栏选择【Element And Mesh】，选择【Disc Sphere Generation】，选择沙土模型，设置【Min R】为 0.002m，【Max R】为 0.005m，【Percent】为 100%，点击【Create】，可以预览 DEM 粒子生成后的结构，选择【Accept】，即可完成 DEM 粒子的填充，如图 11-31 所示。

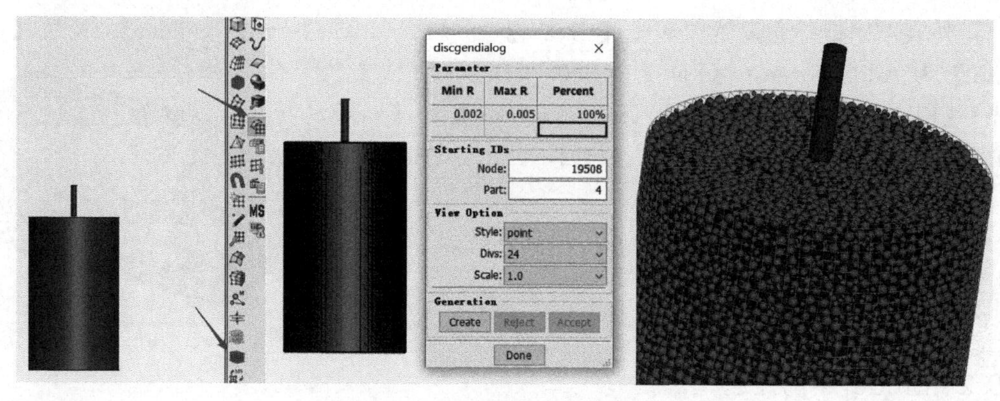

图 11-31 DEM 粒子填充

选择【Model And Part】→【Create Entity】，在【Set Data】中选择【＊SET _ NODE】，选择【Cre】，在弹出窗口中选择【Activate】，点击【Apply】，创建点集，如图 11-32 所示。

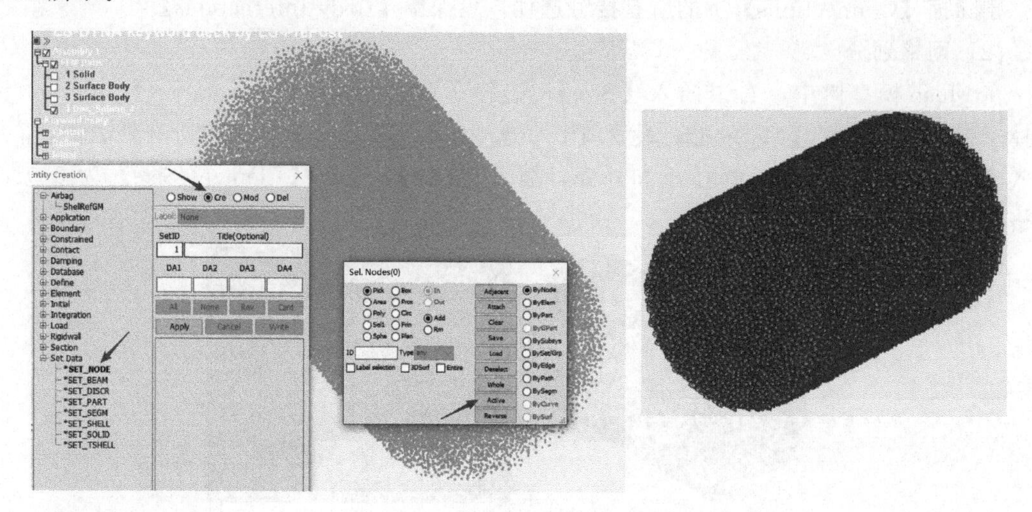

图 11-32 构建＊SET _ NODE 组

注：创建点集，可以先在左侧模型树中把其他模型隐藏，方便对所有点的选取。创建后的点集可以在左侧的模型树中的 Set 选项中查看。

选择模型树中的【Surface Body】（DEM 封闭模型），右击【Delete】，将原来的沙土封闭壳体删除，如图 11-33 所示。

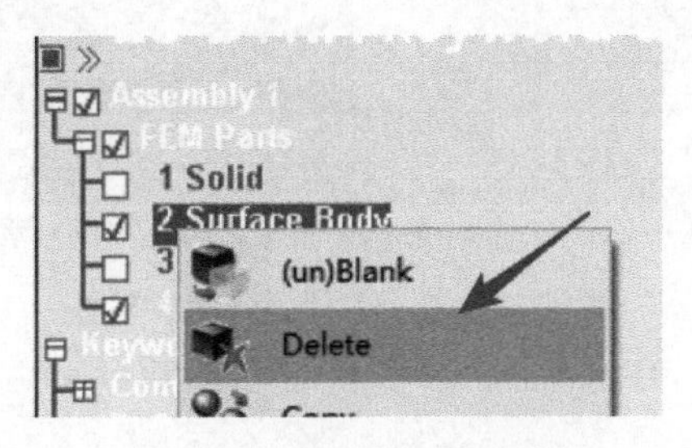

图 11-33 原 Shell Part 删除

选择【Model And Part】→【Keyword Manager】，双击创建粒子间接触选项 * CONTROL _ DISCRETE _ ELEMENT，如图 11-34 所示。

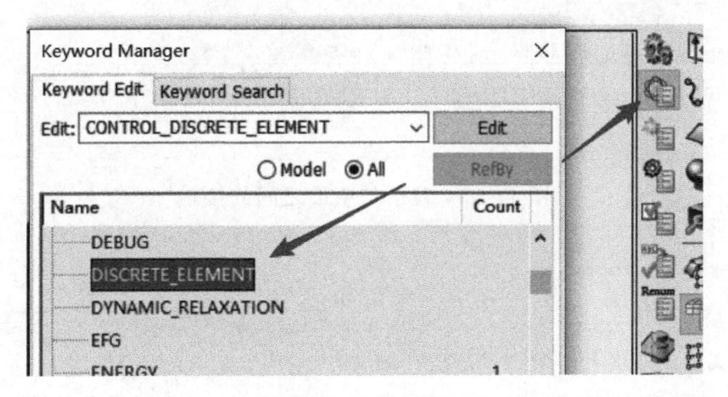

图 11-34 创建 * CONTROL _ DISCRETE _ ELEMENT 关键字

在弹出的对话框中，输入如图 11-35 所示数据。

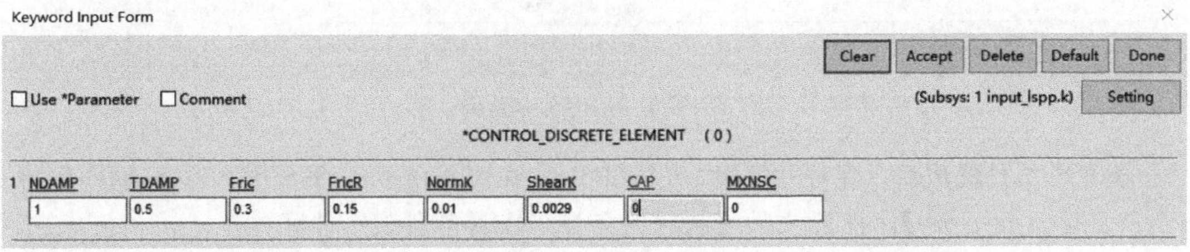

Keyword Input Form

Clear Accept Delete Default Done

Use *Parameter Comment (Subsys: 1 input_lspp.k) Setting

*CONTROL_DISCRETE_ELEMENT (0)

1	NDAMP	TDAMP	Fric	FricR	NormK	ShearK	CAP	MXNSC
	1	0.5	0.3	0.15	0.01	0.0029	0	0

图 11-35 * CONTROL _ DISCRETE _ ELEMENT 关键字设置

同样，选择【Model And Part】→【Keyword Manager】，双击创建粒子与子弹及壁面之间的接触选项 * DEFINE _ DE _ TO _ SURFACE _ COUPLING，粒子与子弹之间的接触选项如图 11-36，粒子与壁面之间的接触选项如图 11-37 所示。

选择【Part】，修改【Disc _ Sphere _ 4】（沙土 Dem Part），定义其【SECID】为 1，【MID】为 2（沙土模型），如图 11-38 所示，其他参数默认。

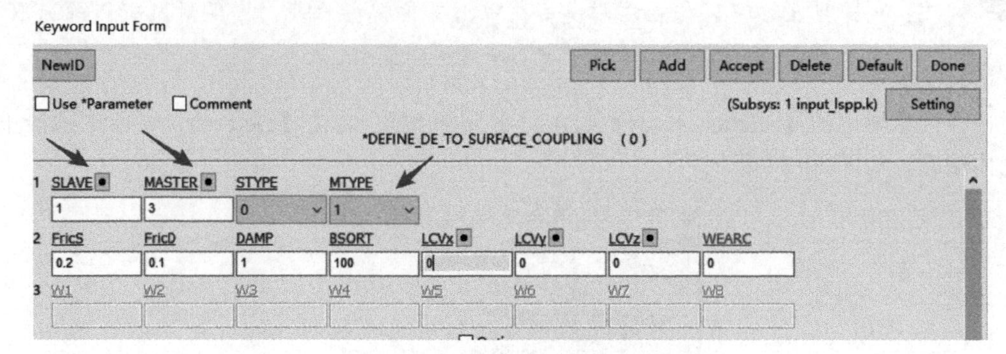

图 11-36　粒子与子弹之间的接触

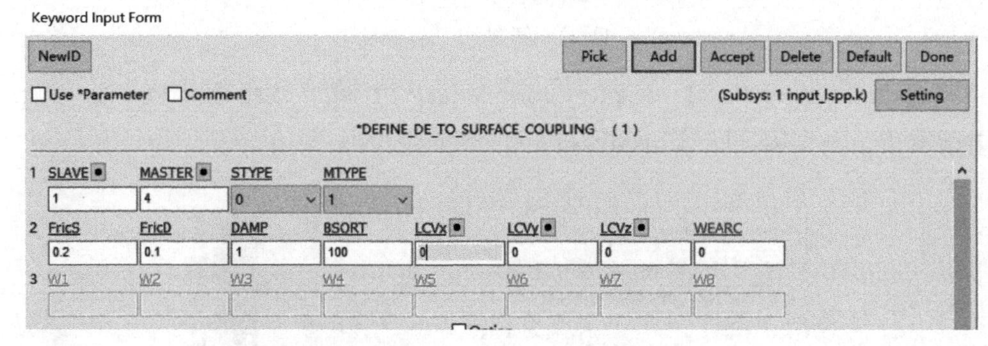

图 11-37　粒子与壁面之间的接触

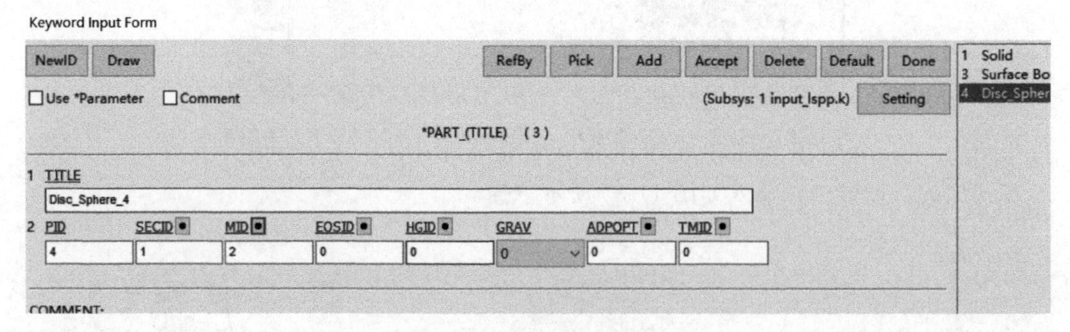

图 11-38　修改沙土模型

修改 K 文件完成后，保存并关闭 LS-PrePost，在 Workbench 平台中，右击选择【Open Solver Files Directory】，将 K 文件复制后提交 LS-RUN 软件进行计算。

11.3.4　计算结果及后处理

计算结果如图 11-39 所示，通过 LS-PrePost 软件打开 D3plot 文件，在左侧工具栏选择【Post】→【Fringe Component】→【Ndv】→【Z-Displacement】，可以查看模型在 *Z* 方向位移变化情况。

在左侧工具栏选择【Post】→【History】→【Part】→【Resultant Rigid Body Velocity】，选择子弹【Part】，点击【Plot】，可以查看子弹速度时间变化曲线，如图 11-40 所示。

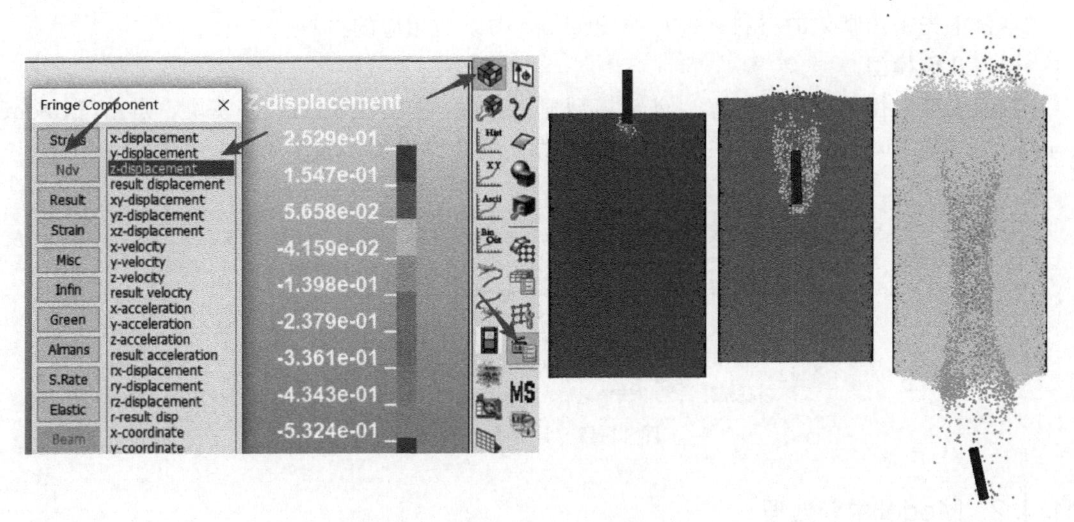

图 11-39 计算结果（*Z* 方向位移云图）

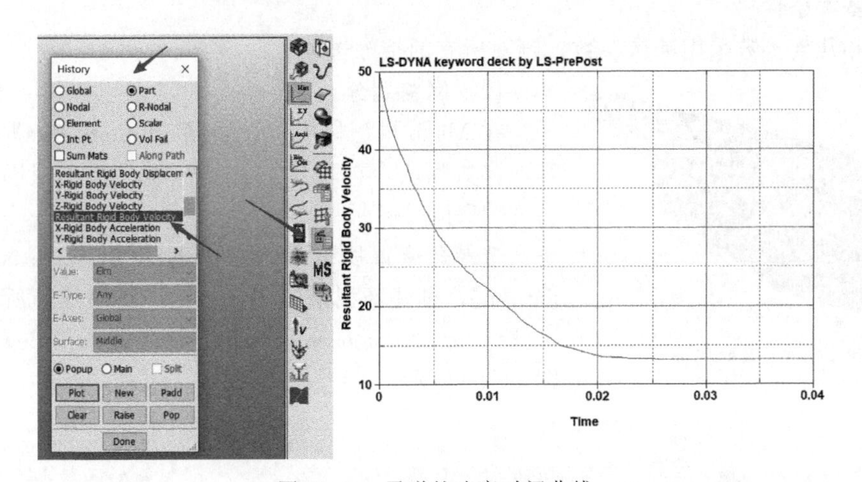

图 11-40 子弹的速度时间曲线

11.4 金属射流成型

本节研究金属射流成型后对靶板的侵彻作用，如图 11-41 所示。模型采用外部导入，本例中，Workbench 只作为计算的网格前处理，其他关键字的添加在 LS-PrePost 中进行（本例只做流程演示，实际过程在 Workbench 平台可以直接计算）。

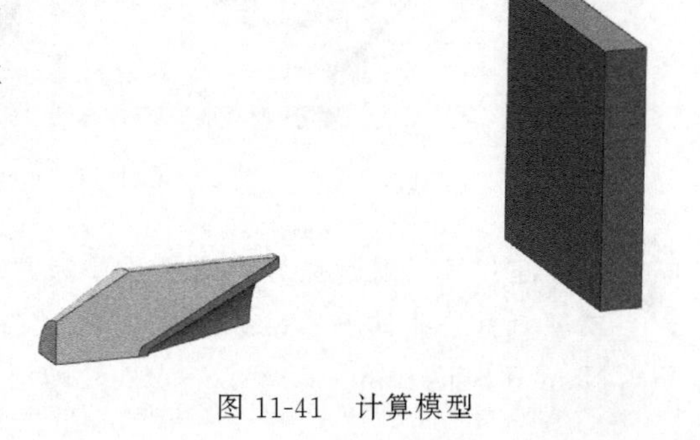

图 11-41 计算模型

11.4.1 材料、几何处理

（1）模块选择

添加 LS-DYNA 模块。

（2）材料定义

本例中先采用默认的材料，在后续 PrePost 中添加相应的材料。

（3）几何模型

几何模型采用外部导入模型。外部模型建立好后，打开 LS-DYNA 模块，点击【Geometry】，右击选择【Import Geometry】，选择导入的几何文件，如图 11-42 所示。

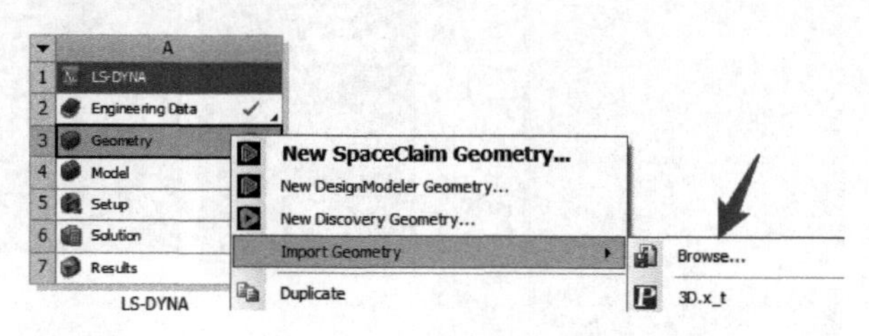

图 11-42　计算几何模型

11.4.2　Model 中前处理

（1）基本条件

材料和几何参数采用默认参数，删除所有的接触选项。

图 11-43　网格划分

（2）网格划分

在 Mesh 模型树中，设置【Element Size】为 1mm，其他参数默认，右击【Generate Mesh】生成网格，如图 11-43 所示。

选择药型罩所有面，右击选择【Create Named Selection】，创建药型罩的 Segment，选择炸药所有面，右击【Create Named Selection】，创建炸药的 Segment，如图 11-44 所示。

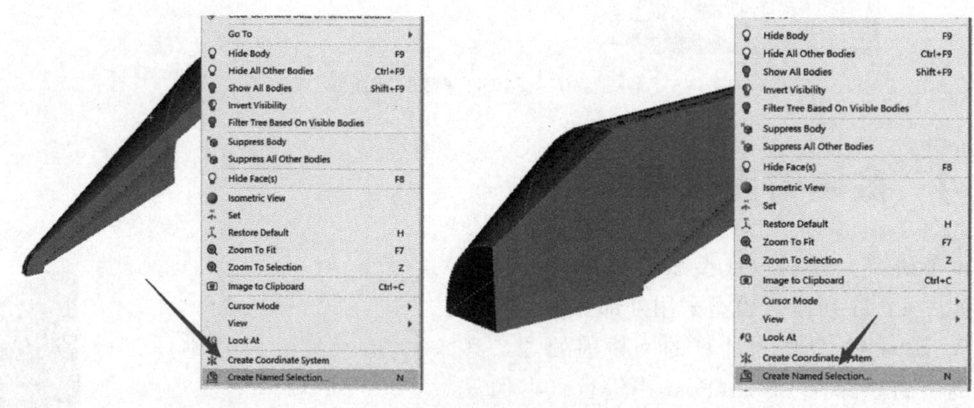

图 11-44　Named Selection 定义

> **注：**可以通过先右击选择炸药和靶板的 Body，右击【Hide Body】，将模型隐藏，或者使用快捷键 F7 隐藏。然后按住 Ctrl＋A 全选或者框选药型罩所有的面，构建 Named Selection。

定义好 Named Selection 后，可以点击对应的【Selection】，设置【LS-DYNA Named Selection User Id】，如本例中设置药型罩为 99，炸药为 100，即对应 * SET _ SEGMENT 的 ID 号，如图 11-45 所示。

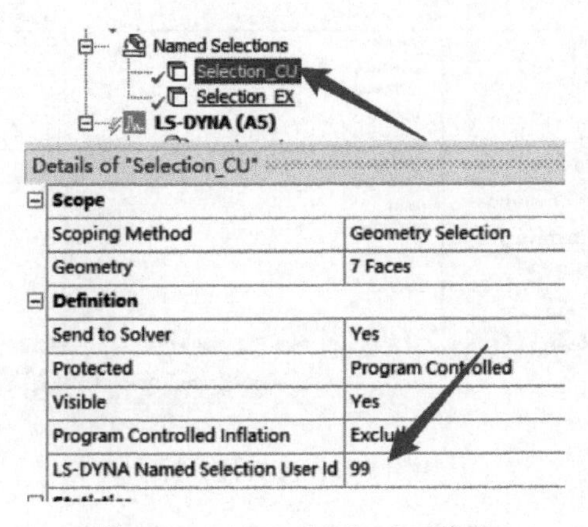

图 11-45 Named Selection 编号

(3) 计算条件

在【Analysis Setting】中设置【End Time】为 1s，【Unit System】为 cgs，即采用【cgs】的单位制，如图 11-46 所示。由于本例中只用到来自 Workbench 中的网格文件，时间单位制可以忽略，如果选择其他单位制，可以通过相关关键字进行转化。

点击模型树 LS-DYNA，在菜单栏的【Environment】中选择【Write Input File】，选择保存位置。

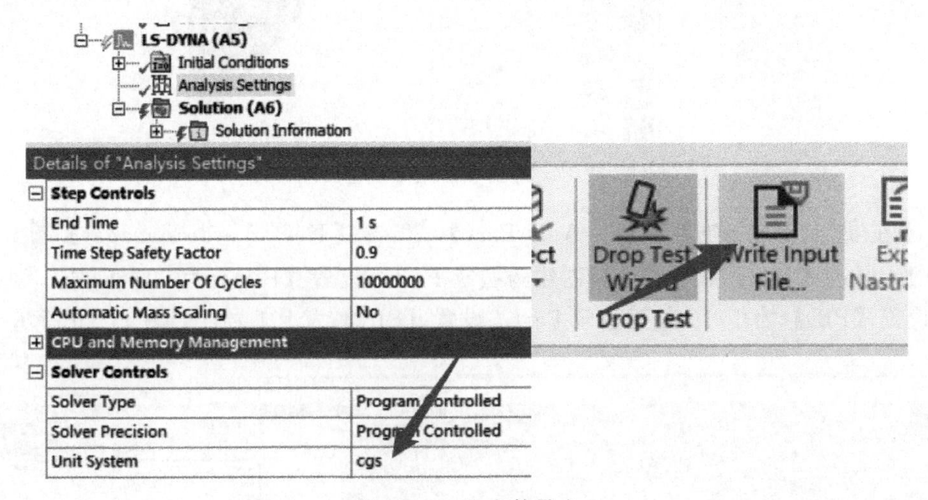

图 11-46 K 文件导出

11.4.3 LS-PrePost 中处理

打开 LS-PrePost，在菜单栏选择【Misc】→【Keyword File Separate】，在弹出的对话框中，选择上述生成的 K 文件。在【Extracted Files】中输入新的 K 文件名称。选择 * ELEMENT、* SET 和 * NODE 关键字，通过点击将其导出到 Output Files 中。点击【Execute】，将关键字分割后导出，如图 11-47 所示。注意：此时新的 K 文件中只有网格文件。

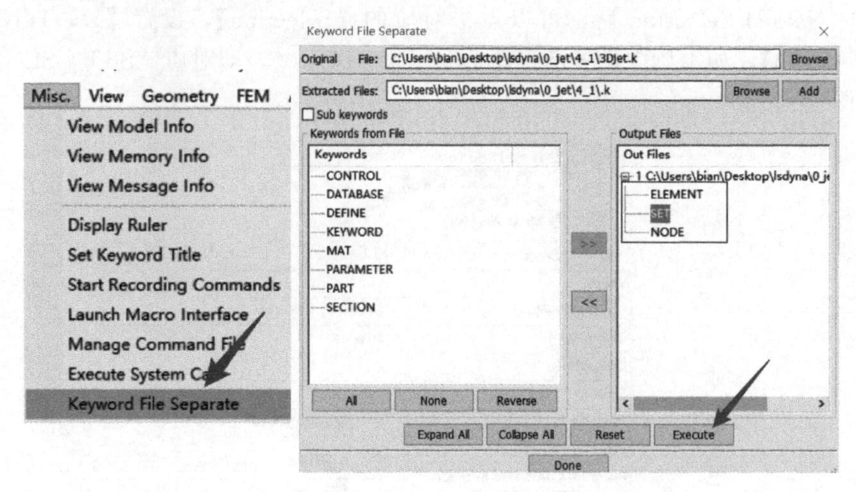

图 11-47 K 文件分拆

重新使用 LS-PrePost 软件打开新导出的 K 文件，在模型树中选择炸药和药型罩对应的 Body，右击选择【Delete】，如图 11-48 所示。

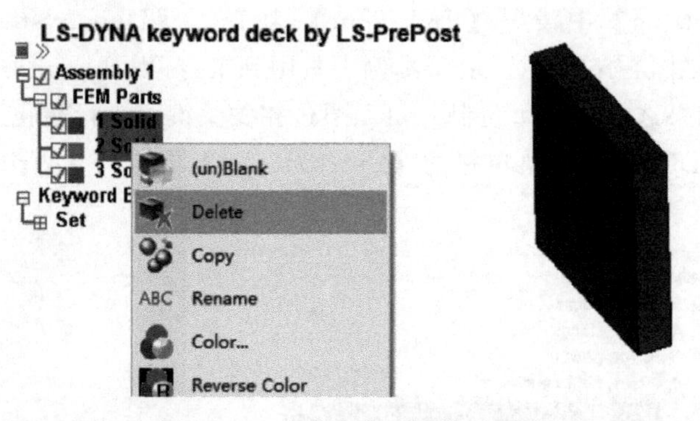

图 11-48 炸药和药型罩模型删除

通过左侧工具栏的【Model And Part】→【Key Word Manager】，选择【PART】，通过【Add】命令，重新创建药型罩 Part，设置【PID】为 99。同样，创建炸药 Part，设置【PID】为 100；创建空气 Part，设置【PID】为 101 号，如图 11-49 所示。

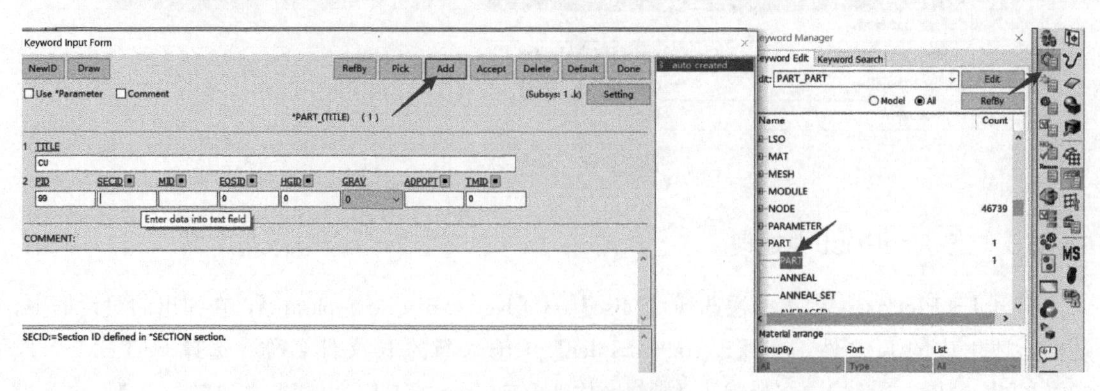

图 11-49 新 Part 创建

定义S-ALE网格及节点控制选项：选择创建关键字 * ALE _ STRUCTURED _ MESH _ CONTROL _ POINTS，创建S _ ALE控制节点关键字，设置【CPID】为1，【N】为1，【X】为−5，点击【Insert】插入，再次设置【CPID】为201，【X】为15，再次插入，选择【Accept】，创建了 X 方向的S-ALE网格节点控制情况，如图11-50所示。同样，选择【Add】，设置【CPID】为1，【N】为1，【X】为0，点击【Insert】插入，再次设置【CPID】为66，【X】为6.5，点击【Insert】插入，选择【Accept】，创建了 Y 和 Z 方向的S-ALE网格节点控制情况。

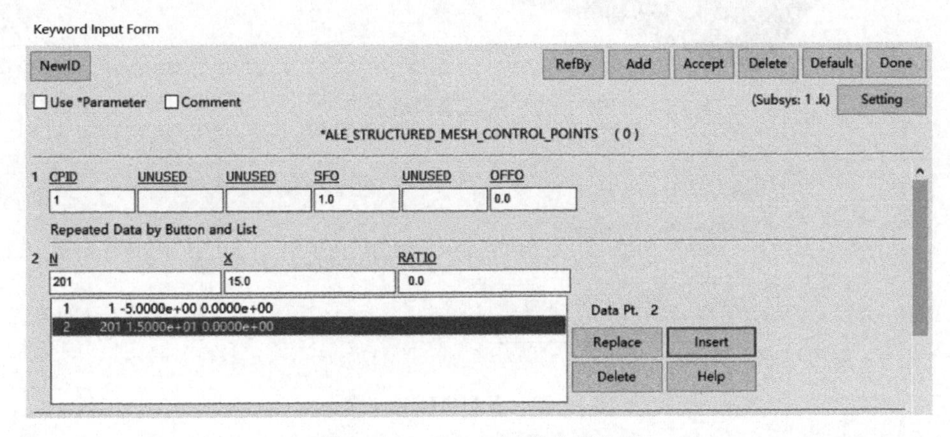

图11-50 S-ALE网格控制节点

定义ALE网格和Part：选择创建 * ALE _ STRUCTURED _ MESH关键字，设置【MSHD】为999，【DPID】为999，【CPIDX】引用号为1，【CPIDY】和【CPIDZ】引用号为2，【LCSID】为1，创建全局坐标系1。点击【Accept】，创建S-ALE主体Part，如图11-51所示。

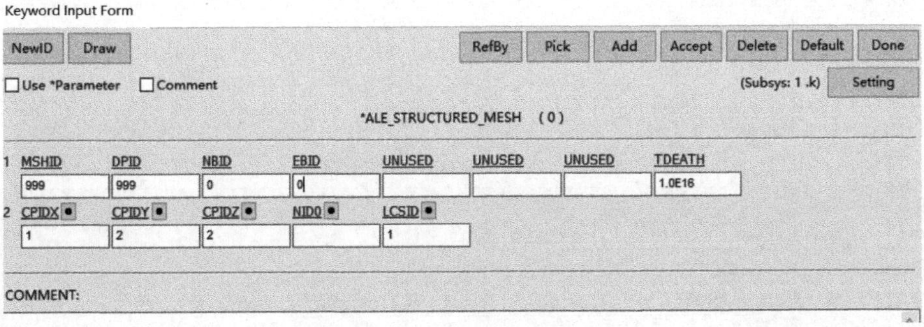

图11-51 ALE结构网格创建

在左侧模型树，点击【ALE】关键字下方的【Structured _ Mesh】，可以查看S-ALE网格情况，如图11-52所示。

定义多物质耦合关键字：添加关键字 * ALE _ MULTI-MATERIAL _ GROUP，设置【SID】为99（药型罩），【IDTYPE】为1，选择【Accept】，创建流体物质药型罩材料，如图11-53所示。同时，再次选择【Add】，创建【SID】为100（炸药），【SID】为101（空气）的材料。

定义药型罩和炸药体积填充：添加关键字 * INITIAL _ VOLUME _ FRACTION _ GEOMETRY，设置背景网格【FMSID】为999（S-ALE主体网格），填充物质【BAMMG】为3（空气）。设置【CONTTYP】为2，代表使用 * Set _ Segment构成区域，【FILLOPT】

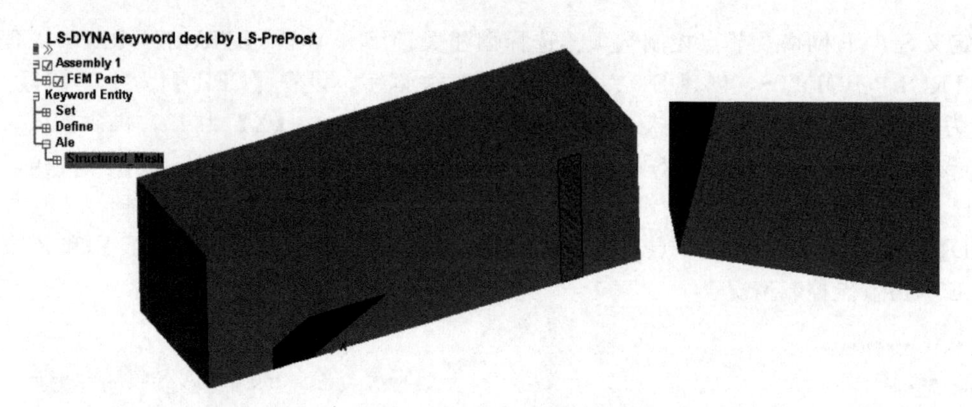

图 11-52　S-ALE 网格显示

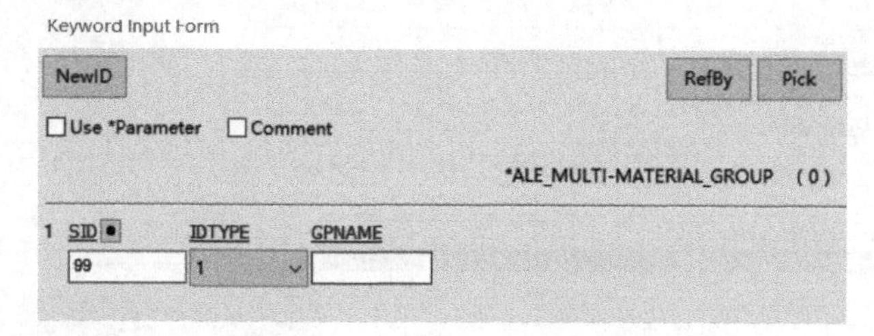

图 11-53　多物质耦合设置

为 1，代表投影方向向内，【FAMMG】为 1，代表填充物质为 1（药型罩），【SGSID】为 99（代表 * SET _ SEGMENT 为 99 号，为在 Workbench 中定义的药型罩外表面围成的封闭区域）。点击【Insert】可插入药型罩填充区域设置，同样再次设置【FAMMG】为 2，代表填充物质为 2（炸药），【SGSID】为 98（代表 * SET _ SEGMENT 为 98 号炸药封闭区域），如图 11-54 所示。

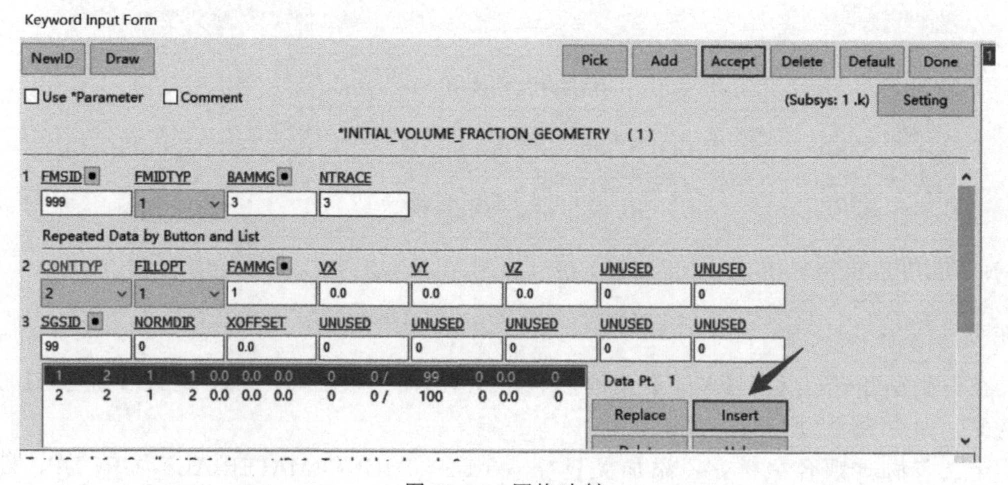

图 11-54　网格映射

定义 S-ALE 对称面节点组：加载关键字 * SET _ NODE _ GENERAL，设置【OPTION】为 SALEFAC，【MSHID】为 999，【－Y】为 1，点击【Insert】插入，点击【Accept】，创建关于－Y 方向的所有节点。同理，点击【Add】，设置【－Z】为 1，点击【Insert】插入，点击【Accept】，创建关于－Z 方向的所有节点，如图 11-55 所示。

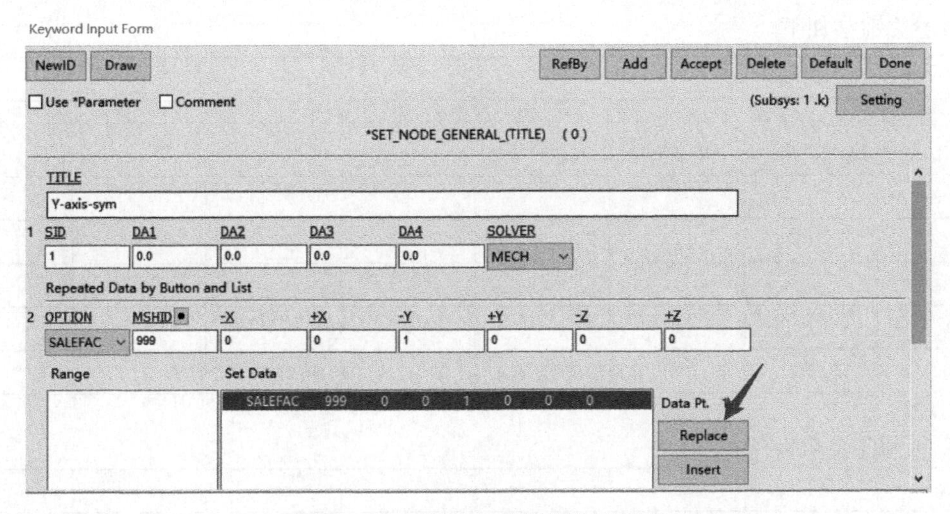

图 11-55 S-ALE对称面节点组创建

定义S-ALE流固耦合接触：创建关键字 * ALE _ STRUCTURED _ FSI，选择【SLAVE】为靶板，选择【MASTER】为999（S-AlE的Part号），【MCOUP】设置为CU材料1，其他参数默认即可，如图11-56所示。

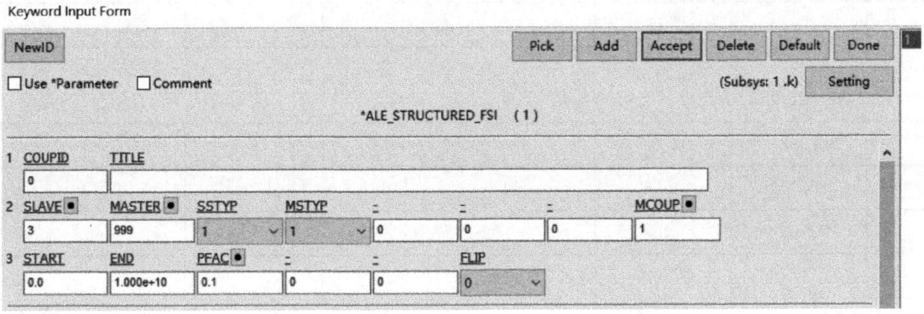

图 11-56 S _ ALE网格与固体网格接触

定义S-ALE透射边界：加载关键字 * SET _ SEGMEN _ GENERAL，设置【OPTION】为SALEFAC，【MSHID】为999，依次设置【−X】、【+X】、【−Y】、【+Z】为1，点击【Insert】插入，点创建透射边界的集合，如图11-57所示。

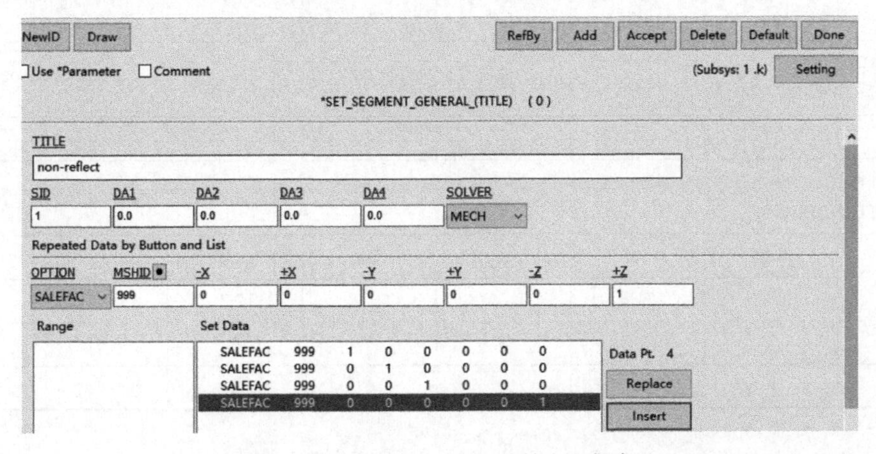

图 11-57 创建S _ ALE透射边界集合

核心关键字如下：

*KEYWORD							
$炸药、药型罩几何映射填充 *INITIAL_VOLUME_FRACTION_GEOMETRY							
999	1	3	3				
2	1	1	0	0	0		
99	0	0					
2	1	2	0	0	0		
100	0	0					
$炸点设置 *INITIAL_DETONATION							
0	−1.8	0	0	0		0	
$靶板 *PART							
3	3	3	3	0	0	0	0
$靶板算法 *SECTION_SOLID							
3	1	0				0	
$靶板材料 *MAT_JOHNSON_COOK							
3	7.83	0.77	0	0	0	0	0
0.00792	0.0051	0.26	0.014	1.03	1793	294	1.00E−06
4.77E−06	−9	3	0	0.8	0	0	0
0	0	0	1.00E−06	0			
*EOS_GRUNEISEN							
3	0.4569	1.49	0	0	2.17	0.46	0
1		0					
$药型罩 *PART							
99	99	99	99	0	0	0	0
$药型罩算法 *SECTION_SOLID							
99	11	0				0	
$药型罩材料 *MAT_STEINBERG							
99	8.93	0.477	0.0012	36	0.45	0	0.0064
2.83	2.83	3.77E−04	0.001	63.5	1790	2.02	1.5
−9	3	0	0	0	0	0	0
0	0	0	0	0	0	0	0

* EOS_GRUNEISEN							
99	0.394	1.49	0	0	2.02	0	0
1		0					
\$ 炸药 * PART							
100	99	100	100	0	0	0	0
\$ 炸药材料参数 * MAT_HIGH_EXPLOSIVE_BURN							
100	1.84	0.88	0.37	0	0	0	0
* EOS_JWL							
100	8.524	0.1802	4.6	1.3	0.38	0.102	1
\$ 空气 * PART							
101	99	101	101	0	0	0	0
\$ 空气材料 * MAT_NULL							
101	0.0012929	0	0	0	0	0	0
* EOS_LINEAR_POLYNOMIAL							
101	0	0	0	0	0.4	0.4	0
2.50E−06	1						
\$ S-ALE 网格 * ALE_STRUCTURED_MESH							
999	999	0	0				1.00E+16
1	2	2	0	1			
\$ S-ALE 网格控制点 * ALE_STRUCTURED_MESH_CONTROL_POINTS							
1			1		0		
	1		−5		0		
	201		15		0		
* ALE_STRUCTURED_MESH_CONTROL_POINTS							
2			1		0		
	1		0		0		
	66		6.5		0		
\$ 多物质耦合设置 * ALE_MULTI-MATERIAL_GROUP							
99	1						
100	1						
101	1						

$ S-ALE 流固耦合接触 * ALE_STRUCTURED_FSI							
3	999	1	1				−1
0	1.00E+10	0.1			0		
$ 计算结果保存 * DATABASE_BINARY_D3PLOT							
1	0	0	0	0			
* DATABASE_BINARY_D3THDT							
0.1	0	0	0	0			
$ ALE 控制选项 * CONTROL_ALE							
-1	1	−2	−1	0	0	0	0
0	1E+20	0	0	0	0	1E-06	0
1	50	0	0	0	0	0	0
0	0	0	1.00E−05				
$ 黏度控制 * CONTROL_BULK_VISCOSITY							
1.5	0.06	1	0	0			
$ 计算时间 * CONTROL_TERMINATION							
100	0	0	0	0	0		
$ 计算时间步长 * CONTROL_TIMESTEP							
0	0.67	0	0	0	0	0	0
0	0	0			0		0
$ 靶板材料删除设置 * MAT_ADD_EROSION							
3	0	0	0	0	0	1	1
0	0	0	0.75	0	0	0	0
$ S_ALE 对称设置，*XZ* 面 * BOUNDARY_SPC_SET							
1	0	0	1	0	1	0	1
* SET_NODE_GENERAL_TITLE							
Y-AXIS-SYM							
1	0	0	0	0	MECH		
SALEFAC	999	0	0	1	0	0	0
SALEFAC	999	0	0	1	0	0	0
$ S_ALE 对称设置，*XY* 面 * BOUNDARY_SPC_SET							
2	0	0	0	1	1	1	0

* SET_NODE_GENERAL_TITLE							
Z-AXIS-SYM							
2	0	0	0	0	MECH		
SALEFAC	999	0	0	0	0	1	0
$ 靶板对称设置,XZ 面 * BOUNDARY_SPC_SET							
3	0	0	1	0	1	0	1
$ 靶板对称性节点集,XZ 面 * SET_NODE_LIST_TITLE							
Y_TAR							
3	0	0	0	0	MECH		
38292	38293	38294	38295	38296	38297	38298	38299
……							
$ 靶板对称设置,XY 面 * BOUNDARY_SPC_SET							
4	0	0	0	1	1	1	0
$ 靶板对称性节点集,XY 面 * SET_NODE_LIST_TITLE							
Z							
4	0	0	0	0	MECH		
38410	38411	38412	38413	38414	38415	38416	38417
……							
* NODE							
1	12.26172		5.9		0.1	0	0
……							
* SET_NODE_LIST							
99	0	0	0	0	MECH		
40932	40933	40934	40935	40936	40937	40938	42450
……							
$ S_ALE 无反射面几何 * SET_SEGMENT_GENERAL_TITLE							
NON-REFLECT							
1	0	0	0	0	MECH		
SALEFAC	999	1	0	0	0	0	0
SALEFAC	999	0	1	0	0	0	0
SALEFAC	999	0	0	1	0	0	0
SALEFAC	999	0	0	0	0	0	1
$ 靶板对称面集合,XZ 面 * SET_SEGMENT							
2	0	0	0	0	MECH		
40859	40860	40801	40800	0	0	0	0

$药型罩集合 *SET_MULTI_MATERIAL_GROUP_LIST							
1							
1	0	0	0	0	0	0	0
$创建全局坐标系 *DEFINE_COORDINATE_SYSTEM							
1	0	0	0	1	0	0	0
0	1	0					
$靶板单元 *ELEMENT_SOLID(TENNODES FORMAT)							
1	3						
1	39142	40274	39673	39742	40283	0	0
……							
*END							

11.4.4 计算结果及后处理

设置K文件完成后，使用LS-RUN软件进行计算，计算完成后用LS-PrePost打开，如图11-58所示，可以查看材料分布情况和射流成型状态。从图11-59中可以看出金属射流成型后，能够以高速侵彻靶板。

 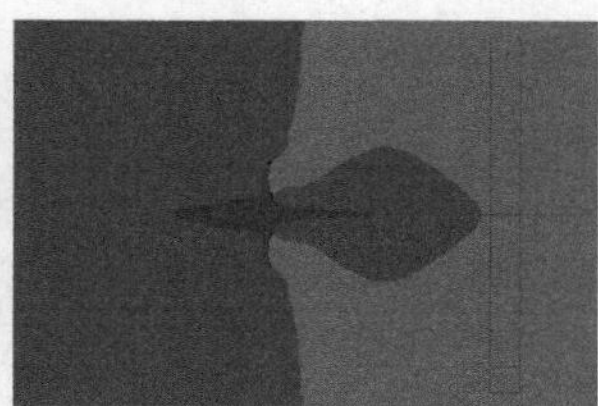 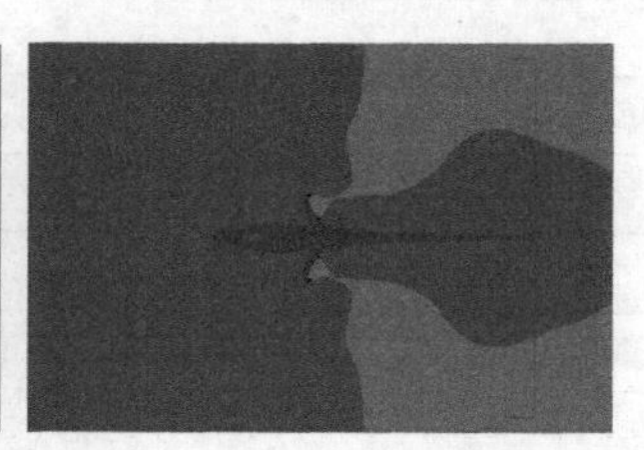

图11-58　金属射流成型及其作用

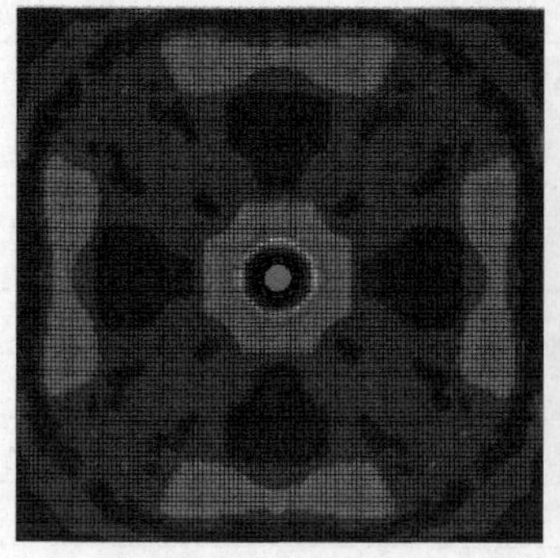 

图11-59　靶板被侵彻情况

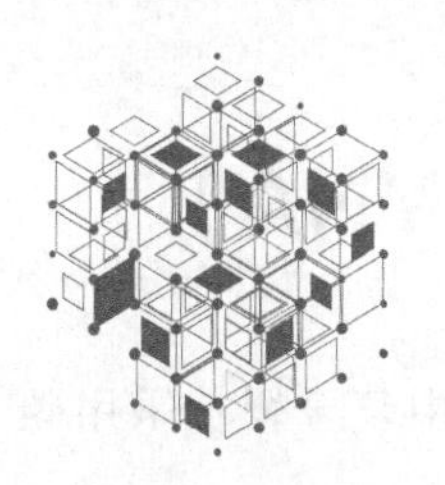

第12章 Workbench平台中的模块联合仿真

12.1 模块联合仿真介绍

Workbench 平台的最大优势在于多物理场耦合，通过多模块的作用，可以方便地在同一个平台中进行分析。联合仿真只需要将两个及以上可以相互传递仿真数据的模块连接即可。

常见模块的联合分析包括 ACP、Static、Transient、Fluent、Polyflow、Static Acoustics、Thermal 等，具体如图 12-1 所示。

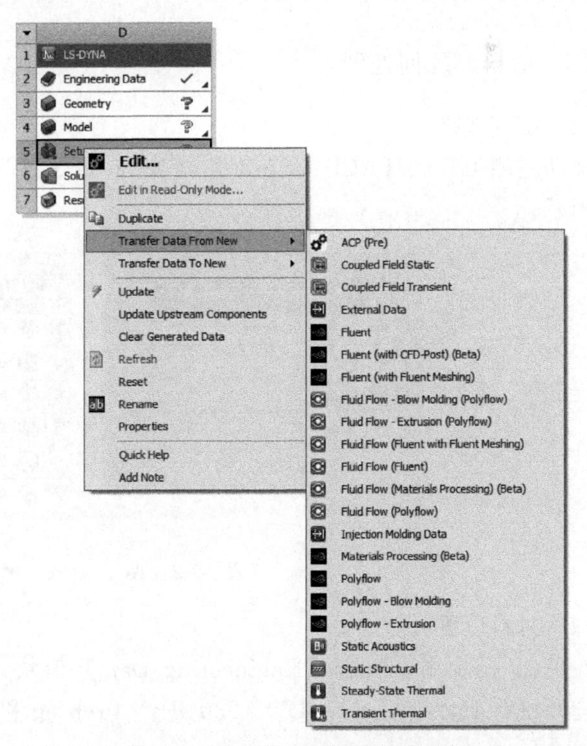

图 12-1　常见模块的联合仿真分析

12.2 小球冲击复合材料靶板（ACP+ LS-DYNA）

本节使用 LS-DYNA 模块及 ACP 模块计算小球冲击复合靶板层，其中复合靶板采用碳纤维板，采用±45°铺层设计。

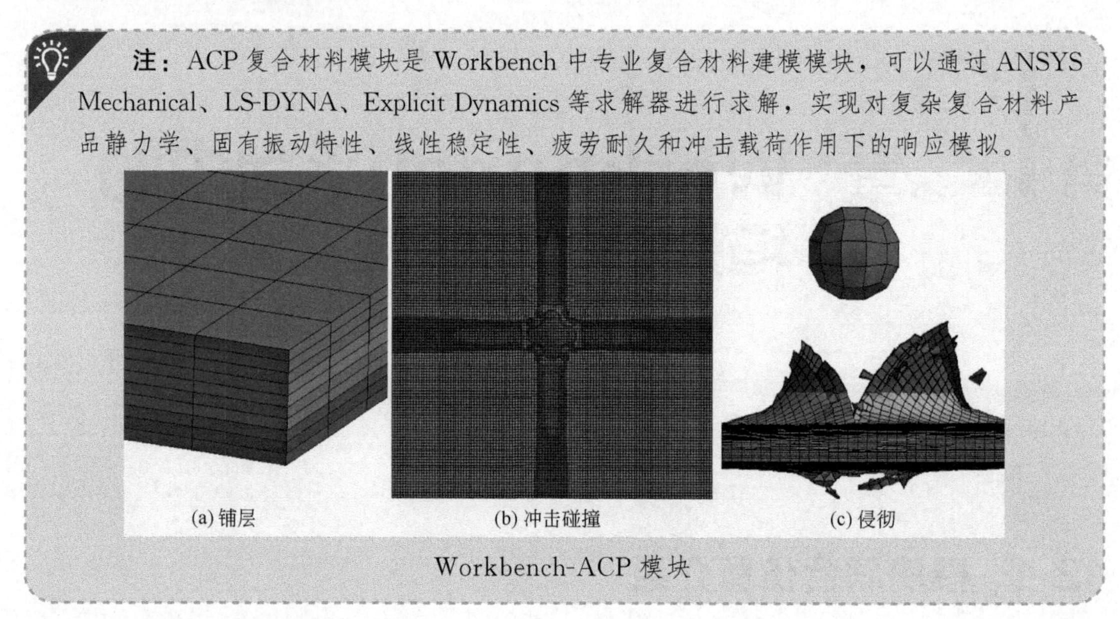

Workbench-ACP 模块

12.2.1 材料、几何处理

(1) 模块选择

拖动左侧工具栏【ACP（Pre）】模块和【LS-DYNA】模块，加载到主界面中，如图 12-2 所示。

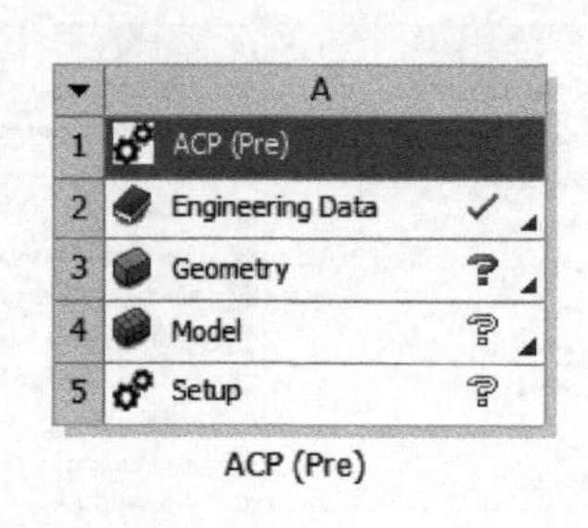

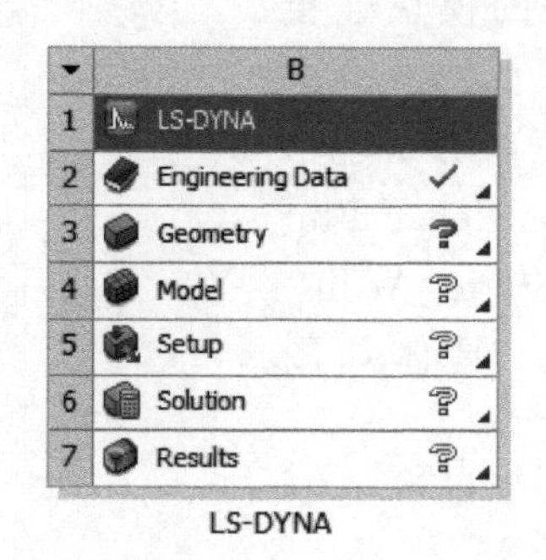

图 12-2　ACP（Pre）模块

(2) 材料设置

在 ACP 模块中，双击【Engineering Data】模块，选择【Composite Materials】材料库。选择材料 Epoxy Carbon UD（230GPa）Prepreg 和 Resin Epoxy。

(3) 几何模型

在 ACP 模块中，双击进入 DM 几何模块，在【XYPlane】中创建草图，设置矩形的长、宽分别为 120mm，通过【Concept】→【Surfaces From Sketches】，选择创建的草图，形成片体模型。

通过【Create】→【Primitive】→【Sphere】，创建球体，设置球体半径【FD5】为 12mm，【FD6】为 5mm，点击【Generate】生成球体模型。几何模型如图 12-3 所示。

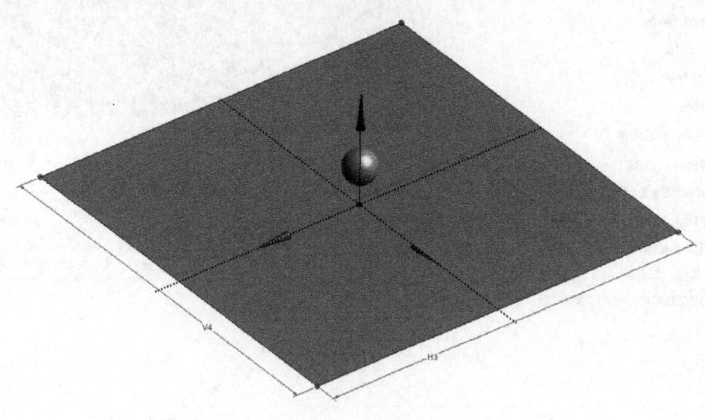

图 12-3 几何模型

12.2.2 Model 中前处理

双击 ACP 模块中的【Model】，为方便进行下一步分析，设置 Surface Body 的【Thickness】厚度为 1mm，这里的厚度只是个定义，并不代表最终的复合材料厚度，最终的材料厚度在 ACP Setup 中定义。给全体施加大小为 1mm 的网格，小球采用【MultiZone】和【Face Meshing】网格划分。设置【Physics Preference】为 Explicit，否则无法进行显示动力学计算，网格划分完成后如图 12-4 所示。

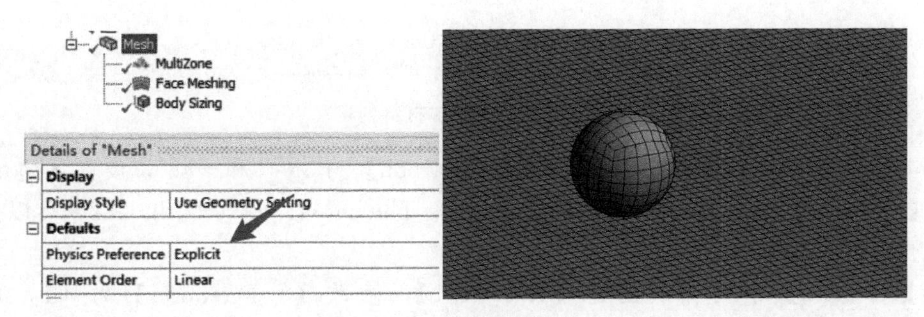

图 12-4 网格划分

12.2.3 ACP 模块中复合材料设计

双击【Setup】，进入 ACP 模块，如图 12-5 所示。

在【Fabrics】中，右击选择【Create Fabric】，设置【Name】为 carbon，【Material】为 Epoxy Carbon UD（230GPa）Prepreg，【Thickness】为 0.0002m；同样，创建 epoxy 材料，其厚度为 0.0002mm，如图 12-6 所示。

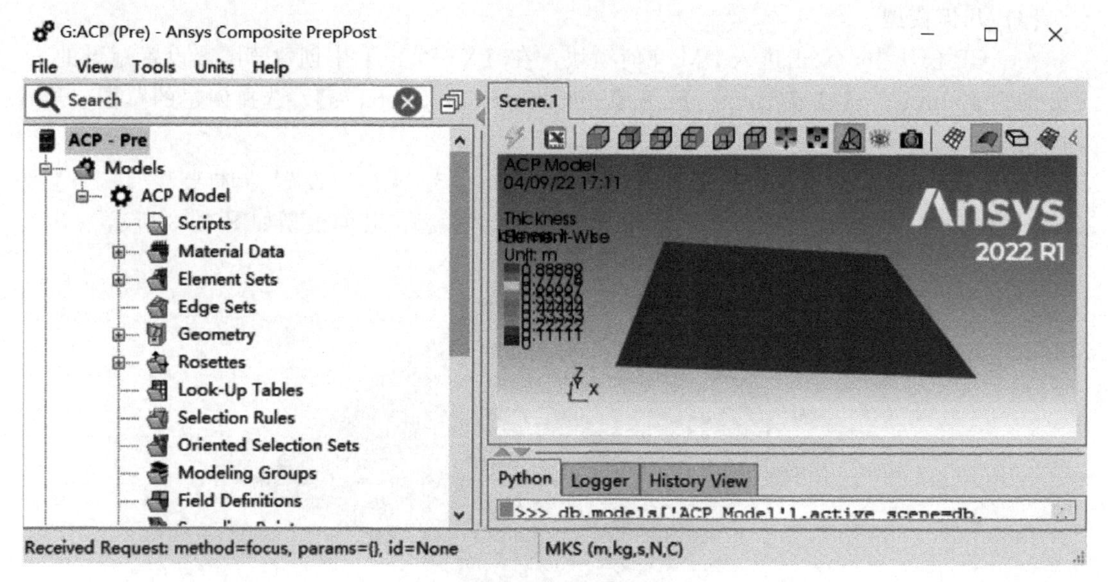

图 12-5　ACP 模块

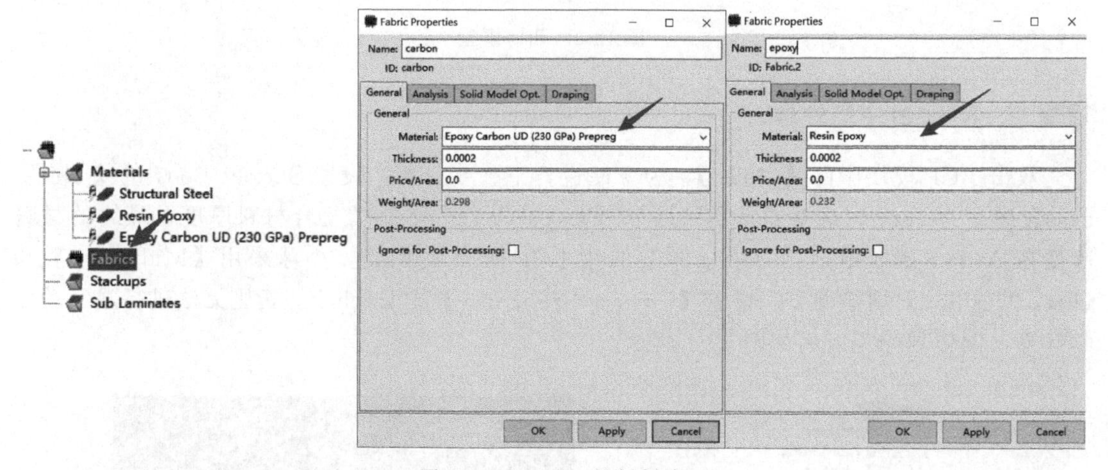

图 12-6　Fabrics 材料创建

建立【Stackups】，进行铺层设计。设置【carbon】为 45.0°和－45°，设置【epoxy】为 0°，在【Analysis】中勾选 Analysis Plies（AP）、Thickness、E1、E2 和 G12，可以查看相应的铺层设计，如图 12-7 所示。

在【Rosettes】中右击，创建【Rosette.1】，修改【1 Direction】为（1，0，0），【2Direction】为（0，1，0），点击【Apply】创建。在【Oriented Selection Set】中右击，创建【OrientedSelectionSet.1】，设置【Element Sets】为 All _ Element，【Direction】为（0，0，1），【Rosettes】为 Rosette.1，如图 12-8 所示。

在【Modeling Groups】右击，插入【Modeling Group】，创建【Modeling Group1】，点击【Apply】确定。在【Modeling Group1】右击创建【ModelingPly.1】，设置【Oriented Selection Sets】为 OrientedSelectionset.1，【Ply Material】为 Stackup.1，【Number of Layers】为 10，其他参数默认，如图 12-9 所示。

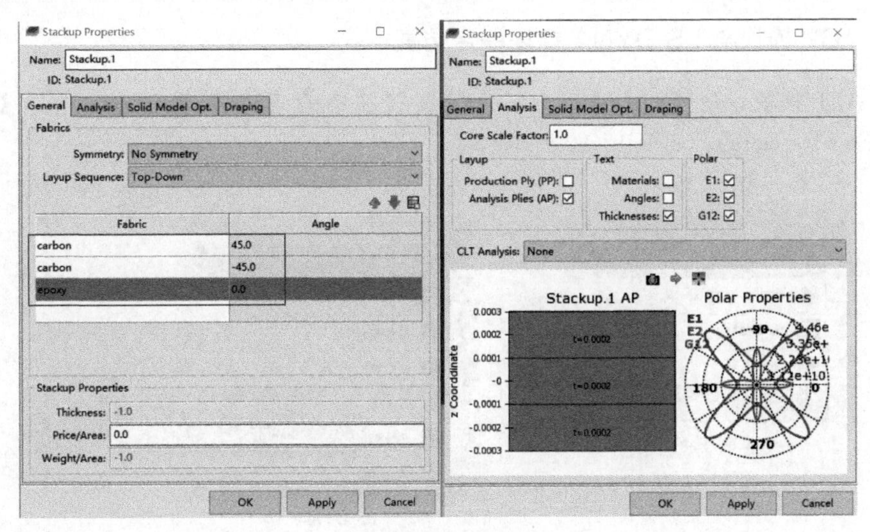

图 12-7　铺层设计

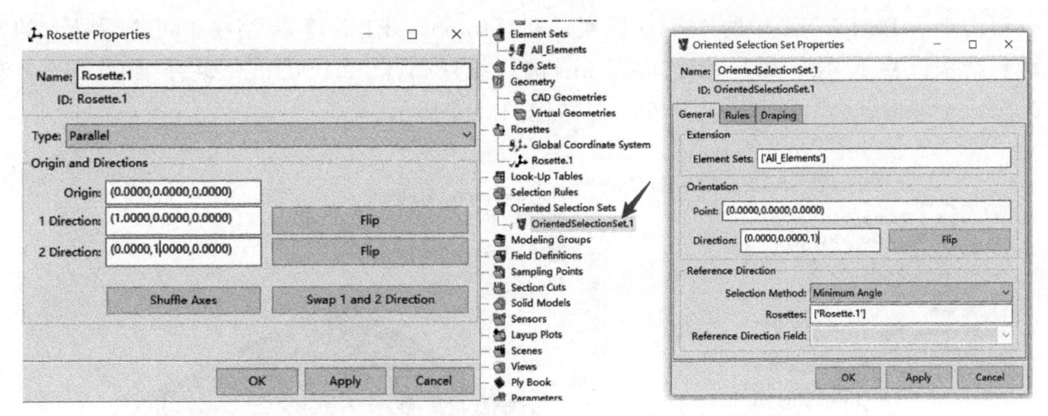

图 12-8　坐标系及方向创建

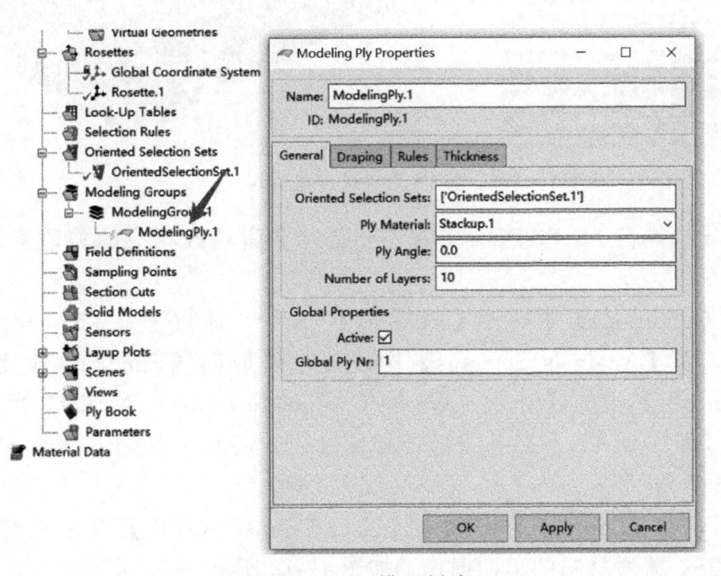

图 12-9　Ply 模型创建

12.2.4 ACP模块与LS-DYNA模块联合仿真

退出ACP模块，将【Setup】与LS-DYNA模块中的【Model】相连，选择【Transfer Shell Composite Data】，如图12-10所示。

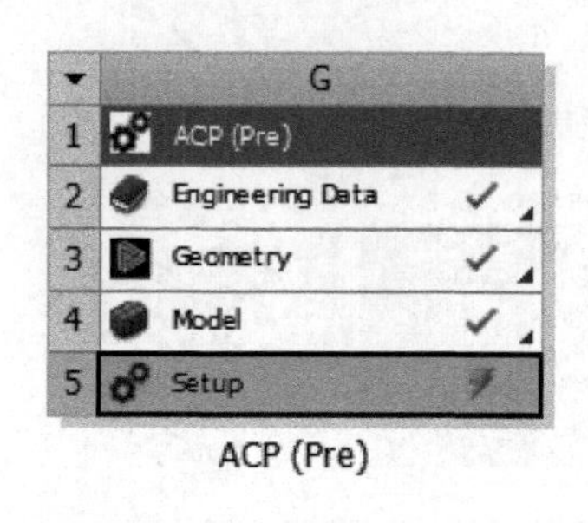

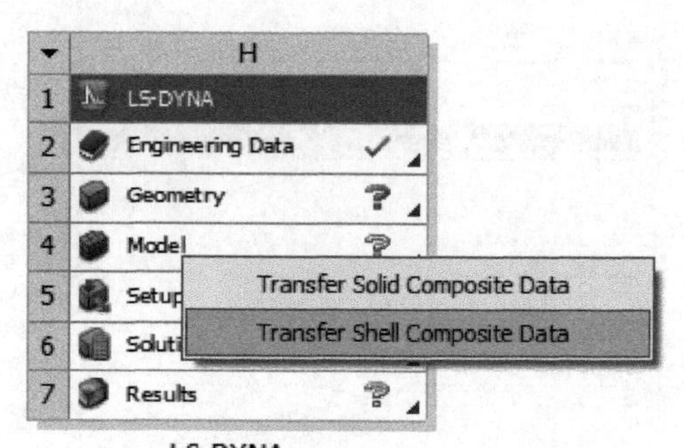

图12-10 ACP模块与LS-DYNA模块联合

双击进入LS-DYNA中的Model模块，在【Imported Plies】模型树中可查看导入的复合材料结构。共10层，每层由0.0002mm碳纤维（45°）、0.0002mm碳纤维（－45°）和0.0002mm树脂组成，总体厚度为6mm，如图12-11所示。

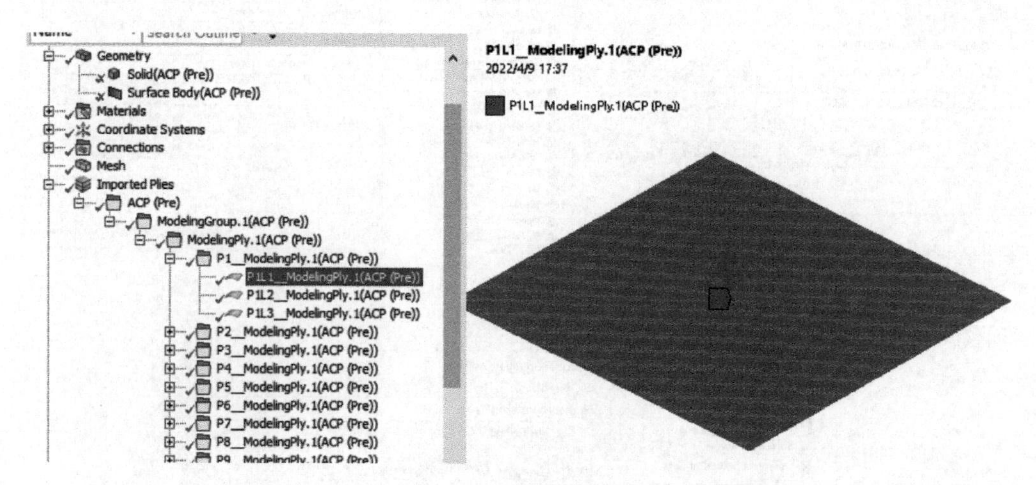

图12-11 碳纤维铺层

将K文件导出，在LS-PrePost中进一步添加或者修改相应的关键字，分析复合材料模型。

在【Initial Conditions】中插入【Velocity】，设置小球初速为（50，0，－50），设置四边为固定边界，在【Analysis Settings】中设置求解时间【End Time】为0.001s，确认【Composite Controls】中的【Shell Layered Composite Damage Model】为Enhanced Composite Damage（即*MAT_54材料），如图12-12所示。其他参数默认，点击菜单栏【Solve】进行求解。

计算结束后，在【Solution】中插入【User Defined Result】自定义结果，设置【Expression】为EPS，查看材料的塑性损伤，如图12-13所示。

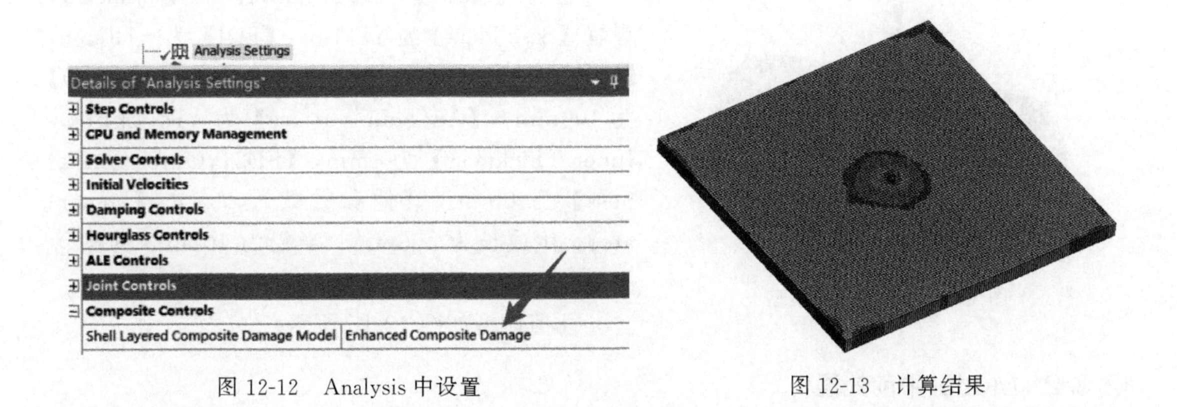

图 12-12 Analysis 中设置　　　　图 12-13 计算结果

12.3 子弹冲击钢管（LS-DYNA+ Static Structural）

本节使用 LS-DYNA 模块计算子弹以一定速度冲击钢管后钢管的变形，给变形后的钢管再施加内压力，通过 Static Structural 模块计算静力学情况，如图 12-14 所示。

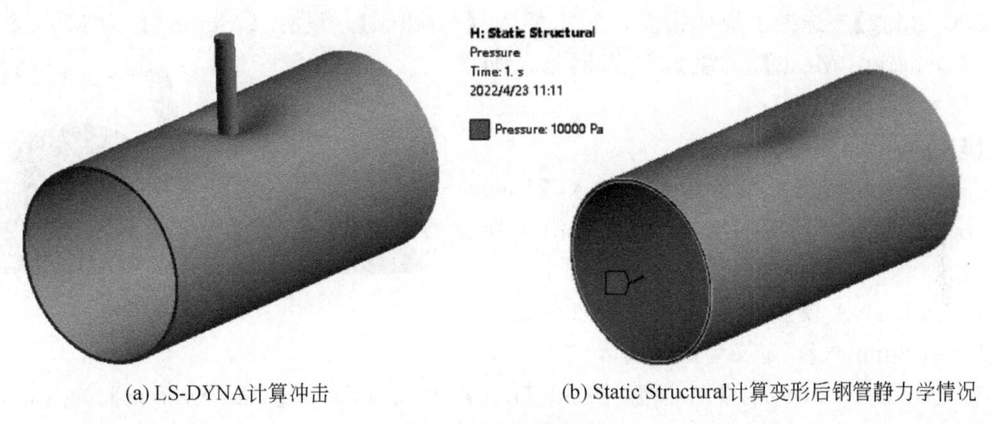

(a) LS-DYNA计算冲击　　(b) Static Structural计算变形后钢管静力学情况

图 12-14 计算模型

12.3.1 材料、几何处理

（1）模块选择

拖动加载 LS-DYNA 模块。

（2）材料参数

在 LS-DYNA 模块中，双击【Engineering Data】，选择【General Non-Linear Materials】材料库中 Structural Steel NL 材料。

（3）几何模型

在 LS-DYNA 模块中，双击进入 DM 几何建模模块。

通过【Create】→【Primitive】→【Cylinder】，设置【FD8】为 100mm，【FD10】为 10mm，其他参数默认，点击【Generate】，生成长为 100mm、半径为 10mm 的子弹模型。

图 12-15　计算几何模型

通过【Create】→【Primitive】→【Cylinder】，设置【Base Plane】为 YZPlane，【FD4】为－110mm，【FD5】为－200mm，【FD8】为 400mm，【FD10】为 100mm，【As Thin/Surface】为 Yes，【FD1, Inner Thickness】为 4mm，【FD2，Outer Thickness】为 0mm，其他参数默认，点击【Generate】，生成长为 400mm、半径为 100mm 的圆管模型。

几何模型如图 12-15 所示。

12.3.2　Model 中前处理

（1）基本条件

在 LS-DYNA 模块中，双击进入【Model】模块，通过【Assignment】设置子弹和圆管的材料为 Structural Steel NL 材料，其他参数默认。

采用默认【Body Interactions】接触。

（2）网格划分

在【Mesh】模型树中，设置【Element Size】为 0.002m，选择所有面，右击插入【Face Meshing】，选择子弹体模型，右击插入【Method】，设置【Method】为 MultiZone，右击【Generate Mesh】可生成计算网格，如图 12-16 所示。

图 12-16　计算网格

（3）计算条件

在【Initial Conditions】中右击插入【Velocity】，设置子弹的速度为 100m/s，方向沿子弹径向方向。

在 LS-DYNA 模型树中，选择圆管侧面，插入【Fixed Support】，定义为固定边界。

在【Analysis Settings】中设置【End Time】为 0.0005s，【Unit System】为 mks，其他参数默认。

点击菜单栏中的【Solve】进行计算。

12.3.3　LS-DYNA 计算结果

计算完成后，在【Solution】模型树中，右击插入【Equivalent Stress】，显示模型等效应力云图。右击插入【User Defined Result】，设置【Expression】为 EPS，查看模型的等效塑性应变，如图 12-17 所示。

12.3.4　LS-DYNA 计算结果导出

通过 LS-PrePost 打开计算结果文件。选择【Post】→【Output】，选择【Format】为 Dynain ASCII，选择【Active Part Only】（通过左侧模型树，隐藏子弹模型），选择【Curr】，将当前计算结果文件导出，选择【Write】，保存到对应的位置处，如图 12-18 所示。

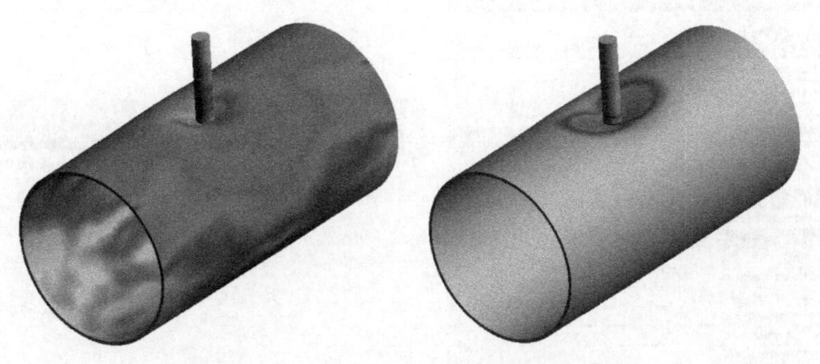

图 12-17 总体应力图和总体塑性变形图

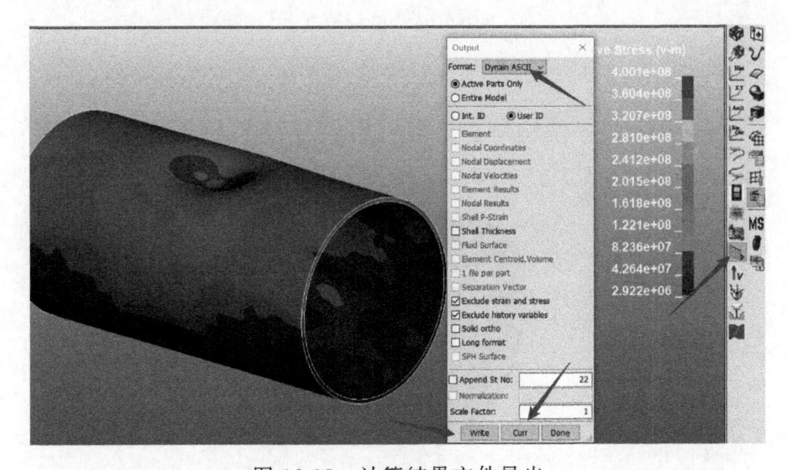

图 12-18 计算结果文件导出

修改输出文件的后缀为.K，文件内容如图 12-19 所示。

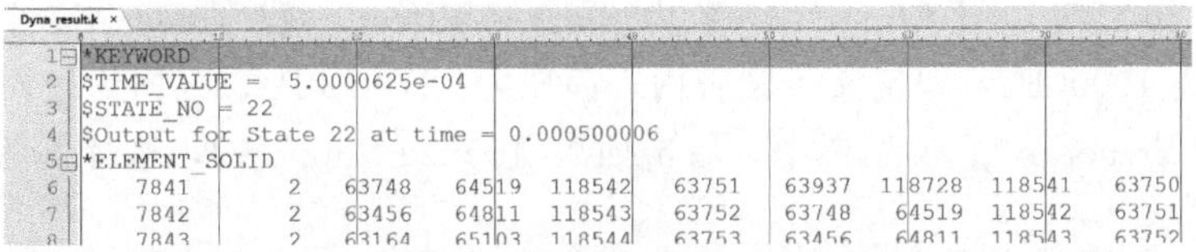

```
Dyna_result.k
1 *KEYWORD
2 $TIME_VALUE =  5.0000625e-04
3 $STATE_NO = 22
4 $Output for State 22 at time = 0.000500006
5 *ELEMENT_SOLID
6     7841       2   63748   64519  118542   63751   63937  118728  118541   63750
7     7842       2   63456   64811  118543   63752   63748   64519  118542   63751
8     7843       2   63164   65103  118544   63753   63456   64811  118543   63752
```

图 12-19 计算结果 Dynain ASCII 文件

12.3.5 Static Structural 静力学计算

在 Workbench 界面中，从左工具栏选择【External Model】模块，双击进入后，选择上述计算结果文件。设置【Unit System】为 Metric（kg，m，s，℃，A，N，V），其他参数默认。

从左工具栏选择【Static Structural】模块，将【External Model】中的【Setup】与【Static Structural】中的【Model】相连接，如图 12-20 所示。

在【Static Structural】中的【Engineering Data】模块中，选择加载【General Non-Linear Materials】材料库中 Structural Steel NL 材料。

在【Static Structural】模块中，双击【Model】进入模型，LS-DYNA 计算的模型及结果文件已经导入到【Static Structural】静力学分析模块中，如图 12-21 所示。

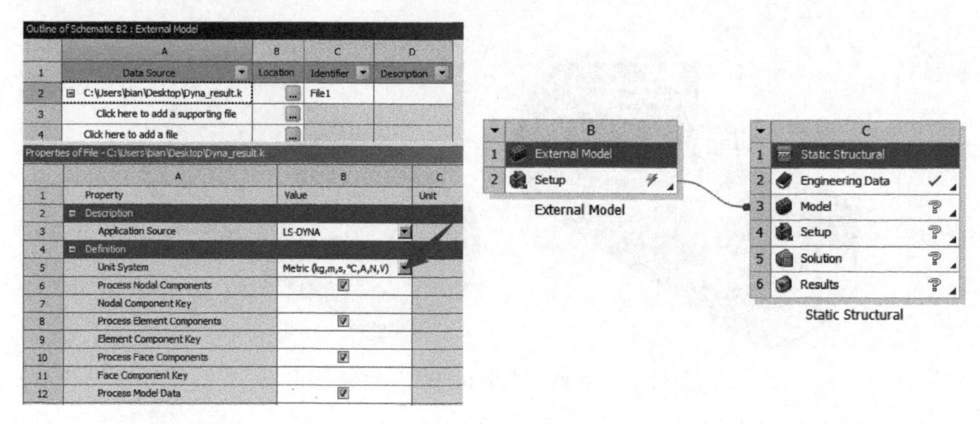

图 12-20　模型导入

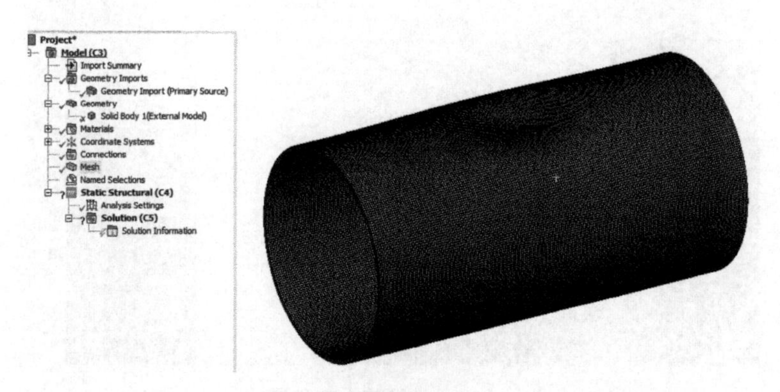

图 12-21　计算模型导入

在【Static Structural】模型树中，右击插入【Pressure】，选择圆管内表面，设置【Define By】为 Normal To，【Applied By】为 Surface Effect，【Loaded Area】为 Deformed，【Magnitude】为 10000Pa，即定义了圆管内表面压力为 10000Pa，方向为径向方向。

在【Static Structural】模型树中，右击插入【Fixed Support】，选择圆管端面，即圆管端面固定。

压力加载与边界条件如图 12-22 所示。

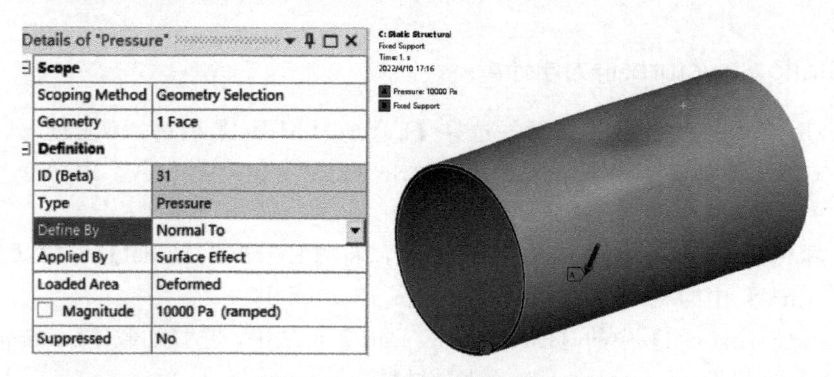

图 12-22　压力加载与边界条件

点击菜单栏中的【Solve】即可进行计算。

计算完成后，右击插入【Total Deformation】查看总体变形情况，右击插入【Equivalent（Von-Mises）Stress】查看总体应力情况，如图 12-23 所示。

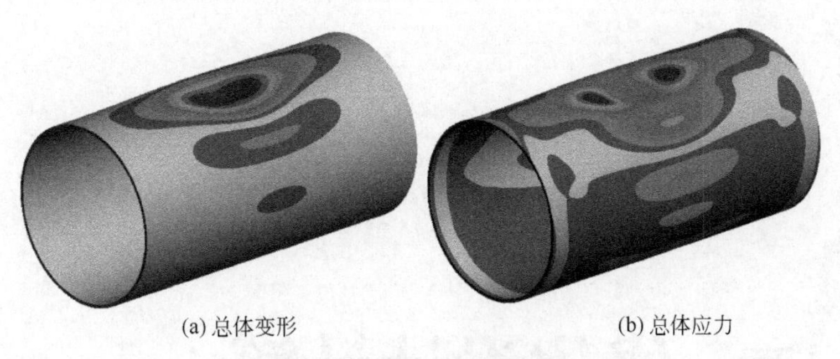

图 12-23 静力学计算结果

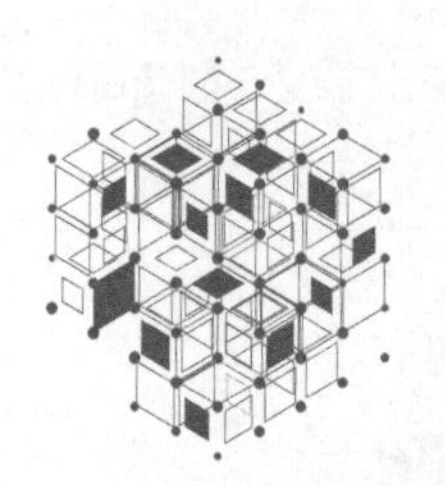

第13章 优化设计计算

13.1 优化设计模块简介

优化设计目前在工程设计中得到了广泛的应用，传统的设计分析和仿真在评估部件或者系统的性能时，消除不同的模型参数（几何参数、材料参数等）对于最终结果的影响比较麻烦。Workbench平台的优化设计模块比较简单，在对模型进行合理化的参数分析后，类似的问题可以运用Design Exploration得到很好的解决。

Design Exploration将各种设计参数集中到分析的过程中，基于实验设计技术（Design Of Experiment，DOE）和变分技术（Variational Technology，VT），使得设计人员能够快速地建立设计空间。在此基础上，对产品进行多目标驱动优化设计（Multi-Objective Optimization，MOO）、六西格玛设计（Design For Six Sigma，DFSS）、鲁棒设计（Robust Design，RD）等深入研究，从而改善各个设计中的不确定因素，提高产品的可靠性。Design Exploration以参数化的模型为基础，参数可以是各种几何参数、材料的参数、初始条件的参数等，支持多物理场的优化，通过设计点的参数来研究或者输出参数以拟合相应面的方法来进行结果评估。多物理场目标优化如图13-1所示。

13.1.1 参数定义

Design Exploration中共有三类参数，分别是输入参数、输出参数和导出参数，其概念如下：

① 输入参数：仿真分析的输入参数，这些参数包括CAD几何参数、分析参数、材料参数和网格参数等。CAD几何参数包括长度、半径、部件之间的距离等。分析参数包括材料参数、初始条件参数等。材料参数包括材料各个参数的数值等。网格参数包括网格相关性、

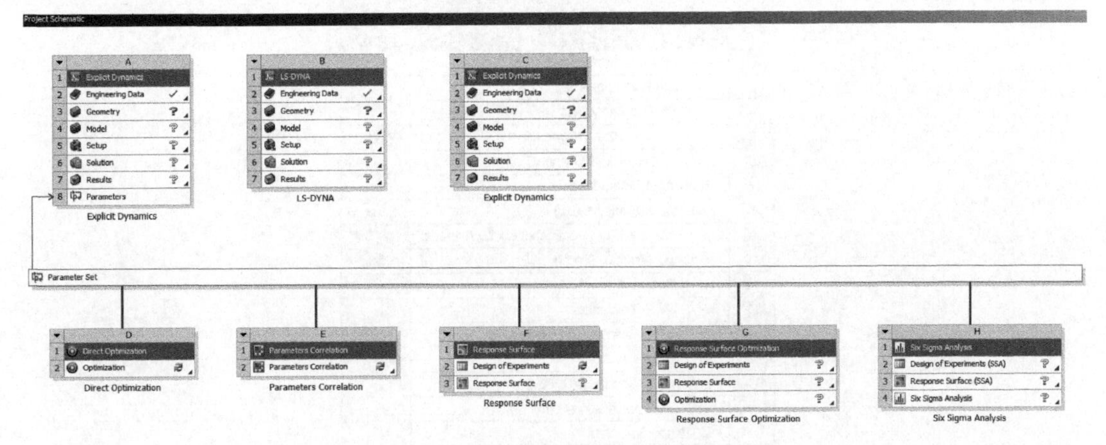

图 13-1　多物理场目标优化

大小、数量等。

② 输出参数：输出参数从分析结果或者响应输出结果中得到，如剩余速度、计算后的应力、应变等。

③ 导出参数：导出参数是不给定直接的参数，所以导出参数可以是一个特定的输出参数、输出参数的组合或者函数关系等。

13.1.2 Design Exploration 特征

Design Exploration 作为 ANSYS/Workbench 中的快速优化工具，它是通过设计点（可以增加设计点）的参数从而研究输出参数或导出参数的，但因一般输入设计点是有限的，所以通常通过有限个设计点拟合成响应曲面（线）来研究，如图 13-2 所示。其中包括：

① 目标驱动优化（Goal-Driven Optimization，GDO）。实际上它是一种多目标优化技术，是从给出的一组样本（即一定量的设计点）中得出“最佳”的设计点。一组样本的一系列设计目标，都可以用于优化设计。目前，Design Explorer 提供了两种优化法，即响应面优化（Response Surface Optimization）和直接优化（Direct Optimization）。

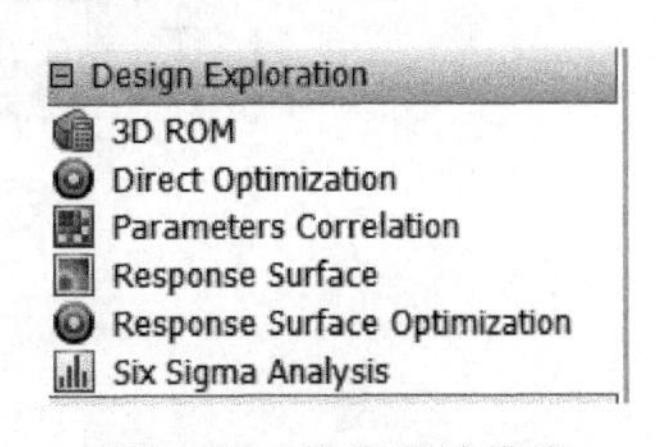

图 13-2　优化设计模块

② 相关参数（Parameter Correlation）。用于得到输入参数的敏感性，也就是说，可以得出某一输入参数对响应曲面的影响究竟是大还是小。

③ 响应面（Response Surface）。主要用于直观地观察输入参数的影响，通过图表的形式能动态地显示输入参数与输出参数的关系。

④ 六西格玛设计（Six Sigma Analysis）。主要用于评估产品的可靠性，在技术上基于六个标准误差理论，如假设材料属性、几何尺寸、载荷等不确定性输入变量的概率分布（支持 Gaussian、Weibull 分布等）对产品性能（如应力、变形等）的影响，判断产品是否达到六西格玛标准。

13.1.3 响应面设置

优化设计包含模块众多，本书中重点介绍响应面（Response Surface）优化方式。Response Surface 模块直接评估输入参数的影响，通过图表动态显示输入与输出参数之间的关系。响应面基本设计如图 13-3 所示。

	A	B
1		Enabled
2	⊟ ✓ Response Surface (SSA)	
3	⊟ Input Parameters	
4	⊟ Geometry (A1)	
5	P2 - XYPlane.R5	☑
6	P3 - XYPlane.V7	☑
7	⊟ Output Parameters	
8	⊟ 2D_Axsym (B1)	
9	P4 - Directional Velocity Average	
10	✓ Min-Max Search	☑
11	⊟ Refinement	
12	✓ Tolerances	
13	✓ Refinement Points	
14	⊟ Quality	
15	✓ Goodness Of Fit	
16	✓ Verification Points	
17	⊟ Response Points	
18	⊟ ✓ Response Point	
19	✓ Response	
20	✓ Local Sensitivity	
21	✓ Local Sensitivity Curves	
22	✓ Spider	
*	New Response Point	

图 13-3　响应面基本设计

（1）响应面类型

响应面拟合，包括遗传聚集法 Genetic Aggregation、标准响应面全二次多项式法 Standard Response Surface-Full 2nd Order Polynomials、克里格法 Kriging、非参数回归法 Non Parametric Regression、神经网络法 Neural Network 和系数矩阵法 Sparse Grid 等，如图 13-4 所示。

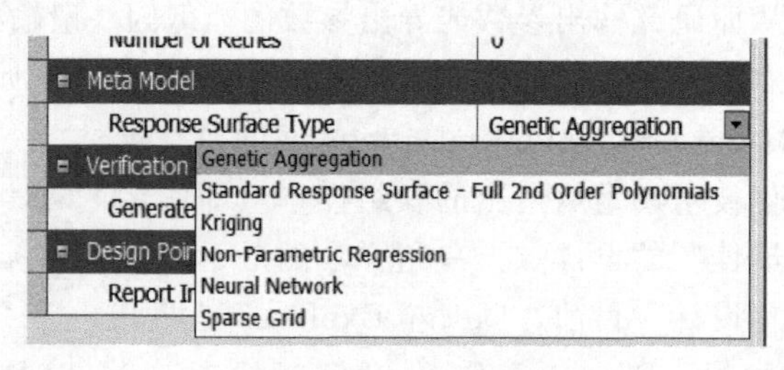

图 13-4　响应面设置

（2）设计空间图

设计空间图（Response），由输入参数和响应参数的关系形成响应面 3D 或者响应曲线 2D 或者对应的响应切片图，如图 13-5 所示。

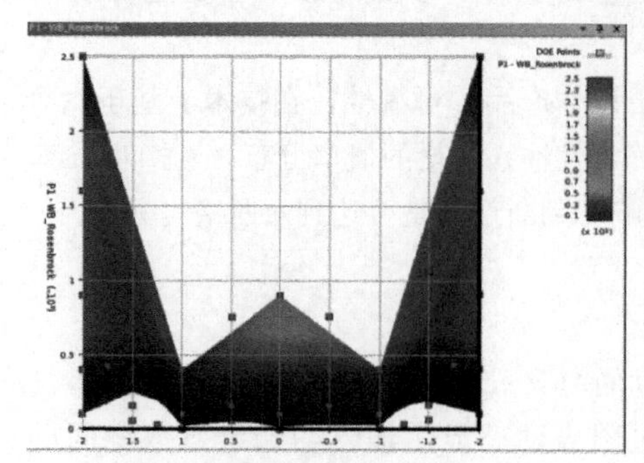

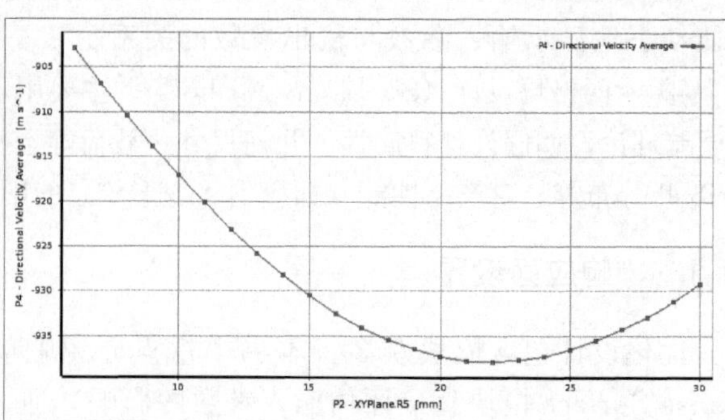

图 13-5　响应面及响应曲线图

(3) 灵敏度和灵敏度曲线图

灵敏度图表（Local Sensitivity），可以用直方图和饼状图表示参数对响应参数的响应程度，如图 13-6 所示。

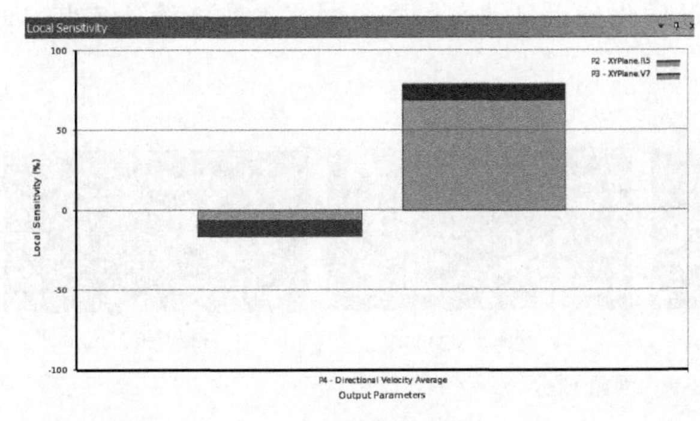

(a) 灵敏度直方图

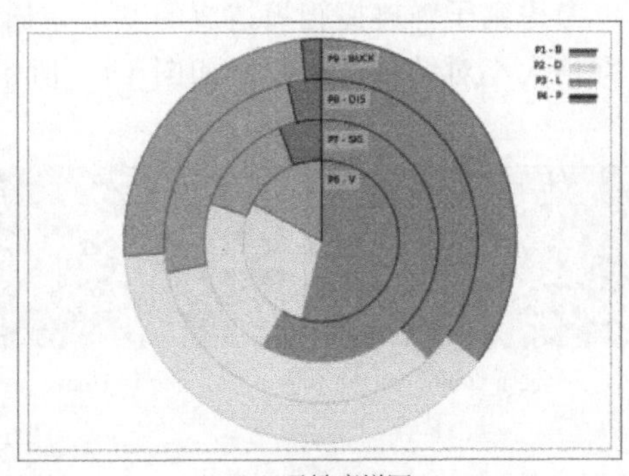

(b) 灵敏度饼图

图 13-6　灵敏度图

(4) 蛛状图

蛛状图（Spider），能即时反映所有输出参数在输入参数当前值的响应，可以方便地查看、比较输入变量的变化对所有输出变量的影响，如图 13-7 所示。

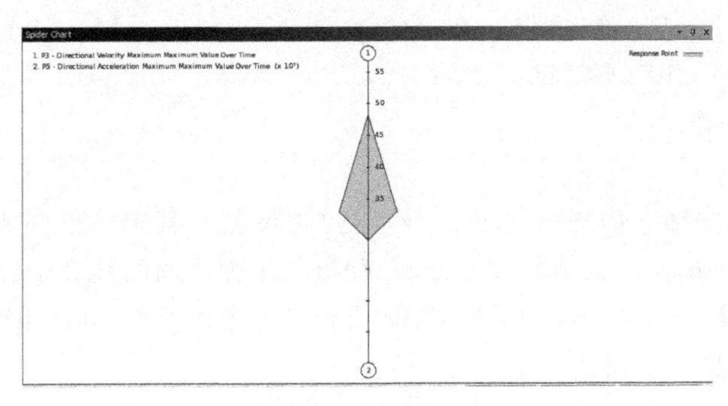

图 13-7　蛛状图

(5) 拟合度图

拟合度图（Goodness of Fit），可以评估响应面精确度，显现预测值和观察值的拟合程度，如图 13-8 所示。

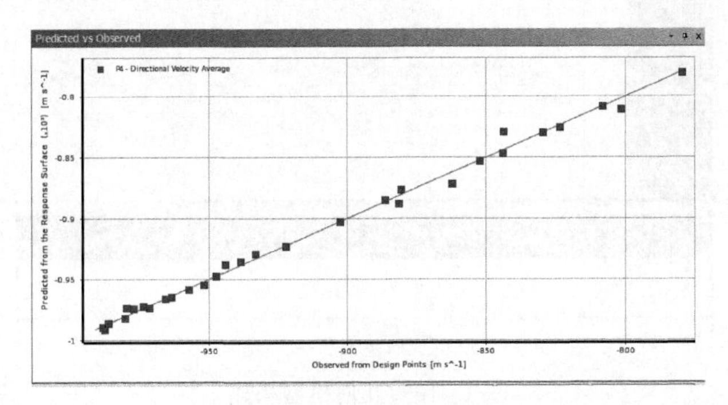

图 13-8　拟合度图

13. 2 网格对计算结果的影响分析

考虑到子弹碰撞靶板造成的变形，通过优化分析自动设置多个网格参数，计算结果，查看网格大小对结果的影响，如图 13-9 所示。

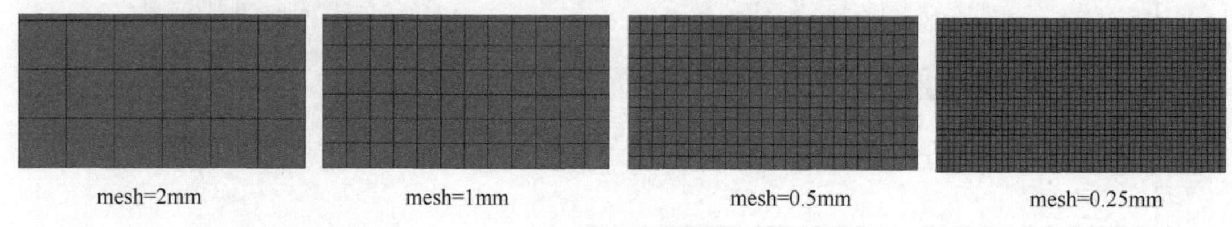

图 13-9 网格划分

13. 2. 1 材料、几何设置

(1) 模块设置

加载 LS-DYNA 模块。

(2) 材料模型构建

双击【Engineering Data】模块，在【General Non-Linear Materials】材料库中，选择加载“Stainless Steel NL”不锈钢。

(3) 几何模型构建

在 DM 模块中：

在【XYPlane】中插入草图 Sketch1，构建弹靶模型。其中，子弹半径 12mm，子弹长度 40mm，靶板宽 100mm，靶板厚度 6mm，靶板与子弹之间间隔 2mm。

通过【Concept】→【Surfaces From Sketches】，选择草图 Sketch1，点击【Generate】生成 2D 几何对称模型。几何模型如图 13-10 所示。

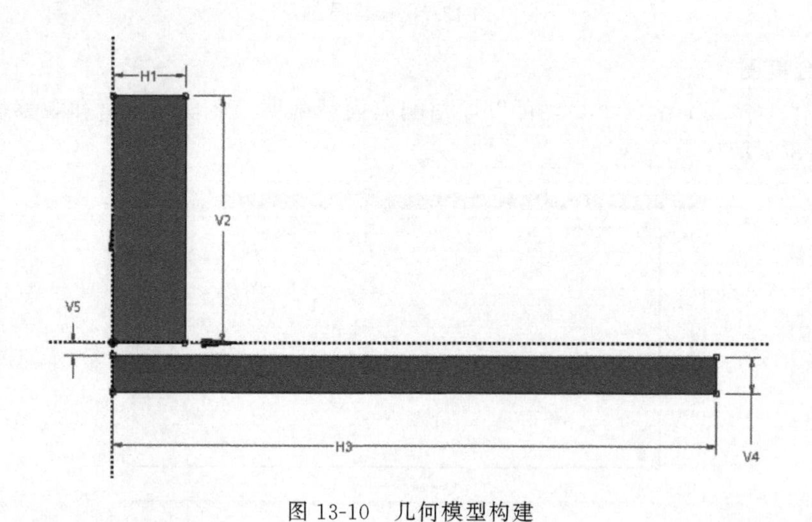

图 13-10 几何模型构建

退出 Geometry 模块，在【Properties】中设置【Analysis Type】为 2D。

13.2.2 Model中设置

(1) 基本条件

设置几何计算模型的【2D Behavior】为Axisymmetric，设置子弹和靶板的材料为Stainless Steel NL。

(2) 网格划分

在Mesh模型树中，设置【Element Size】为0.001m，其他参数默认，如图13-11所示。

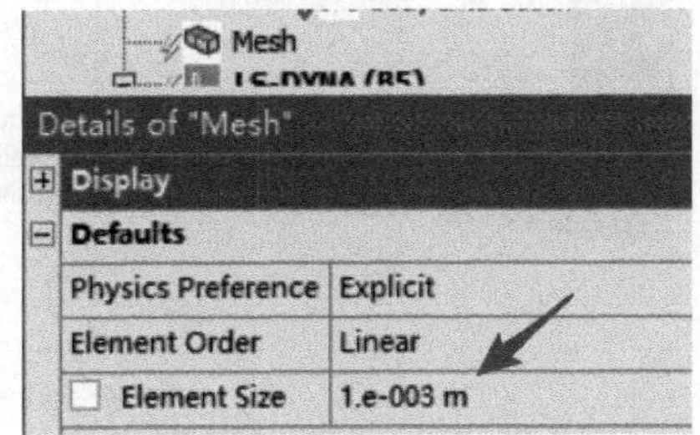

图13-11　计算网格设置

(3) 计算条件

在【Initial Conditions】中右击插入【Velocity】，修改【Define By】为Components，设置【Y component】为−100m/s，即子弹速度为100m/s，方向向下，如图13-12所示。

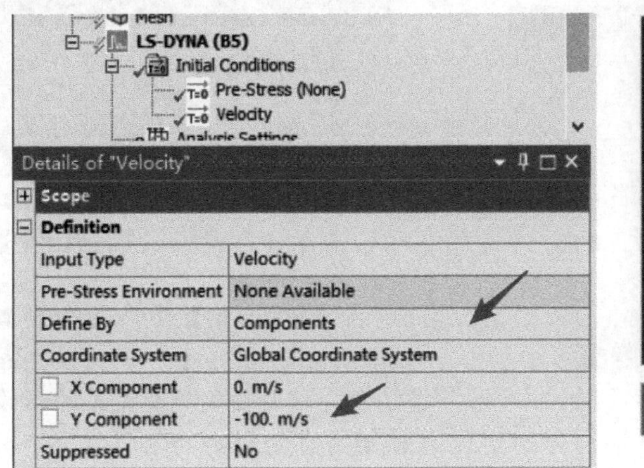

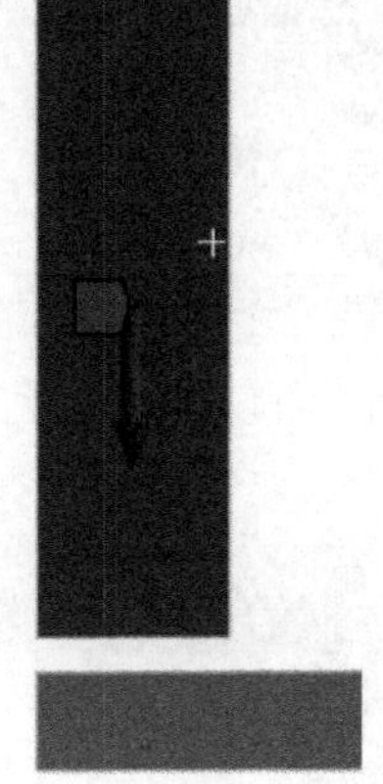

图13-12　初始子弹速度设置

在LS-DYNA模型树右击，插入【Fixed Support】，选择靶板最右边线，并将其设置为固定边界。

在【Analysis Setting】中设置【End Time】为0.001s，设置【Unit System】为mks，其他参数默认。

13.2.3 计算结果及后处理

点击靶板的最下方点，通过右击插入【Directional】，在明细中，设置【Orientation】为Y Axis，如图13-13所示。

13.2.4 优化分析计算

(1) 参数化设置

在【Mesh】中的【Element Size】中，点击方框☐，出现**P**代表参数化设置，如图13-14所示。将网格大小作为计算的参数自变量。

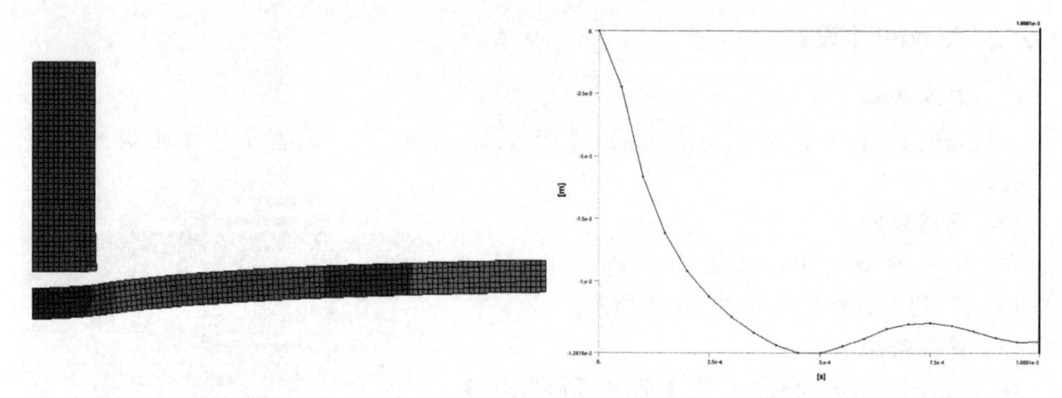

图 13-13　靶板被冲击后的变形情况

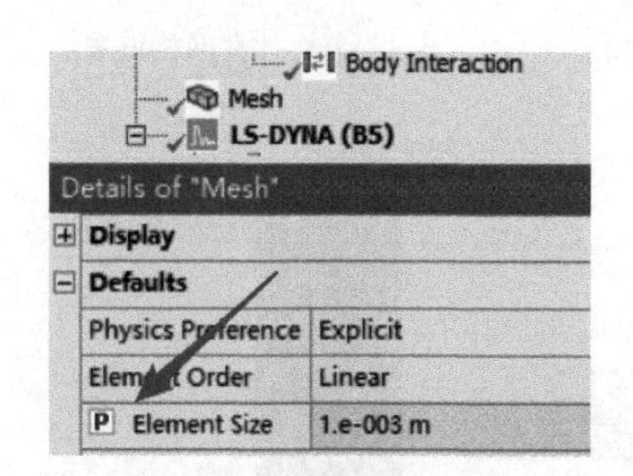

图 13-14　网格参数自变量

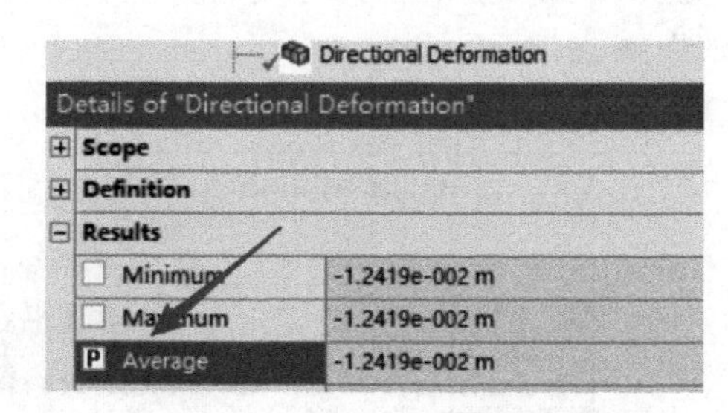

图 13-15　Y 方向变形参数因变量

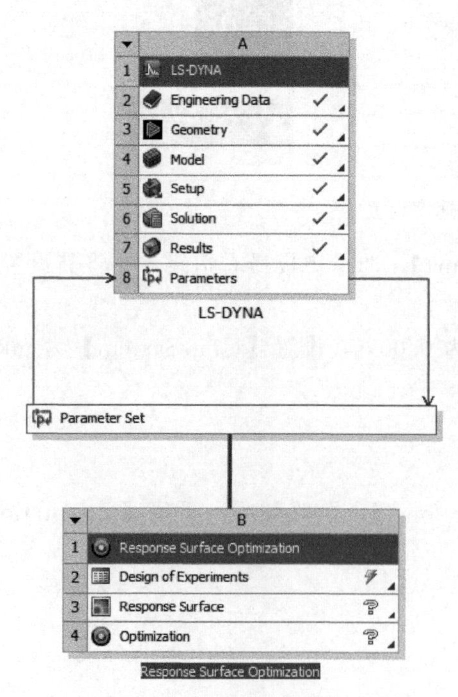

图 13-16　参数优化分析流程图

在【Solution】中，选择设置的【Directional Deformation】中的【Average】，点击前方方框，将其作为计算结果的参数因变量，如图 13-15 所示。

（2）Parameter Set 中设置

退出 Model 模块，点击【Parameter Set】，在【New Output Parameter】中输入表达式【Abs（P1）】，即新建 P3 因变量，其等于 P1 的绝对值。

退出【Parameter Set】，进入 Workbench 主界面，从左侧工具栏中拖动【Response Surface Optimization】模块，构成参数优化分析，如图 13-16 所示。

在左侧【Table of Design Points】中设置【DP1】为 0.005，【DP2】为 0.002，【DP3】为 0.00075，【DP4】为 0.0005，【DP5】为 0.0002（默认 DP0 为 0.001），即将网格大小设置为对应的数值，如图 13-17 所示。

Outline of All Parameters

	A	B	C	D
1	ID	Parameter Name	Value	Unit
2	Input Parameters			
3	LS-DYNA (A1)			
*	New input parameter	New name	New expression	
6	Output Parameters			
7	LS-DYNA (A1)			
8	P1	Directional Deformation Average	-0.012419	m
*	New output parameter		abs (P1)	
10	Charts			

Table of Design Points

	A	B	C
1	Name	P2 - Mesh Element Size	P1 - Directional Deformation Average
2	Units	m	m
3	DP 0 (Current)	0.001	-0.012419
4	DP 1	0.005	
5	DP 2	0.002	
6	DP 3	0.00075	
7	DP 4	0.0005	
8	DP 5	0.0002	
*			

图 13-17　Parameter 参数化设置

注：在 C 列 Value 中可以输入表达式，如常见的数学公式等。在 Table of Design Points 中可以手动输入参数点，也可以导入 Excel 参数点等。

(3) 优化设计设置

退出【Parameter Set】，双击【Design of Experiment】，进入设计点编辑。将【Design of Experiments】中的【Design of Experiments Type】设置为 Custom＋Sampling，设置【Total Number of Samples】为 6。再次在【Design of Experiments】中右击选择【Copy all Design Points from the Parameter Set】，如图 13-18 所示。

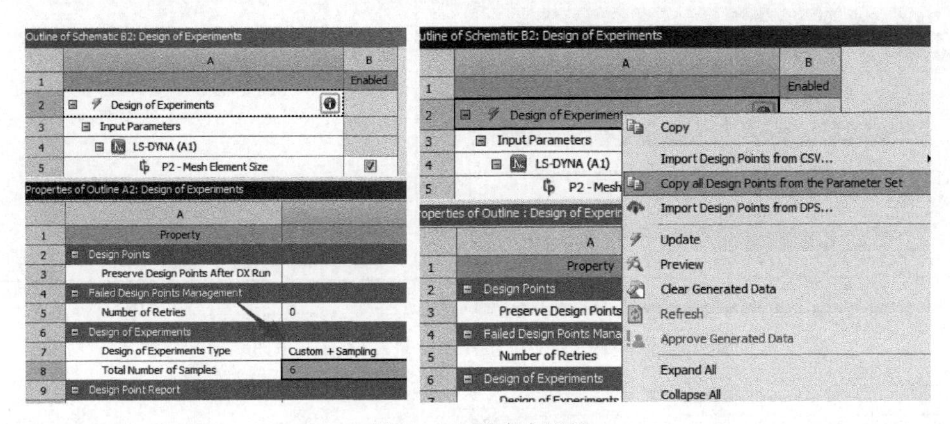

图 13-18　样本点设置

在弹出的对话框【ANSYS DesignXplorer】中勾选【Expand variation ranges to include design points that are out of range. Otherwise，these design points will be skipped.】。生成的数据点模型见右侧的【Table of Outline A2：Design Points of Design of Experiments】，即定义 6 个自定义样本点，并且样本点为原参数设计中的点，如图 13-19 所示。

Ansys DesignXplorer

Parameter ranges can be adjusted to better fit the imported values. Select check boxes for the adjustments to make. Otherwise, the current parameter ranges are maintained.

☑ Expand variation ranges to include design points that are out of range. Otherwise, these design points will be skipped.

☐ Shrink variation ranges down to wrap design points.

OK　Cancel

Table of Outline A2: Design Points of Design of Experiments

	A	B	C
1	Name	Update Order	P2 - Mesh Element Size (m)
2	1 DP	1	0.001
3	2 DP	2	0.005
4	3 DP	3	0.002
5	4 DP	4	0.00075
6	5 DP	5	0.0005
7	6 DP	6	0.0002

图 13-19　设计样本点

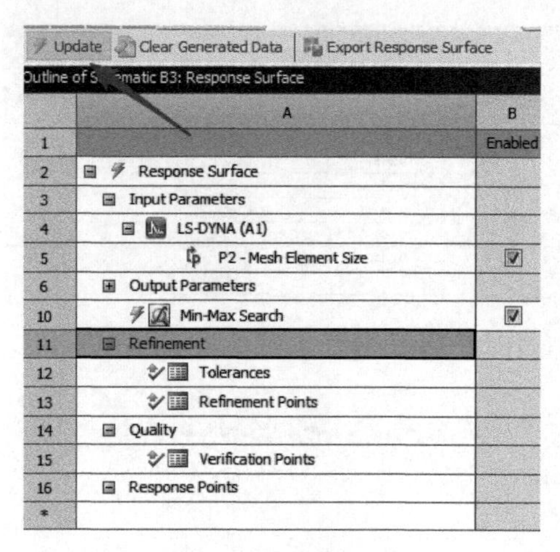

图 13-20　数据更新

样本点设置完成后，点击上方的【Update】后，可以进行优化设计样本点的批量化计算。

（4）优化设计结果

计算结束后，双击打开【Response Surface】，点击上方快捷工具栏的【Update】，将计算的数据更新，如图 13-20 所示。

数据更新完成后，点击【Response】，设置【Chart Resolution Along X】为 10，勾选【Show Design Points】，网格变化与计算及结果之间的关系曲线，且显示原设计点，如图 13-21 所示。

在曲线空白处右击，选择【Export Chart Data as CSV】，可以将数据点导出进行后处理，如图 13-22 所示。

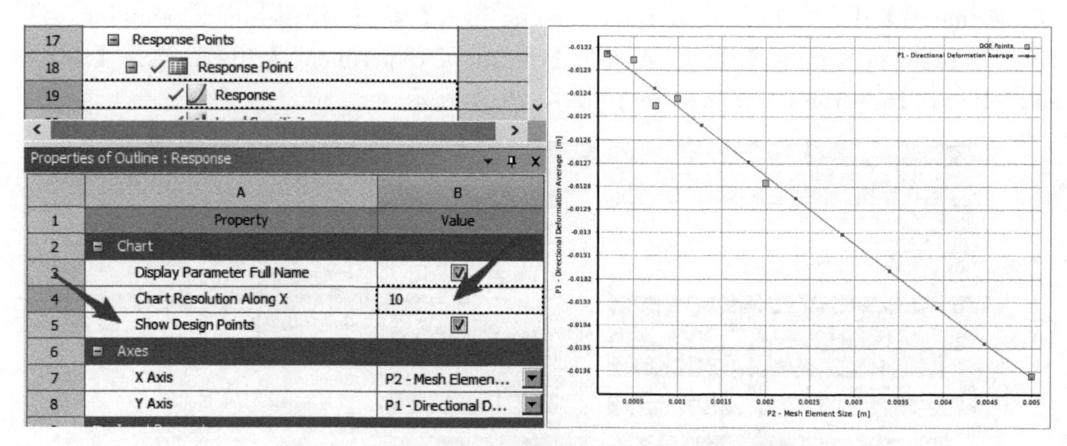

图 13-21　网格变化与计算及结果之间的关系曲线

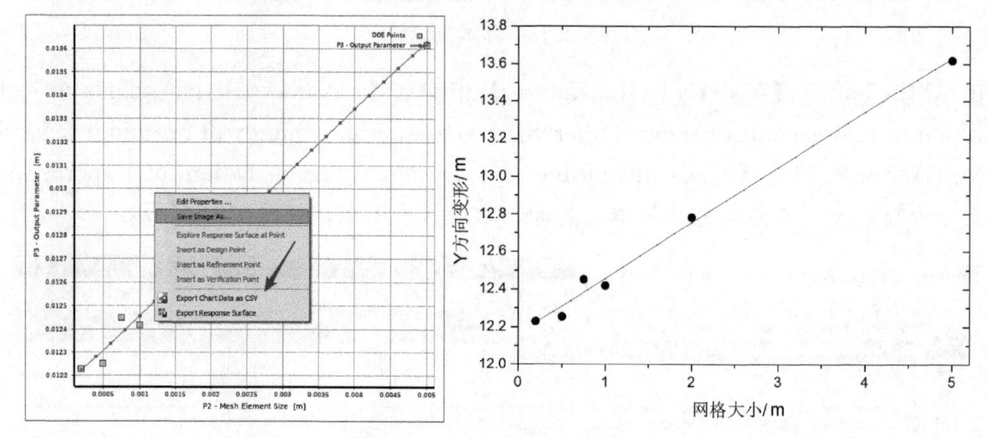

图 13-22　数据导出及处理

网格为 0.2mm 时，计算结果为 12.229mm；当网格大小为 2mm 以内时，网格对计算结果的影响较小，与 0.2m 网格计算结果误差在 5%以内，如表 13-1 所示。

表 13-1 网格优化设计计算结果

序号	网格大小/mm	变形/mm	误差/%
1	0.2	12.229	0
2	0.5	12.253	0.2
3	0.75	12.451	1.8
4	1	12.419	1.6
5	2	12.782	2.5
6	5	13.618	11.3

13.3 子弹侵彻优化设计

子弹在侵彻过程中，有多重因素会对计算结果产生影响，包括子弹长度、半径、靶板厚度等。现以钝头弹侵彻靶板为例，研究子弹长度、半径和靶板厚度对侵彻的影响，如图13-23所示。

图 13-23 子弹侵彻靶板优化设计模型

13.3.1 材料、几何处理

(1) 模块选择

加载 LS-DYNA 模块。

(2) 材料参数

双击【Engineering Data】模块进入材料编辑中，加载【Explicit Material】材料库中 STEEL S-7 和 AL2024T351 材料。

(3) 几何模型

在 DM 中：

通过【Create】→【Primitives】→【Cylinder】，建立子弹模型。设置【FD8】为30mm，【FD10】为 5mm，其余参数默认。

通过【Create】→【Primitives】→【Box】，建立靶板模型。设置【FD5】为－22mm，【FD6】为 80mm，【FD7】为 80mm，【FD8】为 10mm，其余参数默认。

选择【Create】→【Slice】，选择【Slice Type】为 Slice By Plane，选择【Base Plane】为 ZXPlane，点击【Generate】，将子弹进行分割；同样，再次插入【Slice】，选择【Base Plane】为 YZPlane，点击【Generate】，将子弹进行分割。选择子弹分割后的模块，右击【Suppress】，保留第一象限模型。

几何模型如图 13-24 所示。

13.3.2 Model 中前处理

(1) 基本条件

双击进入 Model，通过【Assignment】分别赋予子弹材料为 STEEL-S7 钢，靶板材料为 AL2024T351 铝材料。

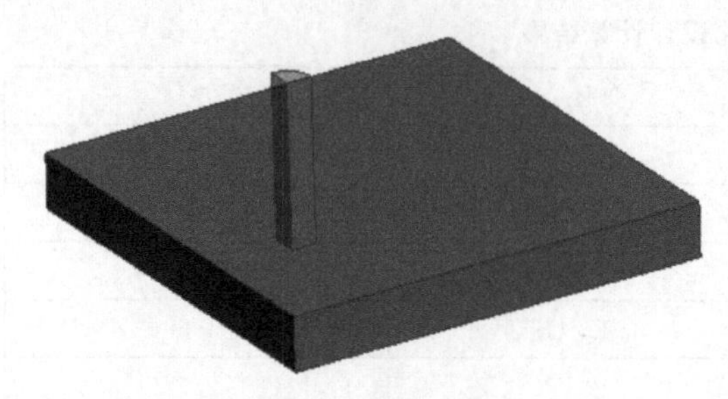

图 13-24 几何模型

右击插入【Symmetry】，再次插入【Symmetry Region】，选择模型对应的【Symmetry Normal】为 Y Axis 和 X Axis，构建对称性模型。

在【Connections】中右击插入【Manual Contact Region】，设置【Contact】为子弹，【Target】为靶板，【Type】为 Frictionless，其他参数默认即可，如图 13-25 所示。

(2) 网格划分

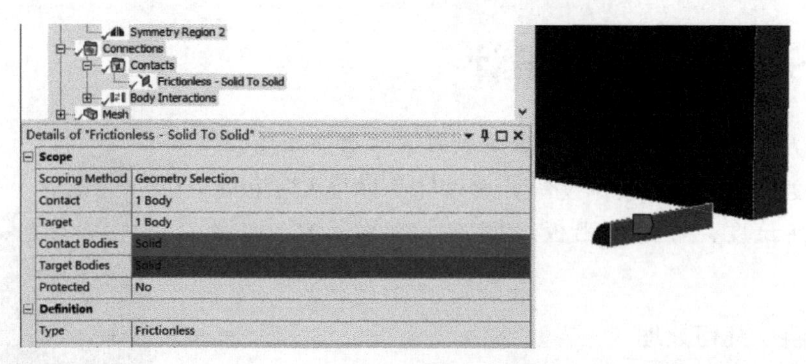

图 13-25 接触定义

在 Mesh 模型树中，设置【Element Size】为 0.001m，右击插入【Method】，选择子弹，设置【Method】为 MultiZone，右击插入【Face Meshing】，选择所有面。右击【Generate Mesh】生成网格模型，如图 13-26 所示。

图 13-26 网格模型

(3) 计算模型设置

在【Initial Conditons】中右击，插入【Velocity】，选择子弹，设置【Define By】为 Components，设置【Z Component】为－800m/s，其他参数默认。

选择 LS-DYNA 模型树，右击插入【Contact Properties】，设置【Contact】为 Frictionles-Solid To Solid，修改【Type】为 Eroding，其他参数默认，即定义侵蚀接触 * ERODING _ SURFACE _ TO _ SURFACE，如图 13-27 所示。

Contact Properties
Solution (A6)

Details of "Contact Properties"

Definition	
Contact	Frictionless - Solid To Solid
Type	Eroding
Formulation	ERODING_SURFACE_TO_SURFACE
Common Controls	

图 13-27 侵蚀接触定义

在【Analysis Settings】中设置【End Time】为0.0002s，【Unit System】为mks，其他参数默认即可。

点击菜单栏中的【Solve】进行计算。

计算完成后，在【Solution】中右击，选择【Insert】→【Deformation】→【Directional Velocity】，修改【Orientation】为Z Axis，如图13-28所示。

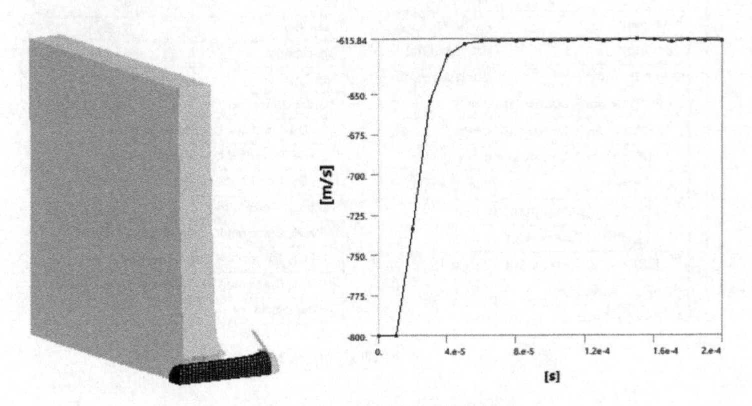

图13-28 初步计算结果

13.3.3 优化分析计算

(1) 参数化设计

在计算结果【Directional Velocity】中，点击【Average】前的方框，将计算的 Z 方向剩余速度作为优化计算结果，如图13-29所示。

点击子弹Part，点击【Mass】前方框，将子弹重量作为优化计算结果，如图13-30所示。

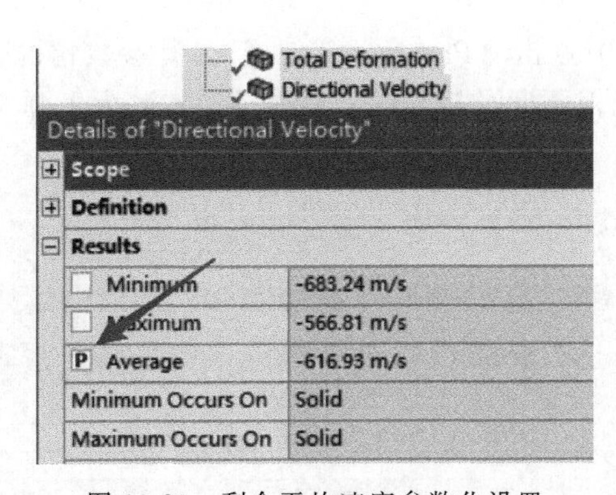

图13-29 剩余平均速度参数化设置

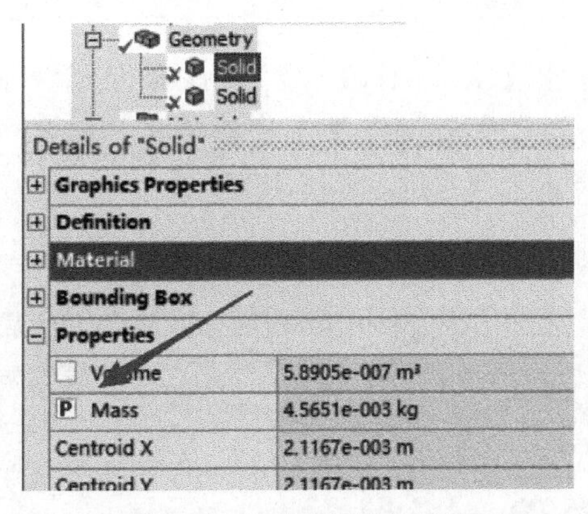

图13-30 重量参数化设置

关闭Model，点击【Geometry】模块，进入【Design Modeler】模块，点击【Cylinder】子弹模型，点击【FD8】前方框（子弹长度），【FD 10】前方框（子弹半径）。同样，点击【Box】，点击【FD8】前方框（靶板的厚度），如图13-31所示。

通过快捷工具栏的【Parameters】查看参数定义，并且可以点击【Name】栏，修改参数的名称，如图13-32所示。

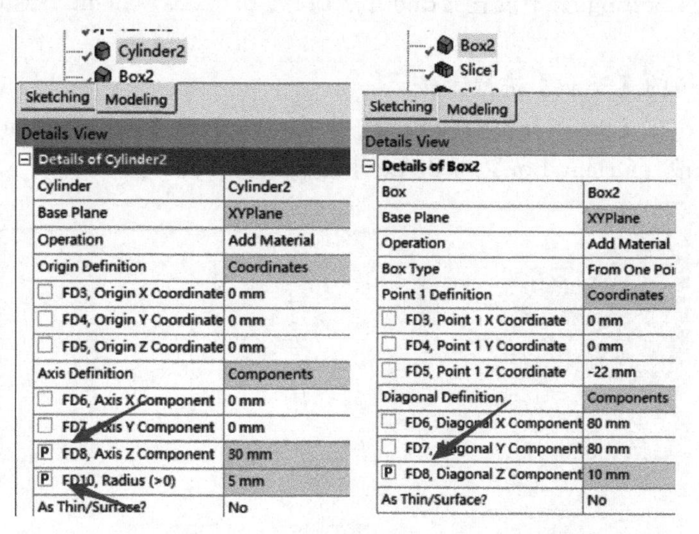

图 13-31　子弹与靶板的参数化设计

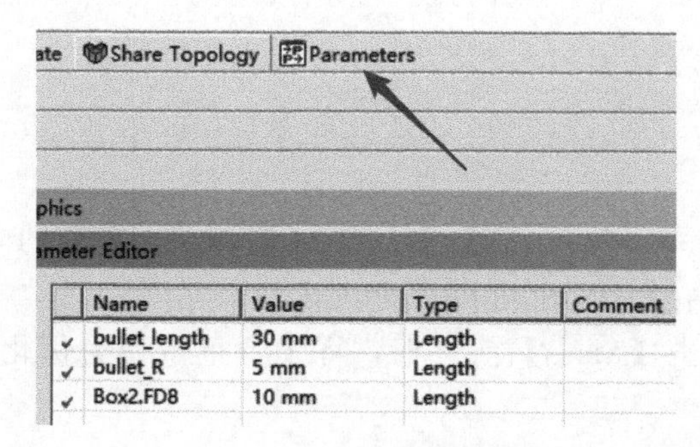

图 13-32　参数查看

退出【Geometry】，在 Workbench 主界面中点击【Parameter Set】查看参数情况，确认【Input Parameters】为子弹长度、半径、靶板厚度，【Output Parameters】为子弹 Z 方向速度、子弹质量，如图 13-33 所示。

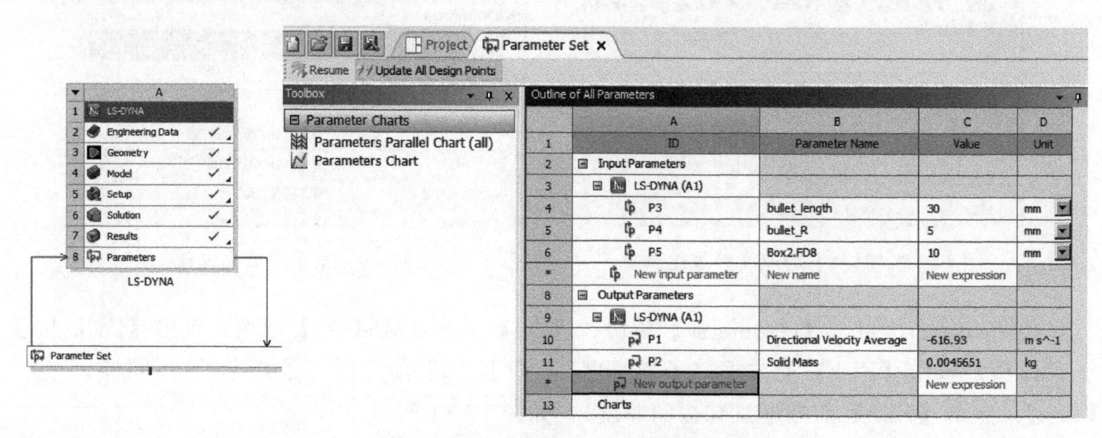

图 13-33　Parameter Set 参数设置

注：Parameter Set 中支持基本表达式，在【Output Parameters】中，点击空白处，在【New Output Parameter】中创建【New Expression】为【Abs(P1)】，创建参数【P6】为 Z 方向剩余速度的绝对值。

（2）优化设计

双击加载【Response Surface Optimization】，双击【Design of Experiments】，进入优化设计编辑界面。

点击【Design of Experements】，设置【Design of Experiments Type】为 Latin Hypercube Sampling Design，【Samples Type】为 User-Defined Samples，【Random Generator Seed】为 0，【Number of Samples】为 20，即设置样本总数为 20 个，如图 13-34 所示。

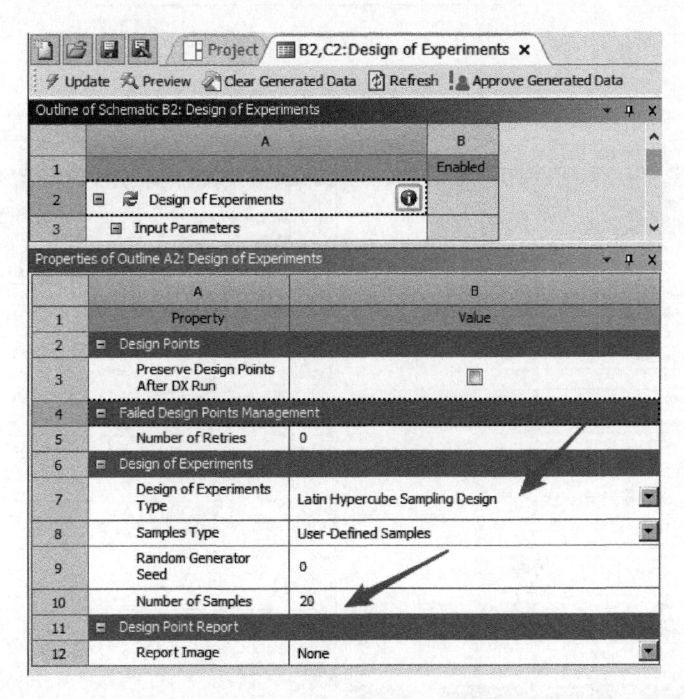

图 13-34 Design Of Experement 设置

点击【P3-bullet _ length】子弹长度参数，设置【Lower Bound】为 20，【Upper Bond】为 40。点击【P4-bullet-R】子弹半径参数，设置【Lower Bound】为 4，【Upper Bond】为 12。点击【P5-Box2. FD 8】靶板厚度参数，设置【Lower Bound】为 5，【Upper Bond】为 15。即定义了子弹长度在 20～40mm 之间变化，子弹丸半径为 4～12mm 之间变化，靶板厚度为 5～15mm 之间变化，如图 13-35 所示。

点击上方的【Preview】可以预览参数设计表，如图 13-36 所示。

点击左上方的【Update】进行计算。计算完成后退出【Design of Experiments】。

（3）优化设计结果分析

双击【Response Surface】，进入优化设计结果响应面编辑界面，点击左上方【Update】，将数据更新并导入，如图 13-37 所示。

点击【Local Sensitivity】可以查看变量对于结果的灵敏度，点击【Local Sensitivity

3	Input Parameters	
4	LS-DYNA (A1)	
5	P3 - bullet_length	☑
6	P4 - bullet_R	☑
7	P5 - Box2.FD8	☑

Properties of Outline A5: P3 - bullet_length

	A	B
1	Property	Value
2	General	
3	Units	mm
4	Type	Design Variable
5	Classification	Continuous
6	Values	
7	Lower Bound	20
8	Upper Bound	40
9	Allowed Values	Any

图 13-35　参数变化范围设计

Project　B2:Design of Experiments

Update　Preview　Clear Generated Data　Refresh　Approve Generated Data

Outline of Schematic B2: Design of Experiments

	A	B
1		Enabled
2	Design of Experiments	
3	Input Parameters	
4	LS-DYNA (A1)	
5	P3 - bullet_length	☑
6	P4 - bullet_R	☑
7	P5 - Box2.FD8	☑
8	Output Parameters	
9	LS-DYNA (A1)	
10	P1 - Directional Velocity Average	
11	P2 - Solid Mass	
12	P6 - Output Parameter	
13	Charts	

Properties of Schematic B2: Design of Experiments

	A	B
1	Property	Value
2	General	
3	Component ID	Design of Experiment 2
4	Directory Name	RSR
5	Notes	

Table of Outline A9: Design Points of Design of Experiments

	A	B	C	D	
1	Name	P3 - bullet_l... (mm)	P4 - bullet_R (mm)	P5 - Box2.FD8 (mm)	P1 - Directional Velo
2	1	30.5	5.8	11.75	ϟ
3	2	34.5	9.4	6.25	ϟ
4	3	20.5	9.8	7.75	ϟ
5	4	32.5	4.2	7.25	ϟ
6	5	22.5	7	13.75	ϟ
7	6	39.5	7.4	12.25	ϟ
8	7	31.5	9	14.25	ϟ
9	8	38.5	8.2	9.25	ϟ
10	9	26.5	11.4	5.25	ϟ
11	10	25.5	4.6	6.75	ϟ
12	11	28.5	7.8	5.75	ϟ
13	12	24.5	8.6	12.75	ϟ
14	13	29.5	6.6	14.75	ϟ
15	14	35.5	10.2	9.75	ϟ
16	15	27.5	5	8.25	ϟ
17	16	37.5	5.4	10.75	ϟ
18	17	36.5	11.8	11.25	ϟ
19	18	33.5	10.6	10.25	ϟ
20	19	23.5	6.2	8.75	ϟ
21	20	21.5	11	13.25	ϟ

图 13-36　Preview 预览参数设计表

Curves】可以查看灵敏度曲线。由图 13-38 可知，靶板厚度对于计算的剩余速度影响最大，其厚度越大，剩余速度越低，比半径、长度对剩余速度的影响要更大一点。

13.3.4 等质量子弹侵彻参数优化

进一步地，研究相同质量条件下，子弹的半径对于侵彻深度的影响。在 Geometry 模块中点击靶板厚度前方的□，去除掉厚度输入参数；在 Model 中点击子弹质量前方的□，去除掉质量输出参数。

双击【Parameter Set】，点击【P3 Bullet Length】，在【Value】列输入表达式［0.005［kg］ * 4/(PI * P4 * P4 * 7750［kg/m^3］，如图 13-39 所示，即子弹质量为 0.02kg（1/4 质量为 0.005kg），密度为 7750kg/m^3（STEEL S-7 材料密度）。

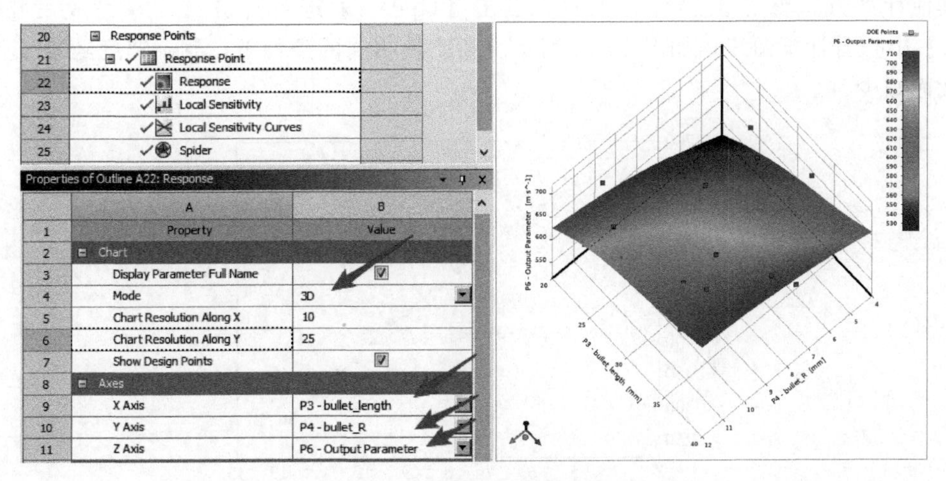

图 13-37　子弹长度半径和剩余速度之间关系

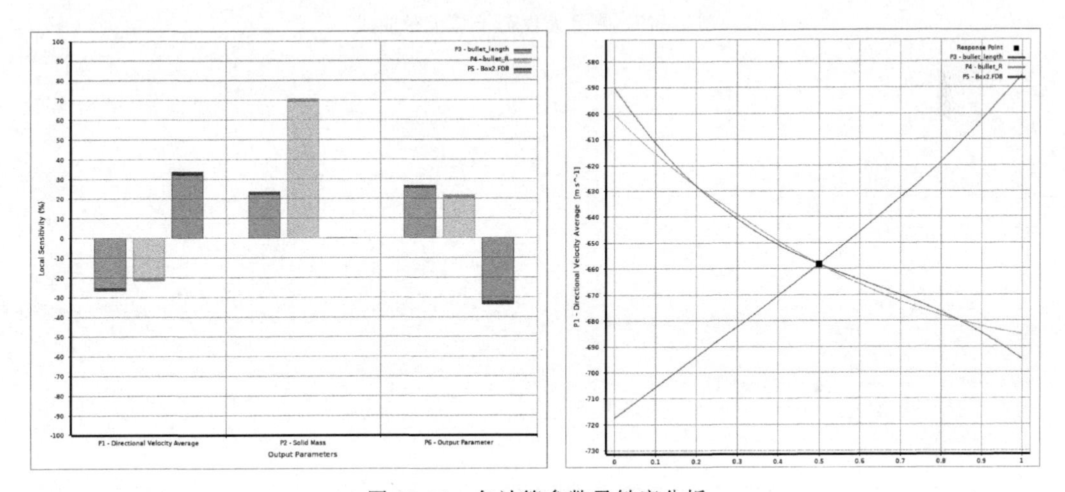

图 13-38　各计算参数灵敏度分析

	ID	Parameter Name	Value	Unit
1	ID	Parameter Name	Value	Unit
2	Input Parameters			
3	LS-DYNA (A1)			
4	P3	bullet_length	0.032858	m
5	P4	bullet_R	5	mm
*	New input parameter	New name	New expression	
7	Output Parameters			
8	LS-DYNA (A1)			
9	P1	Directional Velocity Average	-634.29	m s^-1
10	P6	Output Parameter	634.29	m s^-1
*	New output parameter		New expression	

Properties of Outline B4: P3

	A	B
1	Property	Value
2	General	
3	Expression	0.005[kg]*4/(PI*P4*P4*7750[kg/m^3])
4	Usage	Input
5	Description	
6	Error Message	
7	Expression Type	Derived
8	Quantity Name	Length

图 13-39　等质量子弹侵彻参数优化

其他计算方式参考上述优化方式，点击【Update】进行计算，计算完成后在【Response】中查看计算曲线，如图 13-40 所示。在质量相同的条件下，剩余速度随着子弹直径的增大而减少。

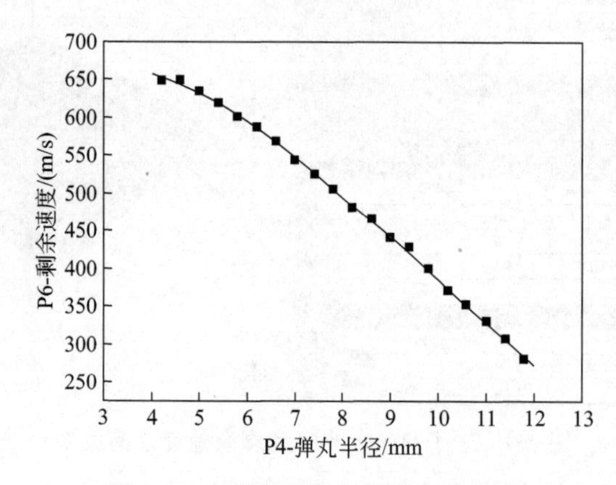

图 13-40　剩余速度与子弹半径曲线

参考文献

[1] ANSYS. Ansys _ Explicit _ Dynamics _ Analysis _ Guide [Z]. 2022.

[2] ANSYS. LS-DYNA _ Keyword _ And _ Theory _ Manuals [Z]. 2022.

[3] ANSYS. SpaceClaim _ Documentation [Z]. 2022.

[4] 辛春亮，涂建，王俊林，等. 由浅入深精通 LS-DYNA [M]. 北京：中国水利水电出版社，2019.

[5] 黄正祥，祖旭东，贾鑫，等. 终点效应 [M]. 2 版. 北京：科学出版社，2021.

[6] 杨秀敏. 爆炸冲击现象数值模拟 [M]. 合肥：中国科学技术大学出版社，2010.

[7] 门建兵，蒋建伟，王树有，等. 爆炸冲击数值模拟技术基础 [M]. 北京：北京理工大学出版社，2015.

[8] 浦广益. ANSYS Workbench 基础教程与实例详解 [M]. 北京：中国水利水电出版社，2018.

[9] 白金泽. LS-DYNA 3D 理论基础与实例分析 [M]. 北京：科学出版社，2010.

[10] 时党勇，李裕春，张胜民. 基于 ANSYS/LS-DYNA 8.1 进行显式动力分析 [M]. 北京：清华大学出版社，2005.

[11] 李裕春，时党勇，赵远. ANSYS 11.0/LS-DYNA 基础理论与工程实践 [M]. 北京：中国水利水电出版社，2008.

[12] 辛春亮，朱星宇，王凯，等. LS-DYNA 有限元建模、分析和优化设计 [M]. 北京：清华大学出版社，2022.

[13] 赵海鸥. LS-DYNA 动力分析指南 [M]. 北京：兵器工业出版社，2003.

[14] ANSYS. ACP _ Users _ Guide [Z]. 2022.

[15] ANSYS. LS-DYNA _ Users _ Guide [Z]. 2022.

[16] ANSYS. Workbench _ Users _ Guide [Z]. 2022.